21世纪高等学校规划教材 | 电子信息

通信原理与技术简明教程

张卫钢 张维峰 编著

清華大学出版社
北京

内容简介

本书全面、系统地介绍了现代通信原理和相关的通信技术。全书分为两篇，共17章，内容包括：通信与通信系统的基本概念、模拟调制、PCM调制、增量调制、数字复接与SDH、数字信号的基带传输、数字调制传输、差错控制编码、数据通信与通信网、通信终端；接入网技术、无线个人区域网络技术、IP电话技术、光纤通信技术、微波中继通信技术、卫星通信技术和移动通信技术。

为了顺应通信技术和计算机网络技术的飞速发展，使学生能在较短的时间内全面系统地掌握通信和计算机网络等方面的知识，本书将通信原理和通信技术两大内容编写在一起，不但结合大量的插图深入浅出地讲述了理论知识，还有针对性地介绍了一些实用的通信技术，避免了纯理论学习的枯燥乏味，使学生在学习过程中能够理论联系实际，既掌握了理论知识，又了解了理论在实际中的应用，从而提高学生的学习兴趣，加强对知识的掌握和理解。

本书是专为普通高校和职业学校计算机科学与技术、软件工程、电子信息、自动化控制、机电一体化、网络工程和物联网工程等非通信专业而编写的大学教材，参考学时为40左右。在编写方法上不但满足教学要求，同时也适合自学，因此，本书也可作为有志青年的自学教材和有关工程技术人员的参考书。

图书在版编目(CIP)数据

通信原理与技术简明教程/张卫钢等编著. —北京：清华大学出版社，2013.7（2023.1重印）
（21世纪高等学校规划教材·电子信息）
ISBN 978-7-302-30693-1

Ⅰ. ①通… Ⅱ. ①张… Ⅲ. ①通信原理—高等学校—教材 ②通信技术—高等学校—教材
Ⅳ. ①TN91

中国版本图书馆CIP数据核字(2012)第278448号

责任编辑：郑寅堃 薛 阳
封面设计：傅瑞学
责任校对：梁 毅
责任印制：宋 林

出版发行：清华大学出版社
网 址：http://www.tup.com.cn，http://www.wqbook.com
地 址：北京清华大学学研大厦A座 **邮 编**：100084
社 总 机：010-83470000 **邮 购**：010-62786544
投稿与读者服务：010-62776969，c-service@tup.tsinghua.edu.cn
质量反馈：010-62772015，zhiliang@tup.tsinghua.edu.cn
课件下载：http://www.tup.com.cn，010-83470236
印 装 者：三河市龙大印装有限公司
经 销：全国新华书店
开 本：185mm×260mm **印 张**：18.5 **字 数**：462千字
版 次：2013年7月第1版 **印 次**：2023年1月第7次印刷
印 数：3401～3700
定 价：49.00元

产品编号：046892-03

出版说明

随着我国改革开放的进一步深化，高等教育也得到了快速发展，各地高校紧密结合地方经济建设发展需要，科学运用市场调节机制，加大了使用信息科学等现代科学技术提升、改造传统学科专业的投入力度，通过教育改革合理调整和配置了教育资源，优化了传统学科专业，积极为地方经济建设输送人才，为我国经济社会的快速、健康和可持续发展以及高等教育自身的改革发展做出了巨大贡献。但是，高等教育质量还需要进一步提高以适应经济社会发展的需要，不少高校的专业设置和结构不尽合理，教师队伍整体素质亟待提高，人才培养模式、教学内容和方法需要进一步转变，学生的实践能力和创新精神亟待加强。

教育部一直十分重视高等教育质量工作。2007 年 1 月，教育部下发了《关于实施高等学校本科教学质量与教学改革工程的意见》，计划实施“高等学校本科教学质量与教学改革工程”(简称“质量工程”)，通过专业结构调整、课程教材建设、实践教学改革、教学团队建设等多项内容，进一步深化高等学校教学改革，提高人才培养的能力和水平，更好地满足经济社会发展对高素质人才的需要。在贯彻和落实教育部“质量工程”的过程中，各地高校发挥师资力量强、办学经验丰富、教学资源充裕等优势，对其特色专业及特色课程(群)加以规划、整理和总结，更新教学内容、改革课程体系，建设了一大批内容新、体系新、方法新、手段新的特色课程。在此基础上，经教育部相关教学指导委员会专家的指导和建议，清华大学出版社在多个领域精选各高校的特色课程，分别规划出版系列教材，以配合“质量工程”的实施，满足各高校教学质量和教学改革的需要。

为了深入贯彻落实教育部《关于加强高等学校本科教学工作，提高教学质量的若干意见》精神，紧密配合教育部已经启动的“高等学校教学质量与教学改革工程精品课程建设工作”，在有关专家、教授的倡议和有关部门的大力支持下，我们组织并成立了“清华大学出版社教材编审委员会”(以下简称“编委会”)，旨在配合教育部制定精品课程教材的出版规划，讨论并实施精品课程教材的编写与出版工作。“编委会”成员皆来自全国各类高等学校教学与科研第一线的骨干教师，其中许多教师为各校相关院、系主管教学的院长或系主任。

按照教育部的要求，“编委会”一致认为，精品课程的建设工作从开始就要坚持高标准、严要求，处于一个比较高的起点上。精品课程教材应该能够反映各高校教学改革与课程建设的需要，要有特色风格、有创新性(新体系、新内容、新手段、新思路，教材的内容体系有较高的科学创新、技术创新和理念创新的含量)、先进性(对原有的学科体系有实质性的改革和发展，顺应并符合 21 世纪教学发展的规律，代表并引领课程发展的趋势和方向)、示范性(教材所体现的课程体系具有较广泛的辐射性和示范性)和一定的前瞻性。教材由个人申报或各校推荐(通过所在高校的“编委会”成员推荐)，经“编委会”认真评审，最后由清华大学出版社审定出版。

目前，针对计算机类和电子信息类相关专业成立了两个“编委会”，即“清华大学出版社计算机教材编审委员会”和“清华大学出版社电子信息教材编审委员会”。推出的特色精品教材包括：

（1）21世纪高等学校规划教材·计算机应用——高等学校各类专业，特别是非计算机专业的计算机应用类教材。

（2）21世纪高等学校规划教材·计算机科学与技术——高等学校计算机相关专业的教材。

（3）21世纪高等学校规划教材·电子信息——高等学校电子信息相关专业的教材。

（4）21世纪高等学校规划教材·软件工程——高等学校软件工程相关专业的教材。

（5）21世纪高等学校规划教材·信息管理与信息系统。

（6）21世纪高等学校规划教材·财经管理与应用。

（7）21世纪高等学校规划教材·电子商务。

（8）21世纪高等学校规划教材·物联网。

清华大学出版社经过三十多年的努力，在教材尤其是计算机和电子信息类专业教材出版方面树立了权威品牌，为我国的高等教育事业做出了重要贡献。清华版教材形成了技术准确、内容严谨的独特风格，这种风格将延续并反映在特色精品教材的建设中。

清华大学出版社教材编审委员会

联系人：魏江江

E-mail：weijj@tup.tsinghua.edu.cn

前言

当今社会是一个信息社会。如果说20世纪是计算机的时代，那么21世纪将由计算机网络主宰世界。计算机网络作为一门科学技术、一种新兴文化、一种通信方式将全面改变人类的精神与物质生活，并将对科学技术的全面发展产生巨大的推动作用，这主要表现在以下几个方面。

(1) 电子交流：人与人之间的信息与情感交流方式由于生活和工作节奏的加快，将从传统的面对面谈话、登门拜访、信函通信向电子交流方式发展，比如，普通电话、可视电话、E-mail等。网上聊天、网上交友将成为年轻人的新时尚。

(2) 电子商务：电子商务就是可以通过网络进行的所有人类经济活动的总和。有了电子商务，人们不用再为进货销售东奔西跑，不用再为生意合同频频会面，不用再为付款催账而成为银行的常客，人们足不出户即可在分秒之间全部完成这些昔日耗费大量精力和物力的商务活动。尤其是在对外贸易活动中，电子商务扮演着极为重要的角色。同样，对于喜欢上街购物而又没有时间的女士来说，到网上浏览各种网络商店，随心所欲地选购自己喜爱的商品，再通过网络付款，然后坐等送货上门，不仅满足了生活所需，而且免去了腿脚之劳，这将成为一种购物时尚。由电子订单、电子合同、电子货币、电子支票、网络银行、网络商店等基本要素构成的电子商务被认为是现代化的一个标志，是人们经济活动方式上的一次飞跃。

(3) 电视会议：传统的聚众开会将成为历史，不同地区甚至不同国家的人们将利用网络的多媒体功能，召开身临现场般的电视会议，不仅节省了大量的差旅费，而且更迅速、更方便。

(4) 远程教育：远程教育不仅将为那些远离学校和难以入校的人们带来福音，极大地拓宽了受教育面，同时也改变了传统的课堂教育模式，配合视频点播功能可使受教育者随时随地自由选择学校和课程并进行学习。

(5) 远程医疗：到医院看病治疗一直是人们比较头疼的问题，尤其是缺医少药的偏远地区。有了远程医疗，人们在家中通过网络不仅可寻医问药，还能遍邀世界各地的名医专家会诊治病。从而大大提高了人类健康水平和预防与治疗疾病的水平。

(6) 网上娱乐：你想打桥牌吗？你想找人纹枰对弈吗？网络时代的很多娱乐活动将不再需要人们共聚一室，你可通过网络与世界各地的爱好者同享此乐。

(7) 视频点播：现在虽然电视节目有很多，但人们仍觉得可看(自己喜欢)的节目太少。视频点播将结束人们的这种烦恼，人们在家中可随意到自己热衷的电视台点播自己喜欢的各类电视节目。

凡此种种，不胜枚举。

通过上述实例我们可以看到，尽管计算机网络作用非常巨大，但它的主要功能就是信息的传输与交换，其核心技术就是通信技术，计算机网络实质上就是一种通信网络。

目前，很多高等院校和职业学校的非通信专业，比如计算机科学与技术、软件工程、电子信息、机电一体化、自动化控制、网络工程、物联网工程等专业都开设了“计算机网络”课程，但从当前社会的需求和学生的实际能力，尤其是在网络技术方面的知识掌握和应用能力上看，我们认为这些专业的学生还缺乏对通信技术的整体把握和相关知识的学习与了解。

虽然不少计算机网络教材都介绍一些有关数据通信的基本知识，但广度和深度远远不够，这使得学生在计算机网络及相关通信领域进行更深入的探索与研究时显得力不从心。显然，学习和掌握通信原理和通信技术方面的知识，是学习和掌握计算机网络的基础与核心。另外，当前人们的生活处处都有信息的影子，而完成各种信息传输的通信技术更是无处不在，学习和了解一些通信知识已成为当代年轻人的共识。因此，我们根据自己长期的教学经验和实践，参考部分大学的教学大纲，本着“易学易教”的原则，编著了这本观点独到、语句精练、论述清楚、内容丰富，适合非通信专业的大学教材，以期为21世纪的科学技术发展和人才培养贡献绵薄之力。

本书参考学时为40，其中第一篇30学时，第二篇10学时。

本书主要有以下几个特点。

(1) 内容安排独具匠心。首次将传统的通信原理和当前主要的通信应用技术编排在一起，使学生通过本书的学习对当代各种通信技术有一个全面的认识与了解。

(2) 知识层次深浅得当。根据学生通信知识薄弱的情况，对学科知识进行了恰当取舍，突出定性分析减少数学推导。

(3) 文笔通俗亲和力强。作者力求以通俗易懂的语言将枯燥的理论知识像讲故事一样娓娓道来，以提高学生的阅读兴趣和阅读效率。

(4) 引入人们熟悉的交通系统概念与通信系统类比，不但提高了人们对通信系统的兴趣，更加深了对通信系统的理解。

(5) 插图丰富。本教材的插图大部分由作者绘制，不但丰富美观，而且对概念诠释准确。

(6) 在每章后面附了一节反映通信技术发展历程和相关历史名人事迹的“小资料”。以使学生在了解历史知识的同时，体会到投身科学技术研究与发明的酸甜苦辣，认识到那些科学巨匠、历史名人，不管是出身豪门还是家境贫寒，不管是受过良好教育还是自学成才，都有一些共同的特点，那就是勤于思考、勇于探索、善于发现、甘于寂寞、乐于奉献、坚韧不拔、吃苦耐劳、淡泊名利，从而培养他们良好的科研素质和科研能力。

本教材由张卫钢教授和张维峰博士共同编著。刘锐锐、马红艳、魏玉晶、杨龙和迟云飞也为本书的出版付出了劳动，在此向他们表示感谢。

本书是在参阅大量参考文献的基础上，结合作者多年教学心得和体会编写而成的。

在此对本书选用参考文献的各位译、作者表示衷心的感谢和崇高的敬意。

对于书中出现的错误与不足恳请读者斧正。

作者邮箱 E-mail：wgzhang@chd.edu.cn

张卫钢，张维峰

2012年10月

目 录

第一篇 通信原理

第二篇 通信技术

第一篇

通信原理

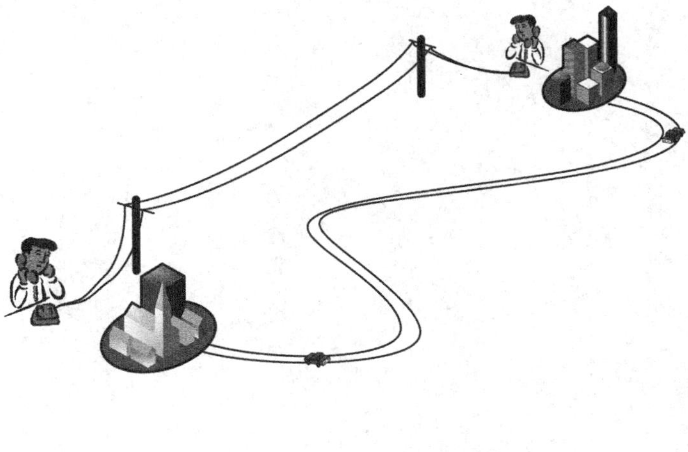

第1章 通信与通信系统的基本概念

问题引入：通信活动在人们的生活中随处可见，那么，什么是通信？通信任务靠什么完成？和通信相关的概念有哪些？

1.1 通信的概念

谈到通信(communication)，相信我们每个人都不陌生。古代的烽火报警，就是把敌人入侵的消息通过烽火传达给远方的人们；抗日战争时期，儿童团员把"消息树"放倒，告诉村里的人们"鬼子来了"；舰船上的灯语和旗语通过灯的闪烁和旗子的挥动与港口进行无声的对话；传统的信函以文字形式把游子的思乡之情浓缩于尺素之中，再利用邮政媒体送达家人；方便的飞鸽传书，即便是在今天，依然有着独特的魅力；在各种建设工地上，工人们经常使用对讲机相互联络，协调工作；在电影电视中经常看到军人或警察利用无线电台进行作战指挥；还有电报、电传、电话、寻呼、移动电话、有线广播、无线广播、有线电视、无线电视、互联网等当代最为普及的通信手段都是现实生活中我们所熟悉的通信实例(见图 1-1)。

图 1-1　通信实例

可见，无论是远古狼烟滚滚的烽火还是今天四通八达的电话，无论是饱含情谊的书信还是绚丽多彩的电视画面，尽管通信的形式或手段各种各样，传递的内容千差万别，但都有一个共性，那就是进行信息的传递。因此，我们对通信下一个简练的定义：**通信就是利用信号将包含信息的消息进行空间传递的过程**。

简单地说，通信就是信息的空间传递。

信息(information)是一切事物运动状态或存在方式的不确定性描述，是人们欲知或欲表达的事物运动规律，通常以消息的形式(例如语音、文字、音乐、数据、图片或活动图像等)表现出来。

消息(message)是信息的外在表现形式或信息的逻辑载体。信息是消息的内涵。

显然，消息类似于容器，信息好比容器中的物品。一条消息可以包含丰富的信息，也可以不包含信息。一种信息可以由多种消息形式表示，比如天气信息可以在报纸上以文字形式出现，也可以在广播或电视上以语音或图像的形式发布。

消息可以分成两大类：连续(模拟)消息和离散(数字)消息。连续消息是指消息的状态连续变化或不可数的，如连续变化的语音、图像等；离散消息则是指消息的状态是可数的或离散的，如符号、数据等。

在通信技术中，"信息"与"消息"在大多数场合不用严格区分。

随着计算机技术和计算机网络技术的飞速发展，网络通信也进入了我们的生活。通过因特网(Internet)，我们足不出户就可看报纸、听新闻、查资料、逛商店、玩游戏、上课、看病、下棋、购物、发电子邮件。网络通信丰富多彩的功能极大地拓宽了通信技术的应用领域，使通信渗入人们物质与精神生活的各个角落，成为人们日常生活中不可缺少的组成部分，有关通信方面的知识与技术也就成为当代人应该关注的热点。

作为一门科学，现代通信技术所研究的主要问题概括地说就是**如何把信息大量、准确、快速、广泛、方便、经济、安全、长距离地从信源通过传输介质传送到信宿**。各种通信技术都是围绕着这个目的而展开的。"通信原理"课程就是介绍支撑各种通信技术的通信基本概念和数学理论基础。

由于"交通"与"通信"具有较强的类比性，所以，我们用一些交通运输(包括公路和铁路运输等)实例作为比较对象，比如，交通/通信、运输/传输、运载工具/信号、货物/信息、道路/信道等，旨在帮助大家更透彻地理解通信原理中的许多概念和问题。

1.2 通信系统

1.2.1 通信系统的定义与组成

交通是把货物(乘客)从出发地运输(搬移)到目的地，通信是把信息从信源传输到信宿。如果把用于运输货物或乘客的人、车、路的集合称为交通系统的话，那么，**用于进行通信的设备硬件、软件和传输介质的集合就叫做通信系统**(communication system)。

从硬件上看，**通信系统主要由信源、信宿、传输介质和收信、发信设备 5 部分组成**(见图 1-2)。比如，电话通信系统包括送话器、电线、交换机、载波机、受话器等要素；广播通信系统包括麦克风、放大器、发送设备、大气空间、收音机等。两个通信系统实例示意图见图 1-3。

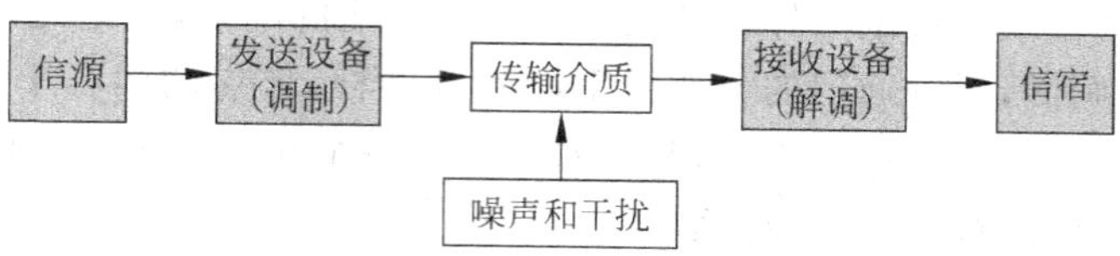

图 1-2 通信系统(模拟系统)的一般模型

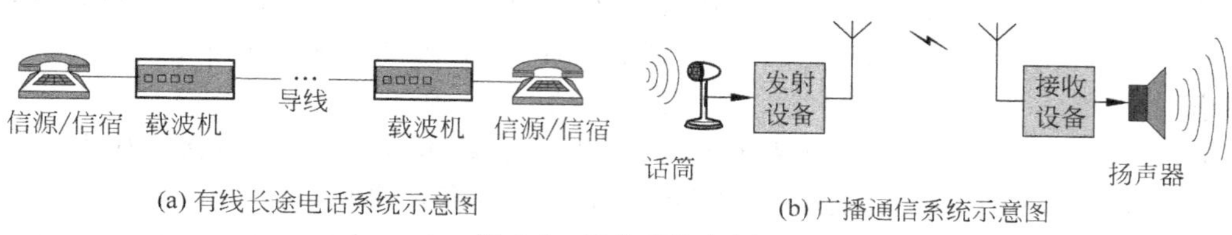

图 1-3 通信系统实例

信源——通信系统的起点，指能把欲传送的各种信息转换成原始电信号的设备或装置。根据信息的种类不同，信源可分为模拟信源和数字信源。模拟信源输出连续的模拟信号，如话筒（声音信息→音频信号）、摄像机（图像信息→视频信号）；数字信源则输出离散的数字信号，如电传机（键盘字符信息→数字信号）、计算机等各种数字设备。

注：所谓“音频信号”指频率在20Hz～20kHz频率范围内携带话音、音乐或音效信息的电信号；所谓“视频信号”指频率在0～6MHz频率范围内携带图像信息的电信号。

信宿——通信系统的终点，其功能与信源相反，指能把原始电信号（如上述的音频信号、视频信号、数字信号）还原成相应信息的设备或装置，如扬声器将音频信号还原成声音信息。

传输介质——能够传输电信号、光信号或无线电信号的物质。比如电缆、光纤、空间或大气。

发送设备——能将原始电信号变换为适合信道传输的信号的设备或装置。主要功能是使发送信号的特性和信道特性相匹配，能够抗干扰并且具有足够的功率以满足远距离传输的需要。因此，发送设备涵盖的内容较多，可能包含变换器、放大器、滤波器、编码器、调制器、复用器等功能模块。

接收设备——与发送设备作用相反，指能够接收信道传输的信号并将其转换为原始电信号的设备或装置。其主要功能是将信号放大和反变换（如译码、解调、解复用等），目的是从受到减损的接收信号中正确恢复出原始信号。

噪声和干扰——一切可能会影响有用信号的信号。噪声和干扰存在于信号传输的整个过程之中，为方便计，通常将全部噪声（干扰）集中体现在传输介质上，但并不意味着只有传输介质存在噪声和干扰。噪声通常是随机的，且形式多样，一般会干扰信号的传输（注意，图1-2中的噪声和干扰可以理解为是通信系统的一部分，因为在实际应用中，一个通信系统无法彻底消除噪声和干扰）。

图1-2模型概括地描述了一个通信系统的组成，反映了通信系统的共性。根据研究对象以及所关注问题的不同，图中各方框的内容和作用也会有所不同，从而形成不同形式的具体通信模型。

1.2.2 通信系统的分类

根据不同的标准，通信系统有多种分类。

1. 根据信道传输信号分类

通信系统按照传输信号种类不同可分为模拟通信系统和数字通信系统。

模拟通信是指以模拟信号携带模拟消息的通信过程或方式。其特征是信源和信宿处理的都是模拟消息，信道传输的是模拟信号。因此，**模拟通信系统**（analog communication system）**可以说是以模拟信号形式传输模拟消息的系统**（模型见图1-2），比如电话通信系统。

数字通信是指以数字信号携带模拟消息的通信过程或方式。其特征是信源和信宿处理的都是模拟消息，信道传输的是数字信号。因此，**数字通信系统**（digital communication system）**可以说是以数字信号形式传输模拟消息的系统**（模型见图1-4）。比如数字电话通信系统和移动通信系统（手机）。

从图1-4中可见，数字通信系统与图1-2的主要区别是多了信源编码（译码）和信道编码(译码)功能模块,而这正是数字通信系统的特点所在。通常信源编码完成的是将模拟消息(模拟信号)转换成数字信号的功能(信源译码功能相反);信道编码是将信源编码输出的数字信号(一般是经简单编码后的数字信号,通常用高电平表示1,低电平表示0)变成适合信道传输的码型(信道译码功能相反)。

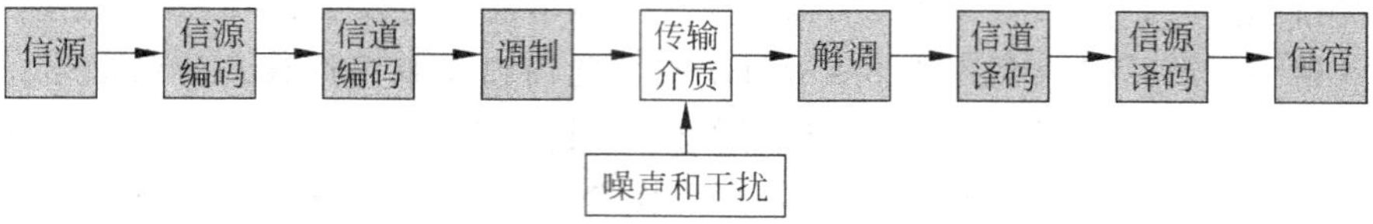

图 1-4 数字通信系统模型

随着计算机技术、网络技术和通信技术的发展和融合,一种新的通信技术——数据通信应运而生。数据通信是指以数字信号携带数据消息的通信过程或方式。其特征是信源和信宿处理的都是以数据形式出现的离散消息,信道传输的是数字信号。因此,**数据通信系统**(data communication system)**可以说是以数字信号形式传输数据消息的系统**。比如计算机与打印机之间的通信系统。这里的数据是指能够承载或记录信息的各种字母、数字、符号及其组合。通常,数据通信主要指计算机(或数字终端)之间的通信。

图 1-5 是三种通信系统(方式)的简单示意图。由于数据通信在信号传输上与数字通信大致相同,其携带的消息可以是离散消息也可以是经过 A/D 转换后的模拟消息,所以,从技术体制上看,通信技术仍然只分为模拟通信和数字通信两种。

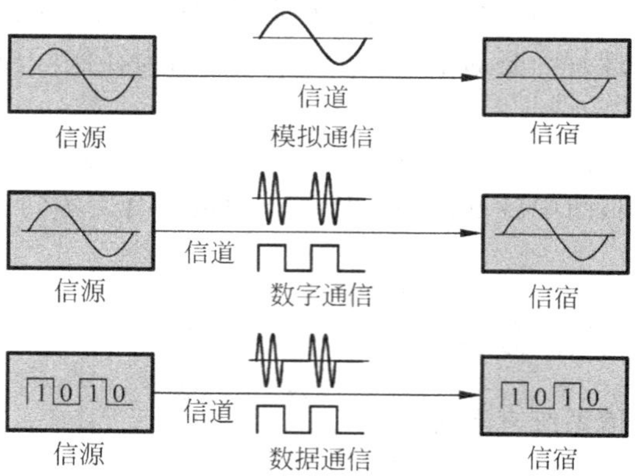

图 1-5 模拟/数字/数据三种通信系统示意图

电信号或光信号在传输时的一个主要特征是"衰减",即信号强度的减小。信号传输距离越长衰减越大,信号频率越高衰减越大;另一个特征是信号的波形发生畸变(主要由衰减和干扰引起)。高质量的模拟通信应该是衰减和畸变都比较小,但实际模拟通信系统很难满足人们对通信质量越来越高的指标要求。

数字通信产生的直接原因是为了提高模拟通信的质量。宏观上看,数字通信与模拟通信的主要差别体现在数字通信信宿接收到的信号质量更好。

模拟通信在信号传输上采用逐级"放大"方式,而数字通信多采用的是"再生"方式。比如,一队游客在导游的带领下,沿着窄小的山道拾阶而上。最前面的导游(信源)拿起话筒对着最后面的人(信宿)喊:"张先生,快跟上,别掉队!"这是模拟通信的信号传输方式;他也可以用传口令的方式让游客们依次将"张先生,快跟上,别掉队"的命令传下去,这就是数字通信的信号传输方式。图 1-6 是两种通信系统信号传输示意图。

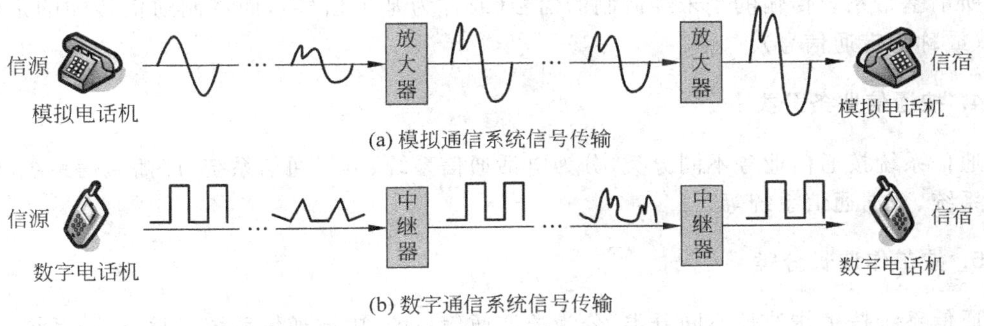

图 1-6　两种通信系统信号传输示意图

显然,从信息传输的角度上看,**模拟通信系统可认为是一种信号波形传输系统,而数字通信系统以及数据通信系统则是信号状态传输系统。**

数字通信具有以下特点。

(1) 抗干扰能力强。由于数字信号的取值个数有限(大多数情况只有"0"和"1"两个值),所以在传输过程中我们可以不太关心信号幅度的精确值或失真度,只注意一个值域即可(比如,3V 以上的信号认为是"1",3V 以下认为是"0")。同时,由于传输过程中继器可再生信号,故可以消除噪声积累。

(2) 便于进行信号加工与处理。由于信号可以存储,所以可以像处理照片一样(在技术允许的范围内)随意加工处理。

(3) 传输中出现的差错(误码)可以设法控制,提高了传输质量。

(4) 数字信息易于加密且保密性强。

(5) 能够传输话音、图像、图片、数据等多种消息,增加了通信系统的灵活性和通用性。

总之,数字通信的优点很多,但事物总是一分为二的。数字通信的许多好处是以增加信号带宽为代价的。比如,一路模拟电话信号的带宽为 4kHz,而一路数字电话信号大概要占 20～60kHz 的带宽,这说明数字通信的频带利用率低。尽管如此,数字通信仍将是未来通信的发展方向。

2. 按传输介质分类

通信系统按照传输介质不同,分为无线通信系统与有线通信系统。

利用无线电波、红外线、超声波、激光进行通信的系统统称为无线通信系统。广播系统、移动电话系统、传呼通信系统、电视系统等都是无线通信系统。而用导线(包括电缆、光缆和波导等)作为传输介质的通信系统就是有线通信系统,如市话系统、闭路电视系统、普通的计算机局域网等。

随着通信、计算机和网络技术的飞速发展,单纯的有线或无线通信系统越来越少,实际通信系统常常是"无线"中有"有线","有线"中有"无线"。因此,无论是作为科学知识还是专业学科,当代的无线通信、有线通信和计算机网络三者的关系都已变得密不可分。

3. 按调制与否分类

通信系统按调制与否可分为基带通信系统和调制通信系统。

所谓基带系统传输的是未经调制的信号(或称为基带信号),而调制通信传输的是已调信号(或称为带通信号)。

4. 按通信业务分类

通信系统按通信业务不同分类,分为电话通信系统、电报通信系统、广播通信系统、电视通信系统、数据通信系统等。

5. 按工作波长分类

通信系统按工作波长不同分类,分为长波通信系统、中波通信系统、短波通信系统、微波通信系统和光通信系统等。

一种通信系统可以分属不同的种类,比如我们熟悉的无线电广播既是中波通信系统(短波通信系统)、调制通信系统、模拟通信系统,也是无线通信系统。

无论怎样划分通信系统,都只是在信号处理方式、传输方式或传输介质等外在特征上做文章,其通信的实质并没改变,即大量、准确、快速、广泛、方便、经济、安全、长距离地传送信息。因此,在分析、研究、设计、搭建和使用一个通信系统时,只要抓住这个实质,就不会被系统复杂的结构、先进的技术和生僻的技术术语所迷惑。

1.3 通信方式

通信方式指通信双方(或多方)之间的工作形式和信号传输方式。它是通信各方在通信实施之前必须首先确定的问题。

根据不同的标准,通信方式也有多种分类。

按通信对象数量的不同,通信方式可分为点到点通信(即通信是在两个用户之间进行)、点到多点通信(一个用户和多个用户之间的通信)和多点到多点通信三种(多个用户和多个用户之间的通信),如图 1-7(a)所示。

根据信号传输方向与传输时间的不同,任意两点间的通信方式可分为以下三类。

(1) **单工通信**(Simplex):在任何一个时刻,信号只能从甲方向乙方单向传输,甲方只能发信,乙方只能收信。比如广播电台与收音机、电视台与电视机的通信(点到多点)、遥控玩具、航模(点到点)等均属此类。交通中,车辆沿单行道行驶可类比单工通信。

(2) **半双工通信**(Half-Duplex):在任何一个时刻,信号只能单向传输,或从甲方向乙方,或从乙方向甲方,每一方都不能同时收、发信息。比如对讲机之间的通信、过独木桥等均可类比半双工通信。

(3) **全双工通信**(Full-Duplex):在任何一个时刻,信号能够双向传输,每一方都能同时进行收信与发信工作。全双工以太网是典型的全双工通信实例。而大家所熟悉的电话通信在功能上具有全双工通信的特性,但在技术上不是采用收、发两个信道,而是利用消侧音技术克服双向传输的干扰。双向两车道的交通可类比全双工通信。

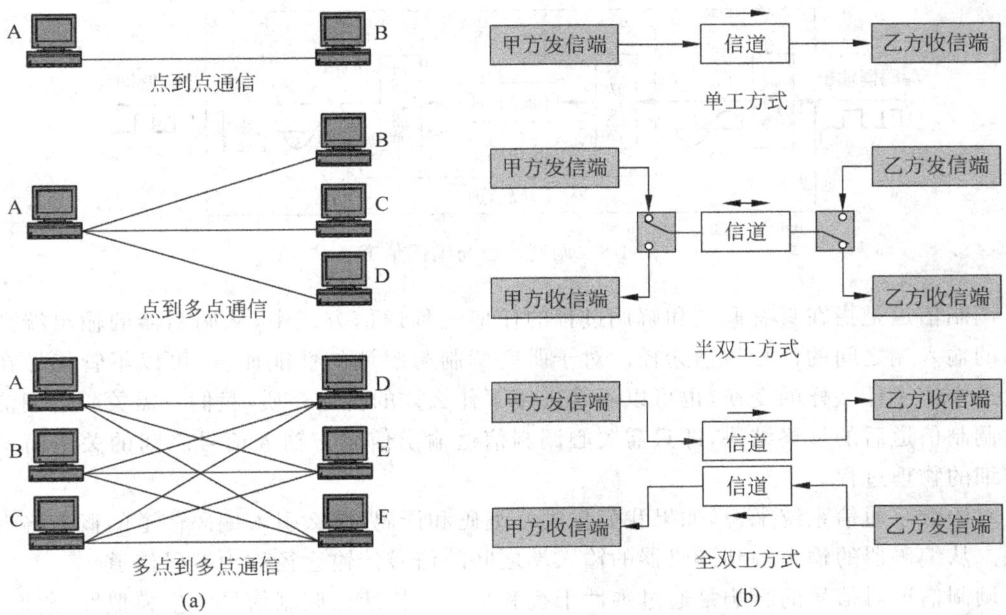

图 1-7　通信方式示意图

以上三种通信方式如图 1-7(b)所示。

按通信终端之间的连接方式可将通信方式划分为两点间直通方式和交换方式。直通方式是通信双方直接用专线连接；而交换式的通信双方必须经过一个称为交换机的设备才能连接起来，如电话系统。

在数据通信中，按数字信号传输的顺序，通信方式有串行通信与并行通信之分。按同步方式的不同，又分为同步通信和异步通信。

一种通信方式可以具有多类性，比如广播电视既是一种单工通信方式也是一种点到多点的通信方式。

1.4　信道和传输介质

1.4.1　信道的概念

信道就是信号传输或经过的途径，或者说，信道就是为信号提供的传输通道。这与交通中的“道路、铁道和天空”类似。

要完成通信过程，信号必须依靠传输介质传输，因此，传输介质被定义为狭义信道。另外，由于信号还必须经过很多设备（发送机、接收机、调制器、解调器、放大器等）进行各种处理，这些设备显然也是信号经过的途径，所以，把传输介质（狭义信道）和信号必须经过的各种通信设备统称为广义信道。

为了便于对模拟系统和数字系统的分析，从功能上把广义信道分为调制信道和编码信道，如图 1-8 所示。

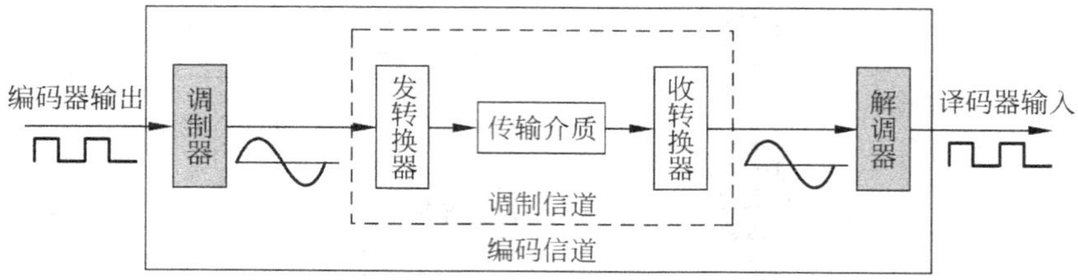

图 1-8　调制信道与编码信道

调制信道是指在具有调制和解调过程的任何一种通信方式中，从调制器的输出端到解调器的输入端之间的信号传输途径。对于研究调制与解调的性能而言，可以不管信号在调制信道中作了什么样的变换，也可以不管选用了什么样的传输介质，我们只需关心已调信号通过调制信道后的最终结果，即只需关心调制信道输出信号与输入信号之间的关系而不考虑详细的物理过程。

对于数字通信系统来说，如果我们仅关心编码和译码，那么引入编码信道的概念将十分方便。从编码器的输出端到译码器的输入端之间的信号传输途径称为编码信道。

调制信道对信号的影响是通过乘性干扰和加性干扰使已调制信号发生模拟性(波形上)的变化；而编码信道对信号的影响则是一种数字序列的变换，即把一种数字序列变成另一种数字序列(产生误码)。虽然编码信道与调制信道在形式上对通信的影响有明显的不同，但本质上都是信息失真，或者说都影响通信的可靠性和准确性。

为了便于理解，把传输模拟信号的信道称为模拟信道(模拟信号经过的途径)，把传输数字信号的信道称为数字信道(数字信号经过的途径)。因此，有时把调制信道看成一种模拟信道，而把编码信道看成一种数字信道。模拟信道和数字信道都在广义信道的范畴之中。

从图 1-8 可见，编码信道包含调制信道，故它要受调制信道的影响。不过，从编码和译码的角度来看，这个影响已反映在解调器的输出数字序列中，即输出数字将以某种概率发生差错。显然，若调制信道特性越差、加性干扰越严重，则数字信息出现错误的概率也越大。

1.4.2　传输介质

传输介质(通信介质)指的是可以传播(传输)电信号(光信号)的物质，主要分为有线介质和无线介质。从通信系统的角度上看，传输介质就是连接通信双方收、发信设备并负责信号传输的物质(物理实体)。

在现有的通信系统(包括计算机网络)中，用于信号传输的物理介质有很多种，每一种介质的带宽、时延、损耗、抗干扰能力、费用以及安装维护难度等特性都各不相同。下面简要介绍几种常用的传输介质。

1. 有线介质

有线介质通常指双绞线、同轴电缆、架空明线、多芯电缆和光纤(类比铁轨、公路)。

(1) 双绞线(Twisted Pair)：又称为双扭线，它是由若干对且每对有两条相互绝缘的铜导线按一定规则绞合而成。采用这种绞合结构是为了减少对邻近线对的电磁干扰。为了进一步提高双绞线的抗电磁干扰能力，还可以在双绞线的外层再加上一个用金属丝编织而成的屏蔽层。根据双绞线是否外加屏蔽层,它又可分为屏蔽双绞线 STP(Shield Twisted Pair)和非屏蔽双绞线 UTP(UnShield Twisted Pair)两类(如图 1-9 所示)。

图 1-9 双绞线示意图

双绞线既可用于模拟信号传输,也可用于数字信号传输,其通信距离一般为几到十几千米。导线越粗,通信距离越远(衰减越小),但导线价格也越高。由于双绞线的性价比相对其他传输介质要高,所以应用十分广泛。

(2) 同轴电缆(Coaxial Cable):同轴电缆由内导线铜质芯线(单股实心线或多股绞合线)、绝缘层、网状编织的外导体屏蔽层以及保护塑料外层所组成(如图 1-10 所示)。同轴电缆的这种结构使其具有高带宽和较好的抗干扰特性,并且可在共享通信线路上支持更多的站点。按特性阻抗数值的不同,同轴电缆可分为 50Ω 的基带同轴电缆和 75Ω 的宽带同轴电缆两种。

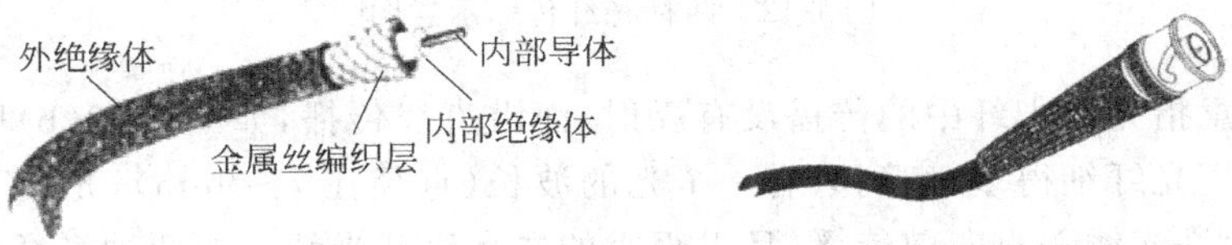

(a) 同轴电缆 (b) 带连接器的同轴电缆

图 1-10 同轴电缆结构示意图

一条基带同轴电缆只支持一个信道,传输带宽为 1～20Mb/s。它能够以 10Mb/s 的速率把数字基带信号传输 1～1.2km 远。

宽带同轴电缆支持的带宽为 300～450MHz,可用于宽带数据信号的传输,传输距离可达 100km。所谓宽带数据信号传输是指可利用多路复用技术在宽带介质上进行多路数据信号的传输。它既能传输数字信号,也能传输诸如话音、视频等模拟信号,是综合服务宽带网的一种理想介质。

(3) 光纤(Optical Fiber):光导纤维(简称光纤)是光纤通信系统的传输介质。由于可见光的频率非常高,约为 10^8MHz 的量级,所以,光纤通信系统的传输带宽远远大于其他各种传输介质的带宽,是目前最有发展前途的有线传输介质。

光纤呈圆柱形,由芯、封套和外套三部分组成(如图 1-11 所示)。芯是光纤最中心的部分,它由一条或多条非常细的玻璃或塑料纤维线构成,每根纤维线都有它自己的封套。由于这一玻璃或塑料封套涂层的折射率比芯线低,从而可使光波保

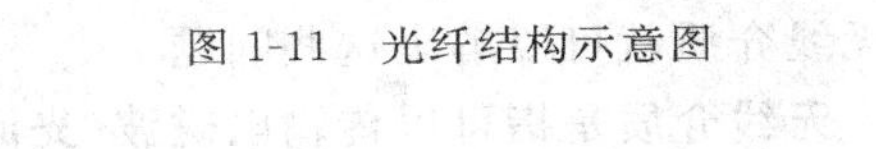

图 1-11 光纤结构示意图

持在芯线内。一束或多束有封套纤维的外套由塑料或其他材料层构成，以防止外部的潮湿气体侵入，并可防止磨损或挤压等伤害。

根据传输数据的模式不同，光纤可分为多模光纤和单模光纤两种。

多模光纤意指光在光纤中可能有多条不同角度入射的光线在一条光纤中同时传播，如图 1-12(a)所示。这种光纤所含纤芯的直径较粗，其范围是 50～100μm。光线在多模光纤中传输时因入射角的不同，会导致不同的光线行进的距离不同，即光线在光纤中传输的时间不一样。由此产生的一个结果是，输入的光脉冲在光纤的输出端离开时可能会有些扩散(或色散)，从而导致光脉冲的波形失真。

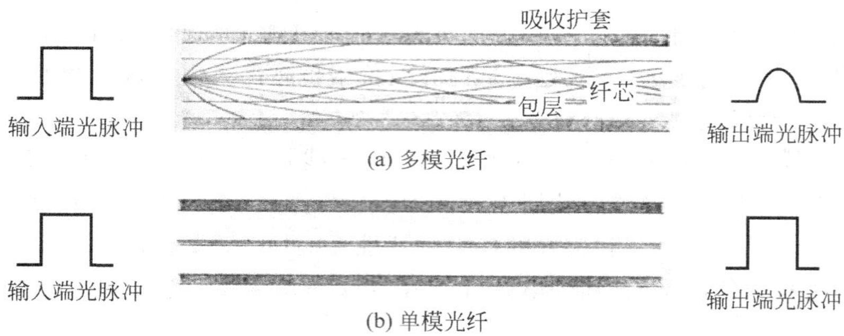

图 1-12　两种光纤传输示意图

单模光纤意指光在光纤中的传播没有反射，而沿直线传播，如图 1-12(b)所示。这种光纤的直径比多模光纤细得多，细到只有一个光的波长(直径在 7～9μm)，光线不能在纤芯中反射传播，只允许光线一直向前传播，且以很小的失真离开光纤。这两种光纤的性能比较见表 1-1。

光纤不易受电磁干扰和噪声影响，可进行远距离、高速率的数据传输，而且具有很好的保密性能。但是，光纤的衔接、分岔比较困难，一般只适应于点到点或环形连接。

表 1-1　单模光纤与多模光纤的比较

项　　目	单 模 光 纤	多 模 光 纤
距离	长	短
数据传输率	高	低
光源	激光	发光二极管
信号衰减	小	大
端接	较难	较易
造价	高	低

2. 无线介质

如果通信要经过一些高山、岛屿、沼泽、湖泊、偏远地区或穿过鳞次栉比的楼群时，用有线介质铺设通信线路会非常困难；另外，有线传输也无法满足人们对移动通信的要求，而采用无线介质就可以解决这些问题。

无线介质是指可以传输电磁波(光波和无线电波)、超声波等无线信号的空间或大气。

在光波中，红外线、激光是常用的信号类型，前者广泛地用于短距离通信，如电视、录像机、空调器等家用电器使用的遥控装置；后者可用于建筑物之间的局域网连接；超声波信号主要用于工业控制与检测中，如液位检测、距离检测等。

由于无线电波容易产生，传播距离远，能够穿过建筑物，而且既可以全方向传播，也可以定向传播，所以绝大多数无线通信都采用无线电波作为传输信号，即无线电信号。

频率的概念大家并不陌生，在电信领域**把一个信号单位时间变化的周期数称为该信号的频率，用单位"赫兹(Hz)"表示**。亨利希·鲁道夫·赫兹是一位德国物理学家，他的研究导致了无线电波(电磁波)的发现，论证了电磁波以光速传播，得出无线电波是电磁辐射的一种形式的重要结论。为纪念他的杰出贡献，人们用他的名字作为频率的单位。

为了合理、充分地利用无线电频率资源，根据频率高低的不同(波长的不同)，人们将无线电波分为 9 个大波段(见表 1-2)。因为不同频率(波长)电磁波的传播特性各异，所以其应用场合也不尽相同。根据物理概念，波长指一个周期信号两个相邻波峰(波谷)之间的距离，在通信中指电信号(光信号)在一个周期内传播的距离，通常用 λ 表示。波长(米)、频率(赫兹)、光速(3×10^8 m/s)三者满足公式 $\lambda=\frac{c}{f}$。

表 1-2　频率资源划分表

频段名称	频率范围	波长范围	波段名称	传输介质	用　途
甚低频(VLF)	3Hz～30kHz	10^4～10^8m	甚长波	有线线对长波无线电	音频、电话、数据终端、长距离导航、时标
低频(LF)	30～300kHz	10^3～10^4m	长波		导航、信标、电力线通信
中频(MF)	300kHz～3MHz	10^2～10^3m	中波	同轴电缆中波无线电	调幅广播、移动陆地通信、业余无线电通信
高频(HF)	3～30MHz	10～10^2m	短波	同轴电缆短波无线电	移动无线电话、短波广播、军用定点通信、业余无线电通信
甚高频(VHF)	30～300MHz	1～10m	超短波	同轴电缆米波无线电	电视、调频广播、空中管制、车辆通信、导航
特高频(UHF)	300MHz～3GHz	10cm～1m	微波	波导分米波无线电	电视、空间遥测、雷达导航、点对点通信、移动通信专用短程通信、微波炉、蓝牙技术
超高频(SHF)	3～30GHz	1～10cm		波导厘米波无线电	微波接力、雷达、卫星和空间通信、专用短程通信
极高频(EHF)	30～300GHz	1mm～1cm		波导毫米波无线电	微波接力、雷达、射电天文学
紫外线、红外线、可见光	10^5～10^7GHz	3×10^{-6}～3×10^{-4}cm	光波	光纤激光空间传播	光通信

无线电波的传播方式主要有地面波传播、天波传播、地-电离层波导传播、视距传播、散射传播、外大气层及行星际空间电波传播等几种。

(1) 地面波传播：即无线电波沿地球表面传播。地面波在传播过程中，其场强因大地吸收会衰减，频率愈高则衰减愈大。长波、中波由于频率低，加上绕射能力强，所以利用这种传播可以实现远距离通信。地波传播受气季节、昼夜变化影响小，信号传输比较稳定。

(2) 天波传播：是利用电离层对电波的一次或多次反射进行的远距离传播，是短波的主要传播方式。中波只有在夜间才能以天波形式传播。天波传播存在着严重的信号衰落现象。所谓电离层是大气中具有离子和自由电子的导电层。

(3) 地-电离层波导传播：是指电波在从地球表面至低电离层下缘之间的球壳形空间(地-电离层波导)内的传播。长波、甚长波在该波导内能以较小的衰减传播数千千米，且受电离层扰动影响小，传播稳定，故可用于远距离通信。

(4) 视距传播：由发射天线辐射的电波像光线一样直线传到接收点的传播方式称为直射波传播；而由发射天线发射、经地面反射到达接收点的传播方式称为大地反射波传播。视距传播是这两种传播方式的统称，在接收点所接收的电波一般是直射波与大地反射波的合成。视距传播的距离一般为 20～50km，主要用于超短波及微波通信。

(5) 散射传播：是利用对流层或电离层介质中的不均匀体或流星余迹对无线电波的散射作用而进行的传播。

(6) 外大气层及行星际空间电波传播：是以宇宙飞船，人造地球卫星或星体为对象，在地-空，空-空之间进行的电波传播。卫星通信利用的就是这种传播方式。

上述传播方式示意见图 1-13。

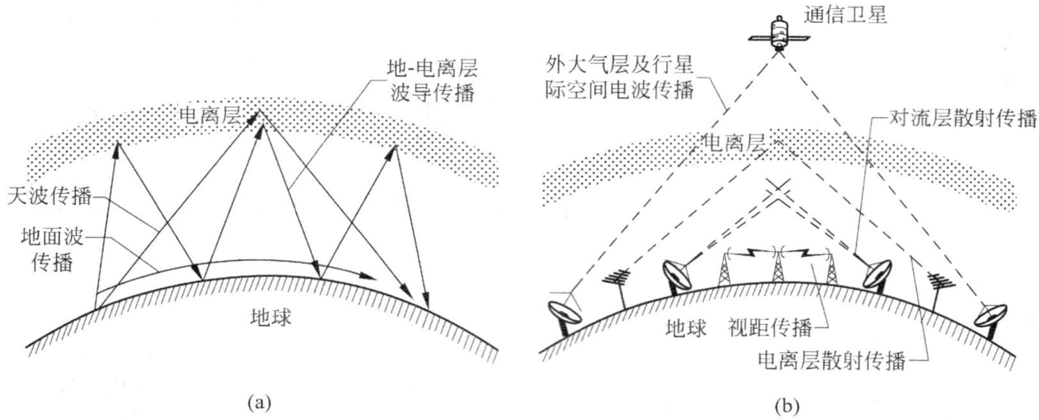

图 1-13　无线电波传播方式示意图

1.5 信号与噪声

1.5.1 信号的定义与分类

通信是信息的空间传递，但必须以信号的传输为前提。

一切与电有关的通信(我们称之为电通信)都是把信息转化为电压、电流或无线电波等信号形式，再利用各种传输手段将这些信号进行传输；而光通信则是以光波作为信息的载体；另外，古时的烽火、抗战年代的消息树、军队中的冲锋号、信号弹、信号灯与信号旗等都是反映某些信息的信号实例。

对上述各种信号进行抽象与概括，我们给出一般信号(signal)的定义：**信号是消息的物理载体，通常以某种客观物理量、客观现象、符号或语言文字等形式表现出来。信号必须具有可观测性、可变化性，而用于通信的信号还必须具有可控制性。**

我们知道，信息的最终使用者是人或与之相关的机器设备，作为信息的载体，信号必须能被人的视觉、听觉、味觉、嗅觉或触觉感受到，或被机器设备检测到，否则就失去了信息传输的意义；而信号如果不可变，则无法携带丰富多彩的信息；最后，信号必须能够通过物理方法产生或实现。比如，打雷和闪电具有信号的前两个性质，但它们无法由人控制、产生，因此不能作为通信用信号。

对于电通信系统而言，信号可定义为：**能够携带消息的电压、电流、电荷和无线电波统称为电信号**。而能够携带消息的光波称为光信号。

信号可以类比卡车，消息就是卡车上的集装箱，而信息则是集装箱中的货物。

根据不同标准，信号有多种形式和种类。

(1) 根据信号来源不同，信号可分为自然信号和人工信号。比如打雷、闪电、地震波、生物电等由自然现象产生的信号就是自然信号。自然信号通常携带有人们感兴趣的信息，比如，气象、地质、自然灾害、物质结构、物质特性等，人们可以利用各种传感器“采集”自然信号，进而进行处理和分析。由人为方式产生的电压、电流等信号就是人工信号。

(2) 根据消息载体的不同，把信号可分为电信号和光信号两大类。电信号主要包括电压信号、电流信号和电磁波(无线电)信号等；而光信号则是利用光亮度的强弱或有无来携带信息。

(3) 按直接携带信息的类别不同，信号主要可分为声音(音频)信号、活动图像(视频)信号和数据信号等。音频信号指频率在20Hz～20kHz内的直接携带语音或话音、音乐和各种声效的电信号，其中话音信号特指频率在300Hz～3.4kHz的电话专用电信号。视频信号指直接携带活动图像信息的0～6MHz的电信号。数据信号指携带0、1数据的数字电信号(通常以电脉冲串形式出现)，它不能直接携带信息，需要利用编码技术将各种离散消息(数字、文字、符号、图片等)和经过模数转换的模拟消息(声音或图像等)赋予0、1数据串。

(4) 根据信号频谱位置的不同或是否经过调制，可将信号分成基带信号和带通(已调)信号。通常，把频谱最低值 f_L 小于频谱宽度 $B=f_H-f_L$ 的信号或不经过调制的信号称为基带信号；而把 f_L 大于频谱宽度 $B=f_H-f_L$ 的信号或经过调制的信号称为带通(已调)信号。基带信号一般直接携带信息(比如音频和视频信号)，接收到信号也就收到了信息；而带通(已调)信号虽然也携带信息，但接收端必须对接收到的信号进行解调处理才能还原原始信息(比如收音机收到的无线电信号)。典型的基带信号通信系统是单位内部的有线广播，扬声器可直接将基带信号，即语音播放出来；典型的带通信号通信系统是无线电广播，收音机收到的信号是已调信号，虽然它也包含语音信息，但不能直接通过扬声器播放出来，必须经过解调才行。

(5) 按信号外在表现的特征可分为模拟信号和数字信号两大类。

模拟信号：参量(因变量)取值随时间(自变量)的连续变化而连续变化的信号，如图1-14(a)所示。时间轴 t 上的任意一点都对应有 y 轴上的一个确定值。通俗地讲，波形为连续曲线的信号就是模拟信号。模拟信号的主要特点是在其出现的时间内具有无限个可能的取值，正是这一特点使得模拟信号难以存储。现实生活中模拟信号的例子很多，如通过电话机的话筒转换出来的语音信号及其经过调制的 AM 信号等。

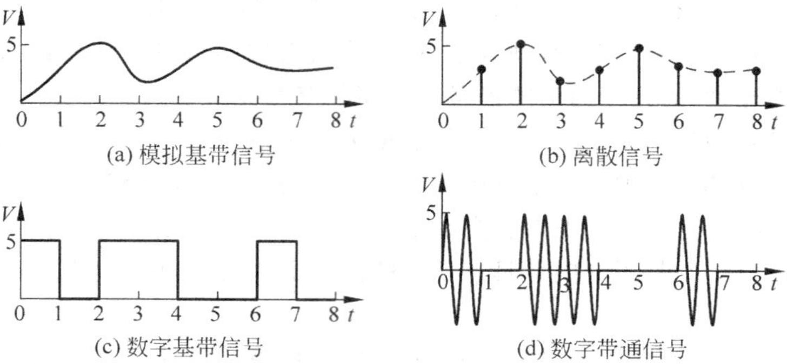

图 1-14　三种信号示意图

离散信号：在时间上取离散值的信号。从图 1-14(b)可见，t 取 0、1、2、3 等离散值，而 y 的取值随函数的关系而定，即为离散自变量所对应的函数值，是多少就是多少，没有做任何限制，可以连续，也可以离散。它与模拟信号的主要区别是自变量的取值不连续。

数字信号：在“信号与系统”课程中我们知道，自变量离散，因变量取值个数有限的信号叫数字信号。在通信领域，除了这种常见的具有高低两种电平被叫做数字基带信号的数字信号外，还有一种以模拟信号形式出现，携带数字消息的数字信号，我们称之为数字带通信号，如后面要讲到携带“0”、“1”数据的 ASK、FSK 和 PSK 等。可见，“信号与系统”课程中数字信号的定义就不够宽泛了，因此，在通信领域，我们定义：

用参量的有限个取值携带数字消息的信号叫做数字信号。

这里的参量指信号的幅度、频率和相位等。按照这个定义，数字信号包含数字基带信号和数字带通信号两种(见图 1-14(c)和图 1-14(d))。通常，若不加说明，数字信号多指数字基带信号，一般以电脉冲序列的形式出现。

需要说明的是，按“信号与系统”中的定义，数字基带信号的波形应该是谱线形式，而常见的数字基带信号波形是连续的(跳变点除外)，其自变量 t 并不离散，这如何解释呢？其实，让波形连续有利于传输，因为在实际传输时，需要在规定时刻对波形抽样，如果样值在一段时间内存在，则抽样时刻就不必非常精确，否则，很容易漏抽。另外，一旦抽样成功，则只有抽样时刻的信号值是有用的，其余时间的信号值没有用处，在这个意义上讲，自变量是离散的。这也就是为什么说模拟通信是“波形通信”，而数字通信是“状态传输”的原因。

因为数字信号的可能取值是事先确定且个数有限的，所以可方便地用存储器存储起来，而这正是数字信号与模拟信号的本质区别之所在，数字通信的很多优点都是基于数字信号的这一特征而存在。

(6) 按传输介质不同，信号可分为有线信号和无线信号。通过导线(电缆)或光缆进行传输的信号叫有线信号，如电话信号、有线电视信号；利用无线电波、激光、红外线等在空间介质中进行传输的信号叫无线信号，如广播和电视信号。

(7) 按信号变化特点不同，信号可分为周期信号和非周期信号。

周期信号：信号的变化按一定规律重复出现的信号。用数学语言描述就是：

$$f(t) = f(t \pm nT) \quad n = 0,1,2,\cdots$$

非周期信号：不是周期信号的所有信号。

(8) 信号根据信号的变化规律可分为确知信号和随机信号。确知信号的变化规律是已知的，比如正弦型信号、指数信号等；随机信号的变化规律是未知的，比如打电话时的语音信号、电视节目中的图像信号还有一些噪声等。

当然，按不同的性质与要求，对信号还可进行其他分类，比如功率信号和能量信号等，限于篇幅与大纲要求，在此我们不一一讨论。

1.5.2 噪声的定义与分类

噪声(noise)，是我们生活中出现频率颇高的一个词，也是通信领域中与信号齐名的高频度术语。但通信领域中所谓的噪声不同于我们所熟悉的以音响形式反映出来的各种噪声，如交通噪声、风声、雨声、人们的吵闹声、建筑工地的机器轰鸣声等，它其实是一种不携带有用信息的电信号，是对有用信号以外的一切信号的统称。概括地讲，**不携带有用信息的信号就是噪声**。显然，噪声是相对于有用信号而言的。一种信号在某种场合是有用信号，而在另一种场合就有可能是噪声。比如，摇滚乐在音乐厅对听众而言是一种精神享受，而在居民区却可能是扰人学习或睡眠的噪声。

根据来源的不同，噪声可分为自然噪声、人为噪声和内部噪声。自然噪声是指存在于自然界的各种电磁波，如闪电、雷暴及其他宇宙噪声。人为噪声来源于人类的各种活动，如电焊产生的电火花、车辆或各种机械设备运行时产生的电磁波和电源的波动，尤其是为某种目的而专门设置的干扰源(如下述的电子对抗)。内部噪声指通信系统设备内部由元器件本身产生的热噪声、散弹噪声及电源噪声等。

根据噪声的表现形式可分为单频噪声、脉冲噪声和起伏噪声。

(1) 单频噪声是一种以某一固定频率出现的连续波噪声，如 50Hz 的交流电噪声。

(2) 脉冲噪声是一种随机出现的无规律噪声，如闪电、车辆通过时产生的噪声。

(3) 起伏噪声主要是内部噪声，由于它普遍存在且对通信系统有着长期的影响，因此是噪声研究的主要对象。

起伏噪声是一种随机噪声，对它的研究必须运用概率论和随机过程知识。元器件本身产生的热噪声、散弹噪声都可看成无数独立的微小电流脉冲的叠加，它们是服从高斯分布的，即热噪声、散弹噪声都是高斯过程。为研究方便，我们称这类噪声为高斯噪声。

除了用概率分布描述噪声的特性外，还可用功率谱密度加以描述。若噪声的功率谱密度在整个频率范围内都是均匀分布的，即称其为白噪声。原因是其谱密度类似于光学中包含所有可见光光谱的白色光光谱。不是白色噪声的噪声称为带限噪声或有色噪声。通常把统计特性服从高斯分布、功率谱密度均匀分布的噪声称为高斯白噪声。图 1-15 是噪声实例。

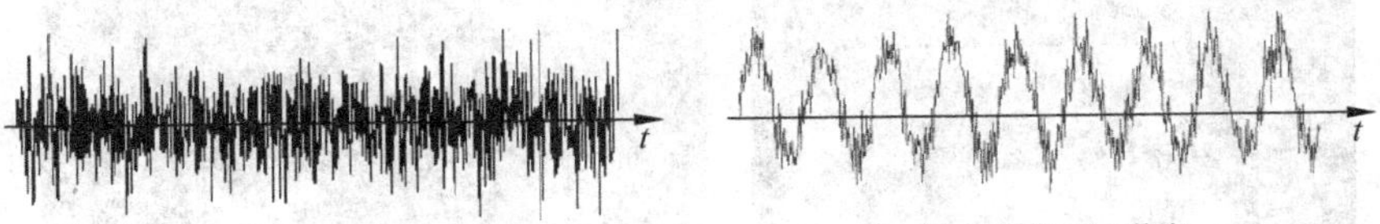

(a) 热噪声　　(b) 正弦信号+噪声

图 1-15　噪声实例

与噪声紧密相关的一个概念是干扰(disturb)。**干扰是一种电信号，是一种由噪声引起的对通信产生不良影响的效应**。干扰通常指来自通信系统内、外部的噪声对接收信号造成的骚扰或破坏。或者说在接收所需信号时，由非所需能量造成的扰乱效应。比如我们通过收音机正在收听一个电台的新闻，忽然有一个其他台的音乐窜了进来，这个音乐影响了收听新闻，因此，它就是一种干扰。从信息接收者的角度上看，干扰是一件坏事，应尽量避免和消除。但在军事上却有一种叫做“电子对抗”的技术专门制造和产生各种干扰，以破坏敌方的各种通信，借以取得战争的主动权。

信号在通信系统中传输时，会受到以下两类干扰。

第一类干扰是由系统或信道本身特性不良而造成的。比如，因各种线性、非线性畸变，交调畸变和衰落畸变等系统不良特性对信号的干扰。这类干扰可类比为道路因坡度、弯度、平整度等道路本身特性不良而对交通带来的不利影响。

第二类干扰是指由通信系统内部和外部噪声(信道噪声)对接收信号造成的骚扰或破坏，或者说在接收所需信号时，由非所需能量造成的扰乱效应。比如导线内部的热噪声和系统外部的雷电噪声都会干扰通信，影响通信质量。这类干扰可用车道中的人力车、畜力车及横穿马路的行人或突降的雨雪对行车的影响类比。

根据噪声(干扰)在信道中的表现形式，通常分为乘性噪声(干扰)和加性噪声(干扰)两类。比如，对于一个实际信道，若设信道输入信号为 $v_i(t)$，输出信号为 $v_o(t)$，则信道输入与输出的关系可用式描述：

$$v_o(t) = f[v_i(t)] + n(t) \tag{1.5-1}$$

式中，$f[v_i(t)]$表示信道对输入信号的变换作用(或影响)，或者说是输入信号 $v_i(t)$通过信道发生变化后的波形。“f”表示某种变换(函数)关系。为讨论方便，假设 $f[v_i(t)]$可表示为 $k(t)v_i(t)$，则式(1.5-1)就变成：

$$v_o(t) = k(t)v_i(t) + n(t) \tag{1.5-2}$$

式中，$k(t)$和 $n(t)$都表示一种信道噪声(或干扰)，由于 $k(t)$与 $v_i(t)$相乘，所以叫做乘性噪声(干扰)，也就是上述的第一类干扰；$n(t)$与 $v_i(t)$是相加的关系，因此称为加性噪声(干扰)，即上述的第二类干扰。这样我们就把不同信道对信号的干扰抽象为乘性和加性两种。

从抗干扰的角度上讲，所谓信道不同，其实质就是 $n(t)$和 $k(t)$的不同。从信号传输的角度上看，不同信道的差异就在于传输方式(有线或无线)、传输损耗和频响特性的不同。

抗干扰是通信系统所研究的主要问题之一，除了在理论与方法上寻求解决之外(比如角调制比幅度调制抗干扰性好，数字通信系统比模拟通信系统抗干扰性好)，在实用技术上也有很多措施(比如屏蔽、滤波等)。如果用交通类比的话，道路两边加装封闭式护栏可比喻为“屏蔽”；道路入口处的限高栏、限宽锥筒可起到“滤波”作用，如图 1-16 所示。

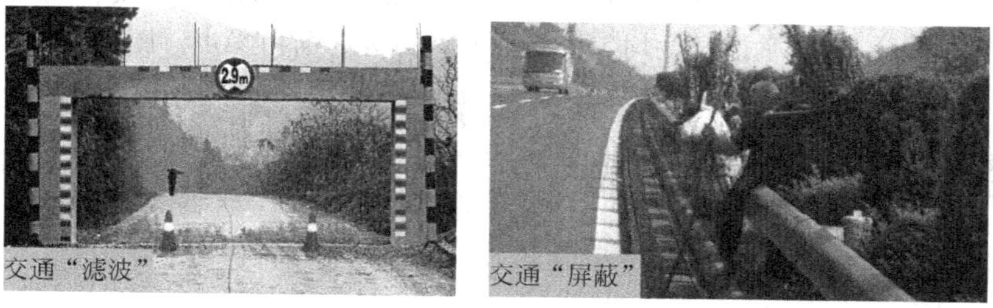

图 1-16　交通“滤波”、“屏蔽”实例

现在很多通信、电子设备(包括网络设备)都有一项很重要的技术指标——电磁兼容性EMC(Electromagnetic Compatibility),俗称抗电磁干扰,就是指该设备在预定的工作环境下,既不受外界电磁场的影响,也不影响周围的环境,按设计要求正常工作的能力。

1.6 信号频谱与信道通频带

我们已经知道,通信实际上就是信号在信道中的传输过程。而信号在信道中要不失真地传输,必须满足一个必要条件——信道通频带要大于信号频谱带宽。本节就向大家介绍通信理论中的两个重要的概念——信号频谱和信道通频带。

通常,我们习惯于在时间域(简称时域)考虑问题,研究函数(信号)幅度(因变量)与时间(自变量)的关系。而在通信领域我们常常需要了解信号幅度和相位与频率(自变量)之间的关系。即要在频率域(简称频域)中研究信号。信号在时域和频域里的特性是不同的,其研究方法也不一样,下面分别对周期信号和非周期信号的频域特性进行研究和讨论。

这里需要声明两点,一是为方便起见,在谈论信号频率的时候,不严格区分频率 f 和角频率 ω。二是在数学概念上的函数,给它赋予物理意义,称之为信号。

1.6.1 周期信号的频谱

在高等数学中我们学过傅里叶级数,其内容是:任意一个满足狄利克雷条件的周期信号 $f(t)$(实际工程中的周期信号一般都满足)可用三角函数信号的线性组合来表示,即:

$$f(t)=a_0+\sum_{n=1}^{\infty}(a_n\cos n\,\omega_0 t+b_n\sin n\,\omega_0 t) \tag{1.6-1}$$

其中

$$a_0=\frac{1}{T_0}\int_{-T_0/2}^{T_0/2}f(t)\,\mathrm{d}t \tag{1.6-2}$$

$$a_n=\frac{2}{T_0}\int_{-T_0/2}^{T_0/2}f(t)\cos n\,\omega_0\,\mathrm{d}t \tag{1.6-3}$$

$$b_n=\frac{2}{T_0}\int_{-T_0/2}^{T_0/2}f(t)\sin n\,\omega_0\,\mathrm{d}t \tag{1.6-4}$$

n 为正整数,$T_0=\frac{2\pi}{\omega_0}$是 $f(t)$的周期。

将式(1.6-1)中同频率正弦项和余弦项合并,有

$$f(t)=c_0+c_1\cos(\omega_0 t+\varphi_1)+c_2\cos(2\omega_0 t+\varphi_2)+\cdots=c_0+\sum_{n=1}^{\infty}c_n\cos(n\omega_0 t+\varphi_n) \tag{1.6-5}$$

其中

$$c_0=a_0 \tag{1.6-6}$$

是直流分量幅值。

$$c_n=\sqrt{a_n^2+b_n^2}\quad(n=1,2,\cdots) \tag{1.6-7}$$

是第 n 次分量的幅值。

$$\varphi_n=-\operatorname{arctg}\frac{b_n}{a_n}\quad(n=1,2,\cdots) \tag{1.6-8}$$

是第 n 次分量的相位值。

式(1.6-5)表明任何满足狄利克雷条件的周期函数可分解为直流和各次谐波分量之和。其中,第一项 c_0 是常数项,它是 $f(t)$ 在一周期内的平均值,表示周期信号所具有的直流分量。式中第二项 $c_1\cos(\omega_0 t+\varphi_1)$ 称为基波或一次谐波,它的角频率与周期信号的角频率相同,c_1 是基波振幅,φ_1 是基波初相角。式中第三项 $c_2\cos(2\omega_0 t+\varphi_2)$ 称为二次谐波,它的频率是基波频率的二倍,c_2 是二次谐波振幅,φ_2 是二次谐波初相角。以此类推,还有 3 次、4 次等谐波。$c_n\cos(n\omega_0 t+\varphi_n)$ 称为 n 次谐波,c_n 是 n 次谐波振幅,φ_n 是其初相角。

式(1.6-5)的物理意义就是一个周期信号可近似用一直流分量和以其频率(周期的倒数)为基频的有限次谐波(正弦型信号)的线性叠加表示。假设有一个周期性方波如图 1-17(a)虚线所示,其表达式可用式(1.6-5)表示。那么,在式(1.6-5)中,我们分只取基波、只取到 3 次谐波、只取到 5 次谐波和只取到 7 次谐波 4 种情况画出信号的波形,见图 1-17(a)~(d)所示。可见谐波次数取得越高,近似程度越好。由此得出结论,**基波决定信号波形的大体形状,谐波改变信号波形的"细节"**。

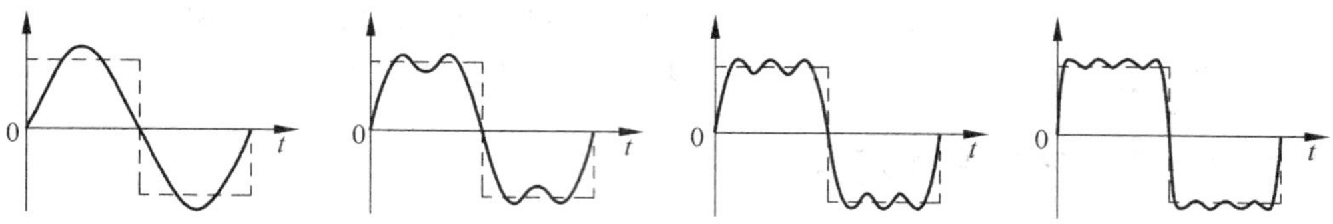

(a) 原始方波和基波　(b) 基波+3次谐波　(c) 基波+3次谐波+5次谐波　(d) 基波+3次谐波+5次谐波+7次谐波

图 1-17　对称方波谐波示意图

需要强调的是,若把图 1-17 反过来理解,就是低通滤波的概念。比如对于信号(d),若用低通滤波器将 7 次谐波滤掉,就会得到信号(c);若将所有谐波滤掉,就得到基波信号(a)。也就是说,低通滤波可以去除高频纹波或抖动,起到圆滑波形的作用。

由《电工学》中的正弦交流电知识可知三角函数与复指数函数之间满足根据欧拉公式:

$$\cos n\omega_0 t=\frac{e^{jn\omega_0 t}+e^{-jn\omega_0 t}}{2} \tag{1.6-9}$$

$$\sin n\omega_0 t=\frac{e^{jn\omega_0 t}-e^{-jn\omega_0 t}}{2j} \tag{1.6-10}$$

将式(1.6-9)、式(1.6-10)代入式(1.6-5),经整理得到:

$$f(t)=\sum_{n=-\infty}^{\infty}F(n\omega_0)e^{jn\omega_0 t} \tag{1.6-11}$$

$$F(n\omega_0)=\frac{1}{T_0}\int_{-T_0/2}^{T_0/2}f(t)e^{-jn\omega_0 t}dt \tag{1.6-12}$$

式(1.6-11)是傅氏级数的复指数表达形式,表明一个周期信号可以由无穷个复指数信号线性叠加而成。

式(1.6-12)表明 $F(n\omega_0)$ 是一个以离散变量 $n\omega_0$ 为自变量的复变函数,具有实部和虚部,即:

$$F(n\omega_0)=|F(n\omega_0)|e^{j\varphi(n\omega_0)} \tag{1.6-13}$$

从式(1.6-11)可以看出,$F(n\omega_0)$ 反映了 $f(t)$ 在频域上各次谐波的幅值大小和相位多少，因此，把 $F(n\omega_0)$ 称为 $f(t)$ 的频谱函数，其实部称为幅频函数，虚部称为相频函数，如式(1.6-13)所示。因此，任何一个周期信号都可用与其唯一对应的频谱函数来描述。$f(t)$ 描述的是信号与时间的关系，而 $F(n\omega_0)$ 描述的是信号各次谐波的幅值、相位与频率之间的关系。另外，不难推出 $F(n\omega_0)$ 与 c_n 的关系为：

$$|F(0)| = c_0$$

$$|F(n\omega_0)| = \frac{1}{2}c_n, \quad \text{当 } n \neq 0$$

$$\varphi(n\omega_0) = \varphi_n = -\operatorname{arctg}\frac{b_n}{a_n}$$

在图形上，$F(n\omega_0)$ 为双边谱，c_n 为单边谱，双边幅频谱的幅值是单边谱的一半。

【例题 1-1】　求图 1-18 所示的周期矩形脉冲信号的频谱函数。

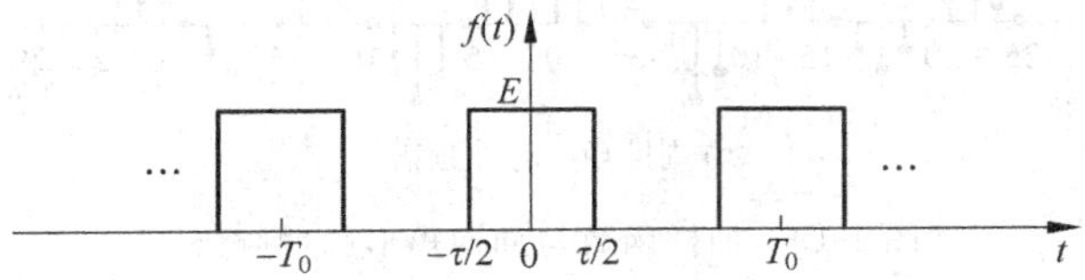

图 1-18　周期矩形脉冲信号

【解】　该信号在一个周期内的解析式为：

$$f(t) = \begin{cases} E, -\dfrac{\tau}{2} \leqslant t \leqslant \dfrac{\tau}{2} \\ 0, \text{其他} \end{cases}$$

由式(1.6-12)得：

$$F(n\omega_0) = \frac{1}{T_0}\int_{-\tau/2}^{\tau/2} E\mathrm{e}^{-\mathrm{j}n\omega_0 t}\mathrm{d}t = \frac{E\tau}{T_0} \cdot \frac{\sin\left(\dfrac{1}{2}n\omega_0\tau\right)}{\dfrac{1}{2}n\omega_0\tau} = \frac{E\tau}{T_0}\mathrm{Sa}\left(\frac{1}{2}n\omega_0\tau\right) \qquad (1.6\text{-}14)$$

式中，$\mathrm{Sa}(x) = \sin x/x$ 称为抽样函数(Sample Function)或抽样信号，它是信号理论中一个非常重要的函数(信号)，其波形见图 1-19。

从上例中可以看出周期信号的频谱具有以下几个特点。

(1) 谱线只出现在基波频率的整数倍处，即各次谐波点上，具有非周期性、离散性的特点。而谱线的间隔就是基频 ω_0，因为 $\omega_0 = \frac{2\pi}{T_0}$，所以，周期越大，谱线越密。也就是单位频带中谐波个数越多。

(2) 各次谐波振幅(即谱线的高低)的总变化规律是随着谐波次数的增加而逐渐减小。

(3) 各次谐波振幅随频率的衰减速度与原始信号的波形有关。即时域波形变化越慢，频谱的高次谐波衰减越快，高频成分越少。反之，时域波形变化越剧烈，频谱中该次谐波分越多，衰减越慢。

总之，周期信号的频谱具有离散性、谐波性和收敛性三大特点。

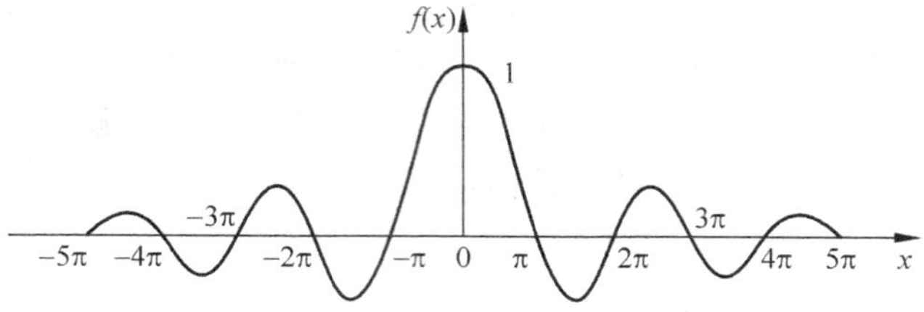

(a) 抽样函数

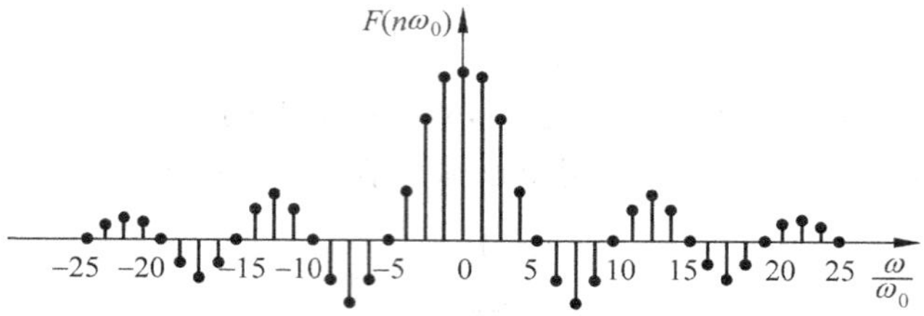

(b) 周期矩形脉冲频谱

图 1-19 抽样函数与周期矩形脉冲频谱

1.6.2 非周期信号的频谱

傅里叶级数为研究周期信号提供了一个强有力的工具，使得我们能从一个与时域完全不同的角度——频域去分析周期信号。那么对于工程中经常遇到的非周期信号是否也可以像周期信号一样在频域进行研究分析，是否也可以找到一个与时域信号相对应的频谱函数呢？回答是肯定的。

我们知道，对于一个周期为 T_0 周期信号，如果令其周期为无穷大，则该周期信号就变成一个只含一个周期波形的非周期信号。在式(1.6-12)中，若令 T_0 趋于无穷大，则 $F(n\omega_0)$ 将趋于零，显然不能成为理想的频谱函数。那么如果将式(1.6-12)右边分母上的 T_0 移到等式左边，则$\dfrac{F(n\omega_0)}{\dfrac{1}{T_0}}$在 T_0 趋于无穷大时，是一个$\dfrac{0}{0}$的不定型，其极限可能存在。即有式：

$$\frac{F(n\omega_0)}{\dfrac{1}{T_0}}=\int_{-T_0/2}^{T_0/2}f(t)\mathrm{e}^{-\mathrm{j}n\omega_0 t}\mathrm{d}t \tag{1.6-15}$$

而$\dfrac{1}{T_0}=f_0=\dfrac{\omega_0}{2\pi}$，因此，式(1.6-12)变为：

$$\frac{2\pi F(n\omega_0)}{\omega_0}=\int_{-T_0/2}^{T_0/2}f(t)\mathrm{e}^{-\mathrm{j}n\omega_0 t}\mathrm{d}t \tag{1.6-16}$$

式(1.6-16)可认为是单位频率上复振幅的大小，显然具有密度的意思。当 T_0 趋于无穷大，则 ω_0 趋于无穷小，离散变量 $n\omega_0$ 趋于连续变量 ω，$F(n\omega_0)$也从离散函数变成连续函数。因此，定义式(1.6-16)的极限为频谱密度函数，简称频谱函数，用 $F(\omega)$表示。

$$F(\omega)=\lim_{T_0\to\infty}\frac{2\pi F(n\omega_0)}{\omega_0}=\lim_{T_0\to\infty}\int_{-T_0/2}^{T_0/2}f(t)\mathrm{e}^{-\mathrm{j}n\omega_0 t}\mathrm{d}t=\int_{-\infty}^{\infty}f(t)\mathrm{e}^{-\mathrm{j}\omega t}\mathrm{d}t \tag{1.6-17}$$

式(1.6-11)可以改写为式：

$$f(t)=\lim_{T_0\to\infty}\frac{1}{2\pi}\sum_{n=-\infty}^{\infty}\frac{2\pi F(n\omega_0)}{\omega_0}e^{jn\omega_0 t}\cdot\omega_0 \tag{1.6-18}$$

式中最右边的 ω_0 在 T_0 趋于无穷大时可看成角频率的微分 $d\omega$，则式(1.6-18)就变成典型的定积分定义表达式：

$$f(t)=\frac{1}{2\pi}\int_{-\infty}^{\infty}F(\omega)e^{j\omega t}d\omega \tag{1.6-19}$$

式(1.6-17)和式(1.6-19)被称为傅里叶变换对，即有：

$$F(\omega)=\mathcal{F}[f(t)]=\int_{-\infty}^{\infty}f(t)e^{-j\omega t}dt \tag{1.6-20}$$

$$f(t)=\mathcal{F}^{-1}[F(\omega)]=\frac{1}{2\pi}\int_{-\infty}^{\infty}F(\omega)e^{j\omega t}d\omega \tag{1.6-21}$$

通过上述研究可知，无论是周期信号还是非周期信号都可在频域进行研究分析。对于周期信号，借助于数学工具傅里叶级数可得到与该信号相对应的频谱函数 $F(n\omega_0)$；而对于一个非周期信号，可用傅里叶变换求得该信号的频谱函数 $F(\omega)$。$F(n\omega_0)$ 与 $F(\omega)$ 虽然都叫频谱函数，但概念不一样，希望读者一定注意。不过为了方便记忆，不管是周期信号还是非周期信号，都可把频谱简单地理解为：**频谱就是信号幅度或相位随频率变化的关系**。

需要说明的是，在通信领域，人们还关心信号能量或功率的大小随频率的变化关系，这就引出了"能量谱"和"功率谱"的概念。通常，对于能量信号用"能量谱"描述，而功率信号用"功率谱"。

任何一个工程信号都具有频谱。根据频谱宽度的不同可以把非周期信号分为频带有限信号(简称带限信号)和频带无限信号。带限信号又包括低通型信号、带通型信号。低通型信号的频谱从零或很低的频率开始到某一个较高频率截止，信号能量集中在从直流到截止频率的频段上。而带通型信号的频谱存在于从不等于零的某一频率到另一个较高频率的频段。图 1-20 是低通和带通型信号频谱示意图。

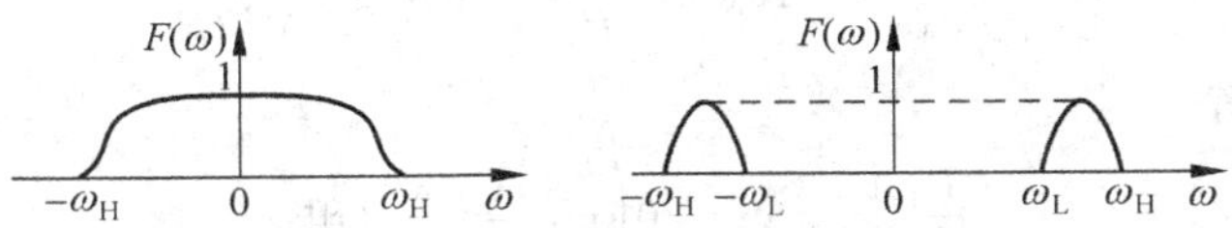

(a) 低通型信号频谱　　(b) 带通型信号频谱

图 1-20　低通和带通型信号频谱示意图

注意：从频谱图中可以看到无论是周期信号的频谱还是非周期信号的频谱在负频率上也存在，频谱曲线为偶对称，而实际上并没有负频率，那么如何解释这个问题呢？在式(1.6-5)中我们看到求和变量 n 的下限从 1 开始，因此，以式(1.6-5)画出的频谱图就不会有负频率部分，这是符合实际情况的。而在式(1.6-11)中，注意到求和变量 n 的下限是 $-\infty$，则频谱中就有负频率分量。造成这个问题的原因纯属数学问题。从式(1.6-9)和式(1.6-10)中可知，不管是正弦分量还是余弦分量都由正复指数分量和负复指数分量两项叠加而成，也就是说，如果要用复指数信号表达正弦型信号就必须有正、负两种复指数信号，而在负复指数信号 $e^{-jn\omega_0 t}$ 中，我们关心的是信号与频率的关系，且时间 t 不能为负，只能把负号赋给角频率 ω_0，频谱就出现负频率分量。因此，频谱中出现负频率分量没有对应的物理解释，仅仅是一种数学需要而已。

1.6.3 信道通频带

有了信号频谱的概念，下面谈谈信道(广义信道)的通频带。任何一个信道，不管是一个设备、一个电路或是一个传输介质，对信号的传输都有影响，主要表现在两个方面：一个是对不同频率信号的幅度衰减，通常是传输信号的频率越高，信道对信号的衰减越大；再一个就是对不同频率信号的延迟。信道对信号的这两个影响正好可以用信道的频率特性(也叫频响特性)，即幅频特性和相频特性来表示。

如果把一个幅值一定、频率连续可调的正弦型信号加到一个信道的输入端，那么当把该信号的频率从小到大连续改变时，所对应的信道输出信号与频率的关系就是信道的频响特性(频率特性)。**输出信号幅度随频率变化的关系叫做幅频特性，输出信号相位随频率变化的关系叫做相频特性**(它正好反映了输出对输入的延迟)。在多数情况下，我们只关心其幅频特性，因此把输出信号的幅值与频率的变化曲线叫做频率响应曲线简称频响曲线。大多数信道的频响曲线都是带通型的，也就是说，信道对某一频率段的信号幅度影响不大且基本上一致，而对大于或小于该频率段的信号影响较大，并且逐渐衰减到零。

通常以幅频曲线的最大值为标准(一般是曲线中心频率所对应的值)，定义：**幅频值下降到最大值的70%时所对应的两个频率之间的频段叫做通频带**。频率低的点叫下截止频率，高的点叫上截止频率。由于这两点的幅值与最大值之比为0.7，对应的分贝值是−3(dB)，所以，截止频率也叫3dB频率，通频带也叫3dB带宽。

设有电阻 R_1 和 R_2，它们的功率分别为 P_1 和 P_2，则分贝的计算公式为：

$$\left[\frac{P_2}{P_1}\right]_{\text{分贝值}} = 10\log_{10}\frac{P_2}{P_1} \quad (\text{dB}) \tag{1.6-22}$$

根据电路知识，有 $P=V^2/R$，则上式变为

$$\left[\frac{P_2}{P_1}\right]_{\text{分贝值}} = 10\log_{10}\frac{P_2}{P_1} = 10\log_{10}\frac{V_2^2/R_2}{V_1^2/R_1} \tag{1.6-23}$$

令 $R_1=R_2$，则有：

$$\left[\frac{P_2}{P_1}\right]_{\text{分贝值}} = 20\log_{10}\frac{V_2}{V_1} \quad (\text{dB}) \tag{1.6-24}$$

为什么对信号幅度比值(通常为电压比值)要取对数？为什么把通频带的截止点定在70%处，而不是80%或90%呢？

第一个问题的答案是这样的：通信技术在发展的早期主要应用于无线电广播和话音通信，传输的信息多是音频信息，通信的终端往往是人耳(现代数据通信的终端往往是计算机)，而人耳对声音的频响特性呈对数关系，而不是线性关系，即在大音量下，音量如果增大一倍，人耳的听觉就不到一倍；而小音量时，人耳听觉却比较敏感。因此，为了更好地衡量通信质量，人们对输出信号的电压(比)或功率(比)取对数，使听觉特性能接近线性。对输出电压取对数(以10为底)后要乘上一个常数20，并改称为电平；对输出功率取对数后要乘上一个常数10。比如说一个放大器的电压增益是40dB，就意味着放大器输出电压与输入电压之比为100；说一个系统的信噪比是30dB，则信号与噪声的功率比为1000。

从输出信号的功率上看，电压下降到70%所对应的功率正好是电压最大值功率的一半，因此3dB点也叫半功率点。另外，无线电技术约定，当输出电压下降到其最大值的70%

以下时，就认为该频率分量对输出的贡献很小了。故把 3dB 点定为截止点。这就是第二个问题的答案。

对于一般信道而言，我们希望通频带越宽越好(对于模拟信号来说，意味着频分复用的信号路数就越多，或者信号的保真程度就越高；对于数字信号意味着波特率就越大，可以传输更多的信息)，频响曲线越平越好(输出信号的一致性好)。比如要买一套高保真音响设备(主要包括音源、放大器和音箱三部分)，就要求各部分的频响曲线在通频带内尽可能地“平”，否则，在听音乐时就可能会出现特别强的笛声或特别弱的鼓声，因为某一频率的放大量比其他频率大得多或小得多。同时还要求通频带在低频段越低越好，最好低于 20Hz，在高频段最好高于 20kHz。这是因为音频的范围为 20Hz～20kHz。如果音响设备的通频带达不到这个要求，我们就可能听不到震人心魄的低音鼓声或清脆悦耳的三角铁声。另外，三个设备的频响特性最好一致。如果音箱的特性不好，那么再好的放大器和音源(CD 机、录音机等)都是浪费。显然，信号的高保真传输除了要求信道通频带大于带宽之外，还必须要求通频带内的频响特性保持平坦，如图 1-21(a)所示。如果放大器的通频带变成图 1-21(b)的形状，则在播放音乐时，我们就会感觉到高音部分特别强，也就是说高音出现了“失真”。

生活中很多音响设备，比如汽车音响、家庭影院等都设有音调控制旋钮或均衡器。音调控制旋钮的作用就是人为地改变放大器频响特性，提升或降低音频信号中的某些频率成分(通常是高音、中音或低音部分)，以满足人们的不同听觉需求；而均衡器是通过改变多段频响曲线的方式，以弥补放大器频响特性的不平坦或起与音调控制旋钮相同的作用。

对于某些电路来说，有可能要求通频带窄一点儿好。比如收音机、电视机和电台等设备中的调谐电路和一些带通滤波器就要求通频带在不失真的前提下尽可能地窄，以提高选择性，如图 1-21(c)所示。图 1-22 是音响设备实例。

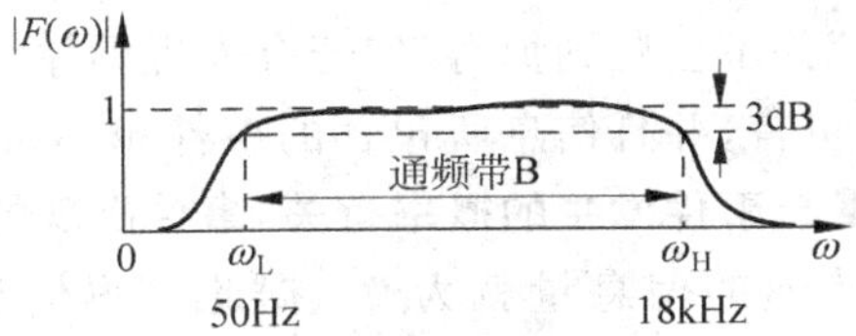

(a) 一放大器频响曲线

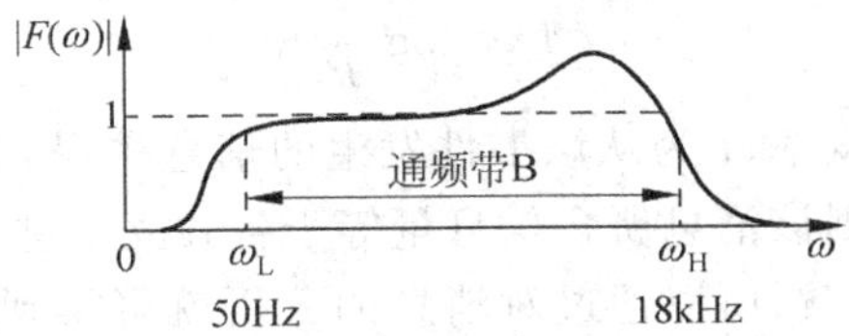

(b) 高频提升的放大器频响曲线

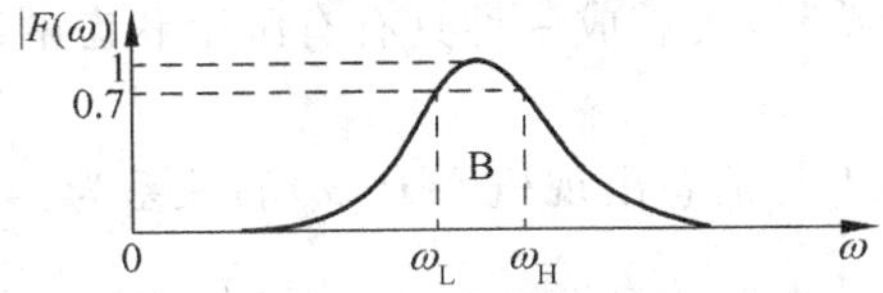

(c) 一调谐器频响曲线

图 1-21 通频带实例示意图

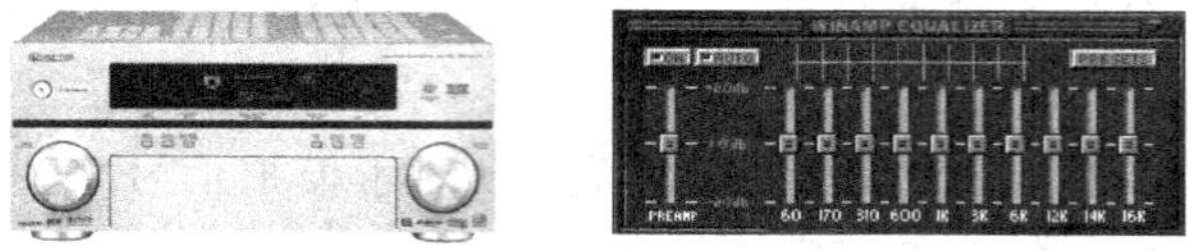

(a) 音频功率放大器　　(b) 音频均衡器

图 1-22　音频设备实例

信号频谱宽度类比汽车的车身宽度，信道通频带类比道路宽度。显然，一条道路要想让汽车顺利通过，其宽度必须大于车身宽度，否则，车辆就无法在道路上行驶；而信道通频带小于信号带宽时，虽然信号仍可在信道中传输，但已丢失了很多信息，信号在信道中是以失真的形式进行传输，就好像把汽车超宽部分切掉在路上跑一样。因此，一条信道要不失真地传送一个信号，首先其通频带就必须大于信号的频谱宽度。

1.7 信息的量度与香农公式

1.7.1 信息的量度

传输信息是通信系统的根本任务。在传输过程中，信息被各种具体的电信号或光信号所携带。为了对通信系统的性能与质量进行定量的分析、研究与评价，就需要对信息进行度量，定义能够衡量信息多少的物理量叫信息量，通常用 I 表示。

信息是一个抽象的概念，它能否被量化并且如何量化呢？让我们看看下面的例子，比如，“明天太阳从东边出来”绝对没有“明天太阳从西边出来”对信息的受者更有吸引力；同样，当你听说“有人被狗咬了”并不会感到惊奇，但若有人告诉你“一条狗被人咬了”你一定非常吃惊。这说明信息有量值可言，并且信息所包含的事件越不可能发生，人们就越感兴趣，信息量就越大。显然，**信息量与事件发生的概率有关，事件出现的概率越小，信息量就越大**；必然事件的概率为 1，则它传递的信息量就为 0。据此可得信息量与事件概率之间的关系式：

$$I \propto \log \frac{1}{P}$$

式中，P 表示某事件发生的概率，I 为从该事件发生的信息中得到的信息量。如果消息由若干个互相独立的事件构成，则该消息所含信息量等于各独立事件所含信息量之和。

因为信息通过消息来承载，所以通过对消息的分析就可得到其中所含的信息量。由离散信息源产生的消息称为离散消息，由连续信息源产生的消息就是连续消息。

离散消息只能有有限个符号，可看成一种具有有限个状态的随机序列，可以用离散型随机过程的统计特性进行描述。

离散消息 x 所含信息量 I 与消息出现概率 $P(x)$ 的关系为：

$$I = \log_a \frac{1}{P(x)} = -\log_a P(x) \tag{1.7-1}$$

信息量单位的确定取决于上式中的对数底 a。如果取对数的底 $a=2$，则信息量的单位为比特(bit)；如果取 e 为对数的底，则信息量的单位为奈特(nit)；若取 10 为底，则信息量的单位称为十进制单位，或叫哈特莱。上述三种单位的使用场合，应根据计算及使用的方便来决定。通常广泛使用的单位为比特。

先讨论对等概率出现的离散消息的度量。若要传递的离散消息是在 M 个消息中独立地选择其一，且认为每个消息的出现概率是相同的，则可采用一个 M 进制的波形进行传送。也就是说，传送 M 个消息之一与传送 M 进制波形之一是完全等价的。在等概率出现时，每个波形(或每个消息)的出现概率为 $1/M$，我们取对数底为 2，则式(1.7-1)变为：

$$I = \log_a \frac{1}{P(x)} = \log_2 \frac{1}{1/M} = \log_2 M \tag{1.7-2}$$

当 $M=2$，即二进制时，$I=1$，也就是说，每个二进制波形等概出现时所含信息量是 1 比特。在数据通信(或数字通信)中，通常取 M 为 2 的整数幂，即 $M=2^k$，则每个波形等概出现时所含信息量就是 k 比特。

再来考察非等概的情况。设离散信息源是一个由 n 个符号组成的集合，称符号集。符号集中的每一个符号 x_i 在消息中是按一定概率 $P(x_i)$ 独立出现的，即符号概率场为：

$$\begin{bmatrix} x_1 & x_2 & \cdots & x_n \\ P(x_1) & P(x_2) & \cdots & P(x_n) \end{bmatrix}$$

且有 $\sum_{i=1}^{n} P(x_i) = 1$，则整个消息的信息量为：

$$I = -\sum_{i=1}^{n} n_i \log P(x_i) \tag{1.7-3}$$

【例题 1-2】 已知二元离散信源只有“0”、“1”两种符号，若“0”出现概率为 1/3，求出现“1”所含的信息量。

【解】 由于全概率为 1，因此出现“1”的概率为 2/3。由信息量定义式(1.7-1)可知，出现“1”的信息量：

$$I(1) = \log_2(3/2) = 0.585 \quad \text{(bit)}$$

【例题 1-3】 已知英文字母 e 和 z 出现的概率分别为 0.105 和 0.001，求英文字母 e 和 z 的信息量。

【解】 e 的信息量：

$$I(\text{e}) = -\log_2 0.105 = 3.24 \quad \text{(bit)}$$

z 的信息量：

$$I(\text{z}) = -\log_2 0.001 = 9.97 \quad \text{(bit)}$$

【例题 1-4】 某离散信源由 0，1，2，3 四种符号组成，其概率场为

$$\begin{bmatrix} 0 & 1 & 2 & 3 \\ 3/8 & 1/4 & 1/4 & 1/8 \end{bmatrix}$$

求消息 201 020 130 213 001 203 210 100 321 010 023 102 002 010 312 032 100 120 210 的信息量。

【解】 此消息总长为 57 个符号，其中 0 出现 23 次，1 出现 14 次，2 出现 13 次，3 出现 7 次。由式(1.7-3)可求得此消息的信息量

$$\begin{aligned} I &= -23\log_2 3/8 - 14\log_2 1/4 - 13\log_2 1/4 - 7\log_2 1/8 \\ &= 32.55 + 28 + 26 + 21 = 108.55 \quad \text{(bit)} \end{aligned}$$

当消息很长时，用符号出现概率计算信息量比较麻烦，此时用平均信息量计算较好。所谓平均信息量是指每个符号所含信息量的统计平均值，因此，n 个符号的离散消息的平均信息量为：

$$H(X) = -\sum_{i=1}^{n} P(x_i)\log P(x_i) \tag{1.7-4}$$

由于上式同热力学中的熵的计算公式形式一样，故通常又称它为信息源的熵，其单位为bit/符号，显然，当 $P(x_i)=1/M$（等概条件时的概率值）时，式(1.7-4)即成为式(1.7-2)。

【例题 1-5】 求例题 1-4 中消息的平均信息量。

【解】 由式(1.7-4)可得：

$$H = -3/8\log_2 3/8 - 1/4\log_2 1/4 - 1/4\log_2 1/4 - 1/8\log_2 1/8 = 1.906 \quad (\text{bit/符号})$$

因为消息有 57 个符号，所以该消息所含信息量为：

$$I = 57 \times 1.906 \approx 108.64$$

与例题 1-4 相比，总信息量的结果略有差异，原因在于两者平均处理的方法不同。随着消息中符号数的增加，这种误差会逐渐减小。

顺便指出，根据式(1.7-4)可知，不同的离散信息源可能有不同的熵值。无疑，我们期望熵值愈大愈好，可以证明，在式(1.7-4)成立的条件下，信息源的最大熵发生在每一个符号等概出现时，即 $P(x_i)=1/n$，最大熵值等于 $\log_2 n$(bit/符号)。

关于连续消息的信息量可用概率密度来描述。其平均信息量为：

$$H(X) = -\int_{-\infty}^{\infty} f(x)\log f(x)\,\mathrm{d}x \tag{1.7-5}$$

式中，$f(x)$是连续消息出现的概率密度。

1.7.2 信道容量与香农公式

供车辆行驶的道路有一个重要指标——道路通行能力。它是指一条道路某一断面上单位时间能够通过的最大车辆数，亦称道路容量，通常用“辆/小时”表示。

信道为信号的传输提供途径，那么类比上述道路容量的概念，信道也应该有一个衡量其性能的指标。人们把**单位时间内信道上所能传输的最大信息量称为信道容量**。它可用信道的最大信息传输速率来表示。

由于信道有数字（离散）和模拟（连续）之分，所以，信道容量也不相同。在此只讨论有扰模拟（连续）信道的信道容量问题。

也许有人会问，信道容量是用比特率来衡量的，也就是说，是针对数字信道而言的，而模拟信道没有比特率的概念，如何衡量信道容量？其实，不仅是模拟信道的容量，包括模拟信息的信息量在内都是基于离散（数字）信息理论或分析方法得出的。其要旨就是，模拟信号可以通过抽样定理变为离散（数字）信号。

信号在信道中传输要受到干扰的影响，以至于引起信息传输错误，我们把具有干扰的信道称为有扰信道。那么，在怎样的条件下，信道可以无失真（不丢失）地将信息以速率 R 进行传输呢？香农定理给出了理论答案：

对于一个给定的有扰信道，如果信息源的信息发出速率小于或等于信道容量，即 $R \leqslant C$，则理论上存在一种方法可使信息以任意小的差错概率通过该信道传输。反之，若 $R > C$，该

信道将无法正确传递该信息。

那么，一个给定连续信道的信道容量与什么因素有关呢？

我们知道，一个频带受限的模拟信号所携带的信息量与它的带宽有关。比如，话音信号的带宽约为4kHz，电视图像信号的带宽为6MHz，通过抽样，离散话音信号的最低抽样频率为8kHz，离散图像信号的最低抽样频率为12MHz。显然电视图像信号的信息量比话音信号大。信号的频谱宽，意味着携带的信息量大，传输该信号的信道带宽也要随之增大。因此，信道容量与衡量信道优劣的另一个重要指标——信道的通频带宽度简称带宽有直接关系。另外，在一个实际信道中，除了被传输的有用信号之外，不可避免地混有各种干扰信号，而干扰信号会直接影响信号(信息)的传输。可见，信道容量受到带宽和噪声的双重制约。

1948年美国数学家香农在论文"通信的数学理论"中提出了著名的"香农公式"。该公式给出了信道带宽、信道容量和白色高斯噪声干扰信号(或信道输出信噪比)之间的关系：

$$C = B\log_2\left(1+\frac{S}{N}\right)\quad \text{b/s} \tag{1.7-6}$$

式中，C为信道容量(单位为b/s或bps)，B为信道带宽(Hz)，S是信号功率，N是噪声功率。"信噪比"是通信技术中一个很重要的术语，其定义是信号功率与噪声功率之比，简记为SNR。通常取分贝值：

$$\text{SNR} = \frac{S}{N} = 10\lg_{10}\frac{P_S}{P_N} \tag{1.7-7}$$

式(1.7-6)可用下例帮助理解：设有一段公路(类比一个信道)，用每秒通过这段公路的汽车数作为交通量(类比信息量C)，公路的宽度类比信道宽度B，S代表汽车数，N表示公路上行人的数量(类比干扰信号)。

显然，交通量与道路宽度成正比，路越宽，单位时间通过的车辆数就能增加；交通量还与路上车辆数与行人数之比有关系，行人越多，占据的路面就越宽，可供车辆通行的路面也就越窄，S/N就小，反之，S/N变大，交通量就大。

【例题1-6】　若一帧电视图像的信息量为99 600b，电视的帧频为30Hz，为使接收端能收到良好的图像，要求信道的信噪比$S/N=1000(10\lg S/N=30\text{dB})$，求信道的带宽$B$。注：$\text{lb}x=3.32\lg x$。

【解】　信息的传输速率为$V=99\,600\times30=29.9\times10^6\,\text{b/s}$，则信道的容量$C$至少应等于$V$，有：

$$C = 99\,600\text{b}\times30\text{Hz} = 29.9\times10^6\,\text{b/s}$$

由香农公式可得：

$$B = \frac{C}{\log_2\left(1+\frac{S}{N}\right)} \approx \frac{29.9\times10^6}{\log_2 1000} \approx 3.00\times10^6\,\text{Hz}$$

即信道带宽约为3MHz。

由于噪声功率N与信道的频带宽度有关，设单边噪声功率谱密度为n_0，则可得到香农公式的另一种形式：

$$C = B\log_2\left(1+\frac{S}{n_0B}\right)$$

式中，$N=n_0B$。

从香农公式中可得出以下结论。

(1) 一个给定信道的信道容量受 B、S、n_0"三要素"的约束。信道容量随"三要素"的确定而确定。

(2) 提高信噪比(信号功率与噪声功率之比)可提高信道容量。

(3) 一个给定信道的信道容量既可以通过增加信道带宽减少信号发射功率也可通过减少信道带宽增加信号发射功率来保证。也就是说,信道容量可通过带宽与信噪比的互换而保持不变。比如,若 $S/N=7$,$B=4\text{kHz}$,由香农公式可算出 $C=12\times10^3\text{b/s}$;同样的 C,还可由 $S/N=15$,$B=3\text{kHz}$ 来保证。

(4) 虽然 C 与 B 成正比关系,但 $B\to\infty$ 时,C 却不能随之趋于无穷大,即有 $\lim\limits_{B\to\infty}C=\dfrac{S}{n_0}\log_2 e\approx1.44\dfrac{S}{n_0}$。

如果信道的传输速率 R 等于信道容量($R=C=1.44S/n_0$,即达到极限传输速率),则此时所需的最小信噪比为 $\dfrac{E_b}{n_0}=\dfrac{1}{\log_2 e}\approx-1.6(\text{dB})$,其中 $E_b=\dfrac{S}{R}$ 为每比特的信号能量。证明从略。通常,**把以极限速率传输信息且可使差错率达到任意小的通信系统称为理想通信系统**。

带宽与信噪比互换的概念非常重要,香农公式虽未给出具体的实现方法,但却在理论上阐明了这一概念的极限情况,为后人指出了努力的方向。"编码"和"调制"等技术就可在一定程度上实现带宽与信噪比的互换。

在实际应用中,具体以"谁"换"谁"要视情况而定,比如地面与卫星或宇宙飞船的通信,由于信噪比很低,且功率十分宝贵,所以常用加大带宽来保证通信;而在有线载波通信中,信道频带很紧张,这时就要考虑用提高信号功率来减少各路信号的带宽,以增大载波路数(即逻辑信道数)。

1.7.3 信道带宽与信道容量的关系

信道容量就是信道允许的最大比特率。在信噪比一定的前提下,信道容量主要由信道通频带的宽度决定。

下面从傅里叶分析、奈奎斯特定理和香农定理三个方面对信道容量与信道带宽之间的关系进行比较深入的分析与研究。

首先介绍一个术语——"话音级信道"。所谓话音级信道来源于传统的模拟电话系统,因为人类对频率在 300～3400Hz 范围内的话音比较敏感,并且该频段的语音信号基本能表现出说话人的语音特色,即可以辨别出不同的说话人,所以,电话系统中人为地将每路电话的带宽限制在 3000Hz 左右,这样就把这种具有 3000Hz 通频带的信道称为话音级信道。

1. 傅里叶分析

信道中传播的电压或电流信号都可以用傅里叶级数将其展为无穷个谐波的代数和。而信道是有一定带宽的,带宽决定信道所能传送信号的有效频率范围。因此,上述谐波信号只能有一部分通过信道传输而其余的将被抑制。假设信道所能通过的最高谐波数为 n,显然,信道带宽越大通过的谐波数 n 越大,原始信号所表示的信息丢失就越少,信号失真就越小。

比如,有一个数字信号 01100010 要在某信道中传输(该信号的一种定义是 ASCII 字符"b")。用傅里叶级数将其展开后各次谐波的振幅(也就是幅频特性)如图 1-23(a)所示。那么,当信道带宽分别为只能通过 1、2、4、8 次谐波时，则相应的信道输出信号波形如图 1-23(b)、图 1-23(c)、图 1-23(d)、图 1-23(e)所示。

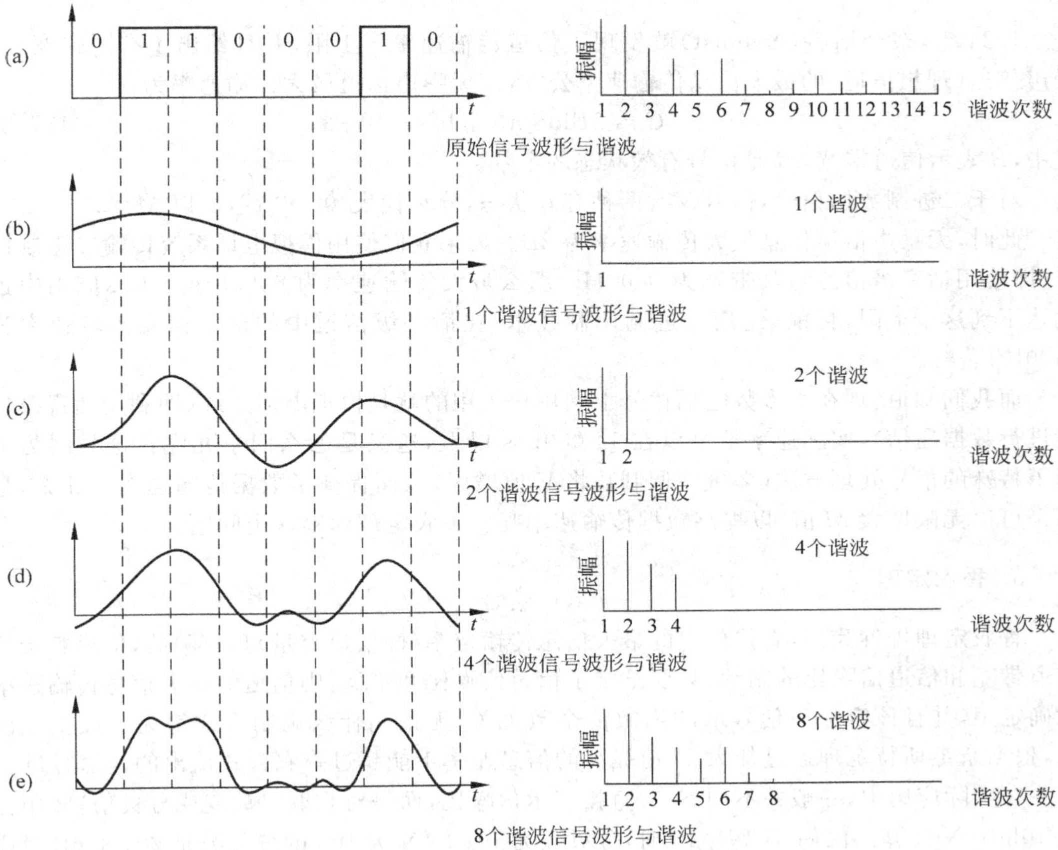

图 1-23　谐波个数与相应的时域波形示意图

理论分析证明，在信道带宽一定的情况下，信息(数据)传输速率越高，基频 f 的值就越大，则信道所能通过的谐波数就会越少，信号失真就越大，直到信号无法被正确识别。表 1-3 是信息传输速率和基频 f 以及通过谐波次数的关系。

表 1-3　话音级信道信息速率与通过谐波次数的关系

信息传输速率/(b/s)	基波/Hz	通过谐波次数
300	37.5	80
600	75	40
1200	150	20
2400	300	10
4800	600	5
9600	1200	2
19 200	2400	1
38 400	4800	0

可见，限制了信道的带宽，就限制了信息的传输速率。

2. 奈奎斯特定理

1924 年，奈奎斯特(Nyquist)就发现了信道传输速率有上限，并且给出了有限带宽、无噪声信道(理想信道)的最大信息传输速率公式，即无噪声信道最大传输速率为：

$$C = 2B\log_2 M \quad (\text{b/s}) \tag{1.7-8}$$

式中，B 表示信道带宽，M 是信号有效状态的个数。

对于二进制数据信号，信号仅有两种有效状态，分别代表“0”和“1”，所以 $M=2$。

此时，无噪声信道信息最大传输速率为 $2B$。如果我们使用模拟电话系统传输二进制信号(即使用话音级信道)，其带宽为 3000Hz，那么最大传输速率为 6000b/s。实际应用中远远达不到这个上限，目前，使用二进制调制技术，在话音级信道中的最大信息传输速率为 2400b/s。

而我们知道，现在大多数电话拨号上网用户采用的就是模拟电话系统(即利用话音级信道进行数据通信)，实际速率都可以在 14 000b/s 以上，这又是怎么回事儿呢？这是因为采用了特殊的信号处理方法(多进制调制)，将 V 值增大，从而提高了数据传输速率。那么，是不是可以无限增大 M 值，以提高数据传输速率呢？香农定理回答这个问题。

3. 香农定理

香农定理告诉我们，有扰信道的最大信息传输速率(即信道容量)是有限的，信道容量受信道带宽和信道信噪比的制约，只要给定了信道信噪比和带宽，则信道的最大信息传输速率就确定了，并且该容量与信号取的离散值个数无关，无论用什么调制方式都无法改变。因此，根据奈奎斯特定理通过加大 M 值提高的信息速率不能超过香农公式给出的信道容量。

在实际应用中，一般并不用 S/N 直接表示信噪比，而是对它取对数变成分贝值，即用公式 $10\lg S/N$ 计算。比如，$S/N=10$ 时，分贝数为 10；S/N 为 100 的分贝数是 20；30dB 对应的 S/N 为 1000。

典型的模拟电话系统信噪比为 30dB($S/N=1000$)，带宽 $B=3000$Hz，根据式(1.7-6)可得它的信道容量约为 30kb/s(理论上限值)，实际的信息(数据)传输速率都要低于 30kb/s。

1.8 多路复用的基本概念

为了更好地理解多路复用，我们认为在广义和狭义信道之外，还应该定义物理信道和逻辑信道两个概念。物理信道指信号经过的通信设备和传输介质，强调信道的物质存在性(与广义信道强调的内容不同)；而逻辑信道是指在一个物理信道中通过各种复用技术为传输多路信号而划分出来的各路信号虚拟通道。频分复用中的一个频段、时分复用中的一个时隙都可认为是一个逻辑信道。换句话说，就是一个物理信道可以包含多个逻辑信道。比如一根导线是一条物理信道，利用频分复用或时分复用就可包含多个逻辑信道，传送多路信号。但对于无线信道进行频分复用而言，物理信道和逻辑信道都是无线频段，其区别在于物理信道是大频段，而逻辑信道是小频段，虽然这种说法不够严谨，但仍可以说明问题。

我们知道，如果要用一对电话线传送多路不经过特殊处理的电话信号是不行的，因为各路信号将混合在一起，接受端无法将它们分开（从效果上讲就是电话串音，无法听出谁是谁）。所谓**多路复用就是在同一个物理信道（如一个无线电频段、一个无线电频率、一对线缆、一条光纤等）中利用特殊技术传输多路信号**，即在一条物理信道内产生多个逻辑信道，每个逻辑信道传送一路信号，其示意图如图1-24所示。目前常用的复用技术主要有：频分复用技术、时分复用技术、空分复用技术、码分复用技术、波分复用技术。

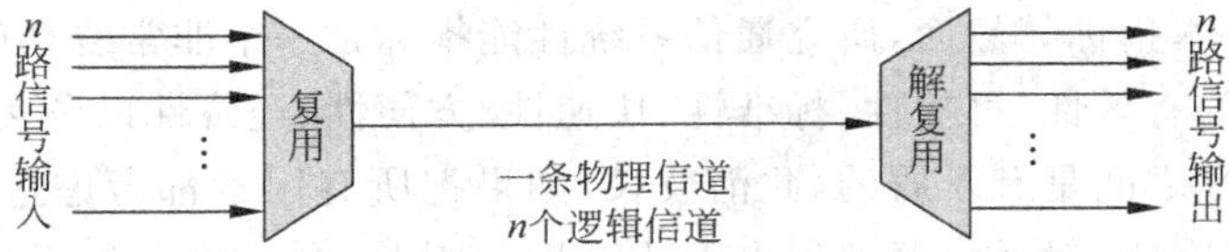

图1-24　多路复用示意图

(1) 频分复用(FDM)是指在一个具有较宽通频带的物理信道中，通过调制技术将多路频谱重叠的信号分别调制到不同的频带上使得它们的频谱不再重叠（并保证都处在信道的通频带内）的一种多路复用方式。频分复用的特点是各路信号在时间上相互重叠，而在频率上各占其位互不干扰。它要求信道具有较宽的通频带以保证容纳多路信号的频谱。

(2) 时分复用(TDM)是指在一个物理信道中，根据抽样定理通过脉冲调制等技术将多路频谱重叠的信号分时在信道中传输的一种多路复用方式。时分复用的特点是各路信号（调制后）传输时在时间上相互不重叠，而在频率上频谱重叠，任意时刻信道上只有一路信号，各路信号按规定的时间定时传送。

(3) 空分复用(SDM)是指利用空间位置的不同，划分出多路信道进行通信的复用方式。比如，一根多芯电缆，其中每一对芯线都可作为一个独立的信道，它们是靠占据不同的空间而存在的。再比如，卫星可以靠多个覆盖不同区域的天线，将空间分为多个信道。

(4) 码分复用(CDM)是指利用一种特殊的调制技术将多路时间重叠、频谱重叠的信号变为传输码型不同的信号在信道中传输的一种方式。其特征是多路信号无论在时间上还是频谱上都重叠，但它们的码型不一样。

(5) 波分复用(WDM)是光通信中的复用技术，其原理与频分复用类似。

可用图1-25来说明三种常用复用方式的异同点。图中方框1、2、3、4表示4路信号。

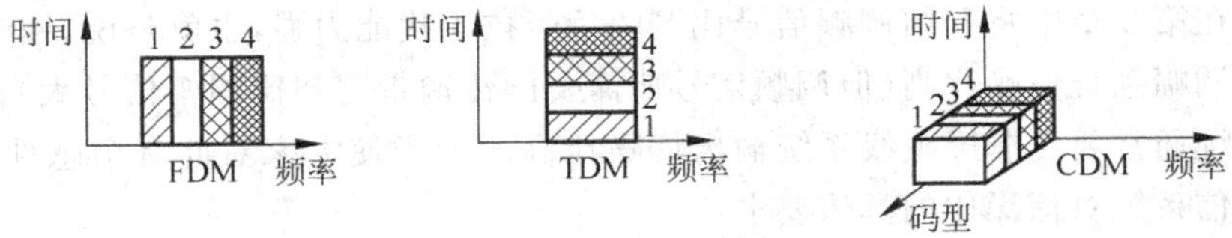

图1-25　三种常用复用示意图

上述复用概念可以用交通现象类比理解：“频分复用”相当于把一条道路（物理信道）分为几个车道（逻辑信道），不同的车辆（信号）可以同时在不同的车道上跑，靠车道区分不同出发地和目的地的车辆；不同出发地和目的地的车辆分时在一个车道（一条道路）顺序行驶，靠不同的时间区分就是“时分复用”；不同出发地和目的地的车辆垂直叠在一起（信号是混在一起）同时在一个车道（一条道路）上运行，最后靠车型加以区分就是“码分复用”。

1.9 通信系统的性能评价

如前所述，根据各种不同的划分标准，通信系统有多种多样。那么如何评价一个通信系统性能的优劣是选择和使用一个通信系统所面临的首要问题。这就需要找出能够反映通信系统性能的各种技术指标。然而，研究通信系统性能指标是一个非常复杂的问题，包括的内容很多，涉及通信的有效性、可靠性、标准性、快速性、方便性、经济性以及实用维护等诸多方面。另外，很多特性之间是有矛盾的，此消彼长，如果把所有因素都考虑进去，面面俱到，不但系统的设计难以完成，对系统的评价也无法开展。因此，在评价通信系统时，就要从诸多的矛盾中找出具有代表性、起主要作用的主要矛盾作为评价标准。由于在设计和使用通信系统时，通信的有效性和可靠性常常是我们首要考虑的问题，所以，通常把通信的有效性和可靠性这对矛盾作为评价通信系统性能的主要指标。有效性反映信息传输的速率问题，而可靠性则代表信息传输的质量(准确程度)问题。信息传输得越快，出错的概率就越大，因此速率和质量显然是一对矛盾。在实际工程中可在一定的可靠性要求前提下，尽量提高信息传输速率(有效性)，也可保持一定的有效性，而设法提高信息的准确性。从香农公式中可以看到二者能够在一定的条件下互相转换。

有效性和可靠性是根据对通信质量的要求而定义出的客观标准，但它们是抽象的，没有可操作性，也很难量化。因此，必须在通信系统中找到具体的，可以操作且能够反映有效性和可靠性的参数或指标。

1.9.1 模拟通信系统的性能指标

对于模拟通信系统，有效性用系统的传输频带宽度来衡量，而可靠性则常用接收端最终输出的信噪比来评价。

系统的传输带宽主要取决于两个方面：一是传输介质，二是对信号的处理方式。通常传输介质的带宽都比较大，完全能够满足传输要求，因此系统的带宽主要由对信号的处理方式决定。而系统的输出信噪比不但和信号的处理方式有关，还和系统的抗干扰措施或技术有关。比如在第2章中将介绍调频信号比调幅信号抗干扰能力强，也就是说，调频通信系统的信噪比比调幅系统信噪比高(但调频信号所需要的传输带宽却比调幅信号大)；采用屏蔽线传输的系统通常要比非屏蔽线系统输出信噪比高。为了使大家对此有个感性认识，下面给出模拟通信系统对信噪比的具体要求。

(1) 一般模拟通信系统：$S/N \geqslant 26\text{dB}$

(2) 听清95%以上的话音通信系统：$S/N \geqslant 40\text{dB}$

(3) 电视节目看起来很清楚的图像通信系统：$S/N \geqslant 40 \sim 60\text{dB}$

1.9.2 数字通信系统的性能指标

1. 码元

为了衡量数字通信系统的有效性与可靠性，我们先介绍一个基本概念——码元。

实际应用中，表示 M 进制数字信号中每一个状态的电脉冲被称为码元。

术语“码元”反映两个概念：一是电脉冲的波形，比如门信号码元（高/低电平码元）、有一定占空比的脉冲信号码元、余弦脉冲码元等，为了便于研究，人们将电脉冲的波形又称为“码型”（详见第 6 章）；二是电脉冲的持续时间，称为码元长度。

码元是构成数字信号的基本波形，是承载消息的基本单位。码元与数字信号的关系可以类比于车厢与火车，在这个概念下，数字信号可以理解为由一系列码元构成的时间序列。数字通信系统通常传输的是表示 0、1 的码元序列，即二进制数字信号（如图 1-26(a)所示）。

理论研究中，码元也可认为是构成数字序列的基本符号或元素。

2. 码元传输速率 R_B

通信系统单位时间传输的码元个数被称为码元传输速率，用 R_B 表示，单位为波特（Baud），故也称为波特率。

比如一个系统 1s 传送了 1200 个二进制码元，其波特率就是 1200Baud。再比如，若图 1-26(a)中的信号一个码元持续时间 $T=2\text{ms}$，即该信号以 T 为重复间隔，意味着该信号码元速率为 $R_B=1/T=500\text{Baud}$。单位“波特”是以法国工程师琼·莫里斯·埃米尔·波特（1845—1903）的名字命名。

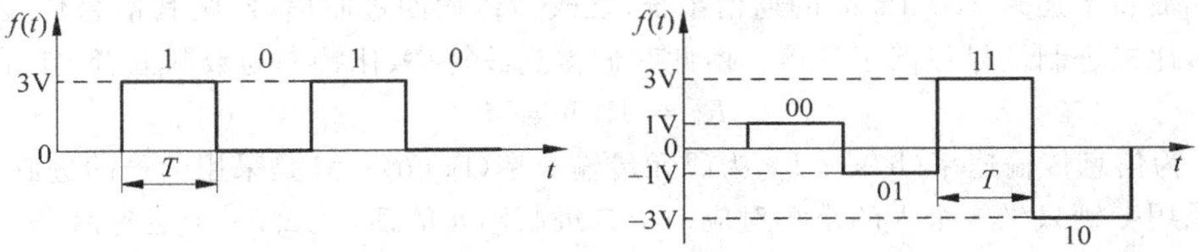

图 1-26 二进制信号和四进制信号示意图

3. 信息传输速率 R_b

波特率仅仅反映系统传输数字信号快慢的能力，我们还不知其传输信息量的多少，就好像只知道一条路一小时能过多少辆车，而不知道运送了多少吨货物或多少名乘客一样。因此，人们再定义一个物理量——信息传输速率：

通信系统单位时间传输的信息量被称为信息传输速率。用 R_b 表示，单位是比特/秒（b/s），因此也称为比特率。

信息传输速率的单位除了基本的 b/s 外，还有 kb/s、Mb/s、Gb/s 等，它们之间的关系为：1kb/s=1000b/s；1Mb/s=1000kb/s；1Gb/s=1000Mb/s。

通常，对于 0、1 等概出现的二进制数字信号，规定一个码元携带 1 比特（1b）的信息量，则二进制数字信号的码元速率和信息速率在数值上相等。

4. 频带利用率

任何一个通信系统都需要一定的传输带宽进行信号传输。而数字系统的传输带宽直接制约着传输速率。为了表示在一定的传输带宽下数字通信系统的信息传输能力，即有效性，人们定义了一个新物理量——频带利用率，其定义为：

频带利用率为数字通信系统的信息传输速率 R_b 或码元传输速率 R_B 与系统传输带宽 B 的比值，用 η_b 和 η_B 表示，单位是比 b/s/Hz 或 Baud/Hz。

5. 有效性的衡量

显然，对于一个数字通信系统，在不考虑系统占用频带资源多少的前提下，波特率或比特率的大小可以反映系统的有效性。另外，因为频带资源有限，常常需要以尽可能小的频带资源浪费，传输尽可能多的信息量，所以，频带利用率也就成为衡量系统有效性的另一个重要指标。

为了提高有效性，在技术与成本允许的情况下，数字通信系统也常采用多进制（M 进制）数字信号（通常 M 取 2 的各次幂，比如 4、8、16 等）进行传输。M 进制数字信号可以理解为由 M 种不同码元构成的时间序列。

对于多进制信号的每一种码元都可用多位二进制信号表示（编码），比如四进制信号（有 4 个不同的码元状态见图 1-26(b)）的每个码元状态都可用 2 位二进制信号表示；八进制信号（有 8 个不同的状态）的每个状态可用 3 位二进制信号表示。如果还用一个二进制码元表示 1b 信息量的话，则一个四进制信号的码元就包含 2b 的信息量，一个八进制信号的码元就包含 3b 的信息量。可见，传输多进制信号的好处是可以在波特率不变的情况下提高比特率。比如波特率还是 1200Baud 的通信系统，现改为传输四进制信号，则其信息传输速率为 2400b/s，比二进制信号提高了一倍。由此我们得到波特率、比特率与数制三者之间的关系：

$$R_b = R_B \log_2 M \tag{1.9-1}$$

式中，R_b 为信息传输速率(b/s)；R_B 为码元传输速率(Baud)；M 是采用信号的进制数。

如果用一辆只坐一个人的小车对应一个二进制码元的话，那么，一个能坐两个人的大车就像一个四进制码元。显然，在单位时间通过车辆数相同的前提下，大车运送的乘客是小车的两倍。利用多进制信号传输信息的目的，就如同寻求用更大的车载客一样。

6. 可靠性的衡量

数字通信系统的可靠性用差错率表示。差错率包括两个内容：误码率和误信率，其概念类似于交通事件中的车辆损失率和货物损失率（人员伤亡率）。

误码率指错误接收的码元数在传输的总码元数中所占的比例。或者说是码元在传输中被传错的概率。用下式表示：

误码率(P_s)＝错误的码元数/传输的总码元数

误信率也称误比特率，它是指接收错误的信息量在传输总信息量中所占的比例。即信息量在传输中被丢失的概率。用下式表示：

误信率(P_b)＝错误的比特数/传输的总比特数

综上所述，对于数字通信系统有如下结论：

在数字通信系统中，用传输速率和频带利用率衡量系统的有效性，用差错率衡量系统的可靠性。

衡量一个数字传输系统（包括数据传输系统）的传输能力（有效性）用其波特率或比特率为标准是很自然的事情。但是在计算机网络中，我们却常用“带宽”这个术语来衡量网络的信息传输能力。比如，我们不说“高速网”而说“宽带网”。其中原因，恐怕就是人们习惯于模拟通信中“带宽”这个概念，而它又可间接表示信道（或系统）传输数字信号的能力，正如 1.7 节所述。需要注意的是，尽管在计算机网络中使用“宽带”或“窄带”表示信息传输速率，但它们言下之意的单位却不是“赫兹（Hz）”而是“比特/秒（b/s）”。

【例题 1-7】 对于二进制独立等概信号，若码元宽度为 $T=0.02\text{ms}$，求该信号的波特率和比特率。若改为八进制信号，在波特率不变的前提下求比特率。该题的结果说明什么问题？

【解】 ∵码元独立等概，$T=0.02\text{ms}$

∴波特率：$R_{B2}=\frac{1}{T}=\frac{1}{0.02\times10^{-3}\text{s}}=50\,000\text{Baud}$，比特率：$R_b=R_{B2}=50\,000\text{b}$

若波特率不变，则一个八元码携带 3 比特信息量。

比特率：$R_{b8}=3R_{b2}=3\times50\,000\text{b}=150\,000\text{b}$

该题说明在信道带宽不变的前提下，传输多进制数字信号可以得到比二进制信号更大的信息速率。或者说，一个通信系统传输的信号状态数越多，则用比特率衡量的频带利用率就越高。

1.10 通信技术发展史

自 19 世纪初电通信技术问世以来，短短的一百多年时间里，通信技术的发展可谓日新月异。“千里眼”、“顺风耳”等古人的梦想不但得以实现，而且还出现了许多人们过去想都不曾想过的新技术。回顾通信技术的发展史有利于我们更好地了解与掌握这门科学知识。表 1-4 所示是通信技术发展历史简表。

表 1-4 通信技术发展历史简表

年 份	事 件
1838 年	摩尔斯发明有线电报
1864 年	麦克斯·韦尔提出电磁辐射方程
1876 年	贝尔发明有线电话
1896 年	马可尼发明无线电报
1906 年	真空管面世
1918 年	调幅无线电广播、超外差收音机问世
1925 年	开始利用三路明线载波电话进行多路通信
1936 年	调频无线电广播开播
1937 年	提出脉冲编码调制原理
1938 年	电视广播开播
1940—1945 年	雷达和微波通信系统迅速发展
1946 年	第一台电子计算机在美国出现
1948 年	晶体管面世；香农提出信息论
1950 年	时分多路通信应用于电话
1956 年	铺设了越洋电缆
1957 年	第一颗人造地球卫星上天

续表

年　份	事　件
1958 年	第一颗人造通信卫星上天
1960 年	发明了激光
1961 年	发明了集成电路
1962 年	发射第一颗同步通信卫星；脉冲编码调制进入实用阶段
1962—1970 年	发明了彩色电视；阿波罗宇宙飞船登月成功；出现高速数字计算机
1970—1980 年	大规模集成电路、商用卫星通信、程控数字交换机、光纤通信系统、微处理机等技术迅速发展
1980—至今	超大规模集成电路、长波长光纤通信系统、综合业务数字网迅速崛起

根据各种通信技术在通信发展史上的地位、作用以及对人类社会的影响，我们对过去的100多年通信技术的发展历史进行了概括性的总结，认为有10项重大通信技术值得人们纪念，并以此结束本章的内容。

(1) 摩尔斯发明有线电报。有线电报开创了人类信息交流的新纪元。

(2) 马可尼发明无线电报。为人类通信技术开辟了一个崭新的领域。

(3) 载波通信。载波通信的出现，改变了一条线路只能传送一路电话的局面，使一个物理介质上传送多路音频电话信号成为可能。

(4) 电视。电视极大地改变了人们的生活，使传输和交流信息从单一的声音发展到实时图像。

(5) 电子计算机。计算机被公认为是20世纪最伟大的发明，它加快了各类科学技术的发展进程。

(6) 集成电路。集成电路为各种电子设备提供了高速、微小、功能强大的"心"，使人类的信息传输能力和信息处理能力达到了一个新的高度。

(7) 光纤通信。光导纤维的发明，使人们寻求到一种真正能够承担起构筑未来信息化基础设施传输平台重任的通信介质。

(8) 卫星通信。卫星通信将人类带入了太空通信时代。

(9) 蜂窝移动通信。蜂窝移动通信为人们提供了一种前所未有、方便快捷的通信手段。

(10) 因特网。因特网的出现意味着信息时代的到来，使地球变成了一个没有距离的小村落——"地球村"。

注："地球村(Global Village)"的概念最早由马歇尔·马克卢汉(Marshall McLuhan)在20世纪60年代提出。

1.11 小资料——莫尔斯

塞缪尔·莫尔斯(Morse，Samuel Finley Breese)，美国科学家，电报的发明人，1791年4月27日生于马萨诸塞州一个牧师家庭，1872年4月2日卒于纽约市。1810年毕业于耶鲁大学。早期曾从事印刷和绘画，在肖像画和历史绘画方面成了当时公认的一流画家，1826年至1842年任美国画家协会主席。

1832 年，在法国学了 3 年绘画的莫尔斯坐轮船返回祖国。航行期间，美国医生查尔斯·杰克逊向旅客们演示他正在搞的电学实验。他一边把一块电磁铁和电池时而接通，时而断开，让一块铁片一会儿被磁铁吸住，一会儿又掉下来，一边向旅客们滔滔不绝地介绍电磁学的一些知识。杰克逊说："实验证明，不管电线有多长，电流都可以神速地通过。"这句话使 41 岁的莫尔斯产生了遐想：既然电流可以瞬息通过导线，那能不能用电流来进行远距离传递信息呢？他设想用导线将发信息的人和收信息的人连接起来形成一条电路，发信方将电路连通和断开以传送信号，在收信方显示出眼睛能看到的信号，再记录下来。当船到达纽约时，他的脑海中已差不多成熟地形成了关于电报机的基本构思。

1835 年，他毅然告别了绘画艺术，专心攻读电磁学知识，一门心思地进行电报装置的制作。年底，在纽约大学教授伦纳德·盖尔的帮助下，莫尔斯用废料制成了第一台电报机。

这种电报机的发报机把制成凹凸不平的字母板排列起来拼成文章，然后让字母板慢慢活动，触动开关断断续续发出信号；收报机把不连续的电流通过电磁铁，牵动摆尖左右摆动的前端与铅笔连接，在移动的纸带上画出波状的线条，经译码之后便还原成电文。但是由于电磁铁和电池很粗糙，导致通信距离很短，无法投入使用。于是，盖尔给莫尔斯推荐了普林斯顿大学教授约瑟夫·亨利(1797—1878 年，和美国的法拉第几乎同时发现了电磁感应现象，以电感单位"亨利"留名的大物理学家)。在亨利的指导下，莫尔斯闯过了原理上的最大难关，并于 1936 年发明了"莫尔斯电码"，1937 年研制成功了一台可以传送电码的装置——电报机，也就是今天电报机的原型。

1843 年，塞缪尔·莫尔斯用国会赞助的 3 万美元建起了从华盛顿到巴尔的摩之间长达 64 千米的电报线路，翌年 5 月 24 日，他在华盛顿国会大厦最高法院会议厅里，用他的电报机，向巴尔的摩发送了世界上第一封电报，电文内容是《圣经》中的一句话："上帝啊，你创造了何等的奇迹！"

1.12　思考题与习题

1-1　什么是模拟信号？什么是数字信号？它们的波形有何特点？它们的本质区别是什么？

1-2　如何理解模拟通信是信号的波形传输，而数字通信是信号的状态传输？

1-3　举出几例生活中的自然信号和通信信号。

1-4　模拟通信系统中的放大器与数字通信系统中的中继器有何异同点？

1-5　如何理解信息、消息和信号三者的关系？

1-6　如何理解模拟通信系统用信噪比衡量可靠性，而数字通信系统用误码率和误信率衡量？

1-7　如何理解信道通频带对传输信号的影响？进而理解滤波器的作用。

1-8　除了可靠性和有效性之外，你认为还有因素可以作为通信系统的评价指标，为什么？

1-9　设信道带宽为 3kHz，信噪比为 20dB，若传输二进制信号，则最大传输速率是多少？

1-10　设英文字母 E 出现的概率为 0.105，x 出现的概率为 0.002。试求 E 及 x 的信息量。

1-11　某信息源的符号集由 A,B,C,D 和 E 组成,设每一符号独立出现,其出现概率分别为 1/4,1/8,1/8,3/16 和 5/16。试求该信息源符号的平均信息量。

1-12　一个由字母 A,B,C,D 组成的字。对于传输的每一个字母用二进制脉冲编码,00 代替 A,01 代替 B,10 代替 C,11 代替 D,每个脉冲宽度为 5ms。

(1) 不同的字母是等可能出现时,试计算传输的平均信息速率;

(2) 若每个字母出现的概率为:$P_A=1/4, P_B=1/5, P_C=1/4, P_D=3/10$。

试计算平均信息传输速率。

1-13　对于二进制独立等概信号,码元宽度为 0.5ms,求波特率和比特率;若改为四进制信号,再求波特率和比特率。

1-14　已知电话信道的带宽为 3.4kHz。试求:

(1) 接收端信噪比为 30dB 时的信道容量;

(2) 若要求该信道能传输 4800b/s 的数据,则收信端要求最小信噪比为多少 dB?

1-15　黑白电视图像每幅含有 3×10^5 个像素,每个像素有 16 个等概出现的亮度等级。要求每秒钟传输 30 帧图像。若信道输出信噪比 30dB,计算传输该黑白电视图像所要求的信道的最小带宽。

第2章 模拟调制

问题引入：为了方便、长距离和高效、高质量地进行通信，人们需要利用无线电信号和频分复用技术，那么，如何产生实用的携带信息的无线电信号？如何进行频分复用？如何提高通信质量？

2.1 调制的概念

本教材所包含的主要知识可以用十个字概括，即“调制、解调；编码、译码；同步”。换句话说，这十个字所代表的内容是《通信原理》的主干，其余内容基本上都是主干内容的延伸和展开。因此，在学习过程中，只要抓住“十字内容”这条主线，其他问题就会迎刃而解。注：本教材不专门介绍“同步”内容。

调制是通信原理中一个十分重要的概念，是一种信号处理技术。无论在模拟通信、数字通信还是数据通信中都扮演着重要角色。那么为什么要对信号进行调制处理？什么是调制呢？我们先看看下面的例子。

在传播人声时，可以用话筒把人声变成电信号，通过扩音机放大后再用喇叭（扬声器）播放出去。由于喇叭的功率比人嗓大得多，所以声音可以传得比较远（见图2-1扩音示意图）。但如果还想将声音传得更远一些，那该怎么办？大家自然会想到用电缆或无线电进行传输。但会出现两个问题，一是铺设一条几十千米甚至上千千米的电缆只传一路声音信号，其传输成本之高、线路利用率之低，人们是无法接受的；二是利用无线电通信时，需满足一个基本条件，即欲发射信号的波长必须能与发射天线的几何尺寸可比拟，该信号才能通过天线有效地发射出去（通常认为天线尺寸应大于波长的十分之一）。而音频信号的频率范围是20Hz～20kHz，最小的波长为：

$$\lambda = c/f = 3 \times 10^8 / 20 \times 10^3 = 1.5 \times 10^4 \quad (\mathrm{m})$$

式中，λ 为波长(m)；c 为电磁波传播速度（光速）(m/s)；f 为音频(Hz)。

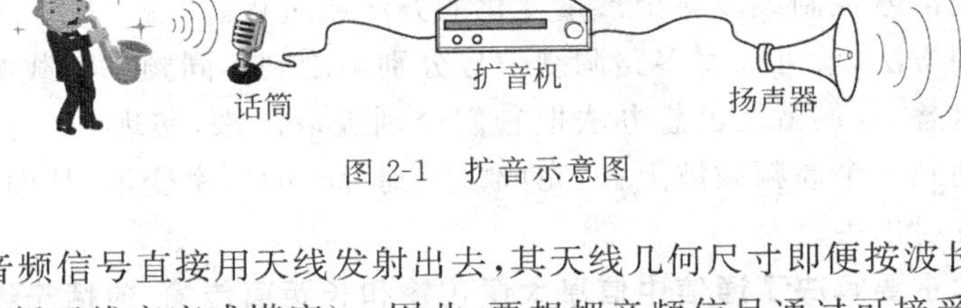

图2-1 扩音示意图

可见，要将音频信号直接用天线发射出去，其天线几何尺寸即便按波长的百分之一取也要150m高（不包括天线底座或塔座）。因此，要想把音频信号通过可接受的天线尺寸发射出去，就需要想办法提高欲发射信号的频率（频率越高波长越短）。

第一个问题的解决方法之一是在一个物理信道中对多路信号进行频分复用；第二个问题的解决方法是把欲发射的低频信号"搬"到高频载波上去（或者说把低频信号"变"成高频信号）。两个方法有一个共同点就是要对信号进行调制处理。

那么什么是调制呢？我们说：**让载波的某个参量（或几个）随调制信号（原始信号）的变化而变化的过程或方式称为调制**。而载波就是一种用来搭载原始信号的高频周期信号，它本身不含有任何有用信息。

生活中，人们要把一件货物运到远方，就必须使用运载工具，或汽车，或火车，或飞机。在这里，货物相当于调制信号，运载工具相当于载波。把货物装到运载工具上相当于调制，从运载工具上卸下货物就是解调。这个例子（见图 2-2）虽然不十分贴切，但可以帮助我们理解调制与解调的感念。

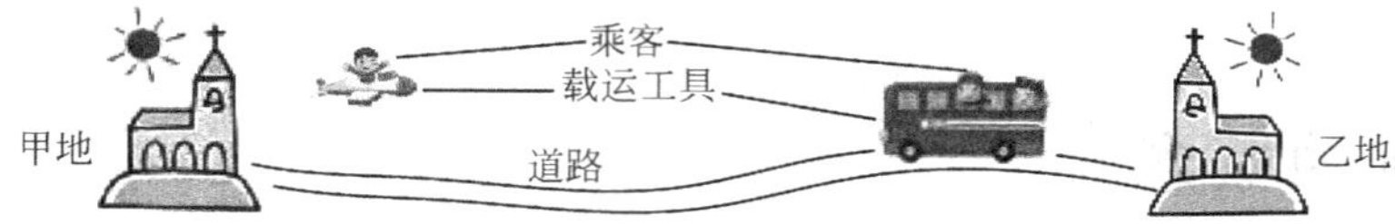

图 2-2 调制概念的交通类比示意图

知道了调制概念，我们自然会问：如何对信号进行调制呢？在《信号与系统》课程中我们知道，若一个信号 $f(t)$ 与一个正弦型信号 $\cos\omega_c t$ 相乘，从频谱上看，相当于把 $f(t)$ 的频谱搬移到 ω_c 处。设 $f(t)$ 的傅氏变换（也可称为频谱）为 $F(\omega)$，则有：

$$f(t) \leftrightarrow F(\omega)$$

$$\cos\omega_c t \leftrightarrow \pi[\delta(\omega+\omega_c)+\delta(\omega-\omega_c)]$$

$$s_m(t) = f(t)\cos\omega_c t \leftrightarrow \frac{1}{2}[F(\omega+\omega_c)+F(\omega-\omega_c)] \tag{2.1-1}$$

以上过程称为调制定理，是调制技术的理论基础。其示意图见图 2-3。式中 $f(t)$ 称为调制信号或基带信号（原始信号），$\cos\omega_c t$ 称为载波，$s_m(t)$ 称为已调信号。通常载波频率比调制信号的最高频率要高得多。比如中波收音机频段的最低频率（载波频率）为 535kHz，比音频最高频率 20kHz 高 25 余倍。

注意，所谓正弦型信号是正弦信号（$\sin\omega t$）和余弦信号（$\cos\omega t$）的统称。

从图 2-3 中可见，$s_m(t)$ 的振幅是随低频信号 $f(t)$ 的变化而变化的，也就是说，将调制信号"放"到了载波的振幅参量上。从频域上看，$s_m(t)$ 的频谱与 $f(t)$ 的频谱相比，只是幅值减半，形状不变，相当于将 $f(t)$ 的频谱搬移到 ω_c 处。这种将调制信号调制到载波的幅值参量上的方法称为幅度调制简称调幅。从上述调制过程中可以得到如下结论：所谓调制，可以认为是一种用调制信号控制载波某个参量变化的方法或过程。

通过上述调制方法，就可以将多路调制信号分别调制到不同频率的载波上，只要它们的频谱在频域上不重叠，我们就能够想办法把它们分别提取出来，实现频分复用。同样，也可将一低频信号调制到一个高频载波上去，完成"低"到"高"的频率变换，从而通过几何尺寸合适的天线将信号发射出去。

幅度调制技术主要解决了通信中信息大量传输和长距离传输（包括无线传输）的问题。

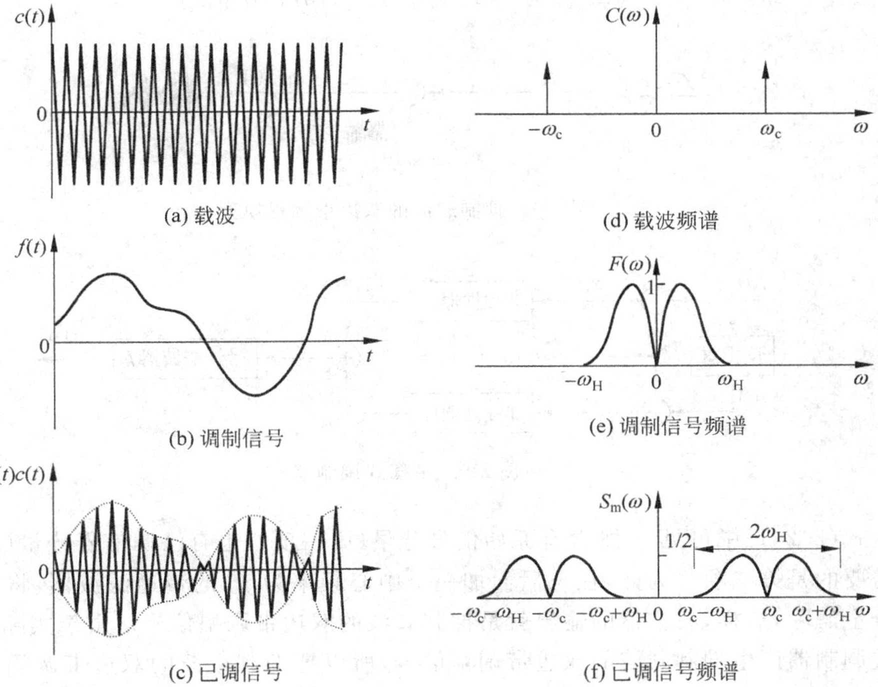

图 2-3 抑制载波双边带调幅示意图

2.2 抑制载波的双边带调幅

2.2.1 DSB 信号的调制

在图 2-3 中，调制信号与载波直接相乘后的频谱已经没有了载波频谱中的冲激分量，在载频两边是完全对称的调制信号的频谱(从式 2.1-1 中可见)。小于载频的部分叫下边带频谱，大于载频的部分叫上边带频谱。这种已调信号的频谱中包含上、下两个边带且没有冲激分量的调幅方法称为抑制载波的双边带调幅(DSB，Double Side Band)，简记为 DSB，其已调信号通常记为 $s_{\text{DSB}}(t)$。

DSB 可直接用乘法器产生，其调制模型见图 2-4。最常用的调制电路是平衡式调制器，原理框图如图 2-5 所示。图中两个非线性器件要求性能完全对称。若非线性器件的输入-输出特性为 $y=ax+bx^2$，则调制原理如下：

$$x_1 = f(t) + \cos\omega_c t$$

$$x_2 = -f(t) + \cos\omega_c t$$

$$\begin{aligned} y_1 &= a[f(t) + \cos\omega_c t] + b[f(t) + \cos\omega_c t]^2 \\ &= af(t) + a\cos\omega_c t + bf^2(t) + 2bf(t)\cos\omega_c t + b\cos^2\omega_c t \end{aligned}$$

$$\begin{aligned} y_2 &= a[-f(t) + \cos\omega_c t] + b[-f(t) + \cos\omega_c t]^2 \\ &= -af(t) + a\cos\omega_c t + bf^2(t) - 2bf(t)\cos\omega_c t + b\cos^2\omega_c t \end{aligned}$$

$$y = y_1 - y_2 = 2af(t) + 4bf(t)\cos\omega_c t \tag{2.2-1}$$

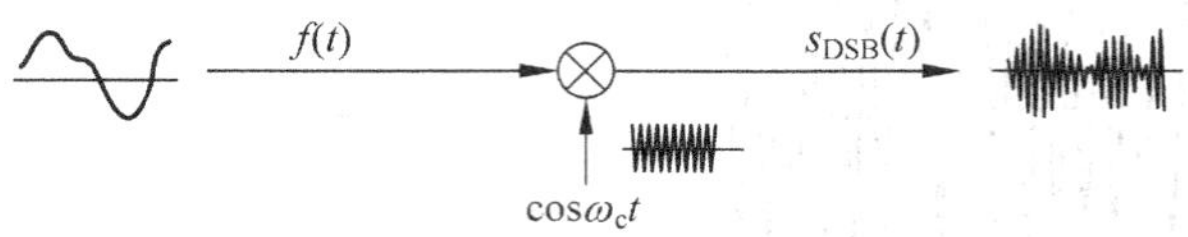

图 2-4 抑制载波的双边带调幅模型

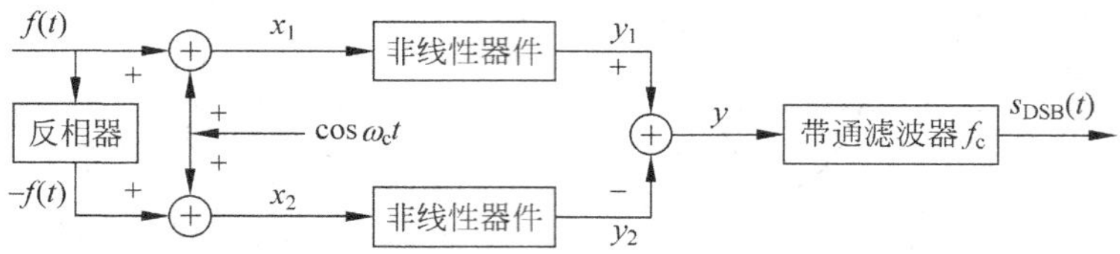

图 2-5 平衡式调制器

从式(2.2-1)中可见，y 既含有原始信号分量(第一项)，也有已调信号分量(第二项)，而我们需要的是第二项。为此，在 y 后面加一个中心频率为 f_c 的带通滤波器，将第一项原始信号分量滤除，这样，滤波器的输出就是抑制载波的双边带调幅信号。由于实际工程中多用平衡式调制器产生抑制载波的双边带调幅信号，所以把抑制载波的双边带调幅也称为平衡式调幅。

这里有两个问题，一是什么是非线性器件？再一个是为什么要求两个非线性器件特性完全对称？所谓线性器件指的是工作特性(电阻：电压-电流特性、电容：电压-电荷特性、电感：电流-磁通特性)满足线性关系的器件，比如普通电阻器；而非线性器件就是工作特性不满足线性关系的器件，比如二极管。本例中使用非线性器件是为了产生乘法运算，完成调幅任务。**非线性器件的一个重要特性是输出(响应)信号可以产生输入(激励)信号没有的新频率分量**。这一特性在通信领域中应用非常广泛。收音机和电视机中的混频(或变频)电路，就是利用三极管的非线性产生输入信号和本地振荡波之间的差频信号并作为中频信号进行放大、检波等处理；倍频器也是利用器件的非线性产生输入信号频率加倍的输出信号。从上述平衡调制的推导过程中可以清楚地看到，如果两个非线性器件特性不完全对称，也就是说，a 和 b 不一样，那么显然在公式推导中载波及其平方项就消不掉，也就得不到最终的 DSB 信号，这就是为什么要叫平衡式调制器的原因。

2.2.2 DSB 信号的解调

通过前面的介绍，我们知道在发信端一个低频信号可以通过调幅的方法“变”成高频信号，然后再由天线发射出去；或者几路低频信号利用调制方法调制到不同的频段，然后在同一个信道中传输(即 FDM)。那么大家自然会想到另一个问题——在收信端如何从已调信号中恢复调制信号(即原始信号)？从图 2-3 中可以看到已调信号的幅值虽然随调制信号的变化而变化，但其时域波形与调制信号并不一样，收信端必须想办法从中恢复出调制信号。

从已调信号中恢复调制信号的过程或方法称为解调。

解调方法不止一种，对于 DSB 信号的解调通常采用相干解调法。

从数学的三角函数变换公式中可知：

$$\cos\omega_c t \cdot \cos\omega_c t = \cos^2\omega_c t = \frac{1}{2} + \frac{1}{2}\cos 2\omega_c t$$

从通信的角度上看，上式中两个余弦信号相乘与调制过程相似，可以看成对一个信号（载波）用另一个同频同相的载波进行一次“调制”，即可得到一个直流分量和一个二倍于载频的载波分量。相干解调正是利用这一原理。请看下式：

$$\begin{aligned} s_{DSB}(t)\cos\omega_c t &= f(t)\cos\omega_c t \cdot \cos\omega_c t = f(t)\cos^2\omega_c t \\ &= \frac{1}{2}f(t) + \frac{1}{2}f(t)\cos 2\omega_c t \end{aligned} \tag{2.2-2}$$

该式表明，收信端只要对接收到的 DSB 信号再用与原载波同频同相的载波“调制”一下，即可得到含有原始信号分量的已调信号。对于上式中的二倍频载波分量，可以用一个低通滤波器滤除，剩下的就是原始信号分量。这种**在收信端利用本地载波对已调信号直接相乘，然后再滤波的解调的方法叫相干解调或同步解调**，其解调框图见图 2-6。

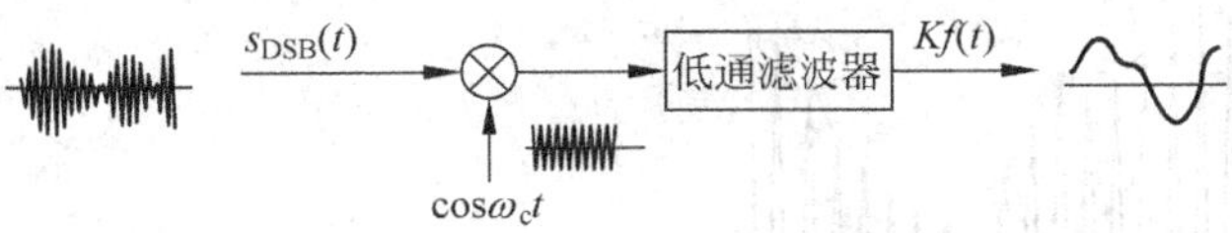

图 2-6 相干解调模型

需要说明，相干解调在具体实现上比较复杂，因为在收信端产生与发信端同频同相的载波，即本地载波，并不容易，若不能保证产生同频同相的本地载波，则解调任务将难以完成。

2.3 常规双边带调幅

2.3.1 AM 信号的调制

在 DSB 信号中，已调信号的幅值虽然随调制信号的变化而变化，但它的时域波形与调制信号并不一样。我们注意到已调信号的波形在幅值的形状上（包络上）部分地与调制信号相同。具体地说，就是已调信号的包络只与调制信号正值波形成正比关系。那么能不能想办法让已调信号在包络上完全与调制信号成正比呢？回答是肯定的。这就是本小节的内容——常规双边带调幅。

从图 2-3 可知，若调制信号没有负值，则已调信号的包络就完全与调制信号的幅值变化成正比。那么如何使具有负值的调制信号变为没有负值呢？方法很简单，给调制信号加上一个大于或等于其最小负值的绝对值的常数即可。从波形上看，就是将调制信号向上移一个 A 值，而 A 值不能小于调制信号的负最大值。将上移后的信号再与载波相乘，即可得到包络与调制信号幅值变化成正比的已调信号，我们称为常规调幅信号，这种调制方法就是常规双边带调幅法（AM，Amplitude Modulation），简记为 AM，其具体过程见图 2-7。数学推导如下：

设调制信号为 $f(t)$，其频谱为 $F(\omega)$，即有：

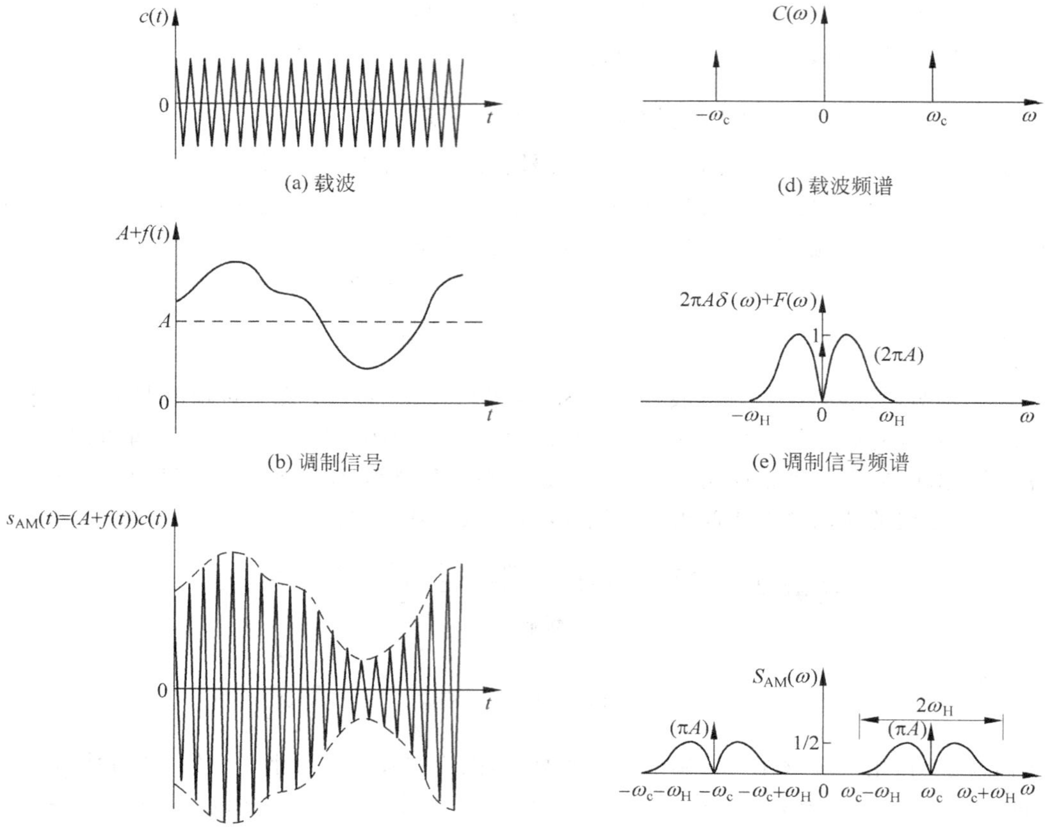

图 2-7　常规双边带调幅示意图

$$f(t) \leftrightarrow F(\omega)$$

$$A + f(t) \leftrightarrow 2\pi A\delta(\omega) + F(\omega)$$

设载波为 $c(t)$：

$$c(t) = \cos\omega_c t \leftrightarrow \pi[\delta(\omega+\omega_c) + \delta(\omega-\omega_c)]$$

则已调信号：

$$s_{AM}(t) = [A + f(t)]\cos\omega_c t \tag{2.3-1}$$

其频谱为：

$$\begin{aligned} S_{AM}(\omega) &= \frac{1}{2\pi}\{[2\pi A\delta(\omega) + F(\omega)] * \pi[\delta(\omega+\omega_c) + \delta(\omega-\omega_c)]\} \\ &= [2\pi A\delta(\omega) + F(\omega)] * \frac{1}{2}[\delta(\omega+\omega_c) + \delta(\omega-\omega_c)] \\ &= \pi A[\delta(\omega+\omega_c) + \delta(\omega-\omega_c)] + \frac{1}{2}[F(\omega+\omega_c) + F(\omega-\omega_c)] \end{aligned} \tag{2.3-2}$$

2.3.2　AM 信号的解调

比较 DSB 信号与 AM 信号的频谱和时域波形可以发现，在频谱上 AM 信号比 DSB 信号多了载波分量即冲激分量(比较式(2.1-1)和式(2.3-2)可得到同样的结论),也就是说,AM信号在发射时要比DSB信号多发送一个载波分量,即在边带信号功率相同的情况下,AM信号的发射功率要比DSB信号大。由于载波中并不包含有用信息,所以发送载波对信息的传送没有意义,而且造成功率浪费(这也就是为什么要提出抑制载波双边带调幅法的原因)。那么多用一些功率发射载波分量有什么好处呢?其优点体现在解调上。

根据相干解调的原理,AM信号同样可以采用相干解调法解调。但我们之所以要多“浪费”一些功率去发射没有信息的载波分量,就是要在解调上“捡个便宜”,也就是要在解调上省点事儿。而这个“便宜”就是包络解调法或叫包络检波法。

包络检波器(见图2-8)非常简单,只用一个二极管、一个电容和一个电阻三个元器件即可。二极管用来半波整流,即将AM信号的负值部分去掉,而保留正值部分,并为电容的充电提供通路;电阻的作用是为电容的放电提供回路。

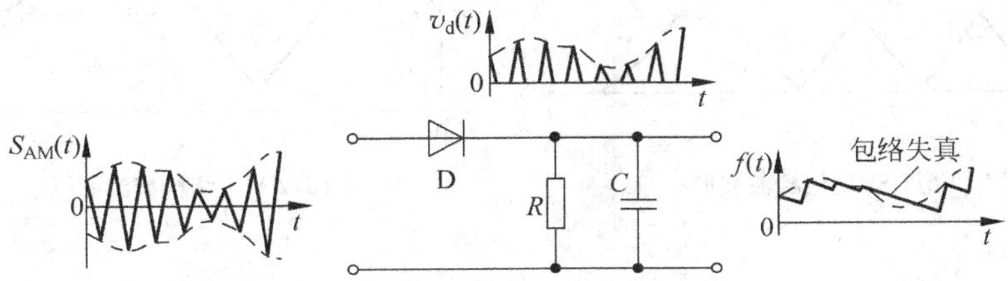

图2-8　包络检波器

解调原理是这样的:二极管首先将AM信号的负值部分去掉,AM信号变成一连串幅值不同的正余弦脉冲(半周余弦波);在每个余弦脉冲的前半段(即从零到最大值),二极管导通,电流通过二极管给电容充电并达到最大值;在每个余弦脉冲的后半段(即从最大值到零),二极管截止,电容上存储的电能就通过电阻放电,电容两端的电压随之下降;等到下一个余弦脉冲的前半段到来后,又对电容进行充电并达到该半周的最大值,然后又开始放电,如此重复,电容两端的电压基本上就随AM信号的包络(即调制信号)而变化。但有一个前提条件,就是电容的放电时间要比充电时间慢得多才行,也就是说电容的充电时常数要比放电时常数小。放电时常数$\tau=RC$也不能太大,否则放电过慢,输出波形不能紧跟包络线的下降而下降,就会产生包络失真(见图2-8)。通常要求$\frac{2\pi}{\omega_c}<<\tau<<\frac{2\pi}{\Omega_m}$,$\omega_c$为载频,$\Omega_m$为调制信号的最高频率。对于普通收音机,中频(载频)为465kHz,音频信号(调制信号)最高频率取5kHz,则$2\mu s<<\tau<<200\mu s$,通常取$\tau=50\mu s$,那么R取5kΩ左右,C取0.01μF左右。

需要说明的是,二极管的输出波形与电容两端的电压波形应该是一样的,图中的二极管输出波形$v_d(t)$是不考虑后面接电容时的波形,目的是为了说明解调原理。

【例题2-1】　画出图2-9所示原始(基带)信号$s(t)$的DSB和AM波形以及通过包络检波后的波形,并说明包络检波后的波形差别。

【解】　该信号的DSB、AM、DSB的解调波形和AM的解调波形分别如图2-10所示。显然,DSB的解调波形包络与原信号相比,已严重失真,而AM的解调波形包络没有变化,说明DSB信号不能直接采用包络检波。

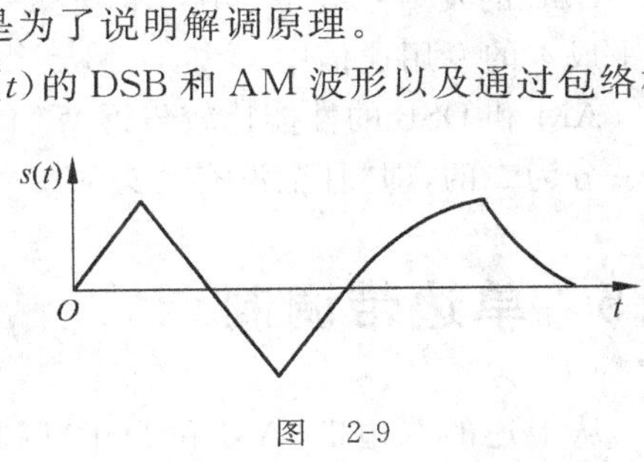

图　2-9

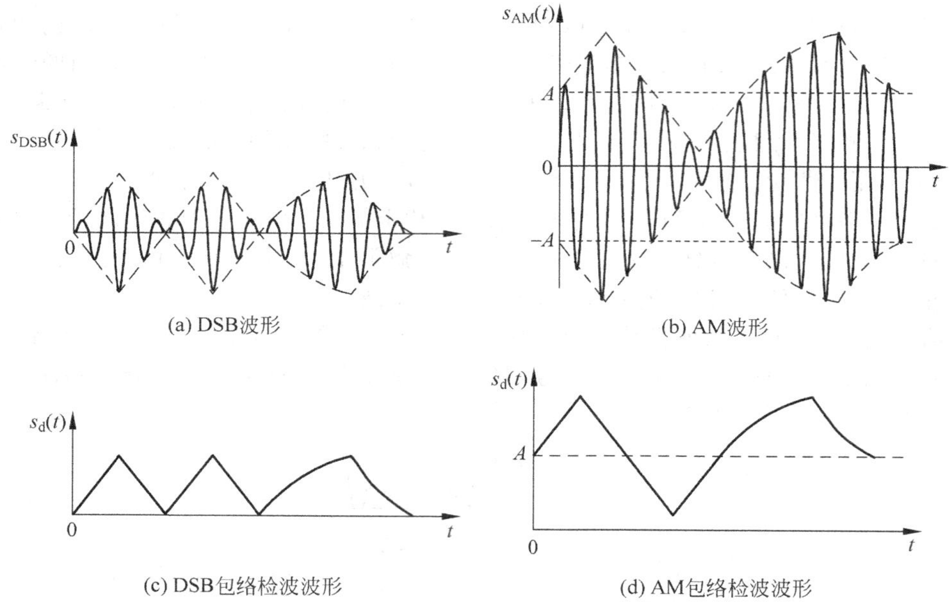

图 2-10

2.4 AM 和 DSB 的性能比较

AM 和 DSB 调制虽然都属于幅度调制的范畴，但在性能上各有千秋。在这里主要从两个方面来加以比较：一个是发射效率，另一个是总的使用成本。

如果把发射边带信号的平均功率和发射载波的平均功率加起来作为总的发射功率，把边带发射功率与总发射功率之比定义为调制效率的话，则可以证明，AM 调制的最高调制效率为 50%；DSB 的调制效率为 100%。也就是说，在同等信号功率的前提下，AM 的总功率至少要大于或等于 DSB 总功率的二倍。

虽然从发送信息的角度上看，AM 的成本较高，技术较复杂。但却因为解调电路简单而给它的信息接收者带来了实惠和便宜。信息接收者(用户)越多，这种效益越明显。因此，一般来说，在总的使用成本上 AM 调制要比 DSB 低。大家所熟悉的无线电广播(点到多点)就是采用 AM 调制。

DSB 的发射系统虽然比 AM 经济，但它的接收机却比较复杂，因此，一般多用于一些不在乎成本的专用通信中。

AM 和 DSB 的性能比较告诉我们一个非常浅显但却重要的辩证法原理：任何事物都是一分为二的，即“甘蔗没有两头甜”。

2.5 单边带调制

从上述的双边带(AM 和 DSB)调制中可知，上下两个边带是完全对称的，即两个边带所包含的信息完全一样。那么在传输时，实际上只传输一个边带就可以了，而双边带传输显然浪费了一个边带所占用的频段，降低了频带利用率。对于通信而言，频率或频带是非常宝贵的资源。因此，为了克服双边带调制这个缺点，人们自然又提出了单边带调制的概念。

从结果上看，单边带调制(SSB，Single Side Band)就是只传送双边带信号中的一个边带(上边带或下边带)。因此，产生单边带信号最直接的方法就是从双边带信号中滤出一个边带信号即可。这种方法称为滤波法，是最简单、最常用的方法。图 2-11 是滤波法模型的示意图。

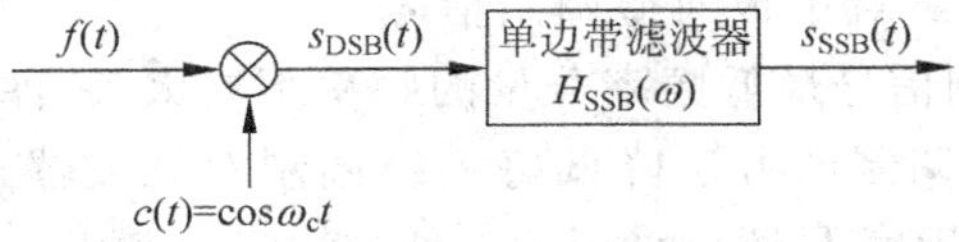

图 2-11　单边带调制滤波法模型

我们用单边带信号的频谱图来说明滤波法的原理(见图 2-12)。图中 $H_{SSB}(\omega)$是单边带滤波器的系统函数，即 $h_{SSB}(t)$的傅氏变换。

若保留上边带，则 $H_{SSB}(\omega)$应具有高通特性如图 2-12(b)所示：

$$H_{SSB}(\omega)=\begin{cases}1, & |\omega|>\omega_c\\0, & |\omega|\leqslant\omega_c\end{cases}\tag{2.5-1}$$

单边带信号的频谱如图 2-12(c)所示。

若保留下边带，则应具有低通特性如图 2-12(d)所示：

$$H_{SSB}(\omega)=\begin{cases}1, & |\omega|<\omega_c\\0, & |\omega|\geqslant\omega_c\end{cases}\tag{2.5-2}$$

单边带信号的频谱如图 2-12(e)所示。

下面我们看一下单边带调制的时域表达式。

设调制信号为单频正弦型信号：

$$f(t)=E\cos\Omega t$$

载波信号为：

$$c(t)=A\cos\omega_c t$$

则 DSB 信号为：

$$s_{DSB}(t)=AE\cos\Omega t\cdot\cos\omega_c t=\frac{AE}{2}[\cos(\omega_c+\Omega)t+\cos(\omega_c-\Omega)t]\tag{2.5-3}$$

上边带信号为：

$$s_{USB}(t)=\frac{AE}{2}\cos(\omega_c+\Omega)t\tag{2.5-4}$$

下边带信号为：

$$s_{LSB}(t)=\frac{AE}{2}\cos(\omega_c-\Omega)t\tag{2.5-5}$$

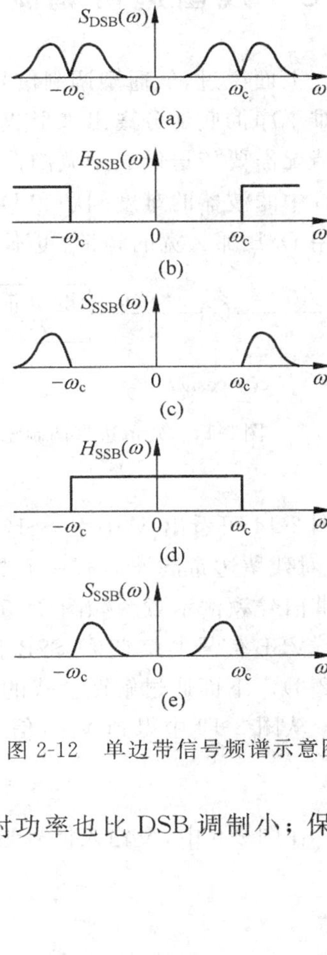

图 2-12　单边带信号频谱示意图

SSB 调制的优点主要是受多径传播引起的选择性衰落的影响比 DSB 调制小；频带利用率比 DSB 调制高；所需发射功率也比 DSB 调制小；保密

性强，普通调幅接收机不能接收 SSB 信号。其主要缺点是接收机需要复杂且精度高的自动频率控制系统来稳定本地载波的频率和相位。另外，对于低通型调制信号（含有直流或低频分量的信号）用滤波法的时候，要求滤波器的过渡带非常窄，即滤波器的边缘必须很陡峭，理想状态是一根垂直线，在实际工程中，滤波器很难达到这样的要求，否则，产生的单边带信号，要么频带不完整，要么多出一部分另一个边带。对于带通型调制信号而言，只要载频相对于调制信号最低频率分量的频率不要太大，滤波法就可以实现 SSB 调制，否则，就必须采用多级调制的方法降低每一级调制对滤波器过渡带的要求，从而完成 SSB 信号的产生。产生 SSB 信号还可采用的一种方法叫做移相法，模型图见图 2-13。

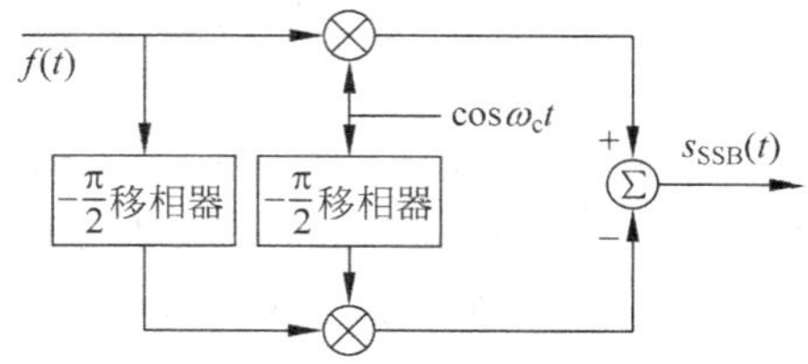

图 2-13　单边带调制移相法模型

对于一般信号的单边带调制需要借助于希尔伯特变换才能导出时域表达式，我们在此不作深入介绍。

SSB 信号不能用简单的包络解调法进行解调，通常采用相干解调法。

SSB 主要用于远距离固定业务通信系统，在特高频散射通信、车辆和航空通信方面也有应用。

2.6 残留边带调制

上面说过，低通型调制信号由于上下边带的频谱靠得很近甚至连在一起，所以用滤波器很难干净彻底地分离出来形成单边带信号，甚至得不到单边带信号。而在现实生活中，有很多情况需要传送低通型调制信号，比如电视的图像信号（频带为 0～6MHz）。那么如何解决 SSB 中滤波器的难度问题和 DSB 的频带利用率低的矛盾呢？人们想了一个折中的方法，既不用 DSB 那么宽的频带，也不用 SSB 那么窄的频带传输已调信号，而在它们之间取一个中间值，使得传输频带既包含一个完整的边带（上边带或下边带），又有另一个边带的一部分，从而形成一种新的调制方法——残留边带调制（VSB，Vestigial Side Band）。

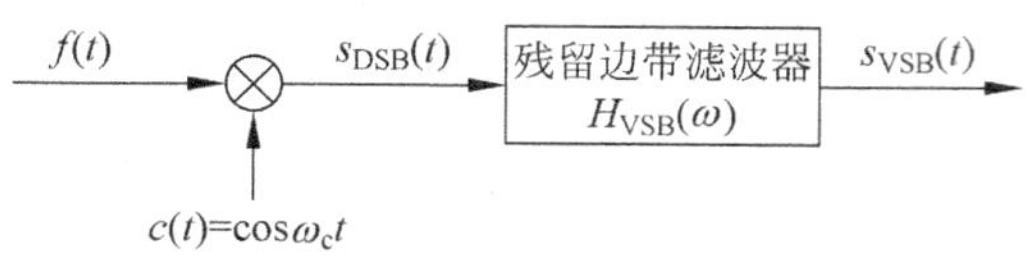

图 2-14　残留边带调制滤波法模型

VSB 调制在原理上可以采用移相法或滤波法，通常多采用滤波法，如图 2-14 所示。从图 2-14 可看出 VSB 和 SSB 在原理上差不多。但为了接收端能够无失真地恢复出调制信号，对残留边带滤波器有一个要求，即其传输函数在载频附近必须具有互补对称特性。残留边带信号频谱示意图如图 2-15 所示。

VSB 信号的解调和 SSB 信号一样也不能用包络检波，而要采用相干解调法（参见图 2-6）。下面通过解调公式的推导，证明 $H_{VSB}(\omega)$在载频附近必须具有互补对称特性。

从图 2-12 中得到 VSB 信号 $s_{VSB}(t)$的频谱为：

$$S_{VSB}(\omega)=\frac{1}{2}[F(\omega+\omega_c)+F(\omega-\omega_c)]\cdot H_{VSB}(\omega) \tag{2.6-1}$$

在图 2-6 中，设输入信号为 $s_{VSB}(t)$，$m(t)$是乘法器的输出，则其频谱为：

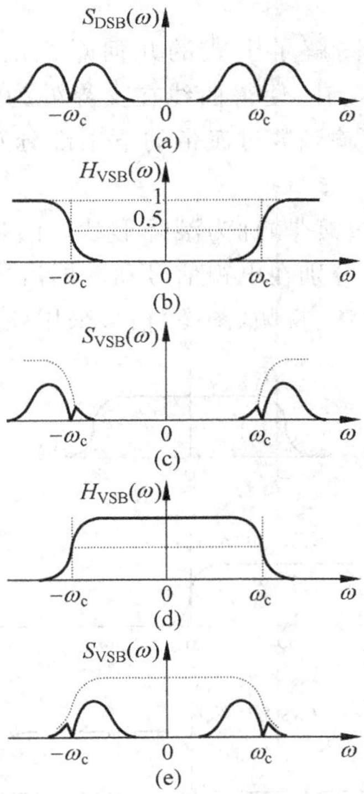

图 2-15　残留边带信号频谱示意图

$$M(\omega)=\frac{1}{2\pi}S_{VSB}(\omega)\cdot\pi[\delta(\omega+\omega_c)+\delta(\omega-\omega_c)]$$

$$=\frac{1}{2}[S_{VSB}(\omega+\omega_c)+S_{VSB}(\omega-\omega_c)] \tag{2.6-2}$$

将式(2.6-1)代入式(2.6-2)可得：

$$M(\omega)=\frac{1}{4}[F(\omega)+F(\omega+2\omega_c)]\cdot H_{VSB}(\omega+\omega_c)+\frac{1}{4}[F(\omega)+F(\omega-2\omega_c)]\cdot H_{VSB}(\omega-\omega_c)$$

$$=\frac{1}{4}F(\omega)[H_{VSB}(\omega+\omega_c)+H_{VSB}(\omega-\omega_c)]$$

$$+\frac{1}{4}[H_{VSB}(\omega+\omega_c)F(\omega+2\omega_c)+H_{VSB}(\omega-\omega_c)F(\omega-2\omega_c)] \tag{2.6-3}$$

设低通滤波器的输出(解调信号)为 $m_d(t)$，如果能选择合适截止频率的低通滤波器将上式中第二个中括号项滤除，则有：

$$M_d(\omega)=\frac{1}{4}F(\omega)[H_{VSB}(\omega+\omega_c)+H_{VSB}(\omega-\omega_c)] \tag{2.6-4}$$

可见，要想使解调信号 $m_d(t)$无失真地重现调制信号，就需要 $M_d(\omega)$与 $F(\omega)$成比例，即要求

$$[H_{VSB}(\omega+\omega_c)+H_{VSB}(\omega-\omega_c)]=C \tag{2.6-5}$$

式中，C 为常数。

图 2-16 以低通滤波器为例图解了上式的几何意义。也就是说，在 $H_{VSB}(\omega+\omega_c)$ 与 $H_{VSB}(\omega-\omega_c)$ 的交界处两个曲线互补，使得曲线在交界处为水平直线。图中是一个传输函数过渡带的上半部分和另一个传输函数过渡带的下半部分互补，实际上也就是一个传输函数过渡带的上、下部分互补对称。

通常把滤波器的边缘形状（过渡带）称为滚降形状。满足互补的滚降形状有多种，常用的是直线滚降和余弦滚降。它们分别在电视信号和数据信号的传输中得到应用。我国目前的电视节目音频信号采用调频方法、视频（图像）信号采用残留边带方式传输。

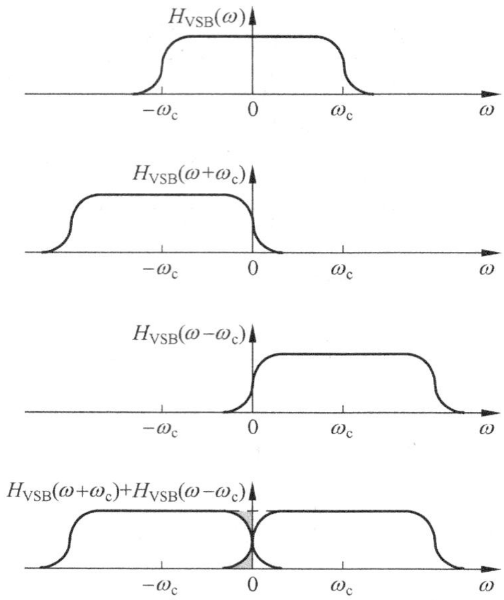

图 2-16 残留边带滤波器互补特性示意图

2.7 插入载波的包络检波

前面讲过的 DSB、SSB 和 VSB 都不能采用简单的包络检波法进行解调，而只能采用实现难度大、成本高的相干解调法。显然，这给上述三种调制技术的广泛应用带来了困难。因此，人们努力寻求新的解调方法以期为这几种调制技术的普及铺平道路。通过研究人们发现，如果插入很强的载波，则上述三种调制仍然可用包络检波法进行解调。在图 2-17 中：$s(t)$是 DSB、SSB 或 VSB 信号；$c_d(t)$是幅度很大的载波；$s_d(t)$是包络检波器的输出信号。

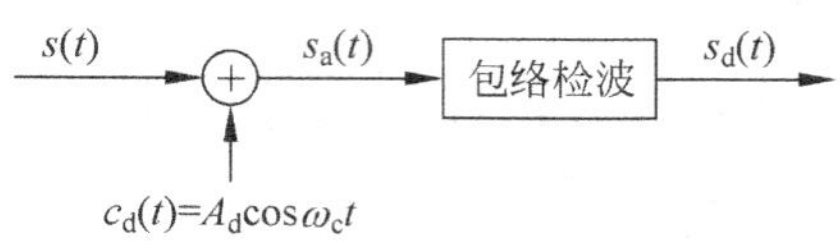

图 2-17 插入载波的包络解调法

可以证明只要插入载波的幅值 A_d 足够大，$s_d(t)$ 就会与调制信号 $f(t)$ 很近似。强载波可以在发射端加入，也可在接收端插入。显然在发射端插入对广大的信号接收者有益。因此，在广播电视系统中为使接收机结构简单、成本低廉，都是在发射时插入强载波。

2.8 频分复用

频分复用 FDM(Frequency Division Multiplex)是调制技术的典型应用。它通过对多路调制信号进行不同载频的调制，使得多路信号的频谱在同一个传输信道的频率特性中互不重叠，从而完成在一个信道中同时传输多路信号的目的。

下面我们用一个 DSB 调制的例子来说明如何进行频分复用与解复用：

设有三路语音信号 $f_1(t)$、$f_2(t)$、$f_3(t)$ 要通过一个通频带大于 24kHz 的信道从甲方传输到乙方(已知 3 路语音信号的频带均为 0～4kHz)。

根据调制定理，在发信端用振荡器产生 3 个频率不同的正弦型信号作为载波 $c_1(t)=\cos\omega_1 t$、$c_2(t)=\cos\omega_2 t$、$c_3(t)=\cos\omega_3 t$ 分别与 3 路语音信号相乘，将它们调制在 ω_1、ω_2、ω_3 3 个频率上。为使这 3 个频谱相互错开不重叠(否则，将无法区分各路信号)，3 个载波频率必须落在信道通频带之中，同时间隔频带必须大于 8kHz。3 路语音信号经载波调制后成为已调信号，再经加法器合成为一路已调信号送入信道传输，完成发信端的频分复用任务。那么收信端如何从接收到的多路信号中各取所需呢？或者说如何实现解复用呢？我们采用通频带略大于二倍信号带宽(8kHz)的 3 个带通滤波器(其中心频率分别等于载波频率)滤出各自所需的频谱信号，再分别解调，最后送给不同的信息接收者，完成解复用的任务。为帮助理解，用图 2-18 说明频分复用与解复用的全过程。为了更清楚、形象地说明频分复用的原理，我们画出复用系统的频谱图(见图 2-19)。

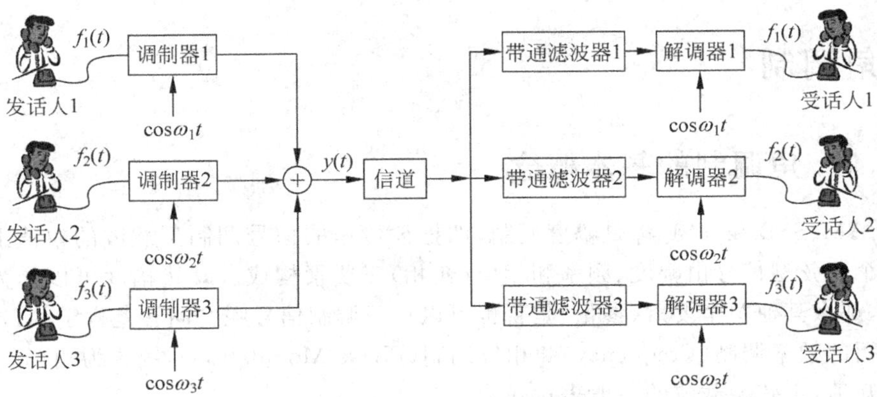

图 2-18 频分复用示意图

细心的读者会发现上述频分复用通信的信号是单向传输的(单工方式)，那么如何完成双工通信呢？这就需要在通信的双方再加一套同样的频分复用系统(但位置要倒过来)，信道可以采用同一信道，但调制频率必须改变，保证两个方向传输的频谱不重叠。

我们生活中最熟悉的频分复用实例是有线电视系统(CATV)。有线电视台将多套电视

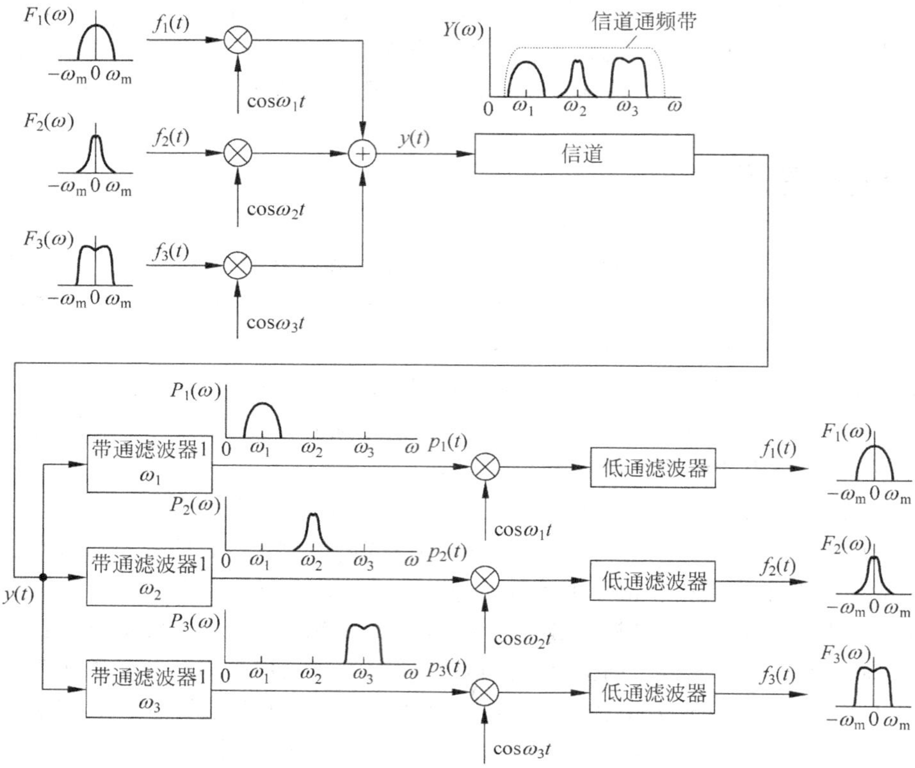

图 2-19 频分复用系统频谱示意图

节目频分复用在一条同轴电缆上传送(目前部分主干线采用光纤传输)给用户，用户利用遥控器就可通过电视机内部的调谐电路(与收音机类似)选出所喜爱的节目。

2.9 角调制

2.9.1 角调制的基本概念

DSB、AM、SSB 和 VSB 都是幅度调制，即把欲传送的信号调制到载波的幅值上。而我们知道一个正弦型信号由幅度、频率和相位(初相)三要素构成。既然幅度可以作为调制信号的载体，那么其他两个要素(参量)是否也可以承载调制信号呢？回答是肯定的，这就是我们将要介绍的频率调制(Frequency)和相位调制(Phase Modulation)，统称为角调制。

我们知道，正弦型载波的一般表达式为：

$$c(t) = A\cos(\omega_c t + \phi) = A\cos\theta(t)$$

设：

$$\theta(t) = \omega_c t + \phi \tag{2.9-1}$$

则 $\theta(t)$ 称为载波的瞬时相位，ϕ 称为初始相位。若对 $\theta(t)$ 求导则可得：

$$\omega(t) = \frac{d\theta(t)}{dt} = \omega_c \tag{2.9-2}$$

可见，瞬时相位的导数即为瞬时角频率（用 $\omega(t)$ 表示），换句话说，正弦型信号的瞬时相位与瞬时角频率成微积分关系。

若初相 ϕ 不是常数而是 t 的函数，则 $\phi(t)$ 称为瞬时相位偏移。$\frac{d\phi(t)}{dt}$ 称为瞬时频率偏移。

式(2.9-1)变为：

$$\theta(t) = \omega_c t + \phi(t) \tag{2.9-3}$$

式(2.9-2)变为：

$$\omega(t) = \omega_c + \frac{d\phi(t)}{dt} \tag{2.9-4}$$

如果让瞬时相位偏移 $\phi(t)$ 随调制信号而变化，即将调制信号调制到载波的瞬时相位上去，就叫做相位调制。设调制信号为 $f(t)$，则有：

$$\phi(t) = K_P f(t)$$

$$s_{PM}(t) = A\cos[\omega_c t + \phi(t)] = A\cos[\omega_c t + K_P f(t)] \tag{2.9-5}$$

式中，K_P 为比例常数（相移常数），$s_{PM}(t)$ 为调相信号。

如果让瞬时频率偏移 $\frac{d\phi(t)}{dt}$ 随调制信号而变化，即将调制信号调制到载波的瞬时频率上去，就叫做频率调制。设调制信号为 $f(t)$，则有：

$$\frac{d\phi(t)}{dt} = K_F f(t)$$

$$s_{FM}(t) = A\cos[\omega_c t + \phi(t)] = A\cos[\omega_c t + K_F\int f(\tau)d\tau] \tag{2.9-6}$$

式中，K_F 为比例常数（频偏常数），$s_{FM}(t)$ 为调频信号。

从式(2.9-5)和式(2.9-6)可知，不管是调频还是调相，调制信号的变化最终都反映在瞬时相位 $\theta(t)$ 的变化上（这就是统称为角调制的原因）。因此，从已调信号的波形上分不出是调相信号还是调频信号。

下面以调制信号为一单频余弦波的特殊情况为例，给出 PM 信号和 FM 信号的示意图（见图 2-18）。

设：$f(t) = A_m\cos\omega_m t$

则有：

$$s_{PM}(t) = A\cos(\omega_c t + K_P A_m\cos\omega_m t) = A\cos(\omega_c t + \beta_P\cos\omega_m t) \tag{2.9-7}$$

$$s_{FM}(t) = A\cos\left(\omega_c t + K_F A_m\int\cos\omega_m t dt\right) = A\cos(\omega_c t + \beta_F\sin\omega_m t) \tag{2.9-8}$$

式中，$\beta_P = K_P A_m$ 称为调相指数，$\beta_F = K_F A_m/\omega_m$ 称为调频指数。因为 $K_F A_m$ 就是调频信号的最大频偏 $\Delta\omega_{max}$，所以有：$\Delta\omega_{max} = K_F A_m$。注意：图 2-20(a)中的 $\omega(t) = \omega_c - \omega_m\beta_p\sin\omega_m t$，图 2-20(b)中的 $\omega(t) = \omega_c + \omega_m\beta_F\cos\omega_m t$，两图均没有画出常量 ω_c。

【例题 2-2】 已知一调制器的输出为 $s_{FM}(t) = 10\cos(10^6\pi t + 8\cos 10^3\pi t)$，频偏常数 $K_F = 2$，求：(1)载频 f_c；(2)调频指数；(3)最大频偏；(4)调制信号 $f(t)$。

【解】 (1)、(2) 与式(2.9-8)相比，可知 $f_c = \frac{10^6\pi}{2\pi} = 500\text{kHz}$，$\beta_F = 8$

(3) $\Delta\omega_{max} = K_F A_m = \beta_F \times \omega_m = 8\times 10^3\pi\ \text{rad/s}$

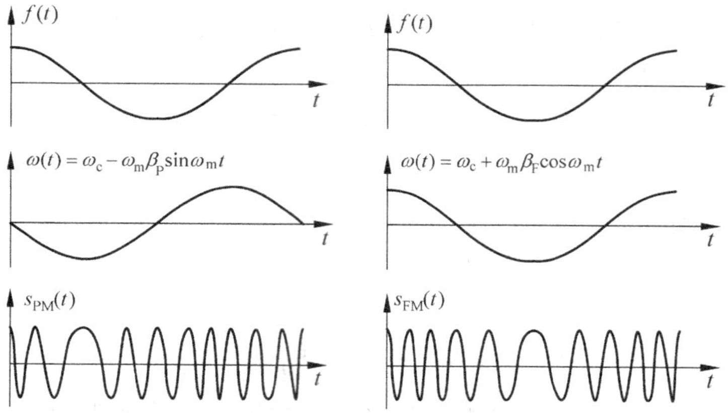

(a) 调相信号示意图　　(b) 调频信号示意图

图 2-20　调频、调相信号示意图

因此，$\Delta f_{\max}=\Delta\omega_{\max}/2\pi=4\text{kHz}$

(4) $A_m=\Delta\omega_{\max}/K_F=8\times10^3\pi/2=4\times10^3\pi$

因此，$f(t)=A_m\sin\omega_m t=-4\times10^3\pi\sin10^3\pi t$

答：载频为 500kHz；调制指数为 8；最大频偏为 4kHz；$f(t)=-4\times10^3\pi\sin10^3\pi t$。

从式(2.9-5)和式(2.9-6)还可看出，调相信号与调频信号在数学上只差一个积分运算，也就是说，若对调制信号 $f(t)$ 先进行一次积分运算，然后再进行调相，则调相器的输出就变成了调频信号；反之，若先对 $f(t)$ 进行微分再调频，则调频器的输出就变成了调相信号。调相与调频这种互相转换的关系见图 2-21。

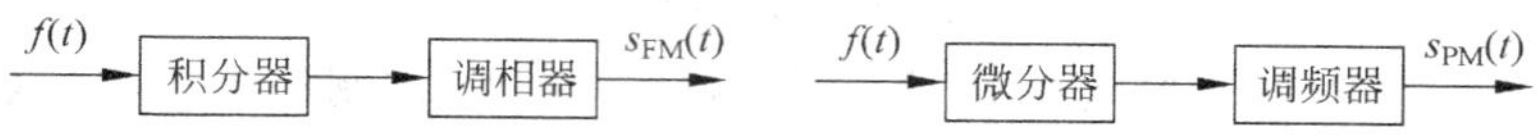

(a) 用调相器产生调频信号　　(b) 用调频器产生调相信号

图 2-21　调频、调相关系图

由于调频和调相存在这种天然的“血缘”关系，它们在理论和技术上有着很多相似的地方，所以，以后我们只介绍和讨论有关调频的内容，读者若对调相感兴趣可从调频知识中自行推导或参阅其他书籍。

2.9.2　窄带角调制和宽带角调制

角调制根据已调信号瞬时相位偏移的大小划分为两种调制，即窄带角调制和宽带角调制。通常把调制指数($\beta_P=K_PA_m$ 和 $\beta_F=K_FA_m/\omega_m$)远远小于 1 的调制称为窄带调制，反之，称为宽带角调制。而调制指数远远小于 1 与最大瞬时相位偏移小于 30 度等价。因此，窄带、宽带之分也可用最大瞬时相位偏移做标准。即：

$$\begin{aligned}&\text{NBFM:}\ \left|K_F\int f(t)\,dt\right|_{\max}\ll\frac{\pi}{6}\\&\text{NBPM:}\ \left|K_Pf(t)\right|_{\max}\ll\frac{\pi}{6}\end{aligned}\tag{2.9-9}$$

式中，NBFM 是窄带调频的缩写，NBPM 是窄带调相的缩写。下面我们给出窄带调频和宽带调频的主要特点，其他内容可参考有关书籍。

窄带调频的频谱与AM的频谱很相似，有载波分量和载频两边的边带，其带宽也是调制信号最高频率分量的两倍。与AM频谱的主要不同之处有两点，一是下边频的相位与上边频相反（正、负频率分量相差180°）；二是正、负频率分量分别乘有因式 $1/(\omega-\omega_c)$ 和 $1/(\omega+\omega_c)$。频谱示意图见图2-22。

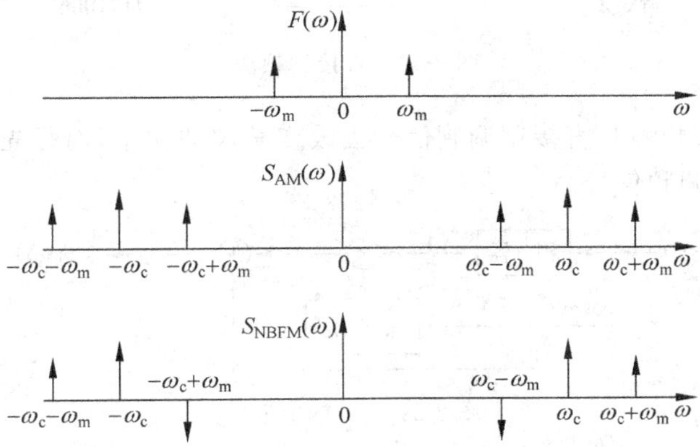

图2-22 调幅信号与窄带调频信号频谱示意图

单频宽带调频的频谱包含载波、各次边带谐波及各种交叉调制谐波，形成一个带宽无限且频谱对称分布于载频两侧的结构；尽管宽带调频信号的频谱为无限宽，但其频谱的主要成分集中于载频附近的有限带宽内。因此，单频宽带调频同样具有有限的带宽，计算公式为：

$$B_{FM}=2(\Delta f_{max}+f_m)=2(\beta_F+1)f_m \tag{2.9-10}$$

式中，B_{FM}是调频信号频带宽度，f_m是调制信号的频率，Δf_{max}是最大频偏。该式叫做卡森公式。

【例题2-3】 有一个2MHz的载波受一个10kHz单频正弦信号调频，峰值频偏为10kHz，求：

(1) 调频信号的频带带宽；

(2) 调制信号幅度加倍后调频信号的带宽；

(3) 调制信号频率加倍后调频信号的带宽。

【解】 根据题意有：$f_m=10\text{kHz}$，$\Delta f_{max}=10\text{kHz}$

(1) 由式(2.9-10)可得：$B_{FM}=2(\Delta f_{max}+f_m)=2(10+10)=40\text{kHz}$

再由式(2.9-10)可得：$\beta_F=(B_{FM}/2f_m)-1=1$

(2) 因为 $\beta_F=K_FA_m/\omega_m$，所以，调制信号幅度加倍意味着 β_F 加倍，即：$\beta_F=2$。

则由式(2.9-10)可得：$B_{FM}=2(\beta_F+1)f_m=2(2+1)\times10=60\text{kHz}$

(3) 制信号频率加倍，即：$f_m=20\text{kHz}$

所以，$B_{FM}=2(\Delta f_{max}+f_m)=2(10+20)=60\text{kHz}$

答：(1)调频信号带宽为40kHz；(2)、(3)调频信号带宽为60kHz。

2.9.3 调频信号的产生与解调

产生调频信号一般有两种方法，一种是直接调频法，另一种是间接调频法。直接调频法是利用压控振荡器(压控振荡器是一种能用电压控制振荡频率的振荡器,简写为 VCO,Voltage Controlled Oscillator)作为调制器,调制信号直接作用于压控振荡器使其输出频率随调制信号变化而变化的等幅振荡信号,即调频信号。直接法示意图见图 2-23。

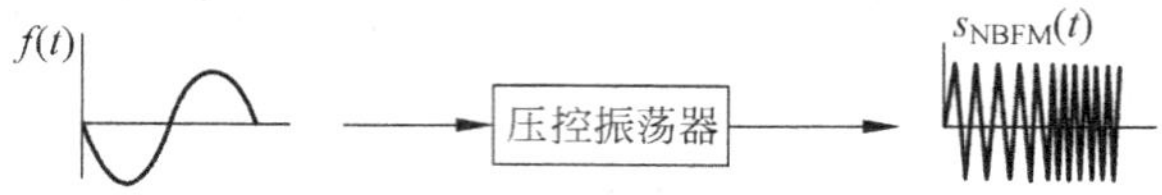

图 2-23 直接调频法

间接法(见图 2-24)不是直接用调制信号去改变载波的频率,而是先将调制信号积分再进行调相,继而得到调频信号。

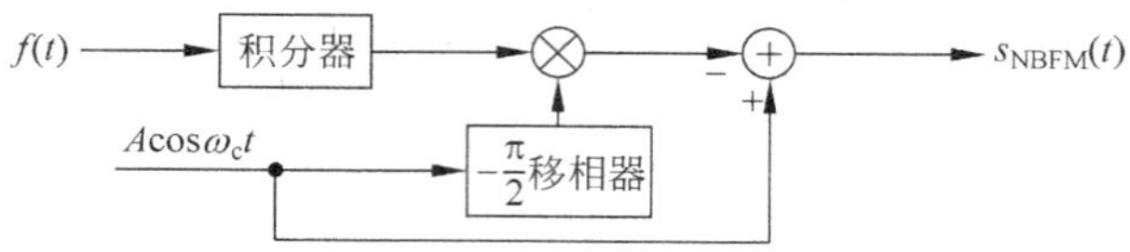

图 2-24 间接调频法

如果希望从窄带调频变为宽带调频,可用倍频法,该方法的原理是在上述间接调频法的基础上,再在后面加一级倍频电路即可,该方法又叫阿姆斯特朗(Armstrong)法。

角调制信号与调幅信号一样需要用解调器进行解调,但一般把调频信号的解调器称为鉴频器,把调相信号的解调器称为鉴相器。在这里我们只介绍鉴频器。

为了更好地理解鉴频原理,我们回顾一下调频信号。

$$s_{FM}(t)=A\cos\theta(t)=A\cos[\omega_c t+K_F\int f(t)\mathrm{d}t]$$

该信号的瞬时角频率 $\omega(t)$ 为:

$$\omega(t)=\frac{\mathrm{d}\theta(t)}{\mathrm{d}t}=\omega_c+K_F f(t)$$

从上式中可以看到,若在收信端能够从调频信号中取出 $\omega(t)$,再想办法去掉 ω_c 项,就可以得到调制信号 $f(t)$,这就是鉴频器的设计思路。

对调频信号求导:

$$\frac{\mathrm{d}s_{FM}(t)}{\mathrm{d}t}=-A\frac{\mathrm{d}\theta(t)}{\mathrm{d}t}\sin\theta(t)=-A[\omega_c+K_F f(t)]\sin\theta(t) \tag{2.9-11}$$

可见,该式与 AM 信号的表达式 $s_{AM}(t)=[A+f(t)]\cos\omega_c t$ 很相似,也就是说,调频信号的导数是一个既调频又调幅的新信号,因为调制信号 $f(t)$ 的全部信息不但反映在该信号的频率上而且也反映在该信号的包络上,所以只要对该信号像调幅信号一样进行包络检波即可恢复出调制信号(原始信号)$f(t)$。由此我们得到**鉴频器需要由微分器和包络检波器组成**的结论(见图 2-25)。

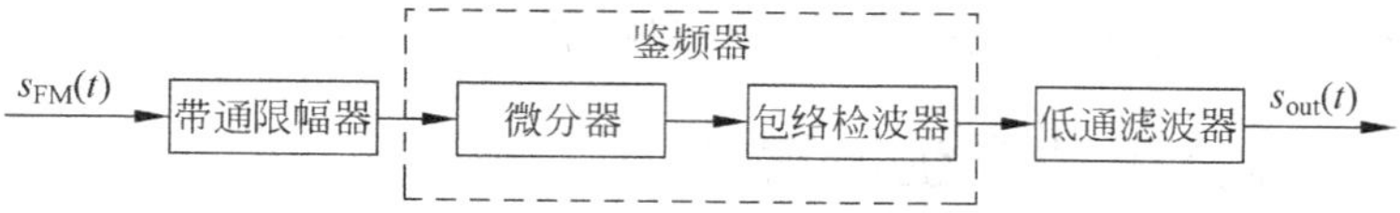

图 2-25 调频信号的非相干解调

鉴频器的输入输出关系可用鉴频特性曲线来描述见图 2-26。我们使用的是该曲线中间的直线段部分，直线段的斜率叫做鉴频灵敏度用 K_d 表示。可以这样理解该曲线：瞬时频率是时间的函数，在鉴频特性的横轴上变化，通过鉴频特性曲线的直线段可映射为纵轴上的电压变化（由于是利用直线段映射，纵轴的电压变化与横轴的频率变化成线性关系）。直线段的斜率 K_d 越大，直线就越陡峭，则横轴上频率的微小变化，就会在纵轴上产生较大的电压变化，也就是说，鉴频灵敏度高。反之，K_d 小，直线就平，横轴上较大的变化才能在纵轴上微小地反映出来，鉴频灵敏度就低。那么是不是 K_d 越大越好？K_d 大，直线陡，在横轴上的投影就会短，也就是说，瞬时频率的变化范围变小，我们称之为频偏变小。频偏变小有什么害处呢？我们知道，调频信号的频率是以 ω_c 为中心随调制信号大小的变化而变化，调制信号的最大幅值对应着调频信号的最大频偏。如果把单位电压对应的频偏值称为调制灵敏度的话，显然，从调制的角度上讲，调制灵敏度越高越好。因此，频偏变小，将使得调制灵敏度降低。可见，鉴频灵敏度与调制灵敏度是一对矛盾，实际工程设计中要综合考虑。

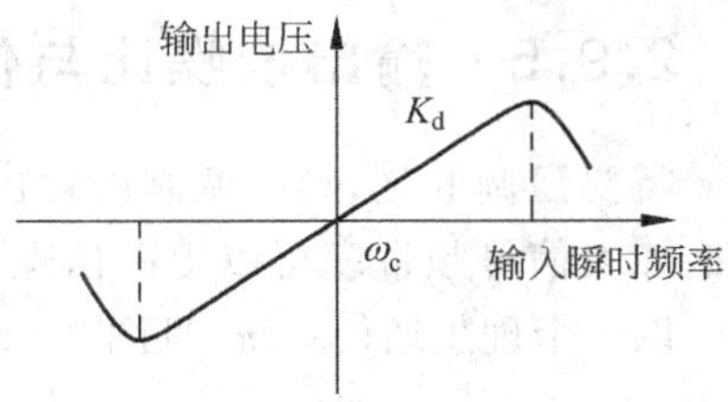

图 2-26　鉴频特性

对于窄带调频信号还有一种相干解调法，原理框图见图 2-27。有兴趣的读者可自行分析其原理。

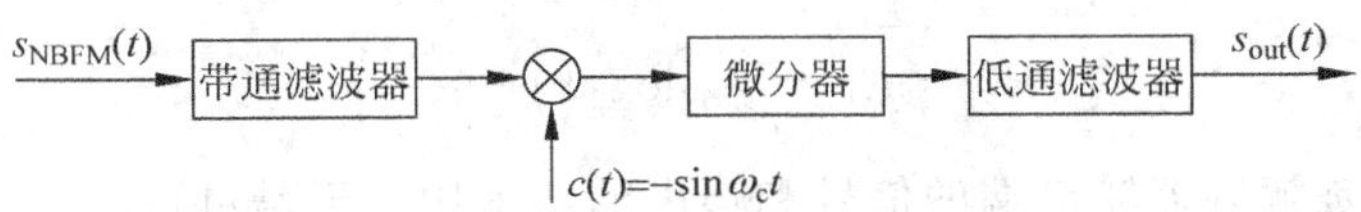

图 2-27　窄带调频信号的相干解调

2.9.4　频率调制的特点

频率调制主要解决通信中的可靠性问题，其突出优点是抗干扰能力强，可以证明宽带调频信号解调后输出的信噪比远远大于调幅信号。比如在调频指数 $\beta_F=5$ 时，信噪比增益（信噪比增益定义为：$G=\dfrac{S_o/N_o}{S_i/N_i}$，式中分母是解调器输入已调信号的平均功率与解调器输入噪声的平均功率之比，分子是解调器输出调制信号的平均功率与解调器输出噪声的平均功率之比）可达 450，是常规调幅的 112.5 倍。这说明当两者的信噪比和传输衰减相同时，调频信号的发射功率是调幅信号的 1/112.5。可见调频信号的抗干扰能力比调幅信号好得多。

可以用比较浅显的道理来解释调频信号的这一特点：信道中的噪声干扰最常见的为加性干扰，即干扰信号线性叠加到传输信号的幅值上。因为调幅信号的信息就在它的包络上，也就是幅值上，所以干扰对信号的影响很大；而调频信号的信息搭载在频率上与信号的幅值无关，因此，只要信道干扰没有改变信号频率就不会对传输的信息产生大的影响。

窄带调频的频带宽度虽然与调幅信号相同，其抗干扰性比不上宽带调频，但比调幅信号还是要好。

调频信号因其抗干扰性好而广泛地应用于高质量通信或信道噪声较大的场合，比如，调频广播、电视伴音、移动通信、模拟微波中继通信等。

2.9.5 输出信噪比与信道带宽的关系

需要强调的是，频率调制的输出信噪比高的优点是以增加频带宽度为代价的。那么为什么加大信号频带度可以提高信噪比呢？

以一个理想通信系统（见图 2-28）为例加以说明（理想通信系统的概念在 1.7.2 节中）。

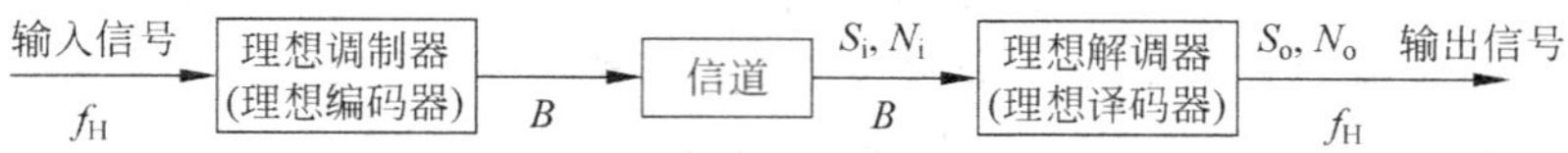

图 2-28 理想通信系统框图

假定输入端的信号带宽为 f_H(Hz)，信息传输速率为 R_i。此信号经过理想调制（或编码）后的带宽变为 B(Hz)。根据香农公式，这时到达理想解调器（或理想译码器）输入端的信息速率为：

$$R_i = B\log_2\left(1+\frac{S_i}{N_i}\right)$$

式中，S_i/N_i 是信道输出信噪比。

理想解调器将把带宽为 B 的信号解调（还原）为带宽为 f_H 的信号，且其输出信号的信息传输速率必须与输入信号的相等。因此，解调器输出信息速率 R_o 可表示为：

$$R_o = R_i = f_H\log_2\left(1+\frac{S_o}{N_o}\right)$$

这里，S_o/N_o 是解调器输出端的信号和噪声的功率比。于是可得

$$B\log_2\left(1+\frac{S_i}{N_i}\right) = f_H\log_2\left(1+\frac{S_o}{N_o}\right)$$

$$\log_2\left(1+\frac{S_o}{N_o}\right) = \log_2\left(1+\frac{S_i}{N_i}\right)^{\frac{B}{f_H}}$$

$$\left(1+\frac{S_o}{N_o}\right) = \left(1+\frac{S_i}{N_i}\right)^{\frac{B}{f_H}}$$

由于实际上信噪比往往都远远大于 1，所以上式变为

$$\frac{S_o}{N_o} \approx \left(\frac{S_i}{N_i}\right)^{\frac{B}{f_H}} \tag{2.9-12}$$

可见，在理想系统中，输出信噪比（S_o/N_o）随带宽 B 按指数规律增加。也就是说，通过增加信号带宽（也意味着必须同时增加信道带宽）能明显改善信噪比。

虽然所有的实际系统在实现带宽和信噪比的互换上，都不能达到理想系统的水平，但都会有程度不同的提高或改善。

我们还可以这样地简单理解：比如一个发射功率一定的信号（设功率为 P），其频谱带宽为 w，则单位频带所占的功率为 P/w。假设把信号带宽变为 $2w$，发射功率不变，则单位频带所占的功率变为 $P/2w$，比原来少了一半。而从第 1 章可知，干扰也是一种信号，也具有一定的频带，假设一干扰的频带宽度为 $w/10$，虽然它对两种信号造成同样带宽（$w/10$）的影响，但相同的带宽却包含不同的信号功率值，从对信息的破坏程度上看，显然带宽为 $2w$

的信号功率受损小。

因为调频信号的频谱比调幅信号宽，所以其抗干扰能力就比调幅信号强。比如 10t 货物装在一辆汽车上运输，那么只要汽车出事故，则 10t 货物都无法正常送到目的地；若将货物分散到 4 辆汽车上在 4 个车道上同时运输，而 4 辆车道都出事故的概率极低。显然，一两个车出了问题，其余的货物仍能正常运送。

幅度调制相当于把货物装在一辆大汽车上运输，而频率调制可理解为把货物分散装在并排行驶的多辆小汽车上。显然，一辆车占用的道路宽度小于多辆车占用的宽度，因此，传输调频信号需要更大的信道通频带。

2.10 调制的功能与分类

通过上述介绍，我们对调制有了一个初步的了解和认识。下面总结一下调制技术在实际应用中的功能并介绍其分类。

2.10.1 调制的功能

具体地讲，调制主要有以下三大功能。

(1) 频率变换。把低频信号变换成高频信号以利于无线发送或在信道中传输。关于无线发送的条件前面已经讲过；在信道中传输主要指有线通信中的高频对称电缆要求传输信号的频率为 12～252kHz，显然，频率为 0.3～3.4kHz 的话音信号(考虑保护带，通常将带宽定义为 4kHz)不能直接在其中传输，必须经过调制。

(2) 信道复用。信号必须通过信道才能传输，而每一种物理信道的频率特性一般都比所传的基带信号带宽要大很多(比如同轴电缆的带宽约为 0～400MHz，若只传送一路普通话音信号，则显得非常浪费)，但若对信号不加处理，直接传输多路话务信号又会造成相互干扰，致使收信端无法分清各路信号，所以必须用调制技术使得多路信号在一个信道中同时传输，实现信道多路复用。

(3) 改善系统性能。从香农公式中可知，当一个通信系统的信道容量一定时，其信道带宽和信噪比可以互换，既为了某种需要可以降低信噪比而提高带宽，也可降低带宽而提高信噪比。这种互换可以通过不同的调制方式来实现。比如当信噪比比较低时，可选择宽带调频方式增加信号的带宽以提高系统的抗干扰能力(提高信息传输的可靠性)。

2.10.2 调制的分类

根据不同的标准，调制有多种分类，见表 2-1。

其中，线性调制——已调信号的频谱与调制信号的频谱之间满足线性关系的调制。比如，对于一个传输函数为 $H(\omega)$ 调制器，若调制信号为 $f_1(t)$ 时，已调信号为 $s_1(t)$，调制信号为 $f_2(t)$ 时，已调信号为 $s_2(t)$，当调制信号为 $f_1(t)+f_2(t)$ 时，已调信号为 $s_1(t)+s_2(t)$，则称调制器为线性调制器，通过线性调制器进行的调制即为线性调制。线性调制的特点是已调信号的频谱与调制信号的频谱相比，在形状上没有变化，即不改变调制信号的频谱结构，但在频谱的幅值上差一个倍数(一般来说，该倍数小于 1，若调制器具有放大作用，则倍数大于1)。另外,线性调制过程在数学上可以用调制信号与载波直接相乘得到。AM、DSB、SSB和VSB都是线性调制。

非线性调制——不满足线性调制条件的调制就是非线性调制。非线性调制的已调信号的频谱已不再是调制信号的频谱的形状,也不能只用一个常数描述频谱之间的关系。非线性调制在数学上不能用调制信号与载波直接相乘进行描述。FM和PM调制都是非线性调制。

在实际工程应用中,还经常将几种调制结合起来使用,即所谓复合调制方式,比如多进制数字调制中的调幅调相法(也就是调制定义中将信号调制在载波的几个参量上)。

表2-1 常用调制技术及其用途

调制方式			主要用途
连续波调制	线性模拟调制	常规双边带调制 AM	广播
		双边带调制 DSB	立体声广播
		单边带调制 SSB	载波通信、短波无线电话通信
		残留边带调制 VSB	电视广播、传真
	非线性模拟调制	频率调制 FM	微波中继、卫星通信、立体声广播
		相位调制 PM	中间调制方式
	数字调制	幅度键控 ASK	数据传输
		频移键控 FSK	
		相移键控 PSK、DPSK	
		其他高效数字调制 QAM、MSK	数字微波、空间通信
脉冲调制	脉冲模拟调制	脉幅调制 PAM	中间调制方式、遥测
		脉宽调制 PDM	中间调制方式
		脉位调制 PPM	遥测、光纤传输
	脉冲数字调制	脉码调制 PCM	市话中继线、卫星、空间通信
		增量调制 DM(ΔM)	军用、民用数字电话
		差分脉码调制 DPCM	电视电话、图像编码
		其他编码方式 ADPCM	中继数字电话

2.11 小资料——麦克斯韦

詹姆斯·麦克斯韦(James Maxwell),19世纪伟大的英国物理学家,经典电动力学的创始人,统计物理学的奠基人之一。1831年6月13日出生于英国爱丁堡,父亲是位律师。14岁在中学时期就发表了第一篇科学论文《论卵形曲线的机械画法》。16岁进入爱丁堡大学学习物理,三年后,转学到剑桥大学三一学院,主攻数学和物理学。1854年以优异的成绩毕业。

1862年他发表了第二篇论文《论物理力线》,得出电场变化产生磁场的结论,由此预言了电磁波的存在,并证明了这种波的速度等于光速,揭示了光的电磁本质。1864年他的第三篇论文《电磁场的动力学理论》,从几个基本实验事实出发,运用场论的观点,以演绎法建立了系统

的电磁理论。1873年出版的《电学和磁学论》一书，全面总结了19世纪中叶以前对电磁现象的研究成果，建立了完整的电磁理论体系。这是一部可以同牛顿的《自然哲学的数学原理》、达尔文的《物种起源》和赖尔的《地质学原理》相媲美的里程碑式的著作。

麦克斯韦引入位移电流的概念，建立了一组微分方程。这方程组确定电荷、电流（运动的电荷）、电场、磁场之间的普遍联系，是电磁学的基本方程。

麦克斯韦方程组表明，空间某处只要有变化的磁场就能激发出涡旋电场，而变化的电场又能激发涡旋磁场。交变的电场和磁场互相激发就形成了连续不断的电磁振荡即电磁波；电磁波的速度只随介质的电磁性质而变化，由此式可证明电磁波在以太（即真空）中传播的速度等于光在真空中传播的速度，这是因为光和电磁波在本质上是相同的，光就是一定波长的电磁波。这就是麦克斯韦创立的光的电磁学说。

麦克斯韦的另一项重要工作是筹建了剑桥大学的第一个物理实验室——著名的卡文迪许实验室。该实验室对整个实验物理学的发展产生了极其重要的影响，众多著名科学家都曾在该实验室工作过。卡文迪许实验室甚至被誉为"诺贝尔物理学奖获得者的摇篮"。

麦克斯韦的主要科学贡献在电磁学方面，同时在天体物理学、气体分子运动论、热力学、统计物理学等方面都作出了卓越的成绩。

麦克斯韦生前没有享受到他应得的荣誉，因为他的科学思想和科学方法的重要意义直到20世纪科学革命来临时才充分体现出来。1879年11月5日，麦克斯韦因病在剑桥逝世，年仅48岁。那一年正好爱因斯坦出生。科学史上这种巧合还有一次是在1642年，那一年伽利略去世，牛顿出生。

2.12 思考题与习题

2-1 DSB和AM的主要异同点是什么？

2-2 为什么要引入SSB和VSB？

2-3 AM可以进行包络检波的主要原因是什么？

2-4 为什么把FM和PM统称为角调制？

2-5 举生活实例说明将信号频谱变宽可以提高信号的抗干扰能力。

2-6 什么时候适合采用FDM？

2-7 FDM的理论基础是什么？

2-8 调制技术的主要功能有哪些？并举例说明。

2-9 已知两个线性已调信号为：

(1) $f(t)=\cos\Omega t\cos\omega_c t$

(2) $f(t)=(1+0.5\sin\Omega t)\cos\omega_c t$

式中 $\omega_c=6\Omega$。分别画出它们的波形图和频谱图。

2-10 一调制系统如习题2-10图所示。为了在输出端得到 $f_1(t)$ 和 $f_2(t)$，试确定收信端的本地载波 $c_1(t)$ 和 $c_2(t)$。

2-11 如习题2-11图(a)所示调制系统，已知 $f(t)$ 的频谱如习题2-11图(b)，载频 $\omega_1<<\omega_2$，$\omega_1>\omega_H$，且理想低通滤波器的在截止频率为 ω_1，求输出信号 $s(t)$，并说明是何种调制信号。

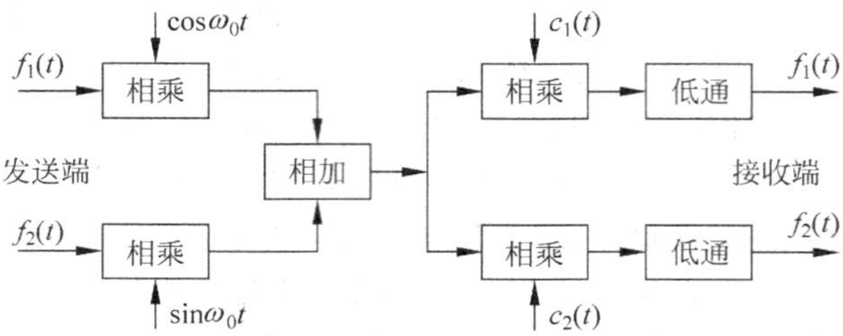

习题 2-10 图

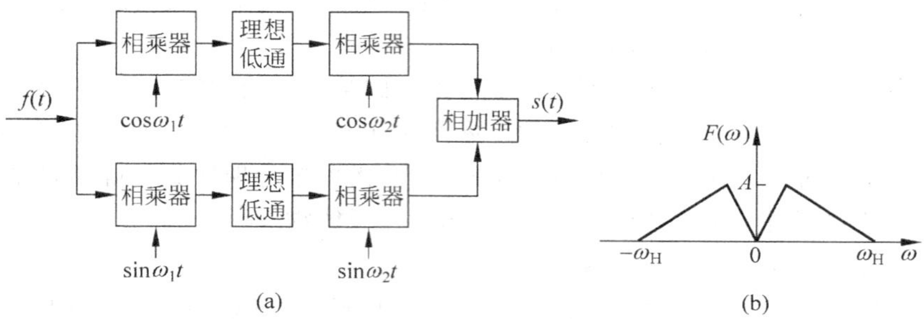

习题 2-11 图

2-12 证明在习题 2-12 图电路中，只要适当选择放大器增益 K，不用滤波器也可实现抑制载波双边带调制。

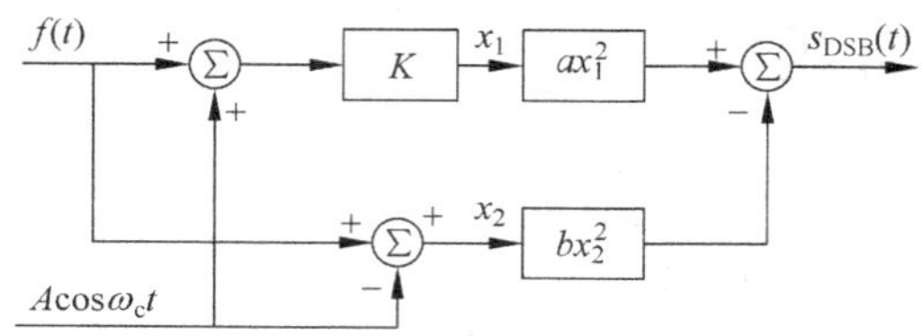

习题 2-12 图

2-13 设信道带宽为 10MHz，信号带宽为 1.5MHz。若采用 FDM 进行多路传输，试问该信道最多可传输几路信号？

2-14 已知一个受 1kHz 正弦调制信号调制的角调制信号为

$$s_{PM}(t) = 100\cos(\omega_c t + 25\cos\omega_m t)$$

(1) 若为调频波，求 ω_m 增加 5 倍时的调频指数和带宽。

(2) 若为调相波，求 ω_m 减小为 1/5 时的调相指数和带宽。

2-15 在例题 2-3 中，若峰值频偏变为 1kHz，计算(1)、(2)、(3)。

第3章

脉冲编码调制

问题引入：我们已经知道数字通信比模拟通信质量高，那么，如何将模拟信号转化为数字信号，从而利用数字通信技术传输模拟信号呢？也就是说，如何利用数字技术提高模拟信号的传输质量？

第 2 章介绍了用正弦型信号做载波的各种调制（AM、FM 和 PM 等），其实，载波还可以是其他形式的高频周期信号，比如锯齿波、脉冲串等。通常把用脉冲串作为载波的调制称为脉冲调制。

脉冲调制可分为模拟式和数字式两类。用模拟信号对脉冲序列的参量进行的调制叫模拟脉冲调制，主要有脉冲幅度调制（PAM）、脉冲宽度调制（PWM）和脉冲相位调制（PPM）等；用数字信号对脉冲序列的参量进行的调制就叫数字脉冲调制，主要有脉冲编码调制（PCM）和增量调制（ΔM）等。常见的脉冲调制分类见图 3-1。

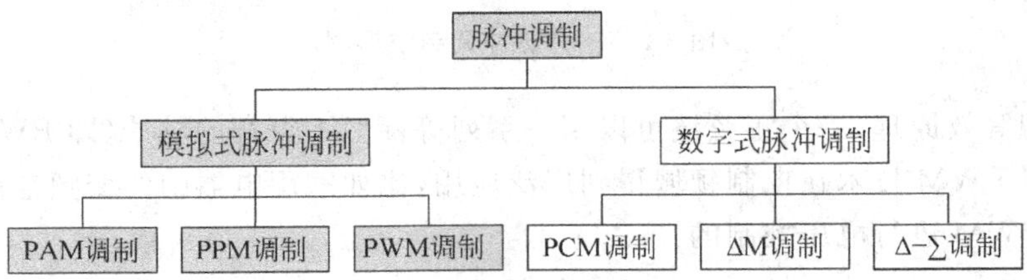

图 3-1 常见脉冲调制分类

3.1 模拟脉冲调制

3.1.1 脉冲幅度调制

脉冲幅度调制（PAM，Pulse Amplitude Modulation）简称为脉幅调制，是用模拟信号对脉冲序列幅度进行调制的过程或方式，其时域波形见图 3-2。它把模拟信号变为一系列窄脉冲，而这些窄脉冲的幅度随模拟信号瞬时值的变化而变化（此时脉冲序列中脉冲的位置和宽度均保持不变），且其取值仍然可能是连续的。PAM 是脉冲调制中最常用的一种调制方式。

3.1.2 脉冲宽度调制

脉冲宽度调制（PWM，Pulse Width Modulation）也可记为 PDM（Pulse Duration

Modulation)简称为脉宽调制,它是脉冲宽度随调制信号变化而变化的过程或方式。脉宽调制的波形通常由一系列占空比不同的矩形脉冲构成,其占空比与信号的瞬时采样值成比例(此时脉冲序列中脉冲的幅度和位置均保持不变),其时域波形见图3-2。

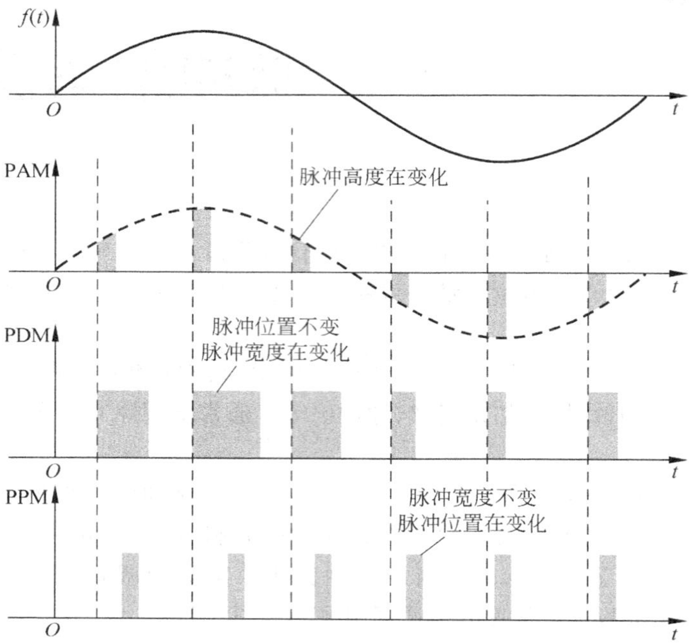

图 3-2 三种脉冲调制波形图

利用面积等效原理,一个正弦波可以用一系列等幅但不等宽的脉冲(即PWM波)代替。这个结论使得PWM技术在控制领域得到广泛应用,比如家用电器中的变频空调、变频冰箱等就是采用PWM进行电压控制的。

3.1.3 脉冲相位调制

脉冲相位调制(PPM,Pulse Phase Modulation)简称脉位调制。它是脉冲相位(位置)随模拟信号瞬时值的变化而变化的过程或方式,其时域波形见图3-2。

PPM的优点在于不需要进行脉冲幅度和宽度的控制(即脉冲序列中脉冲的幅度和宽度均保持不变),便于以较低的复杂度实现调制与解调。

3.2 PCM基本概念

在数字通信系统中,信源和信宿处理的都是模拟信号(消息),而信道传输的却是数字基带或已调信号。可见在数字通信系统中的发信端必须有一个将模拟信号变成数字信号的过程,而在收信端也要有一个把数字信号还原成模拟信号的过程。通常,把模拟信号(Analog signal)变成数字信号(Digital signal)的过程简称为A/D转换,把数字信号变成模拟信号的过程简称为D/A转换。图1-4中信源编码和译码模块的主要任务就是完成A/D转换和D/A转换。

那么如何将一个模拟信号转换为一个数字信号呢？脉冲编码调制(PCM，Pulse Code Modulation)可以解决这个问题。

PCM 的概念最早是由法国工程师 Alce Reeres 于 1937 年提出来的，其目的就是实现电话信号(模拟信号)的数字化传输。1946 年第一台 PCM 数字电话终端机在美国 Bell 实验室问世。1962 年后，采用晶体管的 PCM 终端机大量应用于市话网中，使市话电缆传输的路数扩大了二三十倍。20 世纪 70 年代后期，随着超大规模集成电路 PCM 芯片的出现，PCM 在光纤通信、数字微波通信和卫星通信中得到了更为广泛的应用。

PCM 调制一般需要经过抽样、量化和编码三个步骤才能完成，如图 3-3 所示。

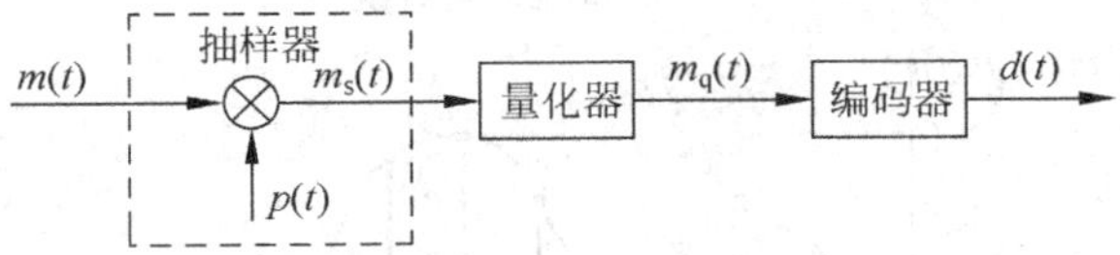

图 3-3　脉冲编码调制模型

3.3 抽样

PCM 过程的第一步是对模拟信号进行信号抽样(sampling)。所谓**抽样就是以固定(不定)的时间间隔采集模拟信号当时瞬时值的过程**。图 3-4 是一个抽样概念示意图，假设一个模拟信号 $m(t)$通过一个开关 K，则开关的输出与开关的状态有关，当开关处于闭合状态，开关的输出就是输入，即 $m_s(t)=m(t)$，若开关处在断开位置，输出 $m_s(t)$就为零。可见，如果让开关受一个窄脉冲串(序列)$p(t)$的控制，脉冲出现时开关闭合，脉冲消失时开关断开，则输出 $m_s(t)$就是一个幅值变化的脉冲串(序列)，每个脉冲的幅值就是该脉冲出现时刻输入信号 $m(t)$的瞬时值，因此，$m_s(t)$就是对 $m(t)$抽样后的信号或称样值信号。

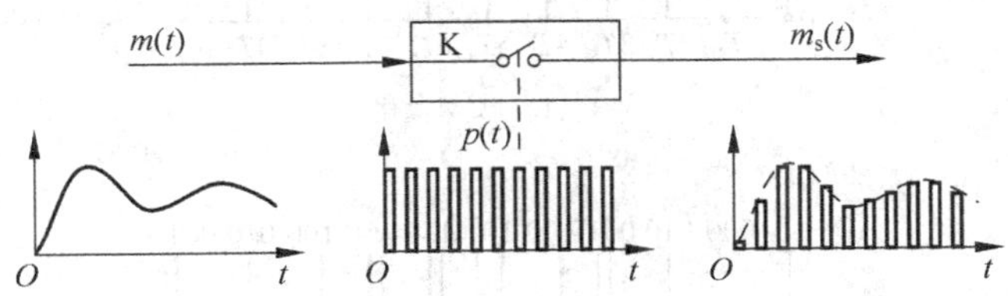

图 3-4　抽样概念示意图

图 3-5 是脉冲编码调制的过程示意图。图 3-5(a)是一个以 T_s 为时间间隔的窄脉冲序列 $p(t)$，因为要用它进行抽样，所以称为抽样脉冲。在图 3-5(b)中，$v(t)$是待抽样的模拟电压信号，抽样后的离散信号 $v_s(t)$的取值分别为 $v_s(0)=0.2$，$v_s(T_s)=0.4$，$v_s(2T_s)=1.8$，$v_s(3T_s)=2.8$，$v_s(4T_s)=3.6$，$v_s(5T_s)=5.1$，$v_s(6T_s)=6.0$，$v_s(7T_s)=5.7$，$v_s(8T_s)=3.9$，$v_s(9T_s)=2.0$，$v_s(10T_s)=1.2$。可见取值在 0～6 是随机的，也就是说可以有无穷个可能的取值。在图 3-5(c)中，为了把无穷个可能取值变成有限个，我们必须对 $v_s(t)$的取值进行量化(即四舍五入)，得到 $v_q(t)$。则 $v_q(t)$的取值变为 $v_q(0)=0.0$，$v_q(T_s)=0.0$，$v_q(2T_s)=2.0$，$v_q(3T_s)=3.0$，$v_q(4T_s)=4.0$，$v_q(5T_s)=5.0$，$v_q(6T_s)=6.0$，$v_q(7T_s)=6.0$，$v_q(8T_s)=4.0$，

$v_q(9T_s)=2.0$，$v_q(10T_s)=1.0$，总共只有 0、1、2、3、4、5、6 七个可能的取值。从概念上讲，$v_q(t)$已经变成数字信号，但还不是实际应用中的二进制数字信号。因此，对 $v_q(t)$用 3 位二进制码元进行自然编码就得到图 3-5(d)的数字信号 $d(t)$，从而完成了 A/D 转换，实现了脉冲编码调制。

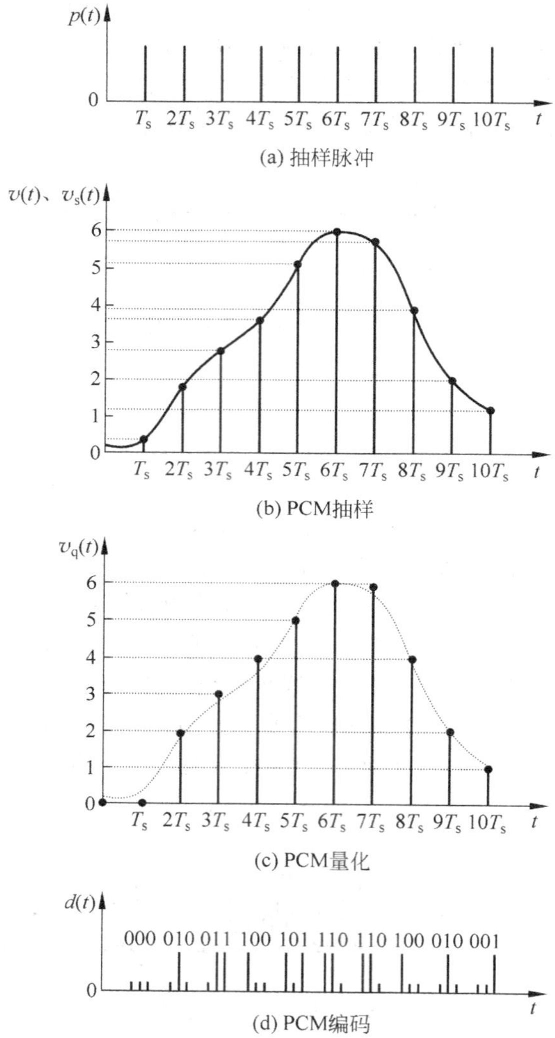

图 3-5 脉冲编码调制示意图

有人会问，在上述抽样、量化、编码的 PCM 过程中似乎没有调制的概念，为什么叫脉冲编码调制呢？其实，调制的概念体现在抽样和编码过程中。在实际工程中，图 3-4 中的可控开关通常是用一个乘法器实现的，如图 3-3 脉冲编码调制模型所示。假设有一模拟电压信号 $v(t)$通过乘法器与一个抽样窄脉冲序列 $p(t)$相乘，就会得到一个幅度随 $v(t)$的变化而变化的窄脉冲序列 $v_s(t)$，而这正是第 2 章中讲过的幅度调制概念。与 DSB 调制相比，其主要差别在于载波不是正弦型信号而是窄脉冲序列(冲激序列)；另外，PCM 的输出信号是“0”和“1”组成的脉冲序列，从信息传输的角度上看，该序列的作用相当于模拟调制中的载波，但原始信号(调制信号)不是通过脉冲序列的幅度或宽度等参量表示,而是表现在“0”和“1”码元的不同组合上(即所谓的编码)。也就是说,PCM是将原始信号抽样量化后,以数字信号的形式“编码调制”到二元脉冲序列的码元组合上,而抽样的幅度调制实际上是为后面的编码调制铺路的,因此,PCM调制属于数字式脉冲调制,整个抽样、量化和编码过程统称为脉冲编码调制。

3.4 量化

PCM过程的第二步是对样值信号进行量化(quantizing)。**量化就是把连续的无限个数值的集合映射(转换)为离散的有限个数值的集合**。通常采用“四舍五入”原则进行数值量化。

讨论量化问题之前,首先介绍以下三个术语。

(1) 量化值——确定的量化后的取值叫量化值(也称量化电平),比如上例中的量化值就是0、1、2、3、4、5、6七个。

(2) 量化级——量化值的个数称为量化级。

(3) 量化间隔——相邻两个量化值之差就是量化间隔(也称量化台阶)。

在图3-5(b)和(c)中,我们发现$v(t)$的样值信号$v_s(t)$和量化后的量化信号$v_q(t)$是不一样的,具体地说就是量化前后的样值有可能不同,比如$v_s(0)=0.2$而$v_q(0)=0.0$。而收信端恢复的只能是量化后的信号$v_q(t)$,而不能恢复出$v_s(t)$,这样就使得收、发的信号之间有误差。显然,这种误差是由量化造成的,我们称其为量化误差或量化噪声。比如在上例中,量化间隔为1,由于采用“四舍五入”进行量化,所以量化噪声的最大值是0.5。一般地说,量化噪声的最大绝对误差是0.5倍的量化间隔。这种量化间隔都一样的量化叫做均匀量化。

如果在一定的取值范围内增加量化级数,也就是把量化间隔变小,量化噪声就会减小。比如,把量化间隔取成0.5,则上例的量化级数就变成14个,量化噪声最大值则变为0.25。显然,量化噪声的大小与量化间隔成正比。但是在实际中,不可能对量化分级过细,因为过多的量化值将直接导致系统的复杂性、经济性、可靠性、方便性、维护使用性等指标的恶化。比如,7级量化用3位二进制码编码即可,若量化级变成128,就需要7位二进制码编码,系统的复杂性将大大增加。

另外,尽管信号幅值大(大信号)和信号幅值小(小信号)时的绝对量化噪声是一样的,都是0.5个量化间隔,但相对误差却悬殊很大。比如上例中,信号最大值为6,绝对量化噪声为0.5,而相对误差为0.5/6=1/12,即量化误差是量化值的1/12;而当信号为1时,绝对量化噪声仍为0.5,但相对误差却为0.5/1=1/2,量化误差达到量化值的一半。这种相对误差可以定义为量化信噪比。可见,大信号与小信号的量化信噪比相差6倍。增加量化级数可以提高小信号的信噪比,但与提高系统的简单性、可靠性、经济性等指标却相互矛盾。

那么,能否找到一种方法既能提高小信号的信噪比,缩小大、小信号信噪比的差值,又不过多地增加量化级?回答是肯定的,这就是非均匀量化法。所谓非均匀量化就是对信号的不同部分采用不同的量化间隔,具体地说,就是对小信号部分采用较小的量化间隔,而对大信号部分就用较大的量化间隔。实现这种思路的一种方法称为“压缩与扩张法”。

压缩的概念是这样的:在抽样电路后面加上一个叫做压缩器的信号处理电路,其特点是对弱小信号有比较大的放大倍数(增益),而对大信号的增益却比较小。抽样后的信号经过压缩器后就发生了"畸变",大信号部分与进压缩器前差不多,没有得到多少放大,而弱小信号部分却得到了"不正常"的放大(提升),相比之下,大信号好像被压缩了,压缩器由此得名。对压缩后的信号再进行均匀量化,就相当于对抽样信号进行了非均匀量化。

在收信端为了恢复原始抽样信号,就必须把接收到的经过压缩后的信号还原成压缩前的信号,完成这个还原工作的电路就是扩张器,其特性正好与压缩器相反,对小信号压缩,对大信号提升。为了保证信号的不失真,要求压缩特性与扩张特性合成后是一条直线,也就是说,信号通过压缩再通过扩张实际上好像通过了一个线性电路。显然,单独的压缩或扩张对信号进行的是非线性变换。压缩与扩张特性见图 3-6。图中,脉冲 A 和脉冲 B 是两个样值,作为压缩器的输入信号经过压缩后变成 A' 与 B',可见 A' 与 A 基本上没有变化,而 B' 却比 B 大了许多,这正是我们需要的压缩特性;在收信端 A' 与 B' 作为扩张器的输入信号,经扩张后还原成样值 A 和样值 B。

再看一下小信号的信噪比变化情况。在图 3-6 中,样值 B 如果经均匀量化,则量化噪声为 0.5,相对误差为 0.5;而经过压缩后,样值 B' 的量化噪声仍为 0.5,但相对误差变为 $0.5/3=1/6$,比均匀量化减小了许多,其信噪比也就大为提高。图 3-6 同时还给出了一个完整的 PCM 系统框图。

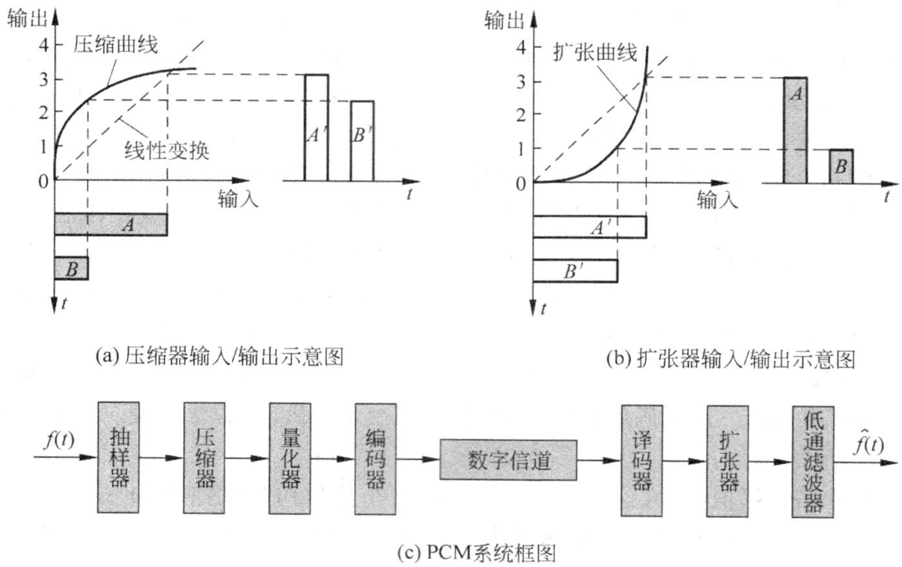

(a) 压缩器输入/输出示意图

(b) 扩张器输入/输出示意图

(c) PCM系统框图

图 3-6 压扩特性与 PCM 框图

压缩特性通常采用对数压缩特性,也就是压缩器的输出与输入之间近似呈对数关系。对于电话信号而言,对数压缩特性又有 A 律和 μ 律之分。

A 律特性输出 y 与输入信号 x 之间满足下式:

$$y=\begin{cases}\dfrac{Ax}{1+\ln A}, & 0\leqslant x\leqslant\dfrac{1}{A}\\[2ex]\dfrac{1+\ln Ax}{1+\ln A}, & \dfrac{1}{A}<x\leqslant 1\end{cases}\tag{3.4-1}$$

式中，y 为归一化的压缩器输出电压，即实际输出电压与可能输出的最大电压之比。x 为归一化的压缩器输入电压，即实际输入电压与可能输入的最大电压之比。A 为压缩系数，表示压缩程度。

从式(3.3-1)可见，在 $0 \leqslant x \leqslant \frac{1}{A}$ 的范围内，压缩特性为一条直线，相当于均匀量化特性；在 $\frac{1}{A} < x \leqslant 1$ 范围内是一条对数曲线。通常，国际上取 $A=87.6$。

μ 律特性输出 y 与输入信号 x 之间满足下式：

$$y = \frac{\ln(1+\mu x)}{\ln(1+\mu)}, \quad 0 \leqslant x \leqslant 1 \tag{3.4-2}$$

式中，y、x、μ 的意思与 A 律一样。

A 律与 μ 律的特性曲线见图 3-7。A 律与 μ 律的性能基本相似，在 $\mu=255$，量化级为 256 时，μ 律对小信号信噪比的改善优于 A 律。图 3-7 的曲线只是压缩特性的一半，另一半在第三象限，与第一象限的曲线奇对称，为简单计，一般都不画出来。

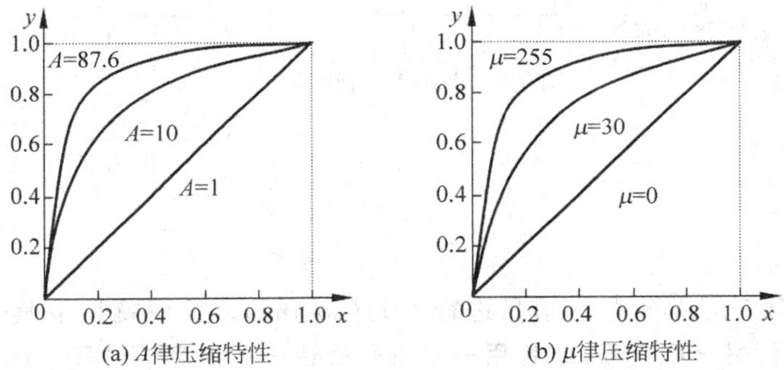

图 3-7　两种对数压缩特性示意图

μ 律最早由美国提出，A 律则是欧洲的发明，它们都是 ITU(国际电信联盟)允许的标准。目前，欧洲主要采用 A 律，北美及日本采用 μ 律，我国采用 A 律压缩方式。

图 3-7 的压缩特性早期是用二极管的非线性来实现的，但要保证压缩特性的一致性、稳定性以及压缩与扩张特性的匹配是很困难的。因此，通常都是采用近似理想压缩特性曲线的折线来代替理想特性。对于 A 律、μ 律曲线，分别采用 13 段折线、15 段折线近似。

下面简单介绍一下 A 律的 13 段折线。首先把输入信号的幅值归一化(横坐标)，把 0～1 的值域划分为不均匀的 8 个区间，每个区间的长度以 2 倍递增。具体地说就是 01～/128 为第一区间，1/128～1/64 为第二区间，1/64～1/32 为第三区间，1/32～1/16 为第四区间，直到 1/2～1 为第八区间。再把输出信号的幅度也归一化(纵坐标)，并均匀分成 8 个区间，即 0～1/8，1/8～2/8，2/8～3/8，直到 7/8～1。然后以横轴各区间的右端点为横坐标，以相对应纵轴区间的上端点为纵坐标，就可得到(1/128，1/8)，(1/64，2/8)，(1/32，3/8)，…，(1，1)8 个点。将原点及这 8 个点依次用直线段连接起来就得到一条近似 A 律的折线，见图 3-8。也许有人会问，图 3-8 中的折线只有 8 段，为什么叫做 13 折线呢？这是因为我们前面说过对数曲线只画出了正值部分，实际上还有负值部分，正值曲线与负值曲线奇对称。所以，在图 3-6 中加上负值曲线就有 16 条折线。多出的 3 条线怎么回事儿？我们注意到，第一区间和第二区间的线段斜率一样，可以看成一条线段，则正值曲线就只有 7 条线段，与之对应的负值曲线也只有 7 条线段，而正、负值曲线合画在一起后，各自的第一段折线斜率也一样，所以在 14 条线段中再减去一条就成为 13 折线。

μ 律的 15 折线的画法与上述 13 折线的方法类似，在此不再赘述。

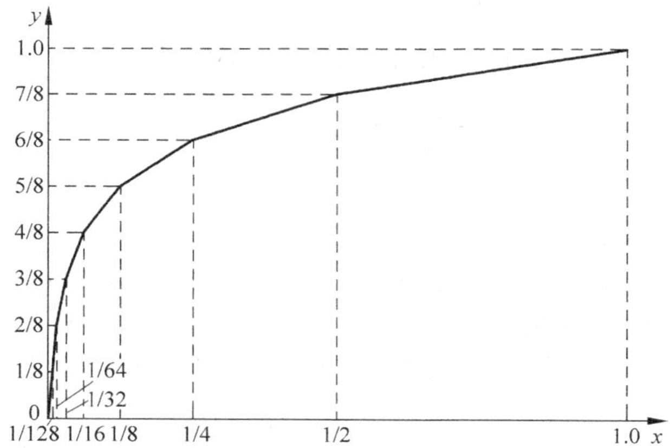

图 3-8　A 律 13 折线示意图

3.5 编码

PCM 过程的第三步是对数字信号进行编码(coding)。**编码就是按照一定的规律或协议，用一组符号取代另一组符号，或者用一组符号表达一些信息的过程**。现在的任务是用二进制码组去表示量化后的十进制量化值。所涉及的问题主要有两个：一是如何确定二进制码组的位数，二是应该采用怎样的码型。码元强调的是数字信号，即脉冲序列的最小构成单位，而码型指的是脉冲序列或码元的物理存在或表现形式(详见第 6 章)。

一位二进制码只有 0 和 1 两个值，而 n 位二进制码可有 2^n 个不同的组合(状态)。比如 3 位二进制码就有 000、001、010、011、100、101、110、111，共 $2^3=8$ 种组合。我们把由多位二进制码构成的组合叫做码字或码组，构成一个码字的码元位数叫做码字长度或字长(上例中有 8 个码字，字长为 3)。

显然，码字的长度与量化级数有直接关系。码字长度越长，构成的码字个数就越多，可表示的状态数就越多，在给定的值域内，量化级数就可以增加，量化间隔随之减小，量化噪声也随之减小。但码字长度越长，对电路的精度要求也越高，同时，要求码元速率(波特率)越高，从而要求信道带宽越宽。

对于 A 律量化来说，若每段折线进行 16 级均匀量化，量化级数为 $16\times16=256$，则一个码字的长度就是 8 位。

常用的编码码型有自然二进制码(NBC，Natural Binary Code)、折叠二进制码(FBC，Folded Binary Code)和格雷二进制码(RBC，Gray or Reflected Binary Code)三种。PCM 用折叠码进行编码。表 3-1 给出三种码型的编码规律。为简单计，表中只给出 16 个量化值，也就是 4 位码字长度。

自然二进制码就是我们熟悉的十进制正整数的二进制表示，逢二进一，对数值无具体要求。折叠码的最高位(最左边的位)是符号位，1 表示正数，0 表示负数，其余的位表示数的绝对值大小，从表中可见，折叠码上半部分为正数，下半部分是负数，如果不看符号位，则折叠码上半部分与下半部分呈倒影关系，好像把一个纸条对折一样，折叠的名字由此而来。而格雷码的特点是相邻码字只有一位不同，也就是码距(码距的概念在第 8 章介绍)为 1。

我们把上述内容总结为三句话：在 PCM 过程中，**抽样的作用是"模拟信号离散化"；量化的作用是"离散信号数字化"；编码的作用是"数字信号二值化"。**

表 3-1　三种常用二进制码组

量化值序号	自然码 NBC	折叠码 FBC	格雷码 RBC
15	1111	1111	1000
14	1110	1110	1001
13	1101	1101	1011
12	1100	1100	1010
11	1011	1011	1110
10	1010	1010	1111
9	1001	1001	1101
8	1000	1000	1100
7	0111	0000	0100
6	0110	0001	0101
5	0101	0010	0111
4	0100	0011	0110
3	0011	0100	0010
2	0010	0101	0011
1	0001	0110	0001
0	0000	0111	0000

3.6 抽样定理

分析 PCM 的全过程，我们会发现一个问题，即当把一个模拟信号通过抽样处理变成离散信号后，凭什么认为该离散信号可以携带原始信号的全部信息？换句话说，凭什么认为能从该离散信号中恢复出原始信号？如果这一点得不到保证，那么 PCM 就没有实用价值。

PCM 过程实际上就是 A/D 转换的过程，其理论基础就是抽样定理。也就是说，抽样定理为我们的担心提供了保证。抽样定理包含两个内容：低通抽样定理和带通抽样定理。

3.6.1 低通抽样定理

低通抽样定理：**对于一个带限模拟信号 $f(t)$，假设其频带为$[0, f_H]$，若以抽样频率$f_s \geqslant 2f_H$ 对其进行抽样的话(抽样间隔 $T_s \leqslant 1/f_s$)，则 $f(t)$将被其样值信号 $y_s(t)=\{f(nT_s)\}$完全确定**。或者说，可从样值信号 $y_s(t)=\{f(nT_s)\}$中无失真地恢复出原信号 $f(t)$。

这里引出两个新术语：奈奎斯特间隔和奈奎斯特速率。

奈奎斯特间隔是指能够唯一确定信号 $f(t)$ 的最大抽样间隔；而能够唯一确定信号 $f(t)$ 的最小抽样频率就是奈奎斯特速率。因此，奈奎斯特间隔 $=1/(2f_H)$，奈奎斯特速率 $=2f_H$。

下面以图 3-9 为例，对抽样定理给予简单的证明：

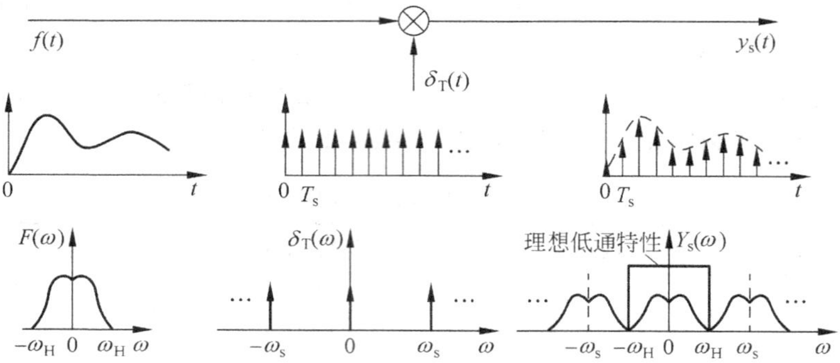

图 3-9 抽样过程示意图

设带限信号为 $f(t)$，其频谱为 $F(\omega)$；抽样脉冲序列为一周期信号冲激串 $\delta_T(t)$，频谱为 $\delta_T(\omega)$；样值信号 $y_s(t)$ 的频谱为 $Y_s(\omega)$，则有：

$$y_s(t)=f(t)\cdot\delta_T(t)$$

由频域卷积性质可得：

$$Y_s(\omega)=\frac{1}{2\pi}[F(\omega)*\delta_T(\omega)]$$

而冲激串 $\delta_T(t)=\sum\limits_{n=-\infty}^{\infty}\delta(t-nT_s)$ 的频谱为：

$$\delta_T(\omega)=\frac{2\pi}{T_s}\sum_{n=-\infty}^{\infty}\delta(\omega-n\omega_s)$$

因此有：

$$Y_s(\omega)=\frac{1}{T_s}[F(\omega)*\sum_{n=-\infty}^{\infty}\delta(\omega-n\omega_s)]=\frac{1}{T_s}\sum_{n=-\infty}^{\infty}F(\omega-n\omega_s) \qquad (3.6\text{-}1)$$

从图 3-9 中可见，$Y_s(\omega)$ 的波形是由一连串的 $F(\omega)$ 波形组成。在 $\omega_s\geqslant 2\omega_H$ 的前提下，输出样值信号的频谱 $Y_s(\omega)$ 就不会发生重叠现象，从理论上讲，就可以通过一个截止频率为 ω_H 的理想低通滤波器将 $Y_s(\omega)$ 中的第一个 $F(\omega)$ 滤出来，恢复出原始信号 $f(t)$。若不满足 $\omega_s\geqslant 2\omega_H$ 的条件，$Y_s(\omega)$ 中的 $F(\omega)$ 就会出现重叠（见图 3-10），以至于无法用滤波器提取出一个干净的 $F(\omega)$。

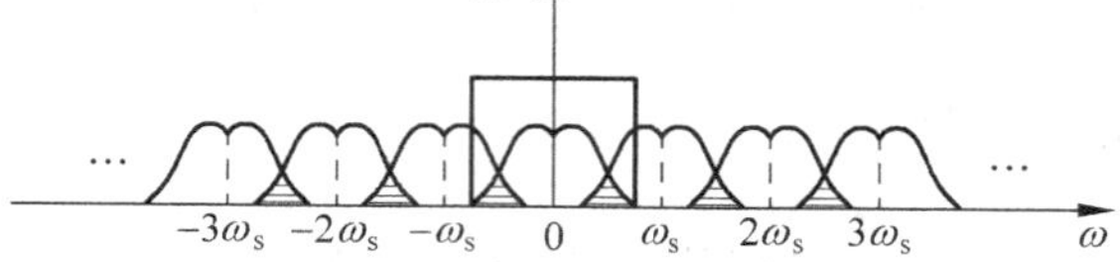

图 3-10 频谱重叠示意图

下面从时域看一下重建（恢复）模拟信号 $f(t)$ 的过程。我们知道理想低通滤波器的频谱是一个门函数，若设滤波器的冲激响应为 $h(t)$，则 $h(t)$ 的傅氏变换 $H(\omega)$（频谱）也就是滤波器的传输函数，即：

$$H(\omega)=\begin{cases}1, & |\omega|\leqslant\omega_H\\ 0, & |\omega|>\omega_H\end{cases}$$

样值信号 $y_s(t)$ 通过低通滤波器，在时域上就是与冲激响应 $h(t)$ 作卷积运算。设低通滤波器的输出为 $\hat{f}(t)$，也就是重建信号，则有：

$$\begin{aligned}\hat{f}(t)&=h(t)*y_s(t)=\frac{1}{T_s}\left(\frac{\sin\omega_H t}{\omega_H t}\right)*\sum_{n=-\infty}^{\infty}f(nT_s)\delta(t-nT_s)\\&=\frac{1}{T_s}\sum_{n=-\infty}^{\infty}f(nT_s)\frac{\sin\omega_H(t-nT_s)}{\omega_H(t-nT_s)}=\frac{1}{T_s}\sum_{n=-\infty}^{\infty}f(nT_s)\mathrm{Sa}[\omega_H(t-nT_s)]\end{aligned}\tag{3.6-2}$$

式中，抽样信号 $\mathrm{Sa}(t)=\frac{\sin t}{t}$ 就是 $h(t)$，也就是 $H(\omega)$ 的傅氏逆变换。从式(3.5-2)可以看出重建信号是无穷个抽样信号的线性叠加(见图 3-11)。抽样信号的名称由此而来。

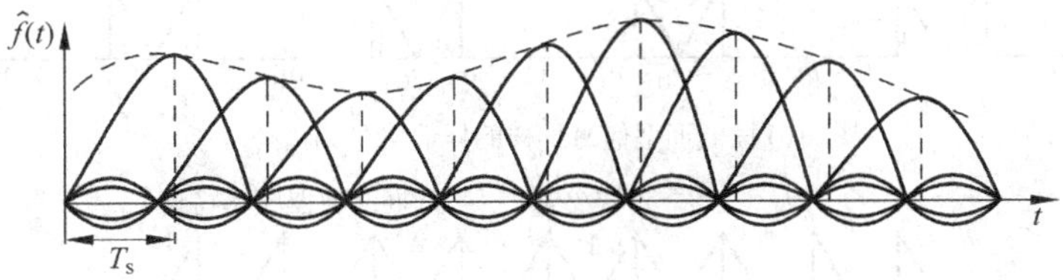

图 3-11 重建信号波形

【例题 3-1】 单路话音信号的带宽为 4kHz，对其进行 PCM 传输，求：

(1) 最低抽样频率；

(2) 抽样后按 8 级量化，求 PCM 系统的信息传输速率；

(3) 若抽样后按 128 级量化，PCM 系统的信息传输速率又为多少？

【解】 (1) 由于 $f_H=4\text{kHz}$，根据低通抽样定理，可知最低抽样频率 $f_s=2f_H=8\text{kHz}$。

(2) 对抽样值进行 8 级量化意味着要用 3 位二进制码。因为是单路信号，每秒有 8000 个抽样值，一个抽样值用 3 个码元，所以波特率为：

$$R_s=3\times8000=24\text{k}\quad(\text{Baud})$$

又因为是二进制码元，波特率与比特率相等，所以信息传输速率为：

$$R_b=24\text{kb/s}$$

(3) 因为 128 级量化需用 7 位二进制码进行编码，所以，比特率为：

$$R_b=R_s=7\times8000=56\text{kb/s}$$

答：最低抽样频率 $f_s=8\text{kHz}$；8 级量化时的信息传输速率 $R_b=24\text{kb/s}$；128 级量化时的信息传输速率 $R_b=56\text{kb/s}$。

通常认为典型的语音信号，也就是我们正常的说话、唱歌信号的带宽为 50Hz～10kHz；用于电话的语音信号，也称为话音信号的带宽为 300Hz～3.4kHz(近似取 4kHz)；音乐信号的带宽(也就是音频信号的带宽)为 20Hz～20kHz。那么，对于高保真音频通信而言，语音信号的抽样频率≥20kHz，音乐信号的抽样频率≥40kHz(比如，CD 的一种抽样频率为 44.1kHz)。

3.6.2 带通抽样定理*

在实际工程中经常遇到带通型信号，即频谱不是从直流开始，而是在 $f_L \sim f_H$ 的一段频带内的信号。设信号带宽 $B=f_H-f_L$，通常把 $f_L>B$ 的信号称为带通信号。那么对带通信号是否也要求按 $f_s \geqslant 2f_H$ 的条件进行抽样？如果不是的话，它与低通信号有何区别呢？下面结合图 3-12 进行定性分析。

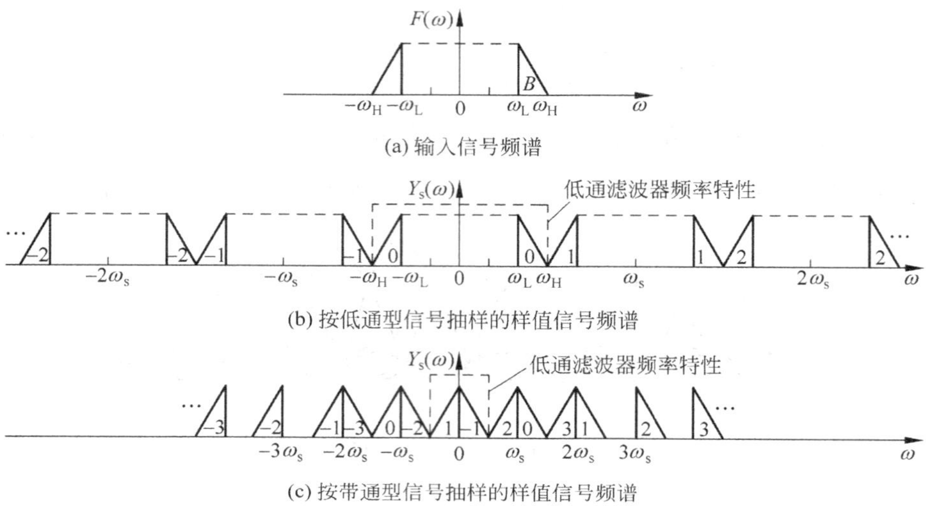

图 3-12 带通型信号抽样频谱

设 $F(\omega)$ 是一带通信号的频谱，其频带宽度为 $B=f_H-f_L$，为讨论方便，设 $f_L=2B$，如图 3-12(a)所示。

先把 $f(t)$ 看成一个低通型信号（把频谱的上、下边带用虚线连起来），用抽样频率 $f_s=2f_H$ 对其进行抽样，得到图 3-12(b)的样值信号频谱。从图 3-12 中可见，频谱没有重叠，但是上下边带之间的频带却是空的，如果要用低通滤波器恢复原始信号的话，其带宽就必须等于 $3B$。

如果按带通信号对待，用抽样频率 $f_s=2B$ 对其进行抽样，就会得到图 3-12(c)的频谱，可见，频谱仍不重叠，而占用频带的宽度却减小了，此时，低通滤波器的带宽只需等于原始信号带宽 B 即可。

上例是带通信号的一个特例，即 $f_L=2B$。对于一般情况而言，只要 $f_L>0$，当抽样频率 f_s 满足下式时：

$$f_s=2(f_H-f_L)\left(1+\frac{M}{N}\right)=2B\left(1+\frac{M}{N}\right) \tag{3.6-3}$$

就可以保证带通型信号 $f(t)$ 完全由样值信号 $y_s(t)$ 所确定。其中，$M=f_H/B-N$，N 为不超过 f_H/B 的最大正整数，则 $0 \leqslant M<1$。可以证明，带通信号的抽样频率范围为 $2B \sim 4B$（不能等于 $4B$）。

【例题 3-2】 12 路载波电话信号的频带范围是 60～108kHz，求其最低抽样频率 f_{smin}。

【解】 因为信号带宽 $B=f_H-f_L=108-60=48(\text{kHz})$，$f_H/\text{B}=2.25$，所以 N 取 2，则

M＝2.25－2＝0.25

根据式(3.5-3)可得：$f_{smin}=2\times48(1+0.25/2)=108(\text{kHz})$

答：最低抽样频率 $f_{smin}=108\text{kHz}$。

需要指出，从上述两个抽样定理中可知，抽样信号必须是冲激信号，而理想的冲激信号是无法得到的，因此，在实际应用中，大都采用窄脉冲序列代替冲激信号。

3.7 时分复用

第2章讲了频分复用法，下面介绍信道复用的另一种方法——时分复用法(TDM)。

我们知道一路基带话音信号的最高频率为3.4kHz，一般取其为 $f_H=4\text{kHz}$，那么，若对该信号进行PCM，则根据抽样定理取抽样频率为 $f_s=8\text{kHz}$，所对应的抽样间隔 $T_s=1/f_s=125\mu s$。如果每个样点的持续时间为 $25\mu s$，则样值信号的相邻两个样点之间就有 $100\mu s$ 的空闲时间。若一个信道只传输一路这样的PCM信号，则每1s就有约0.8s被白白浪费掉了，如果进行长途传输，其信道利用率之低，传输成本之高是人们难以容忍的。为此，人们提出了时分复用的概念。

时分复用就是对欲传输的多路信号分配以固定的传输时隙(时间)，以统一的时间间隔依次循环进行断续传输的方式或过程。下面以图3-13为例详细介绍时分复用的原理。

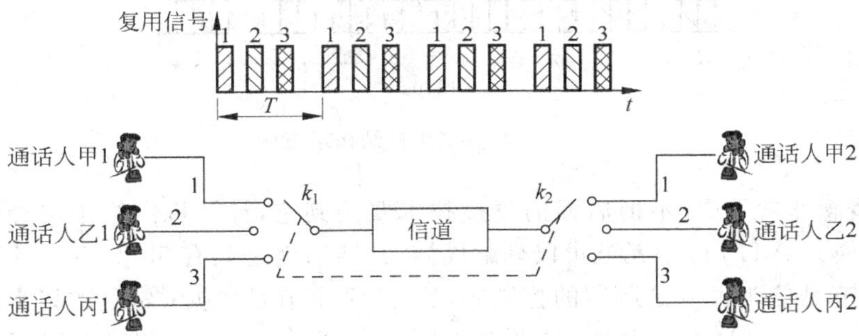

图3-13 时分复用示意图

假设收、发信端各有3人要通过一个实信道(一条电缆)同时打电话，我们把他们分成甲、乙、丙三对，并配以固定的传输时隙以一定的顺序分别传输他们的信号，比如第一秒开关拨在甲位传输甲对通话者的信号，第二秒开关拨在乙位传输乙对通话者的信号，第三秒开关拨在丙位传输丙对通话者的信号，第四秒又循环到传送甲对信号，周而复始，直到通话完毕。时分复用的特点是，各路信号在频谱上是互相重叠的，但在传输时彼此独立，任一时刻，信道上只有一路信号在传输。

在上述通信过程中要注意两个问题，一是传输时间间隔必须满足抽样定理，即把各路信号的样值信号分别传输一次的时间也就是完成一次循环的时间 T 必须 $\leqslant125\mu s$，但每一路信号传输时所占用的时间(时隙)没有严格限制。显然，一路信号占用的时间越少，则可复用的信号路数就越多。第二个问题就是收信端和发信端的转换开关必须同步动作，否则信号传输就会发生混乱。

这里需要引入“帧”的概念。所谓**“帧”就是传输一段具有固定数据格式数据所占用的时**

间。这里面包含两个意思，第一，“帧”是一段时间(不同应用或不同场合的帧，其时间长短是不同的)，每一帧中的数据格式是一样的；第二，“帧”是一种数据格式，一般来说同一种应用每一帧的时间长度和数据格式是一样，但每一帧的数据内容可以不同(注意，有时在同一种应用中，其帧长允许变化，比如802.3协议中的帧)。因此，在讲到帧时，要么是强调传输时间的长短，要么是强调数据格式的结构。比如，上面讲的话音信号复用时，每一个传输循环必须≤125μs，如果我们取最大值的话，则一个循环就是125μs。从传输时间上看，这125μs就是3路话音信号TDM的一个帧。而数据格式就是各路信号在一个帧中的安排方式(结构)。注意在图3-13的例子中，为了形象说明时分复用，我们“掩盖”(没有画出)了量化和编码过程，而实际上TDM都是传输经过编码后的数字信号。上例中，如果把125μs四等分，前三个等分按甲、乙、丙的顺序分别传输3路话音信号，第四个等分传输一路控制信号，每个样值用8位二进制码编码，那么这种数据安排方式就是数据格式或帧结构。图3-14就是帧结构示意图。

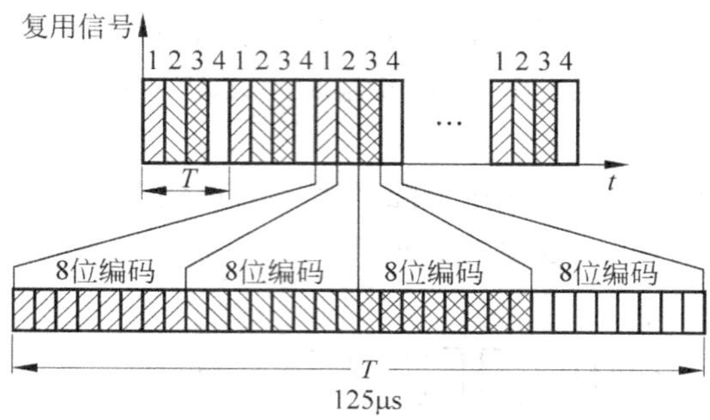

图3-14 时分复用帧结构示意图

“帧”的概念非常重要，不但后面的复接技术要用到它，计算机网络中也经常碰到。比如，异步传输模式ATM的信元就可以理解成帧，其结构就是共有53个字节，每个字节有8位，前5个字节是信头也就是所谓的控制码，后48个字节是数据；常见的以太网数据帧结构(802.3标准)比ATM信元复杂，其格式如图3-15所示。注意这里的“帧”强调的是其数据格式也就是帧结构。

信头(5B)	数据(48B)

ATM信元格式

前导字段	帧起始符	目的地址	源地址	长度	数据	填充	校验和
7B	1B	2～6B	2～6B	2B	0～1500B	0～468	4B

802.3的帧格式

图3-15 ATM、以太网帧结构示意图

在PCM和数据通信应用中，一般都采用TDM进行信号传输，以提高信道利用率。

细心的读者会发现上述普通的时分复用技术有一个缺陷：即在传输过程中，如果有一路或多路信号在该它(它们)传输的时刻没有信号(信号为零)，则事先分配给它(它们)的这一段时间就浪费了。比如我们打电话时的话音信号就是时断时续的。如果复用的路数比较多的话，这种时间浪费就不可忽视，因为它降低了信道利用率。为此，人们提出了统计时分复用(STDM,Statistical Time Division Multiplex)的概念,即对复用的多路信号不再分配给固定的传输时间,而是根据信信号的统计特性动态分配传输时间。通俗地讲,对于每一路信号,你有值,我就给你传输时间,你没值我就跳过你,把时间分给有值的其他路信号。这样,由于每一次循环中所传输的信号路数都可能不一样,所以每一帧的长度就不同,统计时分复用的特点正在于此。统计时分复用的缺点是由于采用了流量控制,而对信号的传输带来了延迟。实际中,STDM 通常与 TDM 结合起来使用。

我们已经有了 PCM 和 TDM 的概念,那么自然会想到一个问题,如果对 PCM 信号进行 FDM 会怎样?换句话说,对于一路模拟话音信号和一路 PCM 话音信号,它们在 FDM 时的主要区别是什么?这个问题实际上是讨论 PCM 信号的带宽问题。我们已经知道一路模拟话音信号的带宽为 4kHz,而一路 PCM 话音信号的带宽是多少呢?在 A 律量化中,量化级数为 256,一个码组的长度是 8 位,即一个样值用 8 位二进制码,按抽样定理每 125μs 抽一次样,则一秒内共传输二进制码元的个数为 8×8000=64 000,也就是说信息传输速率(比特率)为 64kb/s。而传输 64kb/s 的数字信号理论上所需带宽最少为 32kHz(参阅第 1.7 节),可见一路 PCM 话音信号的带宽比一路模拟话音信号的带宽至少大 8 倍。换句话说,在同一信道中以频分复用的方式传输模拟信号的路数比传输脉冲编码调制信号的路数多好几倍。这正说明数字通信为什么需要的带宽比模拟通信大。

【例题 3-3】 对 24 路最高频率为 4kHz 的信号进行时分复用,采用 PAM 方式传输。假定所用的脉冲为周期性矩形脉冲,脉冲的宽带 τ 为每路应占用时间的一半。试求此 24 路 PAM 系统的最小带宽。

【解】 PAM 就是脉幅调制,也就是 PCM 的第一步"抽样"。因为每路信号最高频率均为 4kHz,所以抽样频率 $f_s=4\times2=8\text{kHz}$,抽样间隔 $T_s=\dfrac{1}{f_s}=125\mu\text{s}$。每路信号所占时隙宽度 $T_i=\dfrac{T_s}{24}=\dfrac{1}{192}\text{ms}$。

因为半占空脉冲的宽度 $\tau=\dfrac{T_i}{2}$,所以脉冲序列频率为 $\dfrac{1}{\tau}$。意味着系统的带宽 B 必须满足 $B\geqslant\dfrac{1}{\tau}$。因此,系统的最小带宽 $B=\dfrac{1}{\tau}=\dfrac{2}{T_i}=(2\times192)\text{kHz}=384\text{kHz}$。

3.8 小资料——赫兹

赫兹(Heinrich Rudolf Hertz),德国物理学家。1857 年 2 月 22 日生于汉堡。父亲为律师,后任参议员,家庭富有。赫兹在少年时期就表现出对实验的兴趣,12 岁时便有了木工工具和工作台,以后又有了车床,常常用以制作简单的实验仪器。

1876 年赫兹入德累斯顿工学院学习工程,由于对自然科学的爱好,转入慕尼黑大学学习数学和物理,第二年又转入柏林大学,在赫尔姆霍兹指导下学习并进行研究工作。在随赫尔姆霍兹学习物理时,受赫尔姆霍兹的鼓励研究麦克斯韦电磁理论。

通过实验，他确认了电磁波具有与光类似的特性，如反射、折射、衍射等，并且实验了两列电磁波的干涉，同时证实了在直线传播时，电磁波的传播速度与光速相同，从而全面验证了麦克斯韦的电磁理论的正确性，并且进一步完善了麦克斯韦方程组，使它更加优美、对称，得出了麦克斯韦方程组的现代形式。此外，赫兹还做了一系列实验，研究了紫外光对火花放电的影响，发现了光电效应，即在光的照射下物体会释放出电子的现象。这一发现，后来成了爱因斯坦建立光量子理论的基础。

1880 年他以纯理论性的《旋转导体电磁感应》论文获得博士学位，成为赫尔姆霍兹的助手。1883 年到基尔大学任教。1885—1889 年任卡尔斯鲁厄大学物理学教授。1889—1894 年接替 R. 克劳修斯的席位任波恩大学物理学教授。1894 年 1 月 1 日因血液中毒在波恩逝世，年仅 36 岁。为了纪念他在电磁波发现中的卓越贡献，后人将频率的单位命名为赫兹。

1888 年 1 月 21 日，赫兹完成著名论文《论电动力学作用的传播速度》的日子，被人们规定为电磁波发现的日期。

3.9 思考题与习题

3-1 TDM 的理论基础是什么？

3-2 TDM 与 FDM 的主要区别是什么？

3-3 抽样后的信号频谱在什么条件下发生混叠？

3-4 量化的目的是什么？

3-5 什么是均匀量化？它有什么缺点？

3-6 为什么要进行压缩和扩张？

3-7 PCM 的主要功能是什么？其主要缺点是什么？

3-8 影响 TDM 可靠性的最大问题是什么？

3-9 对 10 路带宽均为 300～3400Hz 的模拟信号进行 PCM 时分复用传输。抽样速率为 8000Hz，抽样后进行 8 级量化，并编为二进制码，码元波形是宽度为 τ 的矩形脉冲，且占空比为 1。试求传输此时分复用 PCM 信号所需的带宽。

3-10 设一个模拟信号 $f(t)=9+10\cos\omega t$，若对 $f(t)$ 进行 41 级均匀量化，求编码所需的二进制码组长度和量化台阶。

3-11 北美洲采用 PCM 24 路复用系统，每路的抽样频率 $f_s=8\text{kHz}$，每个抽样值用 8b 表示。每帧共有 24 个时隙，并加 1b 作为帧同步信号。求每路时隙宽度与总群路的数码率。

3-12 对一个基带信号 $f(t)=\cos 2\pi t+2\cos 4\pi t$ 进行理想抽样，为了在收信端能不失真地恢复 $f(t)$，问抽样间隔如何选择？

第4章 增量调制

问题引入：PCM的A/D转换精度与量化级数或编码位数有关，精度越高，系统越复杂，成本越高。那么除了PCM可以进行A/D转换外，是否还有其他方法能够克服PCM的缺点？

4.1 简单增量调制

4.1.1 增量调制的基本概念

在PCM系统中，每个被量化的抽样值要用一个二进制码字表示其大小。字长一般为7位或8位，字长越大，可表示的量化级数越多，但编、译码设备就越复杂，成本也就越高。那么能否找到其他更为简单的方法完成信号的模/数转换呢？

我们看一下图4-1给出的示意图。图中在模拟信号$f(t)$的曲线附近，有一条与$f(t)$的形状相似的阶梯状曲线$f'(t)$。显然，只要阶梯"台阶"σ和时间间隔Δt足够小，则相似程度就会提高。对$f'(t)$进行滤波处理，去掉高频波动，所得到的曲线将会很好地与原曲线重合，这意味着$f'(t)$可以携带$f(t)$的全部信息(这一点很重要)。因此，$f'(t)$可以看成用一个给定的"台阶"σ对$f(t)$进行抽样与量化后的曲线。我们把"台阶"的高度σ称为增量，用"1"表示正增量，代表向上增加一个σ；用"0"表示负增量，代表向下减少一个σ。则这种阶梯状曲线就可用一个"0"、"1"数字序列来表示，也就是说，对$f'(t)$的编码只用一位二进制码即可。但此时的二进制码序列不是代表各时刻的抽样值，每一位码值反映的是$f(t)$曲线在该抽样时刻向上或向下的变化趋势，即该时刻$f(t)$导数的变化信息。

这种只用一位二进制编码将模拟信号变为数字序列的方法(过程)就称为增量调制(Delta Modulation)，缩写为DM、ΔM或δ调制。图4-1即为ΔM调制示意图。

增量调制最早由法国人De Loraine于1946年提出，目的是简化模拟信号的数字化方法。其主要特点是：

(1) 在比特率较低的场合，量化信噪比高于PCM。

(2) 抗误码性能好。能工作在误比特率为$10^{-2}\sim10^{-3}$的信道中，而PCM则要求信道的误比特率为$10^{-4}\sim10^{-6}$。

(3) 设备简单、制造容易。

ΔM调制与PCM调制的本质区别是只用一位二进制码进行编码，但这一位码不表示信号抽样值的大小，而是表示抽样时刻信号曲线的变化趋势。

另外，需要提醒读者注意的是，PCM、ΔM还有Δ-Σ调制都是A/D转换技术。

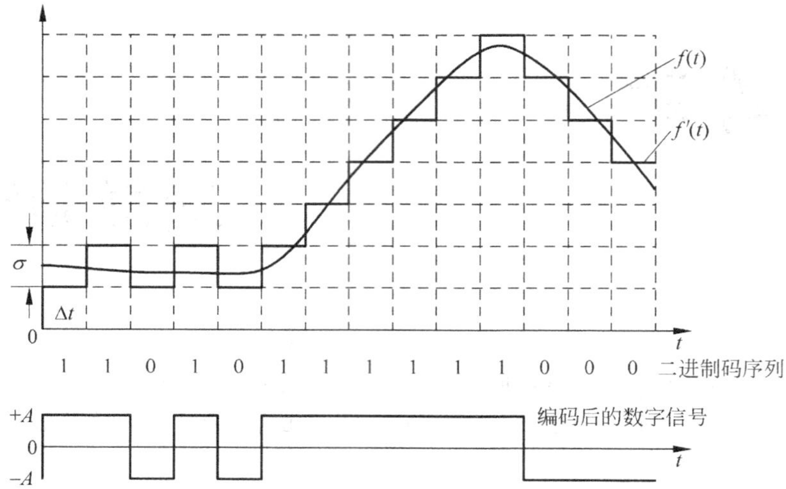

图 4-1 增量调制波形示意图

增量调制的概念给我们提供了一个分析问题的新思路：要描述一个函数或曲线，可以直接用函数表达式也可以用其导函数。由此可见数学知识在实际工程应用中的重要性。

4.1.2 ΔM 的调制原理

那么如何在发信端形成 $f'(t)$ 信号并编制成相应的二元码序列呢？

仔细分析一下图 4-1，比较在每个抽样时刻 Δt 处的 $f(t)$ 和 $f'(t)$ 的值可以发现：

当 $f(i\Delta t)>f'(i\Delta t_-)$ 时，上升一个 σ，发“1”码；

当 $f(i\Delta t)<f'(i\Delta t_-)$ 时，下降一个 σ，发“0”码。

$f'(i\Delta t_-)$ 是第 i 个抽样时刻前一瞬间的量化值。

根据上述分析，我们给出增量调制器框图如图 4-2 所示。$f'(i\Delta t_-)$ 可以由编码输出的二进制序列反馈到一个理想的积分器以后得到。由于该积分器又具有解码功能，所以又称为本地解码器（译码器）。$f(i\Delta t)$ 和 $f'(i\Delta t_-)$ 的差值，可以用一个比较电路（减法器）来完成。量化编码可以用一个双稳判决器来执行，并生成双极性二进制码序列。

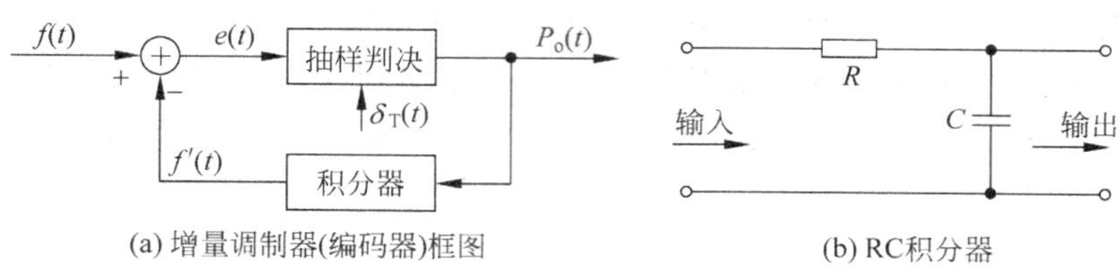

(a) 增量调制器(编码器)框图　　(b) RC积分器

图 4-2 增量调制原理框图

具体调制过程描述如下。

设 $f'(0_-)=0$（即 $t=0$ 时刻前一瞬间的量化值为零），因此有：

$$t=0\text{ 时},e(0)=f(0)-f'(0_-)>0,\text{则 }P_o(0)=1$$

$$t=\Delta t\text{ 时},e(\Delta t)=f(\Delta t)-f'(\Delta t_-)>0,\text{则 }P_o(\Delta t)=1$$

$$t=2\Delta t\text{ 时},e(2\Delta t)=f(2\Delta t)-f'(2\Delta t_-)<0,\text{则 }P_o(2\Delta t)=0$$

$t=3\Delta t$ 时，$e(3\Delta t)=f(3\Delta t)-f'(3\Delta t_-)>0$，则 $P_o(3\Delta t)=1$

$t=4\Delta t$ 时，$e(4\Delta t)=f(4\Delta t)-f'(4\Delta t_-)<0$，则 $P_o(4\Delta t)=0$

$t=5\Delta t$ 时，$e(5\Delta t)=f(5\Delta t)-f'(5\Delta t_-)>0$，则 $P_o(5\Delta t)=1$

$t=6\Delta t$ 时，$e(6\Delta t)=f(6\Delta t)-f'(6\Delta t_-)>0$，则 $P_o(6\Delta t)=1$

以此类推，即可得到如图 4-3 所示的波形。细心的读者会发现图 4-3 中的 $f'(t)$ 和图 4-1 的波形不一样。其实，图 4-1 的阶梯波只是为了形象地说明增量调制原理，而实际积分器的输出波形是图 4-3(d)。

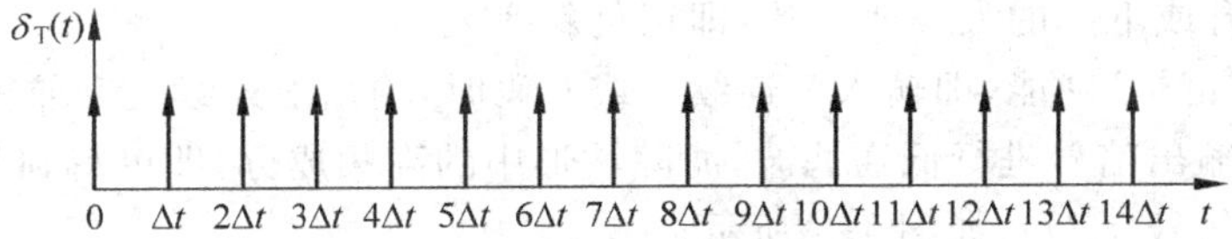

(a) 抽样脉冲

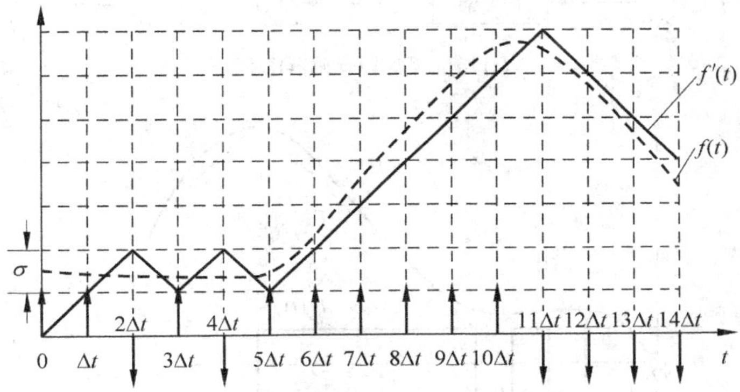

(b) 样值信号

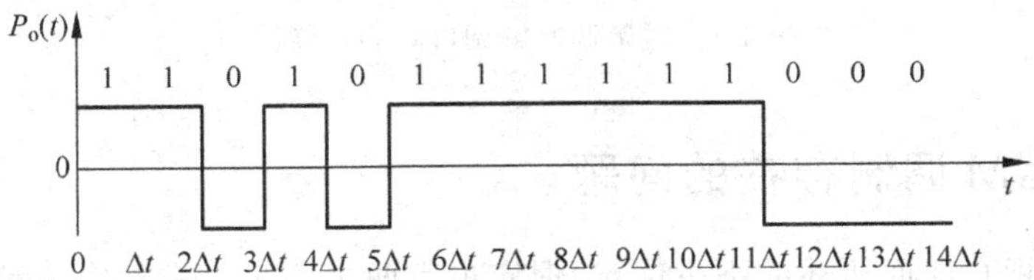

(c) 调制(编码)输出信号

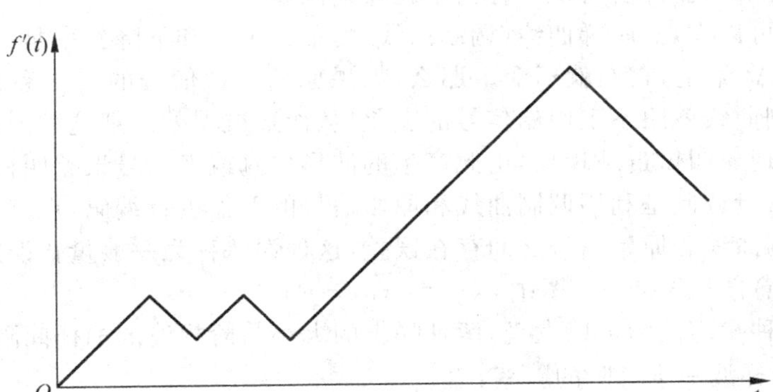

(d) 积分器输出信号

图 4-3 增量调制过程示意图

4.1.3 ΔM 的解调原理

ΔM 信号的解调比较简单，用一个和本地解码器一样的积分器即可。在收信端和发信端的积分器一般都是一个 RC 积分器。

解调过程就是图 4-3 中的积分过程。当积分器输入“1”码时，积分器输出产生一个正斜变的电压并上升一个量化台阶 σ；而当输入“0”码时，积分器输出电压就下降一个量化台阶 σ。

为了保证解调质量，对解码器有两个要求：

(1) 每次上升或下降的大小要一致，即正负斜率大小一样。

(2) 应具有“记忆”功能，即输入为连续 1 或 0 码时，输出能连续上升或下降。

对积分器的输出信号进行低通滤波，滤除波形中的高频成分，即可得到与原始模拟信号十分近似的解调信号 $f_o(t)$，如图 4-4 所示。

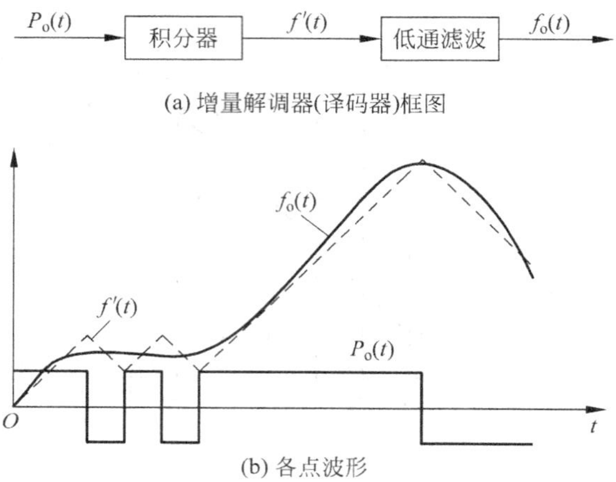

图 4-4 增量调制解调(译码)示意图

4.1.4 ΔM 调制存在的问题

增量调制尽管有前面所述的不少优点，但它也有两个不足：一个是一般量化噪声问题，另一个是过载噪声问题，两者可统一称为量化噪声问题。

观察图 4-1 可以发现，阶梯曲线(调制曲线)的最大上升和下降斜率是一个定值，只要增量 σ 和时间间隔 Δt 给定，它们就不变。那么，如果原始模拟信号的变化率超过调制曲线的最大斜率，则调制曲线就跟不上原始信号的变化，从而造成误差。把这种因调制曲线跟不上原始信号变化的现象叫做过载现象，由此产生的波形失真或者信号误差叫做过载噪声。

另外，由于增量调制是利用调制曲线和原始信号的差值进行编码，也就是利用增量进行量化，所以在调制曲线和原始信号之间存在误差，这种误差称为一般量化误差或一般量化噪声。两种噪声示意图见图 4-5。图中 $n(t)=f(t)-f'(t)$。

仔细分析两种噪声波形可以发现，两种噪声的大小与阶梯波的抽样间隔 Δt 和增量 σ 有关。定义 K 为阶梯波一个台阶的斜率：

$$K=\frac{\sigma}{\Delta t}=\sigma f_s \tag{4.1-1}$$

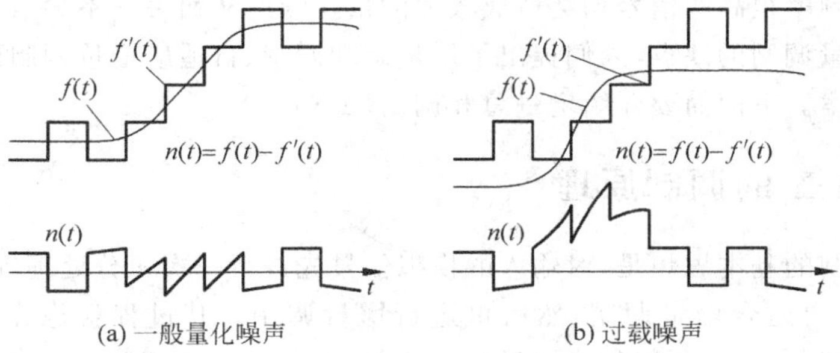

图 4-5 两种量化噪声示意图

式中，f_s 是抽样频率。该斜率被称为最大跟踪斜率。当信号斜率大于跟踪斜率时，称为过载，此时就会出现过载现象；当信号斜率等于跟踪斜率时，称为临界；当信号斜率小于跟踪斜率时，称为不过载，即有不过载条件为：$\left|\dfrac{\mathrm{d}f(t)}{\mathrm{d}t}\right|_{\max}\leqslant K$。

可见，通过增大量化台阶(增量)σ 进而提高阶梯波形的最大跟踪斜率，就可以减小过载噪声；而降低 σ 则可减小一般量化噪声。显然，通过改变量化台阶进行降噪出现了矛盾，因此，σ 值必须两头兼顾，适当选取。不过，利用增大抽样频率(即减小抽样时间间隔 Δt)，却可以"左右逢源"，既能以较小的 σ 值降低一般量化噪声，又可增大最大跟踪斜率，从而减小过载噪声。因此，实际应用中，ΔM 系统的抽样频率要比 PCM 系统高得多(一般在两倍以上。对于话音信号，典型值为 16kHz 和 32kHz)。

【例题 4-1】 已知一个话音信号的最高频率分量 $f_H=3.4\text{kHz}$，幅度为 $A=1\text{V}$。若抽样频率 $f_s=32\text{kHz}$，求增量调制台阶 σ。

【解】 首先要找出话音信号的最大斜率。若信号为单频正弦型信号 $f(t)=A\sin\omega t$，则其斜率是它的导数，$k(t)=\dfrac{\mathrm{d}f(t)}{\mathrm{d}t}=A\omega\cos\omega t$，最大斜率为 $K=A\omega$。

把话音信号的最高频率分量看成一个正弦型信号，则话音信号的最大斜率就是

$$K=A\omega=A2\pi f_H$$

由式(4.1-1)可得：当 $A2\pi f_H\leqslant\sigma f_s$ 时，系统不过载。

因此

$$\sigma=\frac{A2\pi f_H}{f_s}=\frac{2\pi\times3.4}{32}=0.668\quad(\text{V})$$

答：增量调制台阶为 0.668V。

另外，如果模拟信号为交流信号，且信号峰-峰值小于 σ 时，增量调制器的输出将不随信号的变化而变化，只输出"1"和"0"交替出现的数字序列。只有当信号峰值大于 $\sigma/2$ 时，调制器才输出随交流信号的变化而变化的数字序列。因此，把 $\sigma/2$ 电平称为增量调制器的起始编码电平。

4.2 增量总和调制

从 4.1.4 节中可知，对于一个实际的增量调制系统，其抽样频率和增量值的改变总是有限的，也就是说，系统对两种量化噪声性能的改善是有限的。因此，增量调制系统对于直流、

频率较低信号或频率很高的信号均会造成较大的量化噪声从而丢失不少信息。

为了克服增量调制的缺点，人们提出了增量总和调制、自适应增量调制以及数字检测音节控制调制等方案。下面简要介绍增量总和调制（Δ-Σ）。

4.2.1 Δ-Σ 的调制原理

增量总和调制的基本思想是，对输入的模拟信号先进行一次积分处理，改变信号的变化性质，从而使信号更适合增量调制，然后再进行增量调制。其过程就像先对信号求和（积分），后进行增量调制一样，所以称为增量总和调制，也称为 Δ-Σ 调制。

可以用下面的例子（见图 4-6）简单地理解增量总和调制的原理。比如，对于图 4-6(a)一个单频正弦型信号 $f(t)=A\cos\omega_c t$，其最大斜率为其导数最大值，即：$K=A\omega_c$，可见该斜率值与信号频率成正比，频率越高，则斜率值就越大。假设该斜率大于系统最大跟踪斜率，则对该信号直接进行简单增量调制时就会出现过载现象。为了克服这个缺点，现对 $f(t)=A\cos\omega_c t$ 先进行积分处理，变成 $F(t)=\dfrac{A}{\omega_c}\sin\omega_c t=A'\sin\omega_c t$，式中 $A'=\dfrac{A}{\omega_c}$，然后对 $F(t)$ 进行简单增量调制，则 $F(t)$ 的最大斜率是 $K'=A'\omega_c=A$。显然，因为 ω_c 大于 1，所以 K' 小于 K，并且 K' 与信号频率无关。可见 $F(t)$ 的最大斜率小于系统最大跟踪斜率，这样，对 $F(t)$ 进行简单增量调制时就不会过载。再看图 4-6(b) 所示的脉冲信号，其边沿斜率为无穷大，调制器无法跟踪，可积分后，边沿变成斜坡信号，斜率大大降低。增量总和调制系统框图见图 4-7。

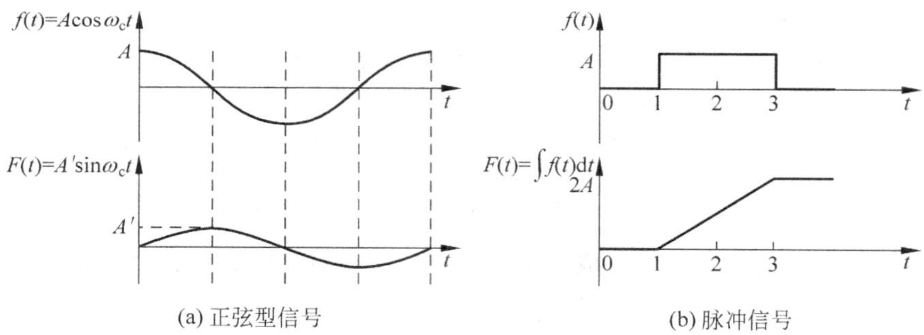

图 4-6 信号及其积分示意图

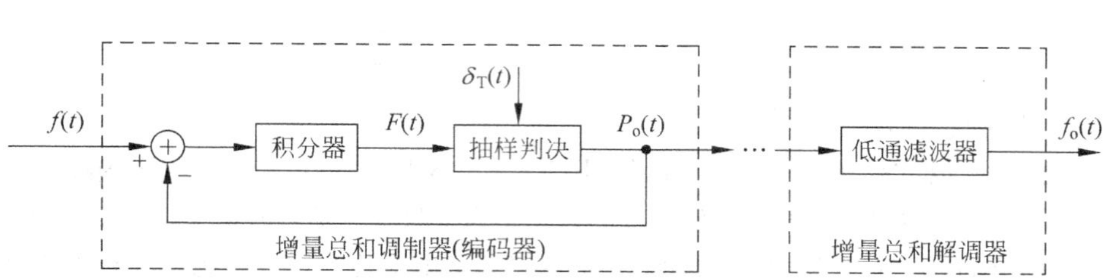

图 4-7 增量总和调制系统框图

细心的读者会发现，按前面介绍的增量总和调制原理，应该先对信号积分，然后再进行增量调制，而图中的积分器怎么会放在比较器之后，而且还少了一个反馈用的积分器？这是因为此处利用了一个积分的特性：两个积分信号的代数和等于两个信号代数和的积分，即

$$\int f(t)\mathrm{d}t-\int P_{o}(t)\mathrm{d}t=\int[f(t)-P_{o}(t)]\mathrm{d}t$$

这样可以节省一个积分器，从而简化了系统结构。

4.2.2 Δ-Σ 的解调原理

Δ-Σ 信号的解调非常简单，只用一个低通滤波器即可。我们知道，增量调制其实也可以叫做“微分”调制，因为“增量”本身就有“微分”之意，而且对信号以 Δt 进行抽样，再以 σ 量化的处理过程本身就与数学中的微分相似。所以，ΔM 信号可以认为携带输入信号的微分信息。因此，在收信端对其进行积分，自然能够解调出原始信号，正如 4.1.3 节所述。而在 Δ-Σ调制中，由于先对输入信号进行了“积分”处理，然后才进行“微分”调制，所以“积分”与“微分”的作用相互抵消，“等于”对信号没做处理，其输出脉冲已经反映了输入信号的幅度信息，所以，收信端就无须再用积分器，直接用低通滤波器即可恢复原信号。

4.3 小资料——贝尔

亚历山大·格雷厄姆·贝尔，1847 年生于苏格兰爱丁堡市。虽然他只在学校念过几年书，但是通过家庭的熏陶和自学而受到了良好的教育。由于父亲是语言生理、语言矫正和聋哑教学方面的专家，所以贝尔从小就对语音复制很感兴趣。

1869 年，22 岁的贝尔受聘为美国波士顿大学语言学教授，担任声学讲座的主讲，并开始发明电话。他曾试图用连续振动的曲线来使聋哑人看出“话”来，没有成功。但在实验中发现了一个有趣现象：每次电流通断时，线圈会发出类似于莫尔斯电码的“滴答”声，这引起贝尔大胆的设想：如果能用电流强度模拟出声音的变化不就可以用电流传递语音了吗？他辞去了教授职务，一心扎入发明电话的试验中。在万事俱备只缺合作者时他偶然遇到了 18 岁的电气工程师沃特森。

两年后，经过无数次失败后他们终于制成了两台粗糙的样机：圆筒底部的薄膜中央连接着插入硫酸的碳棒，人说话时薄膜振动改变电阻使电流变化，在接收处再利用电磁原理将电信号变回语音。但不幸的是试验失败了，两人的声音是通过公寓的天花板而不是通过机器互相传递的。正在他们冥思苦想之时，窗外吉他的叮咚声提醒了他们：送话器和受话器的灵敏度太低了！他们连续两天两夜自制了音箱、改进了机器，然后开始实验。沃特森终于听到了贝尔清晰的声音“沃特森先生，快来呀！我需要你”。这是 1875 年 6 月 2 日傍晚，当时贝尔 28 岁，沃特森 21 岁。他们趁热打铁，几经改进，制成了世界上第一台实用的电话机。

1876 年 3 月 3 日（贝尔的 29 岁生日），贝尔的电话专利申请被批准，专利号为美国 174465。

由于东方联合电报公司花十万美元获得了该项发明权，却不购买贝尔的电话。所以，贝尔及其同事于 1877 年 7 月成立了一家公司，即今日美国电话电报公司（AT&T）的前身。

虽然电话的发明使贝尔成了富翁，但他自始至终都在帮助聋哑人，他的妻子就是他先前教授过的聋女。1882 年贝尔加入美国籍，1942 年去世，享年 95 岁。

4.4 思考题与习题

4-1　在 ΔM 调制中，抽样频率越高，量化噪声越小。那么提高抽样频率对系统有什么不利的影响？

4-2　ΔM 调制与 PCM 调制有何异同点？

4-3　按增量总和调制工作原理，画出调制器框图和解调器框图。

4-4　解释 ΔM 的解调为什么需用积分器，而 Δ-Σ 的解调只用低通滤波器即可。

4-5　设简单增量调制系统的量化台阶 $\sigma=50$mV，抽样频率为 32kHz，求当输入信号为 800Hz 正弦波时，允许的最大振幅为多大？

第5章 数字复接与SDH

问题引入：时分复用是提高通信系统有效性的一个有效途径，而基于时分复用概念的复接技术，是目前广泛采用的通信网传输技术。那么，什么是复接？复接与**PCM**复用有何异同点？

5.1 PCM复用与数字复接

5.1.1 基本概念

在第3章我们知道，为了提高通信的有效性(信道利用率)，可以采用TDM把多路信号在同一个信道中分时传输。可是，深入研究后就会发现一个问题：假设要对120路电话信号进行TDM，根据PCM过程，首先要在125μs内完成对120路话音信号的抽样，然后对120个样点值分别进行量化和编码。这样，对每路信号的处理时间(抽样、量化和编码)不到1μs，实际系统只有0.95μs(这种对120路话音信号直接进行抽样编码复用的方法，称为PCM复用)。如果复用的信号路数再增加，则每路信号的处理时间更短。要在如此短暂的时间内完成很多路信号的PCM复用，尤其是要完成对数压扩PCM编码，对电路及元器件的精度要求就很高，在技术上实现起来比较困难。因此，对于较少路数的电话信号，直接采用PCM复用是可行的，但对于大路数而言，PCM复用在理论上是可行的，而实际上难以实现。那么，如何实现大路数信号的多路复用呢？数字复接就是解决这一问题的“良方”。

所谓**数字复接就是指将两个或多个低速率数字流信号合并成一个较高速率数字流信号的过程、方法或技术**。注：后面“数字流信号”简称“数字流”。

它是提高线路利用率的一种有效方法，也是实现现代数字(数据)通信网的基础。比如对30路电话进行PCM复用(采用8位编码)后，通信系统的信息传输速率为8000×8×32kb/s=2048Kb/s，即形成速率为2048Kb/s的数字流(比特流)。现在要对120路电话进行时分复用，即把4个这样的2048Kb/s的数字流合成为一个高速数字流，就必须采用复接技术才能完成。

5.1.2 数字比特系列与复接等级

在数字通信中将数字流比特率划成不同等级，其计量基本单元为一路PCM信号的比特率8000Hz×8b=64Kb/s(零次群)。复用设备按照给定比特率系列划分为不同的等级，在各个数字复用等级上的复用设备就是将数个低等级比特率的信号源复接成一个高等级比特率的数字信号。在国际上，CCITT 为了便于国际通信的发展，推荐了 2M 系列和 1.5M 系列两类群路比特率系列和数字复接等级，如表 5-1 和图 5-1 所示。

表 5-1 两种数字系列速率

群号	2M 系列		1.5M 系列	
	速率	路数	速率	路数
一次群(基群)	2.048Mb/s	30	1.544Mb/s	24
二次群	8.448Mb/s	30×4=120	6.312Mb/s	24×4=96
三次群	34.368Mb/s	120×4=480	32.064Mb/s	96×5=480
四次群	139.264Mb/s	480×4=1920	97.728Mb/s	480×3=1440
五次群	564.992Mb/s	192×4=7680	397.200Mb/s	1440×4=5760

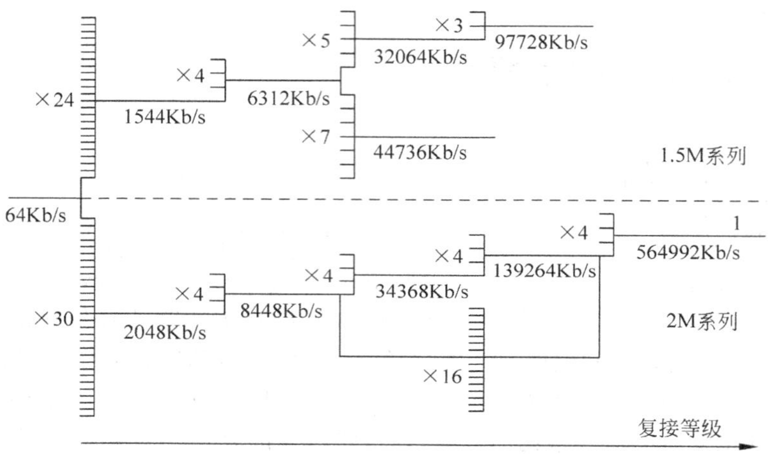

图 5-1 数字复接等级示意图

由于北美和日本采用的基本复接单元为 1.544Mb/s(基群)，所以，其复接等级系列称为 1.5M 系列。欧洲各国和我国都采用 2.048Mb/s(基群)复接基本单元，因此，复接等级称为 2M 系列。

ITU 建议中，大多数情况都是逐级复接，即采用 N-(N+1)方式复接等级，比如二次群复接为三次群(N=2)，三次群复接为四次群(N=3)。也有采用 N-(N+2)方式复接，比如由二次群直接复接为四次群(N=2)。

采用 2Mb/s 基群数字速率系列和复接等级具有如下好处。

(1) 复接性能好，对传输数字信号结构没有任何限制，即比特独立性较好。

(2) 信令通道容量大。

(3) 同步电路搜捕性能较好(同步码集中插入)。

(4) 复接方式灵活，可采用 N-(N+1)和 N-(N+2)两种方式复接。

(5) 为了便于向数字交换统一化方向发展，2Mb/s 系列的帧结构与数字交换用的帧结构是一致的。

5.1.3 PCM 基群帧结构

国际上通用的 PCM 有 A 律和 μ 律两种标准，它们的编码规则与帧结构均不相同。因为我国采用 A 律 PCM，所以下面简要介绍 A 律 PCM 基群帧结构。

对于带宽为 4kHz 的话音信号，抽样频率为 8000Hz，故每帧的长度应为 125μs。在 A 律 PCM 基群中，一帧共有 32 个时间间隔，称为时隙。各个时隙从 0～31 顺序编号，分别记作 $TS_0, TS_1, TS_2, \cdots, TS_{31}$，其中 TS_1 至 TS_{15} 和 TS_{17} 至 TS_{31} 这 30 个路时隙用来传送 30 路电话信号的 8 位编码码组，TS_0 分配给帧同步，TS_{16} 专用于传送话路信令。每个路时隙包含 8 位码，占时 3.91μs，每位码占 0.488μs，一帧共含 256 个码元，帧结构如图 5-2 所示。

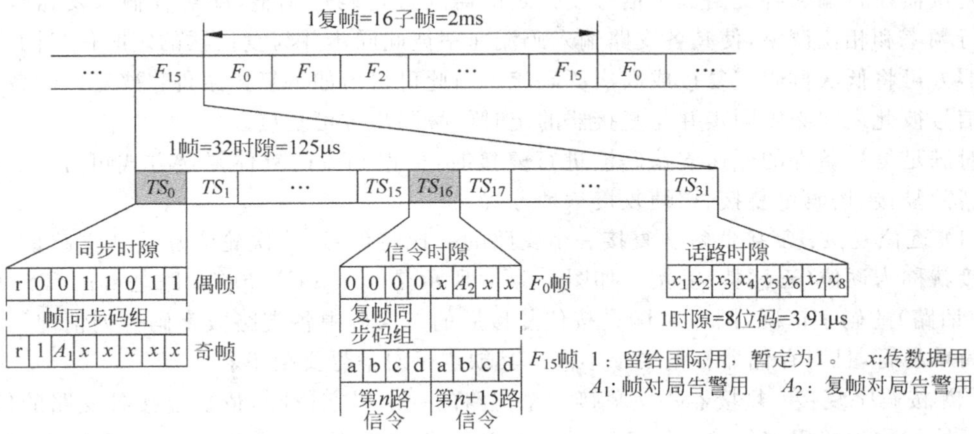

图 5-2 PCM30/32 路基群复用帧结构

帧同步码组为 10011011，它是每隔一帧插入 TS_0 的固定码组，接收端识别出帧同步码组后，即可建立正确的路序。其中第一位码“1”保留作国际电话间通信用。在不传帧同步的奇数帧 TS_0 的第二位固定为 1，以避免接收端错误识别为帧同步码组。

在传送话路信令时，可以将 TS_{16} 所包含的总比特率 64Kb/s 集中起来使用，称为共路信令传送，也可以按规定的时间顺序分配给各个话路，直接传送各活路所需的信令，称为随路信令传送。

采用共路信令传送方式时，必须将 16 个帧构成一个更大的帧，称为复帧。复帧的重复频率为 500Hz，周期 2.0ms，复帧中各帧顺次编号为 $F_0, F_1, \cdots, F_{15}$。其中 F_0 的 TS_{16} 前 4 位码用来传送复帧同步码组 0000，$F_1 \sim F_{15}$ 的 TS_{16} 用来传送各话路的信令。每个信令用 4 位码组来表示，因此，每个 TS_{16} 时隙可以传送两路信令。这种帧结构中每帧共有 32 个路时隙，但真正能用于传送电话或数据的时隙只有 30 路，因此有时称为 30/32 路基群。

5.1.4 数字复接的原理与分类

数字复接系统主要由数字复接器和分接器组成。复接器是把两个或两个以上的支路（低次群）按时分复用方式合并成一个单一的高次群，其设备由定时、码速调整和复接单元等组成；分接器的功能是把已合路的高次群数字信号分解成原来的低次群数字信号，它是由同步、定时和码速恢复等单元组成。系统框图见图 5-3。

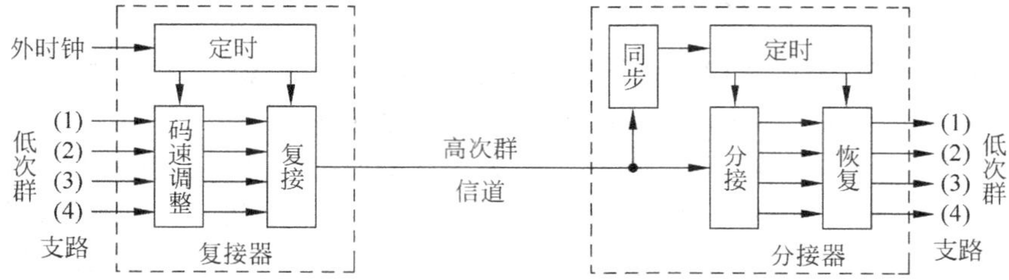

图 5-3　数字复接系统框图

复接器在将输入各支路数字信号复接之前需要进行码速调整，即对各输入支路数字信号进行频率和相位调整，使其各支路输入码流速率彼此同步并与复接器的定时信号同步后，复接器方可将低次群码流复接成高次群码流。由此可得出如下复接条件：被复接的各支路数字信号彼此之间必须同步并与复接器的定时信号同步方可复接。

对满足复接条件的低速支路码流进行复接时，根据码流的具体复接方式可分为：逐位（逐比特）复接、按码字复接、按帧复接三种方式。

（1）逐位复接：复接器每次复接一个支路的一比特信号，依次轮流复接各支路信号，这种复接就称为逐位（逐比特）复接。如图 5-4(a)所示是 4 个 PCM30/32 路基群的 TS_1 时隙（CH_1 话路）的码字情况，图 5-4(b)是按位复接后的二次群中各支路数字码排列情况。按位复接简单易行，且对存储器容量要求不高。其缺点是对信号交换不利。

（2）按码字复接：复接器每次复接一个支路的一个码字（8b），依次复接各支路的信号，这种复接就称为按码字复接。图 5-4(c)是按码字复接情况，对基群来说，一个码字有 8 位码，它是将 8 位码先存起来，在规定的时间一次复接，4 个支路轮流复接。这种方法有利于数字电话交换，但要求有较大的存储容量。

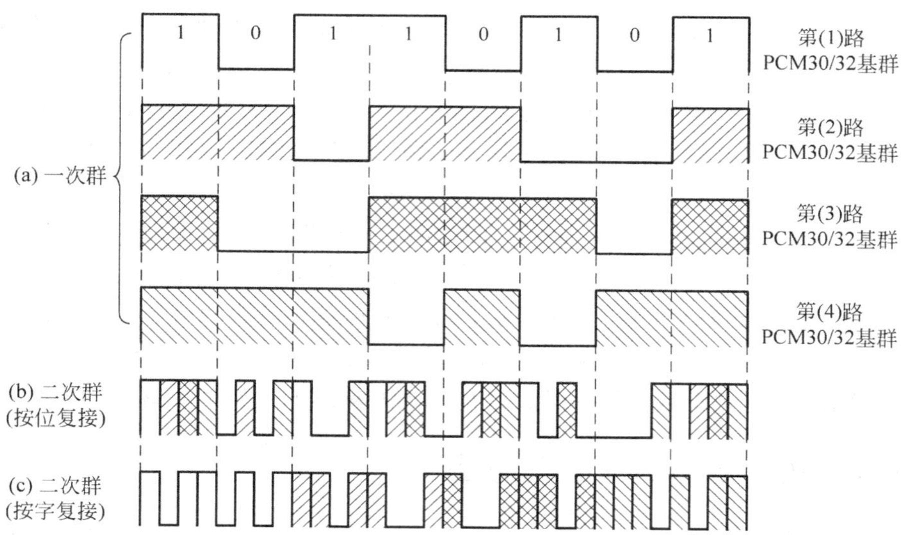

图 5-4　两种复接方式示意图

(3) 按帧复接：就是复接器每次复接一个支路的一帧信号，依次复接各支路的信号，这种复接称为按帧复接。这种方法的优点是复接时不破坏原来的帧结构，有利于交换，但需要更大的存储容量，目前极少应用。

通过上述介绍，我们可以看到“复用”与“复接”的区别：PCM 复用是对多路(电话)模拟信号在一个定长的时间内(帧)，完成的 PCM 和 TDM 全过程。而复接是对多路数字信号(数字流或码流)在一个定长的时间内进行的码元压缩与编排，它只负责把多路数字信号编排(复用)在给定的时间内，而无须再进行抽样、量化和编码的 PCM 过程，从而减少了对每路信号的处理时间，降低了对器件和电路的要求，实现了大路数(高次群)信号的“时分复用”。复接的原理就是压缩各低速数字流的码元宽度，并把它们重新编排在一起，从而形成一个高速数字流。从表面上看，复接是一种合成，但其本质仍然是一种时分复用的概念。为了与 PCM 复用相区别，所以称之为“复接”。另外要注意，PCM 复用是针对模拟信号的，而数字复接是以数字信号为对象的。从功能上看，数字复接完成的是把多路低速数字信号变为一路高速数字信号，其目的与模拟通信中的频分复用一样，都是要提高通信系统的通信容量和传输信道的利用率。

5.2 同步数字序列 SDH 简介*

5.2.1 SDH 基本概念

在数字通信系统中，通常传送的信号都是数字化的脉冲序列。这些数字信号流在数字交换设备之间传输时，其速率必须完全保持一致才能保证信息传送的准确无误，这就叫做“同步”。

在数字传输系统中，有两种数字传输系列，一种叫准同步数字系列(PDH，Plesiochronous Digital Hierarchy)；另一种叫同步数字系列(SDH，Synchronous Digital Hierarchy)。

数字通信技术的应用是从市话中继传输开始的，为了适应点对点通信的应用而选择了准同步复用方式。鉴于当时可利用的传输媒介主要是电缆，其频带宽度有限，因此，尽量减小帧中的开销以节约频带资源便成为选择各级速率的一个基本出发点，并由此形成了2—8—34—140Mb/s 的准同步数字系列(PDH)，美、日等国则采用基于 1.5Mb/s 的 PDH。

在 PDH 系统，数字通信网的每个节点上都分别设置高精度的时钟，这些时钟的信号都具有统一的标准速率。尽管每个时钟的精度都很高，但总还是有一些微小的误差。为了保证通信的质量，要求这些时钟的误差不能超过规定的范围。由于这种同步方式严格来说不是真正的同步，所以叫做“准同步”。

程控数字交换的引入使数字通信的应用从点对点传输发展为综合数字网。以光纤为代表的大容量传输技术的进步，要求 PDH 向更高速率发展。而随着电信网的发展和用户要求的提高，传统准同步(PDH)系统暴露出了一些固有的缺点，表现如下。

(1) PDH 是逐级复用的，当要在传输节点从高速数字流中分出支路信号时，需配备背对背的各级复分接器，分支/插入电路不灵活。

(2) PDH 各级信号的帧中预留的开销比特很少，不利于传送操作管理和维护(OAM)信息，不适应电信管理网(TMN)的需要。

(3) PDH 中 1.5Mb/s 与 2Mb/s 两大系列难以兼容互通。

(4) 更高次群如继续采用 PDH 将难以实现。

(5) PDH 在各支路信号同源时仍需塞入脉冲来调整速率，不利于向 B-ISDN 发展。

(6) 欧洲、北美和日本等国规定的话音信号编码速率不同，给国际间的互通造成不便。

20 世纪 80 年代以来，光纤通信获得广泛应用，并以其优良的宽带特性、传输性能和低廉的价格而逐渐成为电信网的主要传输手段。由于光纤通信技术的进展极为迅速，其传输容量越来越大，因此，节省带宽不再是选择速率的主要依据，重要的是网络运用的灵活性、可靠性、维护管理的方便性以及对未来发展的适应性。另外，点到点的直接传输越来越少，大部分数字传输都要经过转接，因而 PDH 不能适合现代电信业务开发的需要，以及现代化电信网管理的需要。基于上述原因，美国 Bellcore 公司在 1985 年提出了同步光纤网(SONET)的设想，在此基础上 CCITT 于 1988 年提出 SDH 的建议，并于 1990 年和 1992 年两次修订完善，形成一套 SDH 的标准。

SDH 是一种新的数字传输体制，可用一个我们熟悉的术语——“信息高速公路”来描述。形象地说，公路是 SDH 中的传输系统(光纤、微波及卫星)，立交桥是大型 ATM 交换机，而在“SDH 高速公路”上跑的“车”，就是各种电信业务(语音、图像、数据等)信号。

SDH 技术同传统的 PDH 技术相比，有下面几个优点。

(1) 统一的比特率：世界上存在着两种 PDH 体系的速率等级。而 SDH 中实现了统一的比特率。此外还规定了统一的光接口标准，因此，为不同厂家设备间互联提供了可能。

(2) 极强的网管能力：SDH 帧结构中包含丰富的网管字节，可提供满足各种要求。

(3) 自愈保护环：在 SDH 设备还可组成带有自愈保护能力的环网形式，这样可有效地防止传输介质被切断，通信业务全部终止的情况。

(4) SDH 采用字节复接技术：若把 SDH 技术与 PDH 技术的主要区别用铁路运输类比的话，PDH 技术如同散装列车，各种货物(业务)堆在车厢内，若想把某一包特定货物(某一项传输业务)在某一站取下，即需把车上的所有货物先全部卸下，找到你所需要的货物，然后再把剩下的货物及该站新装货物一一堆到车上运走。因此，PDH 技术在凡是需要信号上、下电路的地方都需要配备大量各次群的复接设备。而 SDH 技术就好比集装箱列车，各种货物(业务)贴上标签(各种开销：Overhead)后装入集装箱。然后小箱子装入大箱子，一级套一级，这样通过各级标签，就可以在高速行驶的列车上准确地将某一包货物取下，而无须将整个列车“翻箱倒柜”(通过标签可准确地知道某一包货物在第几车厢及第几级箱子内)，因此，只有在 SDH 中，才可以实现简单地上下电路。

SDH 的基础设备是同步传送模块(STM，Synchronous Transport Module)。它的第一级称为 STM—1，它实际上是一个带有线路终端功能的准同步数字复用器，它将 63 个 2Mb/s 信号或 3 个 34Mb/s 信号或 1 个 140Mb/s 信号复用或适配为 155520Kb/s(简称 155Mb/s)，在 155Mb/s 信号中预留了相当多的开销比特。从 155Mb/s 往上则完全采用同步字节复用，从而形成速率为 622080Mb/s 的 STM—4 和速率为 2488320Kb/s 的 STM—16，更高速率的 STM—N 尚待标准化。

SDH 设备根据其种类可划分为终端复用器 TM、再生中继器 REG、分插复用器 ADM 和数字交叉连接设备 DXC，以它们为基础即可构成 SDH 传送网。其中 ADM 是体现 SDH 特色的重要设备，利用 ADM 可组成链路，适于在沿线节点有上、下电路要求的环境下使用，也可用在接入网中；链路两端的TM如改成ADM且首尾相接连成环状，则可组成具有自动保护倒换的SDH自愈环，这种方式适于在本地网中运用或用于二级干线网。

随着SDH技术的飞速发展，现在的ADM设备大都具有支路—群路、群路—群路、支路—支路交连能力，上下电路相当灵活，从功能上看，相当于一个小型DXC。

5.2.2 SDH的帧结构

1. SDH的帧结构

SDH最基本、最重要的数据块为同步传输模块STM—1。更高级别的STM—N信号则是将STM—1按同步复用，经字节间插后形成的。STM—1矩形块状帧结构如图5-5所示，它由两部分组成：比特开销和信息净负荷。

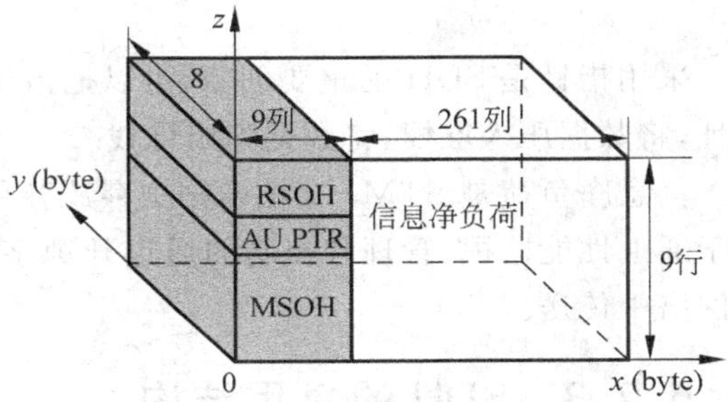

图5-5　STM—1帧结构

STM—1帧结构由9行、270列组成。每列宽1B，即8b，开始9列为开销所用，其余261列则为有效负荷即数据存放地。整个帧容量为(261＋9)×9B＝2430B，相当于2430×8b＝19440b。帧传输速率为8000帧/秒，即125μs为一帧，因而STM—1传输速率为19440×8000＝155.520Mb/s，其他较高级别的码速都是STM—1码速的正整数倍；如表5-2所示，目前只定义了1、4、16级，STM—64尚待研究中。

表5-2　STM系列表

速率等级	速率(Mb/s)
STM—1	155.520
STM—4	622.080
STM—16	2488.320
STM—64	9953.280

STM—1帧结构字节的传送是从左到右，从上到下按行进行，首先传送帧结构左上角第一个8b字节，依次传递，直到9×270个字节都送完，再转入下一帧。

2. 比特开销

比特开销约占信号的5%，由段开销(SOH，Section Overhead)和指针组成，如图5-6所示。所谓段开销是指为保证信息正常传送所必须附加的字节。段开销又分为再生段开销(RSOH)和复用段开销(MSOH)。对STM—1而言，每帧有8×9B＝72B(576b)用于段开销，可见段开销是相当丰富的，这是SDH的重要特点之一。

AU PRT叫管理单元指针，是一种指示符，它指示出信息净负荷中分支数据的准确位置(即指信息净负荷的第1个字节在STM－N帧内的准确位置)，以便正确地分解提取信

9个字节（9行）

A1	A1	A1	A2	A2	A2	J0			RSOH
B1			E1			F1			
D1			D2			D3			
									AU PRT
B2	B2	B2	K1			K2			MSOH
D4			D5			D6			
D7			D8			D9			
D10			D11			D12			
S1					M1	E2			

图 5-6 SDH 的比特开销

息。采用指针是 SDH 的重要创新，可以把指计提取数据形象地理解为文件传递：利用指针寻址，将数据压入堆栈，将数据弹出堆栈。

信息净负荷是 STM—1 帧结构中存放各种信息的地方，占有 2344 个字节，其中有少量用于通道性能监视、管理和控制的通道开销字节(POH)作为净负荷的一部分，并与其一起在网络中传送。

5.2.3 SDH 的复用结构

各种业务信号复用进 STM—N 帧的过程都要经过映射、定位、复用三个步骤。

映射：使支路信号适配进虚容器的过程。

定位：将帧偏移信息收进支路单元或管理单元的过程。

复用：使多个低阶通道层的信号适配进高阶通道或者把多个高阶通道层信号适配进复用层的过程。

1. 复用单元

(1) 标准容器 C：用来装载各种速率的业务信号的信息结构，主要完成适配的功能。目前有 5 种：C－11、C－12、C－2、C－3、C－4 分别装载 1.544Mb/s、2.048Mb/s、6.312Mb/s、34.368Mb/s(44.736Mb/s)、139.264Mb/s。这些是虚容器的净负荷。

(2) 虚容器 VC：用来支持 SDH 的通道层连接的信息结构，由容器输出的信息净负荷加通路开销组成。VC 再 SDH 网中传输时总是保持完整不变，因而可以作为一个的实体十分方便和灵活地在通道上任一点插入和取出。进行同步复用和交叉连接处理。

(3) 支路单元 TU：提供低阶的通道层和高阶通道层之间的适配信息结构，由支路单元指针和相应的容器输出净负荷组成。

(4) 支路单元 TUG 组：把一些不同规模的支路单元合成一个支路单元组的净负荷可增加传输网络的灵活性。

(5) 管理单元 AU：提供高阶通道层和复用段层之间的适配信息结构，由管理单元指针和相应的容器输出净负荷组成。

(6) 管理单元组 AUG：在 STM—N 的净负荷中固定地占有规定的位置的一个或多个管理单元的集合。在 N 个管理单元组的基础上附加段开销便可形成 STM—N 帧结构。

2. SDH 复用结构

图 5-7 是 SDH 的复用结构。

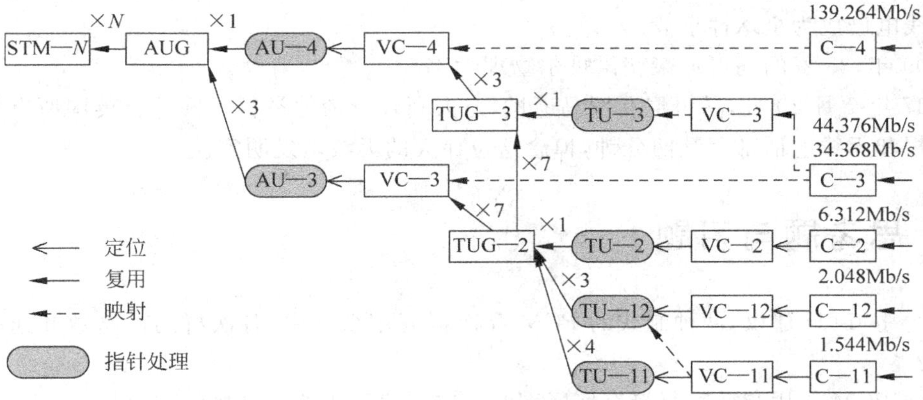

图 5-7 SDH 复用结构

5.3 小资料——马可尼

马可尼(1874—1937),无线电发明者。1874 出生于意大利一个富裕家庭,从小喜欢读书,爱做实验。他自己装备了一个小实验室,先做化学实验,后来做电学实验。

1886 年的一天,意大利罗波亚大学的一位教授正在指导学生做实验。他走到马可尼面前亲切地说:“你知道吗? 赫兹证明,电磁波可以在空间传播,而且具有光一样的反射性!”马可尼专心地听着。

下课后,马可尼交给老教授一张图画,上边画着长了翅膀的字母正飞越大海。他恭敬地对教授说:“让电磁波带着信号飞过大海,地球上的距离不就缩小了吗?”教授满意地点着头:“把幻想变成现实,是要付出艰苦劳动的啊!”

马可尼开始认真地钻研麦克斯韦和赫兹的学说。他推想:假如加强电磁波的发射能力,也许能增大其传播距离。他首先在菜园子里完成了几百米的无线电通信。然后连续干了 10 年,提出了用接地天线来加强电磁波发射能力的方法,并在 1895 年完成了 2000m 的无线电通信。

实验规模逐渐扩大,为了寻找经费来源,22 岁的马可尼来到英国,在英国政府的支持下,继续进行研究。经过反复实验,马可尼认为用调谐的方法可以加强信号的发射与接收,同时,提高发射天线和接收天线的高度,就能扩大通信范围。

1897 年,他和助手在英国海岸进行了跨海通信实验。他们把发射机装在海岸上的一间小屋子里,屋外竖起一根很高的杆子,上面架设了用金属圆筒制成的天线。开始时把接收机放在距海岸 4.8km 的一个小岛上,通信效果良好。然后又把距离扩大到 14.5km,同样获得成功,以后几年,马可尼一边改进通信装置,一边增大通信距离。

1901 年 12 月,他带着一名助手从英国出发来到加拿大的圣约翰斯。12 日,他们首先安装起信号接收装置，然后用氢气球把天线高高吊起。谁知正在准备接收信号时，突然氢气球爆炸了，马可尼急中生智用大风筝把天线升到了121m的高空。突然，耳机里传来了“嘀答”声，无线电报成功啦！马可尼实现了从英国到加拿大长达两千多英里的跨洋通信，这一天标志着无线电已成为全球性事业。

1909年，35岁的马可尼荣获诺贝尔物理学奖。

1937年7月20日，马可尼在罗马逝世，意大利政府为他举行了国葬。英国所有邮局的无线电报和无线电话都沉默两分钟，悼念这位伟大的无线电发明家。

5.4 思考题与习题

5-1 按ITU建议，两种制式的PCM高次群复用系列中，各次群的话路数和速率分别是多少？

5-2 PCM复用与数字复接有何区别？目前普遍采用数字复接的理由是什么？

5-3 数字复接的主要目的是什么？

5-4 复接方式有哪几种？

5-5 图5-3中，如果码速调整模块和复接模块不同步，复接会出现什么问题？

5-6 复接的本质是什么？

5-7 同步数字系列(SDH)相对于准同步数字系列(PDH)有哪些优点？

5-8 简述SDH的复用原理。

第6章 数字信号的基带传输

问题引入：模拟信号可以进行基带传输，比如有线广播，那么，数字信号是否也能以基带形式传输？若能，传输时需要注意什么问题？

6.1 基带信号的概念

在第1章中我们知道，数字通信系统和数据通信系统都是以数字信号为载体传输信息。而这里的数字信号可以是模拟信号经过A/D转换后形成的编码信号，也可能是来自数据终端设备（比如计算机）的原始数据信号。

通常，数据码可以表示为一个数字序列：$\sum_{n=0}^{L} a_n$ 简记为 $\{a_n\}$。a_n 是数字序列的基本符号，称为码元。每个码元只能取离散的有限个值。在二进制中，a_n 只取0或1两个值；在 M 进制中，a_n 可取0，1，2，…，$M-1$ 等 M 个值。而当该数字序列被赋予消息后，就可称为 M 进制数据码或 M 进制消息码。

将 M 进制数据码直接用某种电脉冲序列表示，就形成了数字基带信号。例如用幅度为 A 的矩形脉冲（高电平）表示1，用幅度为0的矩形脉冲（低电平）表示0，就形成了具有高、低两种电平状态的二进制数字基带信号。因此，我们可以定义：**数字基带信号是指可以表示多进制数据码且不进行调制处理的电脉冲序列。**

从形式上看，基带信号有模拟和数字之分。常见的数字基带信号是计算机与键盘、打印机和显示器等外设通信的信号；而不做调制处理的模拟信号就是模拟基带信号，比如话筒输出的语音信号和模拟摄像机输出的图像信号，基带信号示意图见图6-1。基带信号的主要特点是，其频谱分布在低频段（通常包含直流）且未做调制处理。

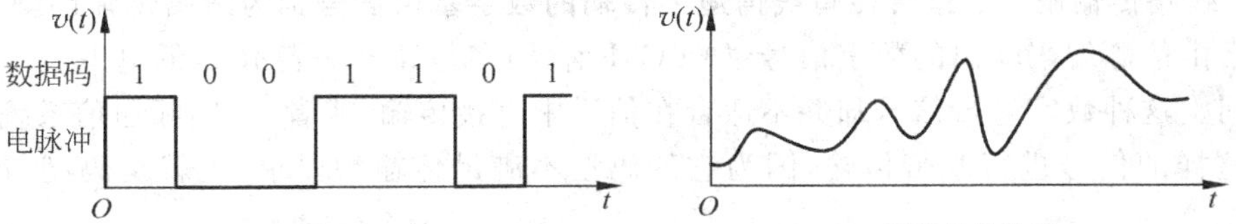

(a) 数字基带信号　　(b) 模拟基带信号

图6-1　基带信号示意图

在一些有线信道中，特别是在传输距离不太远的情况下，基带信号可以直接传输。传输数字基带信号的系统叫做数字基带通信系统，很多数据通信系统都是数字基带系统，比如局域网等。而利用模拟基带信号进行通信的系统叫做模拟基带通信系统，比如有线广播。图 6-2 给出了两种基带通信系统示意图。

本章主要介绍数字基带信号的传输问题。

(a) 模拟基带通信系统　　(b) 数字基带通信系统

图 6-2　基带信号传输实例

6.2 数字基带信号的码型

6.2.1 码型及码型变换

首先介绍几个新概念。

(1) 码型：**数字消息的电脉冲表现形式称为码型。**

码型通常有两层含义：一是指数字信号中单个码元的电脉冲波形，比如矩形脉冲、三角波、高斯脉冲和升余弦脉冲等(为方便起见，在理论研究中常用矩形脉冲)，如图 6-3 所示；二是指码元(脉冲)序列，即数字信号的波形，也就是本章要讨论的主要内容。

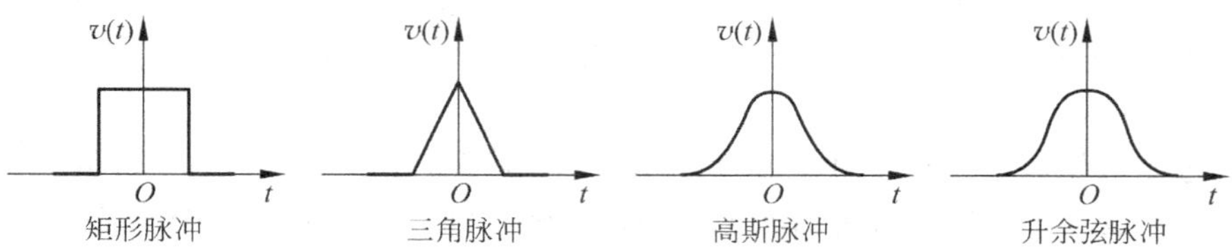

图 6-3　几种常用数字基带信号码型

(2) 码型编码/译码：**数字消息的电脉冲表示过程或方式称为码型编码或码型变换，由码型还原为原来数字消息的过程或方式称为码型译码**。比如，数据 1 用高电平脉冲表示，0 用低电平脉冲表示，就是码型编码；遇到高电平脉冲输出 1，遇到低电平脉冲输出 0 就是码型译码。

(3) 线路传输码型：**适合在有线信道中传输的数字基带信号称为线路传输码型。**

通常由信源编码输出的数字信号(如 PCM 信号)多是高电平表示 1，低电平表示 0 的电脉冲序列。这种数字基带信号却并不适合在信道中直接传输，或者说，实际通信系统一般并不采用这样的信号进行基带传输，因为它的码型不满足传输的要求，也就是码型与信道不匹配。

我们先看看传输这种数字基带信号会遇到什么问题。

(1) 由于这种数字基带信号包含直流分量或低频分量，那么对于一些具有电容耦合电路的设备或者传输频带低端受限的信道，信号将可能传不过去。

(2) 对于连 0 或连 1 数据，数字信号会出现长时间不变的低电平或高电平，以致收信端在确定各个码元的位置时遇到困难。换句话说，收信端无法从接收到的数字信号中获取定时(定位)信息。

(3) 对收信端而言，从接收到的这种基带信号中无法判断是否包含错码。

以上 3 个问题足以说明经过自然编码的数字信号不适合直接在信道中传输。因此，人们需要寻求能够解决上述问题及其他问题的基带信号码型。

由于不同的码型具有不同的特性，所以在设计或选择适合给定信道传输特性的码型时，通常要考虑以下的因素，或者说要遵循以下原则。

(1) 对于传输频带低端受限的信道，线路传输码型的频谱中应不含直流分量。

(2) 码型的抗噪声能力要强。

(3) 码型中要包含位定时信息。

(4) 码型频谱中的高频分量要少，以节省传输频带并减小串扰。

(5) 对于采用分组形式传输的基带通信(比如 5B6B、4B3T 码等)，码型除了要包含位定时信息，还要有分组同步信息，以便正确划分码组。

(6) 编译码的设备应尽量简单，易于实现。

数字基带信号的码型种类很多，并不是所有的码型都能满足上述要求，在实际应用中，往往是根据需要全盘考虑，合理选择。如何将不适合信道传输的数字信号变成适合信道传输的数字信号就是码型变换的主要任务。显然，**码型变换的主要目的是提高通信的可靠性**。下面介绍一些目前广泛应用的重要码型。

6.2.2 二元码

只有两个取值的信码序列就是二元码。最简单的二元码基带信号波形为矩形波，幅度取值只有两种电平，分别对应于信码的 1 和 0。常用的几种二元码波形如图 6-3 所示。

1. 单极性不归零码

如图 6-4(a)所示，用高电平和低电平(常为零电平)两种取值分别表示二进制信码 1 和 0，在整个码元期间电平保持不变，此种码通常记作 NRZ(不归零)码。这是一种最简单最常用的码型。很多终端设备输出的都是这种码，因为一般终端设备都有一端是固定的 0 电位，因此输出单极性码最为方便。

2. 双极性不归零码

将单极性码的零电平脉冲变为负脉冲，即可形成双极性不归零码，如图 6-4(b)所示。双极性码在 1、0 等概率出现时无直流成分，具有较强的抗干扰能力，适合在电缆等无接地的信道中传输。

3. 单极性归零码

将单极性不归零码的高电平脉冲变为在整个码元期间 T 内高电平只持续一段时间 τ，在其余时间则返回到零电平的脉冲，即得到单极性归零码，记作 RZ(归零)码。τ/T 称为占空比，通常使用半占空码。单极性归零码可以直接提取到定时信号，是其他码型提取位定时信号时需要采用的一种过渡码型，见图 6-4(c)。

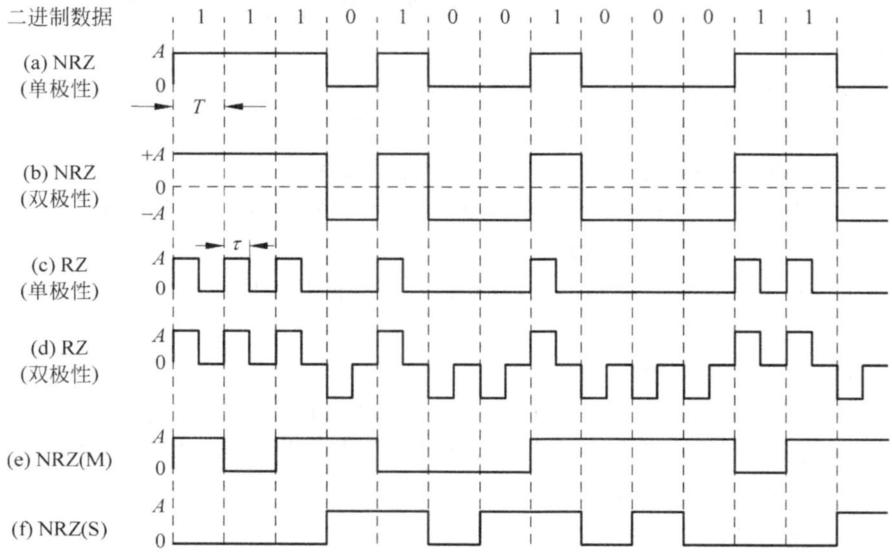

图 6-4 几种常用的二元码波形

4. 双极性归零码

用正、负极性的归零码分别表示 1 和 0，就得到双极性归零码，如图 6-4(d)所示。这种码兼有双极性和归零的特点。虽然它的幅度取值存在三种电平，但是它用脉冲的正负极性表示两种信息，因此仍归入二元码。

以上 4 种码型是最简单的二元码，它们有丰富的低频乃至直流分量，不能用于有交流耦合的传输信道。另外，当信息中出现长 1 串或长 0 串时，不归零码呈现连续的固定电平，没有电平跃变，也就没有定时信息。单极性归零码在出现连续 0 时也存在同样的问题。这些码型还存在的另一个问题是，信息 1 与 0 分别对应两个传输电平，相邻信号之间取值独立，相互之间没有制约，所以不具有检测错误的能力。基于上述原因，这些码型通常只用于设备内部和近距离的传输。

5. 差分码

在差分码中，1 和 0 分别用电平的跳变或不变来表示。在电报通信中，常把 1 称为传号，把 0 称为空号。用电平跳变表示 1，称为传号差分码，若用电平跳变表示 0，则称为空号差分码。传号差分码和空号差分码分别记作 NRZ(M)和 NRZ(S)，见图 6-4(e)和(f)。

这种码型的信息 1 和 0 不直接对应具体的电平幅度，而是用电平的相对变化来表示，其优点是信息存在于电平的变化之中，可有效地解决 PSK 同步解调时因收信端本地载波相位倒置而引起信息"1"和"0"的倒换问题(详见 7.3.4 节)，故得到广泛应用。由于差分码中电平只具有相对意义，所以又称为相对码。

6. 数字双相码

数字双相码(digital diphase)又称曼彻斯特码(Manchester)。它用一个周期的方波码型表示 1,用方波的反相波形表示 0,并且都是双极性非归零脉冲。这样就等效于用 2 位二进制码表示信息中的 1 位码。例如规定:用 10 表示 1,用 01 表示 0,见图 6-5(a)。

因为双相码在每个码元间隔的中心都存在电平跳变,所以便于提取位定时信息。在这种码中,正、负电平各占一半,因而不存在直流分量。但以上这些优点是用频带加倍来换取的。双相码适用于数据终端设备在短距离上的传输。在本地数据网中采用该码型作为传输码型,最高信息速率可达 10Mb/s。这种码常被用于以太网中。

若把数字双相码中用绝对电平表示的波形改成用电平的相对变化来表示的话,比如相邻周期的方波如果同相则表示"0",反相则代表"1",就形成了差分码,通常称为条件双相码,记作 CDP 码,一般也叫差分曼彻斯特码,如图 6-5(b)。这种码常被用于令牌环网中。

7. 传号反转码

传号反转码记作 CMI 码,与数字双相码类似,它也是一种双极性二电平不归零码。在 CMI 码中,1 交替地用 00 和 11 两位码表示,而 0 则固定地用 01 表示,见图 6-5(c)。

CMI 码没有直流分量,有频繁的波形跳变,这个特点便于恢复定时信号,并且 10 为禁用码组,不会出现 3 个以上的连码,这个规律可用来进行宏观检测。

由于 CMI 码易于实现且具有上述特点,因此在高次群脉冲编码终端设备中被广泛用作接口码型,在光纤传输系统中也有时用作线路传输码型。

在双相码和 CMI 码中,原始信码的每一位在编码后都用一组 2 位的二元码表示,因此这类码又称为 1B2B 码型。

研究图 6-5 可知,数字双相码可以由定时脉冲和单极性绝对码异或(模二加)而成。

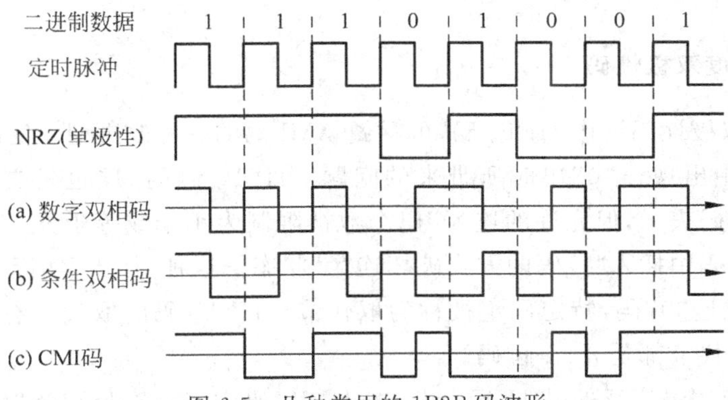

图 6-5 几种常用的 1B2B 码波形

6.2.3 三元码

三元码指的是用信号幅度的三种取值表示二进制数据的脉冲序列。虽然幅度的取值为:+A,0,−A(记作+1,0,−1),但只有两个值携带二进制消息,因此三元码又称为准三元码或伪三元码。三元码种类很多,被广泛地用作脉冲编码调制的线路传输码型。

1. 传号交替反转码

传号交替反转码常记作 AMI 码。在 AMI 码中,二进制码 0 用 0 电平表示,二进制码 1

交替地用+1 和−1 的半占空归零码表示，如图 6-6(a)所示。

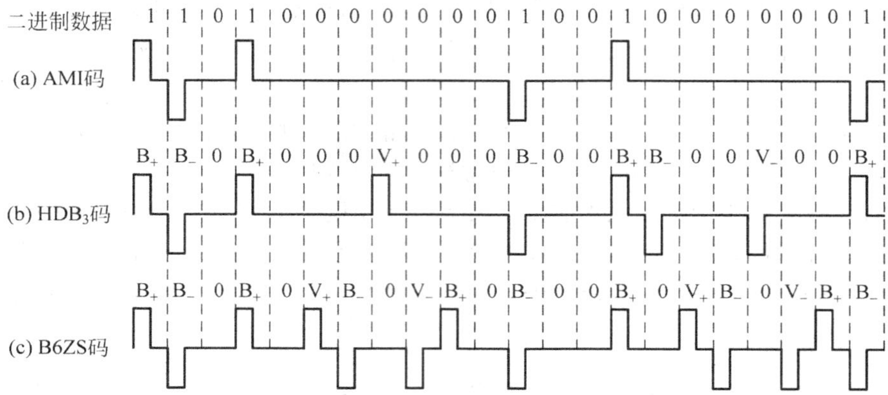

图 6-6 几种三元码波形

AMI 码中正负电平脉冲个数大致相等，故无直流分量，低频分量较小。只要将基带信号经全波整流变为单极性归零码，便可提取位定时信号。利用传号交替反转规则，在接收端可以检错纠错，比如发现有不符合这个规则的脉冲时，就说明传输中出现错误。AMI 码是目前最常用的传输码型之一。

当信码出现连 0 时，AMI 码将长时间不出现电平跳变，这给提取定时信号带来困难。因此，在实际使用 AMI 码时，工程上还有相关的规定以弥补 AMI 码在定时提取方面的不足。

2. *n* 阶高密度双极性码

n 阶高密度双极性码记作 HDB_n 码，可看做 AMI 码的一种改进型。使用这种码型的目的是解决信息码中出现连“0”串时所带来的问题。HDB_n 码的“1”也是交替地用“+1”和“−1”半占空归零码表示，但允许的连“0”码个数被限制为小于或等于 n。简单地说，HDB_n 码是采用在连“0”码中插入“1”码的方式破坏连“0”状态。这种“插入”实际上是用一种特定码组取代 $n+1$ 位连“0”码，特定码组被称为取代节。HDB_n 码的取代节有两种：B00…0V 和 00…V，每种取代节都是 $n+1$ 位码。

HDB_n 码中应用最广泛的是 HDB_3 码。在 HDB_3 码中，$n=3$，所以连“0”个数不能大于 3。每当出现 4 个连“0”码时，就用取代节 B00V 或 000V 代替，其中 B 表示符合极性交替变化规律的传号，V 表示破坏极性交替变化规律的传号，也称为破坏点。当两个相邻 V 脉冲之间的传号数为奇数时，采用 000V 取代节；若为偶数时采用 B00V 取代节。这种选取原则能确保任意两个相邻 V 脉冲间的 B 脉冲数目为奇数，从而使相邻 V 脉冲的极性也满足交替规律。原信息码中的传号都用 B 脉冲表示。HDB_3 码的波形如图 6-6(b)所示。

HDB_3 码的取代方法是根据前一个破坏点的脉冲极性和 4 个连“0”码前一个脉冲极性的不同组合，在 4 种取代节码组中选择一个，具体码组见表 6-1。

比如，给定一个二进制信息序列和前一个破坏点的脉冲极性，则根据表 6-1 可编制出相应的 HDB_3 码，见表 6-2。下划线码组就是取代节码组。

表 6-1　取代节码组

前一破坏点脉冲极性	+	−	+	−
4 个连“0”码前一个脉冲的极性	+	−	−	+
取代节码组	−00−	+00+	000−	000+
	B00V		000V	

表 6-2　HDB_3 码编制实例

二进制信息	1 0 1 1 0 0 0 0 0 0 0 0 1 1 0 0 0 0 0 0 1
HDB_3 码(前一个破坏点为 V_-)	B_+ 0 B_- B_+ 0 0 0 V_+ 0 0 0 B_- B_+ B_- 0 0 V_- 0 0 B_+
HDB_3 码(前一个破坏点为 V_+)	B_+ 0 B_- B_+ B_- 0 0 V_- 0 0 0 B_+ B_- B_+ 0 0 V_+ 0 0 B_-

从 HDB_n 码的规则可知，B 脉冲和 V 脉冲都符合极性交替变化的规则，因此这种码型没有直流分量。利用 V 脉冲的特点，HDB_n 码可用作传输差错的宏观检测。最重要的是，HDB_n 码解决了 AMI 码遇连 0 串不能提取定时信号的问题。AMI 码和 HDB_3 码的功率谱如图 6-7 所示，图中还有用虚线画的二元双极性不归零码的功率谱，以示比较。

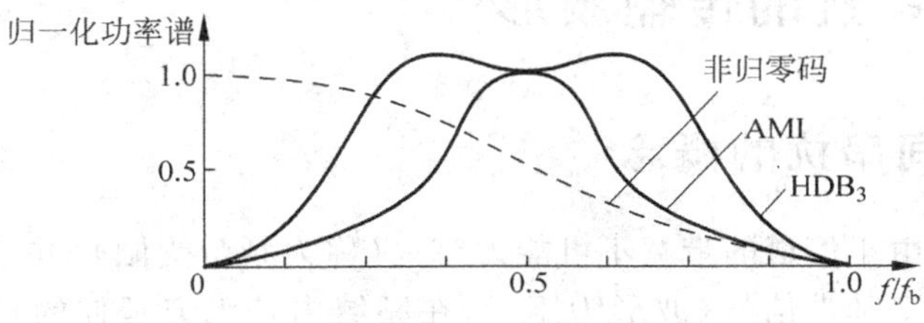

图 6-7　AMI 码和 HDB_3 码的功率谱

HDB_3 码应用广泛，四次群以下的 A 律 PCM 终端设备的接口码型均为 HDB_3 码。

3. BNZS 码

BNZS 码是 N 连 0 取代双极性码的缩写。与 HDB_n 码相类似，该码可看做 AMI 码的另一种改进型。当连 0 数小于 N 时，服从传号极性交替规律，但当连 0 数为 N 或超过 N 时，则用带有破坏点的取代节来替代。常用的是 B6ZS 码，它的取代节为 OVBOVB，该码也有与 HDB_3 码相似的特点。B6ZS 码的波形如图 6-6(c)所示。

【例题 6-1】　设信息码为 100000000011，试写出相应的数字双相码、AMI 码和 HDB_3 码(设前一个破坏点脉冲极性为 V_-；连“0”前一个脉冲极性为 B_+)。

【解】　各码数据如下：

信息码	1	0	0	0	0	0	0	0	0	0	1	1
双相码	10	01	01	01	01	01	01	01	01	01	10	10
AMI 码	+10	0	0	0	0	0	0	0	0	0	−10	+10
HDB_3 码	B_+	0	0	0	V_+	B_-	0	0	V_-	0	B_+	B_-

6.2.4 多元码

可表示数字消息 M ($M>2$)种符号的码型称为 M 元码或多元码，相应的要用 M 种信号状态表示它们。在多元码中，每个符号可用一个二进制码组表示。即对于 n 位二进制码组来说，可以用 $M=2^n$ 元码来传输，比如，3 位二进制码可用 $M=2^3=8$ 元码来传输。与二元码传输相比，多元码的主要特点就是信息速率大于码元速率，因此，在码元速率相同的情况下(传输带宽相同)，多元码的信息速率提高了 $\log_2 M$ 倍。通常 M 的取值为 2 的幂次。

多元码在频带受限的高速数字传输系统中得到广泛应用。例如，在综合业务数字网中(ISDN)，数字用户环的基本传输速率为 144Kb/s，若以电话线为传输媒介，ITU 建议的线路码型为四元码 2B1Q。在 2B1Q 中，2 个二进制码元用 1 个四元码码元表示，如图 1-24 所示。

多元码通常采用格雷码表示，相邻幅度电平所对应的码组之间只相差 1 个比特，这样就可以减小在接收时因错误判定电平而引起的误比特率。

多元码不仅用于基带传输，而且广泛地用于多进制数字调制传输中，以提高频带利用率。比如，我们所熟悉的用于电话线上网的调制解调器就是采用多进制调制技术。

6.3 无码间串扰的传输波形*

6.3.1 码间串扰的概念

在实际通信中，由于信道的带宽不可能无穷大(称为频带受限)，并且还有噪声的影响，所以，前面介绍的数字基带信号(波形为矩形，在频域内是无穷延伸的)通过这样的信道传输，将不可避免地产生畸变。

在"信号与系统"课程中我们知道，一个时间有限的信号，比如门信号 $g_\tau(t)$ 的出现时间是 $-\tau/2\sim+\tau/2$，则它的傅氏变换(频谱)$\mathrm{Sa}(\omega)$ 在频域上就是向正负频率方向无限延伸的；反之，一个频带受限的频域信号，比如门信号 $G_\Omega(\omega)$ 的时域信号(傅氏逆变换)$\mathrm{Sa}(t)$ 就会在时间轴上无限延伸。因此，信号经频带受限的系统传输后，其波形在时域上必定是无限延伸。这样，前面的码元对后面的若干码元就会造成不良影响，这种影响被称为码间串扰(ISI，Inter Symbol Interference)。此时，实际抽样值是本码元的抽样值与其他码元在该码元抽样时刻的串扰值及噪声的叠加，如图 6-8 中，在码元 4 的抽样时刻 $3T_s+t_1$，若 $a_1+a_2+a_3+a_4<0$，则判为 0，是正确判断；反之，会判为 1，就是误判。另外，信号在传输的过程中不可避免地还要叠加信道噪声，因此，当噪声幅度过大时，也将会引起接收端的判断错误。显然，收信端能否正确恢复信息，在于能否有效地抑制噪声和减小码间串扰。

码间串扰和信道噪声是影响基带信号进行可靠传输的主要因素，而它们都与基带传输系统的传输特性有密切的关系。使基带系统的总传输特性能够把码间串扰和噪声的影响减到足够小的程度是基带传输系统的设计目标。

由于码间串扰和信道噪声产生的机理不同，所以必须分别进行讨论。我们只讨论在没有噪声的条件下，码间串扰与基带传输特性的关系。

为了解基带信号的传输，首先介绍基带信号传输系统的典型模型(如图 6-9 所示)。数

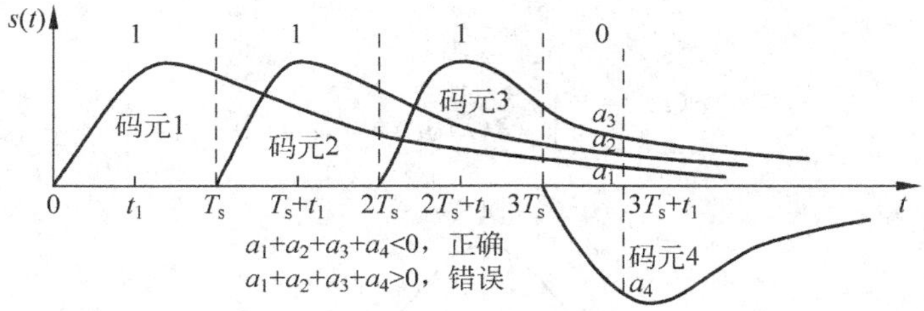

图 6-8　码间串扰示意图

字基带信号的产生过程可分为码型编码和波形形成两个步骤。码型编码的输出信号为 δ 脉冲序列。波形成形网络是将每个 δ 脉冲转换为所需形状的接收波形 $s(t)$。成形网络由发送滤波器、信道和接收滤波器组成。由于成形网络的冲激响应正好与 $s(t)$成正比，所以接收波形 $s(t)$的频谱函数 $S(\omega)$即为成形网络的传递函数。由图 6-9 可知，$S(\omega)$可表示为

$$S(\omega) = T(\omega)C(\omega)R(\omega) \tag{6.3-1}$$

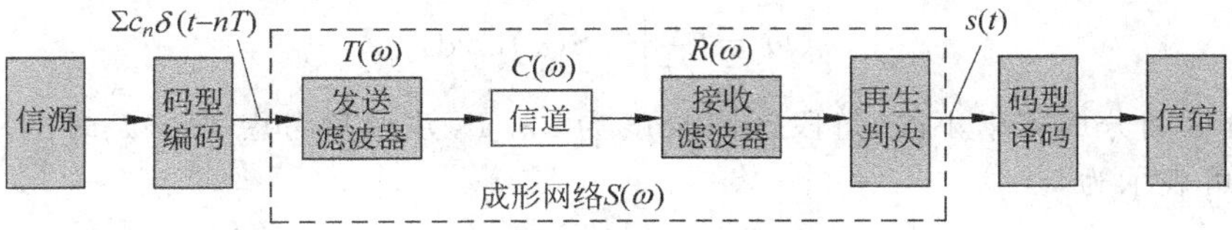

图 6-9　基带信号传输系统模型

$S(\omega)$可视为基带传输系统的总传输特性。在后面的讨论中，我们将更多地使用传递函数和冲激响应来描述无串扰信号的频域和时域特性。

基带信号在频域内的延伸范围主要取决于单个脉冲波形 $g(t)$的频谱函数 $G(f)$，只要讨论单个脉冲波形传输的情况就可了解基带信号的传输过程。

在数字信号的传输中，数据携带在码元波形幅度上。接收端经过再生判决如果能准确地恢复出幅度信息，则原始信码就能无误地得到传送。因此，**即便信号经传输后整个波形发生了变化，但只要再生判决点的抽样值能反映其所携带的幅度信息，那么仍然可以准确无误地恢复原始数据码**。也就是说，只需研究特定时刻的波形幅值怎样可以无失真传输即可，而不必要求整个波形保持不变。

奈奎斯特等人通过研究发现，在三种条件下，基带信号可以无失真传输。通常称之为奈奎斯特第一准则、第二准则和第三准则，或称为第一、第二、第三无失真条件。

6.3.2　第一无失真条件及传输波形

第一无失真条件也叫抽样值无失真条件，其内容为：接收波形满足抽样值无串扰的充要条件是仅在本码元的抽样时刻上有最大值，而对其他码元的抽样时刻信号值无影响，即在抽样点上不存在码间干扰。一种典型波形如图 6-10 所示，接收波形 $s(t)$除了在 $t=0$ 时抽样值为 S_0 外，在 $t=kT(k\neq0)$的其他抽样时刻皆为 0，因而不会影响其他码元的抽样值。接收波形在数学上应满足以下关系

$$s(kT) = S_0\delta(t) \tag{6.3-2}$$

其中

$$\delta(t)=\begin{cases}0, t\neq 0\\ \int_{-\infty}^{\infty}\delta(t)\mathrm{d}t=1, t=0\end{cases} \tag{6.3-3}$$

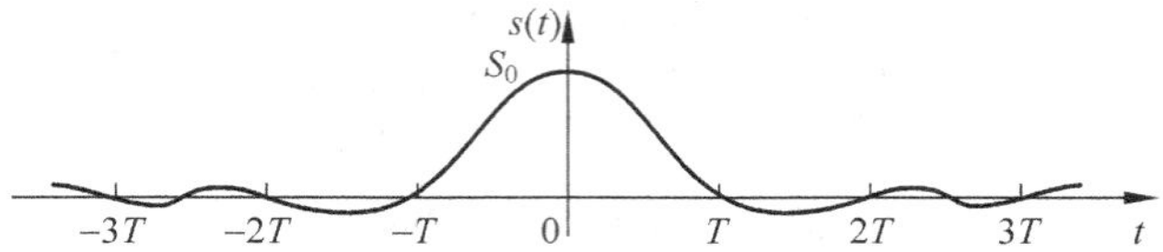

图 6-10 抽样点上不存在码间串扰的波形

当 $s(kT)$满足以上关系时，抽样值是无码间串扰的。由于 $s(kT)$是 $s(t)$的特定值，而 $s(t)$是由基带系统形成的传输波形，显然，基带系统必须满足一定的条件，才能形成抽样值无串扰的波形。下面是推导过程。

由于 $s(t)$与 $S(\omega)$构成傅氏变换对，因而有

$$s(t)=\frac{1}{2\pi}\int_{-\infty}^{\infty}S(\omega)\mathrm{e}^{\mathrm{j}\omega t}\mathrm{d}\omega \tag{6.3-4}$$

如果把积分区间分成若干小段，每段区间长度为 $2\pi/T$，并且只考虑 $t=kT$ 时的 $s(t)$值，则式(6.3-4)可表示为

$$s(kT)=\frac{1}{2\pi}\sum_{-\infty}^{\infty}\int_{(2n-1)\pi/T}^{(2n+1)\pi/T}S(\omega)\mathrm{e}^{\mathrm{j}\omega kT}\mathrm{d}\omega \tag{6.3-5}$$

令 $\tau=\omega-2n\pi/T$，变量代换后又可用 ω 代替 τ，则有

$$s(kT)=\frac{1}{2\pi}\sum_{-\infty}^{\infty}\int_{-\pi/T}^{\pi/T}s\left(\omega+\frac{2n\pi}{T}\right)\mathrm{e}^{\mathrm{j}\omega kT}\mathrm{d}\omega \tag{6.3-6}$$

当上式右边一致收敛时，求和与积分次序可以互换，于是有

$$s(kT)=\frac{1}{2\pi}\int_{-\pi/T}^{\pi/T}\sum_{-\infty}^{\infty}s\left(\omega+\frac{2n\pi}{T}\right)\mathrm{e}^{\mathrm{j}\omega kT}\mathrm{d}\omega \tag{6.3-7}$$

上式表明，$s(kT)$ 是 $\sum\limits_{n=-\infty}^{\infty}s\left(\omega+\frac{2n\pi}{T}\right)$的傅氏展开系数。由式(6.3-2) 和式(6.3-7)，有

$$S_0\delta(t)=\frac{1}{2\pi}\int_{-\pi/T}^{\pi/T}\sum_{n=-\infty}^{\infty}S\left(\omega+\frac{2n\pi}{T}\right)\mathrm{e}^{\mathrm{j}\omega kT}\mathrm{d}\omega \tag{6.3-8}$$

由此得到满足抽样值无失真的充要条件为

$$\sum_{n=-\infty}^{\infty}S\left(\omega+\frac{2n\pi}{T}\right)=S_0T,\quad -\frac{\pi}{T}\leqslant\omega\leqslant\frac{\pi}{T} \tag{6.3-9}$$

该条件称为奈奎斯特第一准则。

式(6.3-9)的物理意义是，把传递函数在 ω 轴上以 $2\pi/T$ 为间隔切开，然后分段沿 ω 轴平移到$\left(-\frac{\pi}{T},\frac{\pi}{T}\right)$区间内，将它们叠加起来，其结果应当为一常数，如图 6-11 所示。这种特性称为等效低通特性。

满足等效低通特性的传递函数有无数多种。经计算可知，只要传递函数过渡带在$\pm\pi/T$处满足奇对称的要求，不管 $S(\omega)$的形式如何，都可以消除码间串扰。

有了无失真传输的条件，就可以通过分析找出满足该条件的传输波形。常见的是理想

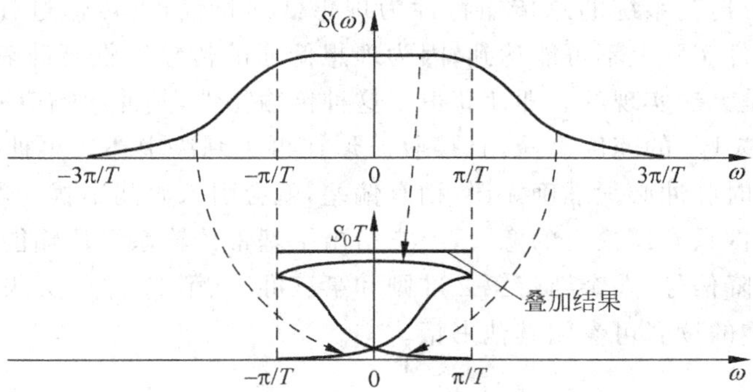

图 6-11　满足抽样值无失真条件的传递函数

低通信号和升余弦滚降信号。

如果系统的传递函数 $S(\omega)$不用分割后再叠加成为常数，其本身就是理想低通滤波器的传递函数，即

$$S(\omega)=\begin{cases}0,\ |\omega|>\dfrac{\pi}{T}\\ S_0T,\ |\omega|\leqslant\dfrac{\pi}{T}\end{cases}\tag{6.3-10}$$

相应地，理想低通滤波器的冲激响应为

$$s(t)=S_0\mathrm{Sa}\left(\frac{\pi t}{T}\right)\tag{6.3-11}$$

根据式(6.3-10)和式(6.3-11)可画出理想低通系统的传递函数和冲激响应曲线，如图 6-12 所示。由理想低通系统产生的信号称为理想低通信号。由图 6-12(b)可知，理想低通信号在 $t=\pm n\pi(n\neq 0)$时有周期性零点。如果发送码元波形的时间间隔为 T，接收端在 $t=nT$时抽样，就能达到无码间串扰。图 6-13 画出了这种情况下无码间串扰的示意图。

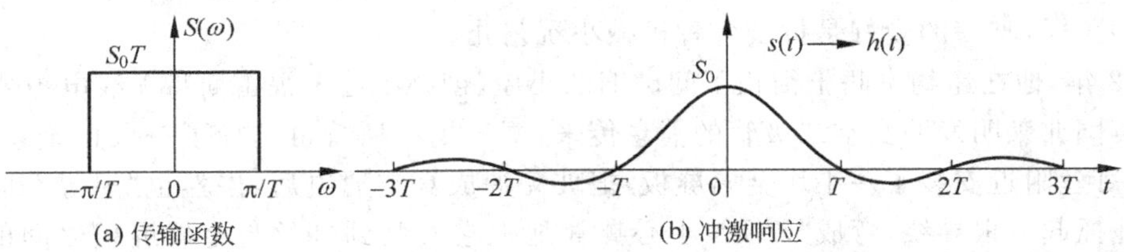

图 6-12　理想低通系统

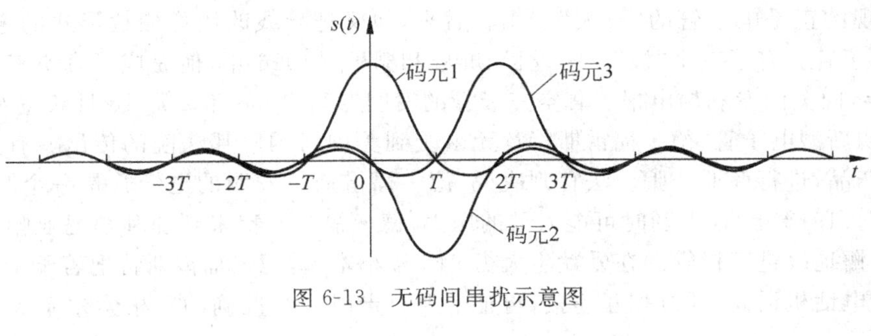

图 6-13　无码间串扰示意图

可见，如果基带传输系统的总传输特性为理想低通特性，则传输过程中不存在码间串扰。但这种传输条件实际上不可能达到，因为理想低通的传输特性意味着有无限陡峭的过渡带，这在工程上是无法实现的。即使获得了这种传输特性，其冲激响应波形的尾部衰减特性也很差，尾部仅按 $1/t$ 的速度衰减，且接收波形在再生判决中还要再抽样一次，这样就要求接收端的抽样定时脉冲必须准确无误，稍有偏差，就会引入码间串扰。所以式(6.3-10)表达的无串扰传递条件只有理论上的意义，但它给出了基带传输系统传输能力的极限值。

有关升余弦滚降信号、奈奎斯特第二准则和第三准则(第二、第三无失真条件)等内容这里不再介绍，有兴趣的读者可参阅其他书籍。

6.4 小资料——真空管的发明

1883 年，美国发明家爱迪生在抽空的灯泡内再封入一根不与灯丝相连接的铜丝，想借此遏止灯丝的蒸发，延长灯泡的寿命。结果出现了一个奇怪的现象：当灯丝通电加热到白炽状态后，如铜丝加上正电压，尽管铜丝与灯丝没直接接触相连，但这时却有电流通过。如铜丝上加负电压，或者不加热灯丝，则不出现电流。这现象后来被人们称为“爱迪生效应”。

被爱迪生本人忽略的“爱迪生效应”惊动了大洋彼岸的一位青年。1885 年，30 岁的英国电气工程师弗莱明(J. Fleming)经过反复试验，终于发现，如果在真空灯泡里装上碳丝和铜板，分别充当阴极和屏极，则灯泡里的电子就能实现单向流动。1904 年，弗莱明研制出一种能够充当交流电整流和无线电检波的特殊灯泡——“热离子阀”，从而催生了世界上第一只电子管，也就是人们所说的真空二极管。

最早的真空二极管

在二极管的基础上，很快催生了真空三极管。三极管的发明者是美国工程师德·福雷斯特(D. Forest)。

德·福雷斯特那年也不到 30 岁，孩提时期并不出众，被老师认为是个平庸的孩子，唯一的爱好是拆装各种机械小玩艺儿。

1902 年，他在纽约泰晤士街租了间破旧的小屋，创办了德·福雷斯特无线电报公司。

当英国弗莱明发明真空二极管的消息传来，德·福雷斯特也选择了一段白金丝制成灯丝，也在灯丝附近安装了一小块金属屏板，把玻壳抽成真空通电后，果然也“追寻”到电子的踪迹。他抓起一根导线，弯成“Z”形，小心翼翼地把它安装到灯丝与金属屏板之间的位置。德·福雷斯特极其惊讶地发现，Z 形导线装入真空管内之后，只要把一个微弱的变化电压加在它的身上，就能在金属屏板上接收到更大的变化电流，其变化的规律完全一致——德·福雷斯特发现的正是电子管的“放大”作用。后来，他又把导线改用像栅栏形式的金属网，于是，他的电子管就有了三个“极”——丝极、屏极和栅极。1906 年，他完成了真空三极管的发明，1907 年，向美国专利局申报了真空三极管的发明专利，1908 年 2 月 18 日获得专利。

因发明新型电子管，德·福雷斯特竟无辜受到美国纽约联邦法院的传讯。有人控告他推销积压产品，进行商业诈骗。法官判决说，德·福雷斯特发明的电子管是一个“毫无价值的玻璃管”。1912 年，顶着随时可能入狱的压力，德·福雷斯特来到加利福尼亚帕洛阿托小镇，坚持不懈地改进三极管。在爱默生大街 913 号小木屋，德·福雷斯特把若干个三极管连接起来，与电话机话筒、耳机相互连接，再把他那只走时相当准确的英格索尔手表放在话筒前方，手表的"滴答"声几乎把耳朵震聋。最早的电子扩音机由此诞生。

帕洛阿托市的德·福雷斯特故居，至今依然矗立着一块小小的纪念牌，以市政府名义书写着一行文字："德·福雷斯特在此发现了电子管的放大作用。"德·福雷斯特被人们称为"真空管之父"。

6.5 思考题与习题

6-1　已知二进制数字信息序列为010011000000100111，画出它所对应的双极性非归零码、传号差分码、CMI码、数字双相码的波形。

6-2　已知数字码元序列为10011000001100000101，画出它所对应的单极性归零码、AMI码和HDB_3码的波形（前一个破坏点极性任设）。

6-3　有4个连1与4个连0交替出现的序列，画出用单极性不归零码、AMI码HDB_3码表示时的波形图（前一个破坏点极性任设）。

6-4　码型变换的主要目的是提高通信的什么性能？通常要以牺牲什么指标为代价？

6-5　单极性码变为双极性码的主要好处是什么？

6-6　不归零码变为归零码的主要好处是什么？

6-7　可以克服码间串扰的主要原因是什么？

第7章 数字信号的调制传输

问题引入：由于数字基带信号通信系统的频带利用率低，且不利于无线电传输，所以，必须采用调制技术才能解决问题。那么，对于数字信号如何进行调制呢？

实际通信系统的信道多为带通型，例如无线信道、限定频率范围的同轴电缆等。而数字基带信号由于具有丰富的低频成分，所以只适合在低通型信道中传输（比如双绞线）。为了使数字信号能在带通信道中传输，就必须对基带信号进行调制。为什么一定要在带通型信道中传输数字信号呢？主要原因是带通型信道比低通型信道带宽大得多，可以采用频分复用技术传输多路信号并且传输距离较远。另外，若要利用无线电信道，必须把低频信号“变”成高频信号。

调制的概念我们并不陌生，第2章介绍的模拟信号调制概念及各种调制技术，同样也适用于对数字信号的处理。

让载波的某个参量随数字基带信号的变化而变化的过程或方式叫做数字调制。

相应的传输方式称为数字信号的带通传输、载波传输或调制传输。

数字调制所用的载波与模拟调制一样，也是正弦型信号，但调制信号则为数字基带信号。与模拟调制中的幅度调制、频率调制和相位调制相对应，数字调制也分为三种基本方式：幅移键控（ASK，Amplitude Shift Keying）、频移键控（FSK，Frequency Shift Keying）和相移键控（PSK，Phase Shift Keying）。

所谓“键控”是指一种如同“开关”控制的调制方式。比如对于二进制数字基带信号，由于其只有两个状态，所以调制后的载波参量也只能有两个取值，其调制过程就像用调制信号去控制一个开关键，选择两个相应的载波参量值输出，从而形成已调信号。

7.1 二进制幅移键控

7.1.1 2ASK的基本原理

用二进制信号的0和1去控制载波幅度，最简单的形式称为通断键控（OOK，On Off Keying），即键控法，意为载波在调制信号1或0的控制下或通或断，其时域表达式为

$$s_{\mathrm{OOK}}(t) = a_n \cos\omega_c t \tag{7.1-1}$$

式(7.1-1)中，载波幅度设为1；ω_c 为载波频率；a_n 为二进制数据，可表示为

$$a_n = \begin{cases} 1，\text{出现概率为 } P \\ 0，\text{出现概率为 } 1-P \end{cases} \tag{7.1-2}$$

通常,调制信号是具有一定波形形状的二进制脉冲序列,可表示为

$$B(t)=\sum_{n}a_{n}g(t-nT_{s}) \tag{7.1-3}$$

式中,T_s 为调制信号间隔,$g(t)$ 为调制信号的时间波形,一般是矩形脉冲。当序列 a_n 为 1001 时所对应的 $B(t)$ 波形以及 $B(t)$ 对载波进行调制所得的 2ASK(OOK)的典型波形如图 7-1 所示。

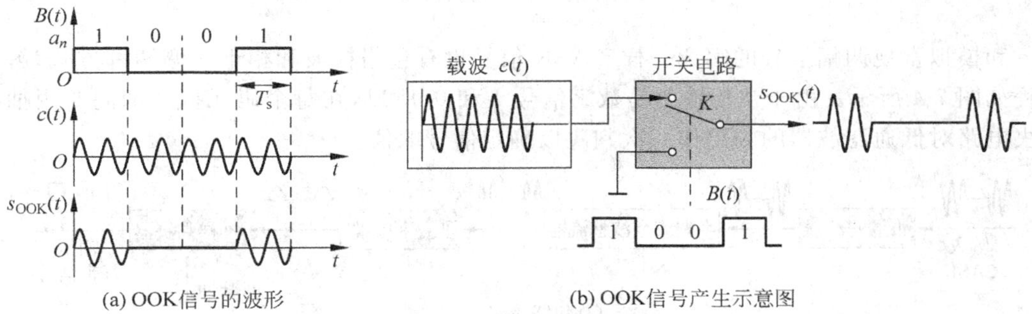

(a) OOK信号的波形 (b) OOK信号产生示意图

图 7-1 OOK 信号波形及产生示意图

2ASK 信号的一般时域表达式为

$$s_{2ASK}(t)=\left[\sum_{n}a_{n}g(t-nT_{s})\right]\cos\omega_{c}t \tag{7.1-4}$$

显然,式(7.1-4)与第 2 章调幅信号时域表达式相似,说明 2ASK 信号是双边带调幅信号。

7.1.2 2ASK 的频域特性

若二进制序列的功率谱密度为 $P_B(f)$,2ASK 信号的功率谱密度为 $P_{ASK}(f)$,则有:

$$P_{ASK}(f)=1/4[P_B(f+f_c)+P_B(f-f_c)] \tag{7.1-5}$$

可见,幅度键控信号的功率谱是基带信号功系谱的线性搬移,因此 2ASK 调制为线性调制,其频谱宽度是二进制基带信号的 2 倍,见图 7-2。

由于调制信号是矩形波,则由图 7-2(b)可知,2ASK 信号的谱零点带宽 $B_s=2f_s$,f_s 为基带信号的谱零点带宽,在数量上与基带信号的码元速率 R_s 相同。这说明 2ASK 信号的传输带宽是码元速率的 2 倍。

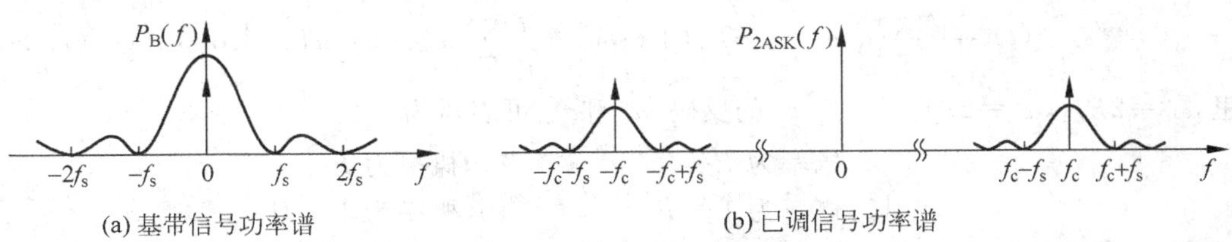

(a) 基带信号功率谱 (b) 已调信号功率谱

图 7-2 2ASK(OOK)信号的功率谱

7.1.3 2ASK 的调制与解调

2ASK 可以用图 7-1 所示的键控法实现,也可以用相乘器完成(称为模拟法),如

图 7-3 所示。

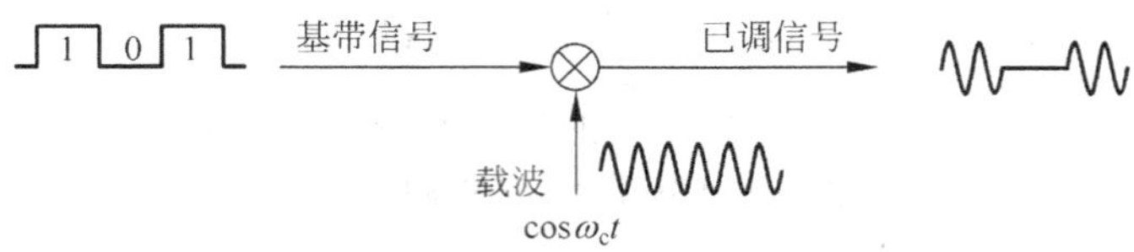

图 7-3　2ASK 调制模型

和模拟常规调幅信号的解调一样，2ASK 信号也有包络检波和相干解调两种方式，解调过程如图 7-4 所示。由于被传输的是数字信号 1 和 0，所以，在每个码元持续期间要用抽样判决电路对低通滤波器的输出作一次判决以确定信号取值。

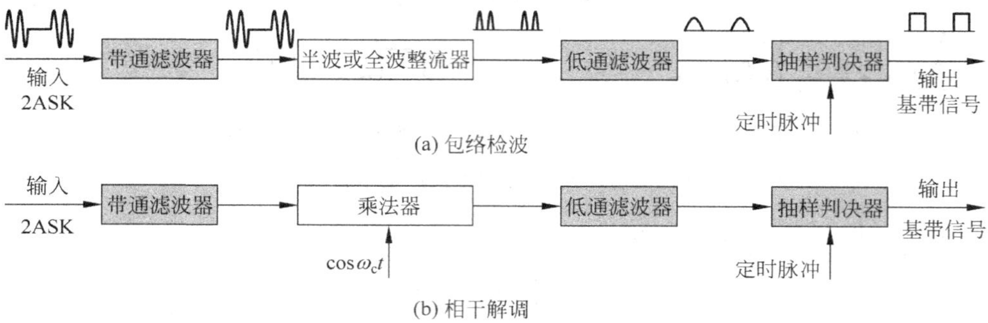

图 7-4　2ASK 解调器

7.2 二进制频移键控

7.2.1 2FSK 的基本原理

同 FM 一样，2FSK 也是利用载波的频率变化来传递信息。数据 1 对应于载波频率 f_1，数据 0 对应于载波频率 f_2。**2FSK 信号在形式上如同两个不同频率交替发送的 2ASK 信号相叠加**，因此已调信号的时域表达式为

$$s_{2FSK}(t)=\left[\sum_n a_n g(t-nT_s)\right]\cos\omega_1 t+\left[\sum_n \bar{a}_n g(t-nT_s)\right]\cos\omega_2 t \qquad (7.2\text{-}1)$$

这里，$\omega_1=2\pi f_1$，$\omega_2=2\pi f_2$，$\bar{a}_n$ 是 a_n 的反码，a_n 和 $\bar{a}_n$ 可表示为

$$a_n=\begin{cases}0，概率为 P\\1，概率为 1-P\end{cases},\quad \bar{a}_n=\begin{cases}1，概率为 P\\0，概率为 1-P\end{cases} \qquad (7.2\text{-}2)$$

2FSK 信号的波形如图 7-5(a)所示。

7.2.2 2FSK 的频域特性

图 7-6 给出了偏移率或调制指数 $h=0.5$、$h=0.7$、$h=1.5$ 时，2FSK 信号的功率谱示意图。功率谱以频偏 $f_c=(f_2+f_1)/2$ 为中心对称分布。在 $\Delta f=f_2-f_1$ 较小时功率谱为

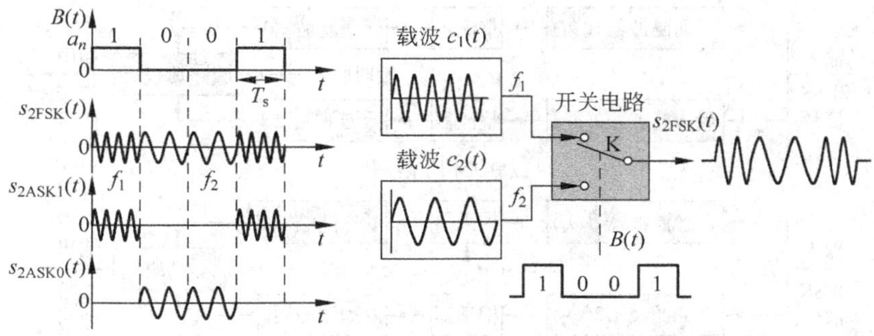

(a) 2FSK信号的波形　　　(b) 2FSK信号产生示意图

图 7-5　2FSK 信号波形及其产生示意图

单峰，随着 Δf 的增大，功率谱出现了双峰，这时的频带宽度可近似表示为

$$B_{2FSK} \approx 2B_B + |f_2 - f_1| \tag{7.2-3}$$

式中，B_B 为基带信号的带宽。$h=|f_2-f_1|/B_B$。

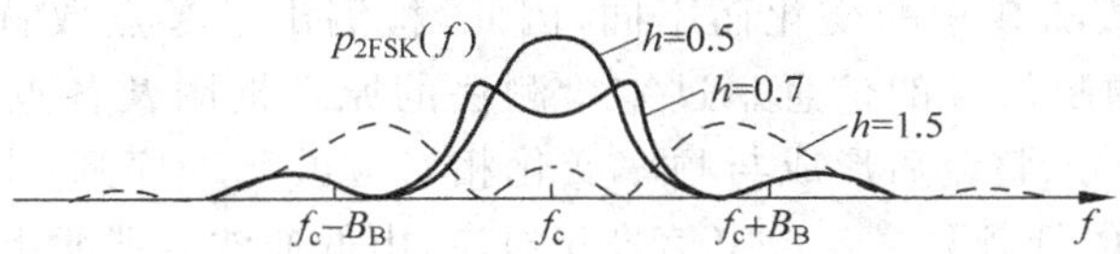

图 7-6　2FSK 信号的功率谱

7.2.3　2FSK 的调制与解调

2FSK 信号有两种产生方法，一种是与 FM 相同的利用压控振荡器直接产生的“直接法或模拟法”，另一种是“频率选择法或键控法”。模拟法产生的 2FSK 信号相位是连续的；而采用“键控法”得到的 2FSK 信号相位一般是不连续的，且起始相位往往随机。

“键控法”框图如图 7-7 所示。两个独立的振荡器作为两个频率的载波发生器，它们受控于输入的二进制信号。二进制信号通过两个门电路控制其中一个载波信号通过。

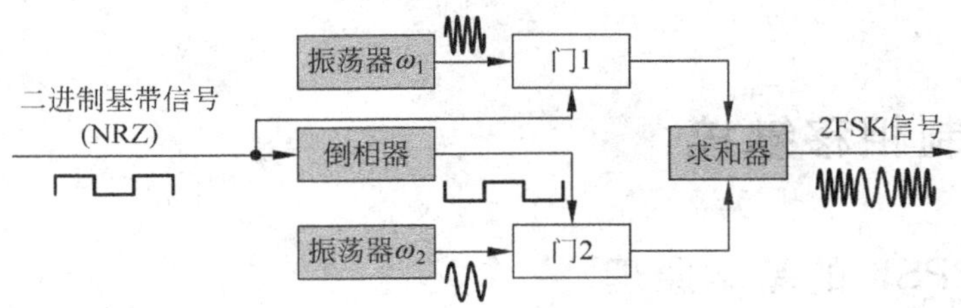

图 7-7　2FSK 键控调制器

比较式(7.1-4)和式(7.2-1)不难发现式(7.2-1)可以看成两个式(7.1-4)之和。也就是说，2FSK 可以用两个不同载频(ω_1,ω_2)且取值相反($a_n,\bar{a}_n$)的 2ASK 组合而成，从图 7-8 也可看出这个特性。这对理解 2FSK 和 2ASK 的概念及 2FSK 的调制与解调很有帮助。

由于 2FSK 信号可以看做由两个频率的 2ASK 交替传输得到的，所以 2FSK 解调器可

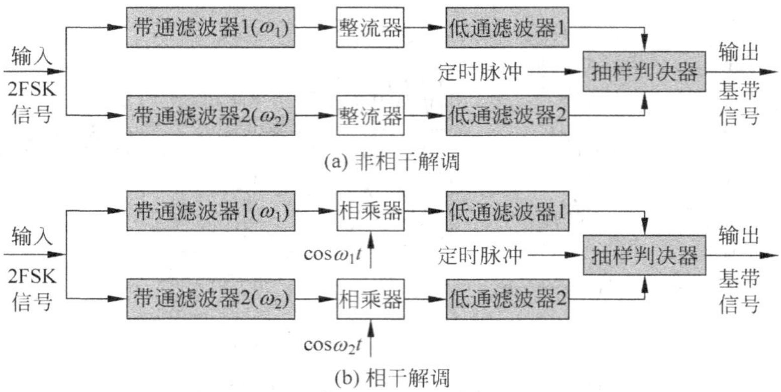

图 7-8　2FSK 解调器

以由两个并联的 2ASK 解调器构成。图 7-8 给出了 2FSK 相干和非相干解调器原理图。

2FSK 信号还有其他的解调方法，其中过零检测法是一种常用而简便的解调方法。2FSK 信号的过零点数随载频的变化而不同，因此，检测出过零点数就可以得到载频的差异，从而进一步得到调制信号的信息。过零检测法的原理框图及各点波形如图 7-9 所示。2FSK 信号经限幅、微分、整流后形成与频率变化相对应的脉冲序列，由此再形成相同宽度的矩形波。此矩形波的低频分量与数字信号相对应，由低通滤波器滤出低频分量，然后经抽样判决，即可得到原始的数字调制信号。

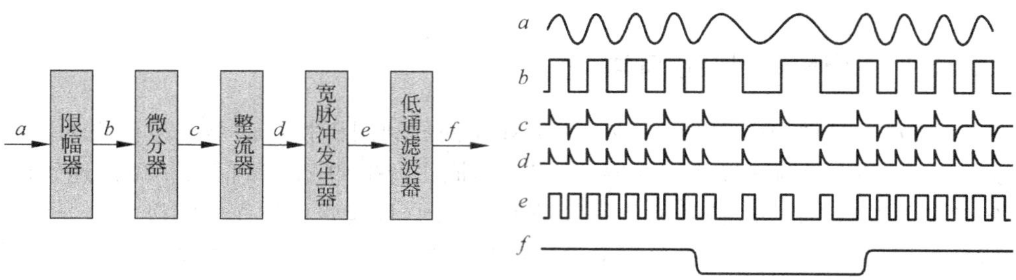

图 7-9　2FSK 信号过零检测法

7.3　二进制相移键控

7.3.1　2PSK 的基本原理

2PSK 是用二进制调制信号控制载波的两个相位(这两个相位通常相隔 π 弧度)，例如用相位 0 和 π 分别表示 1 和 0。因此，这种调制又称二相相移键控(BPSK)。二进制相移键控信号的时域表达式为

$$S_{2PSK}(t)=\left[\sum_n a_n g(t-nT_s)\right]\cos\omega_c t \tag{7.3-1}$$

a_n 为双极性数字信号，即

$$a_n = \begin{cases} +1, \text{概率为 } P \\ -1, \text{概率为 } 1-P \end{cases} \tag{7.3-2}$$

当数字信号的传输速率 $R_s = 1/T_s$ 与载波频率间有整数倍关系时，2PSK 信号的典型波形如图 7-10 所示。

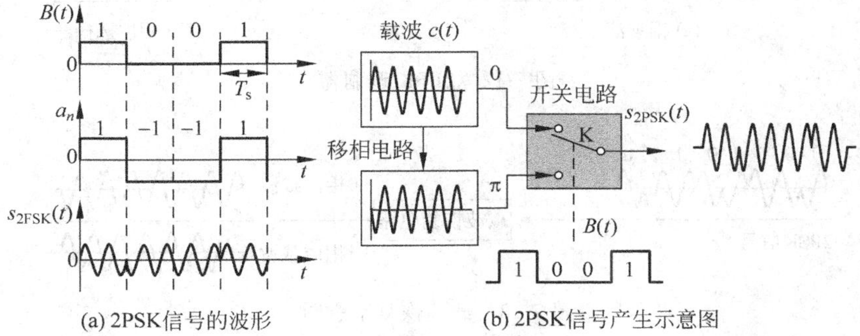

图 7-10　2PSK 信号波形及其产生示意图

比较式(7.1-4)和式(7.3-1)，可以看到二者的形式相同，所不同的只是 a_n 的取值不一样。因此，我们可以发现 2ASK、2FSK、2PSK 三者之间有着内在的联系：2FSK、2PSK 都是以 2ASK 为基础。**2FSK 可由两个 2ASK 组合而成，而把 2ASK 系数 a_n 的 0 取值改为−1 就可得到 2PSK，造成这个结果的原因就是调制信号只有两个取值。**

7.3.2　2PSK 的频域特性

2PSK 信号与 2ASK 信号的表达式在形式上是相同的，其区别在于 2PSK 信号是双极性不归零码的双边带调制，2ASK 信号是单极性不归零码的双边带调制。2PSK 信号的功率谱与 2ASK 信号的功率谱相同，只是少了离散的载波分量，见图 7-11。

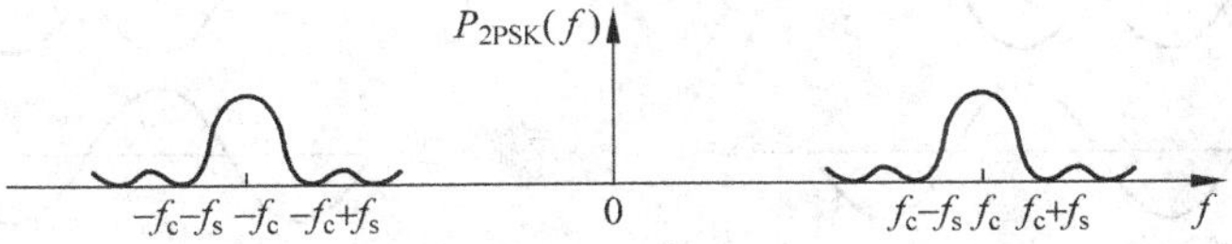

图 7-11　2PSK/2DPSK 信号功率谱示意图

7.3.3　2PSK 的调制与解调

2PSK 调制可以采用模拟法(相乘)，也可以采用键控法(相位选择)，如图 7-12 所示。在模拟法中可以看到，只要去掉“电平转换”功能，就变成了 2ASK 的调制模型。

由于 2PSK 信号的功率谱中无载波分量，所以必须采用相干解调。在相干解调中，如何得到本地载波是个关键问题。通常，在收信端采用从接收信号中恢复载波的方式得到本地载波。经载波恢复电路恢复出来的本地载波与调制载波可能同相(比如都是 0 相位或 π 相位)，也可能反相(一个是 0 相位，另一个是 π 相位)，如图 7-13 所示。这种相位关系的不确定性称为 0，π 相位模糊度。而本地载波的相位模糊，会使解调输出信号产生“0”、“1”倒置，

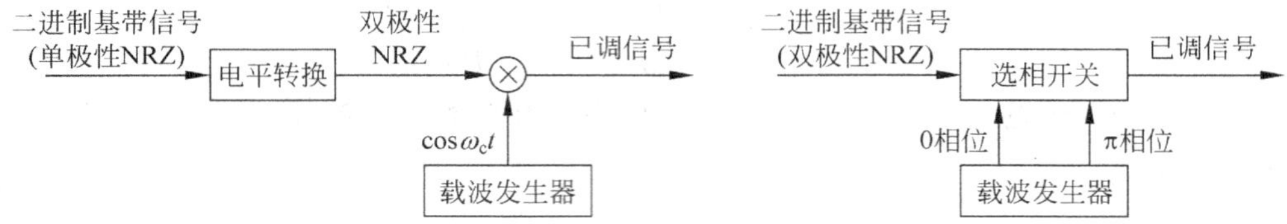

(a) 相乘法　　(b) 相位选择法

图 7-12　2PSK 调制器

图 7-13　载波恢复示意图

从而引起错码。

2PSK 相干解调器及解调时产生“0”、“1”倒置示意图如图 7-14 所示。

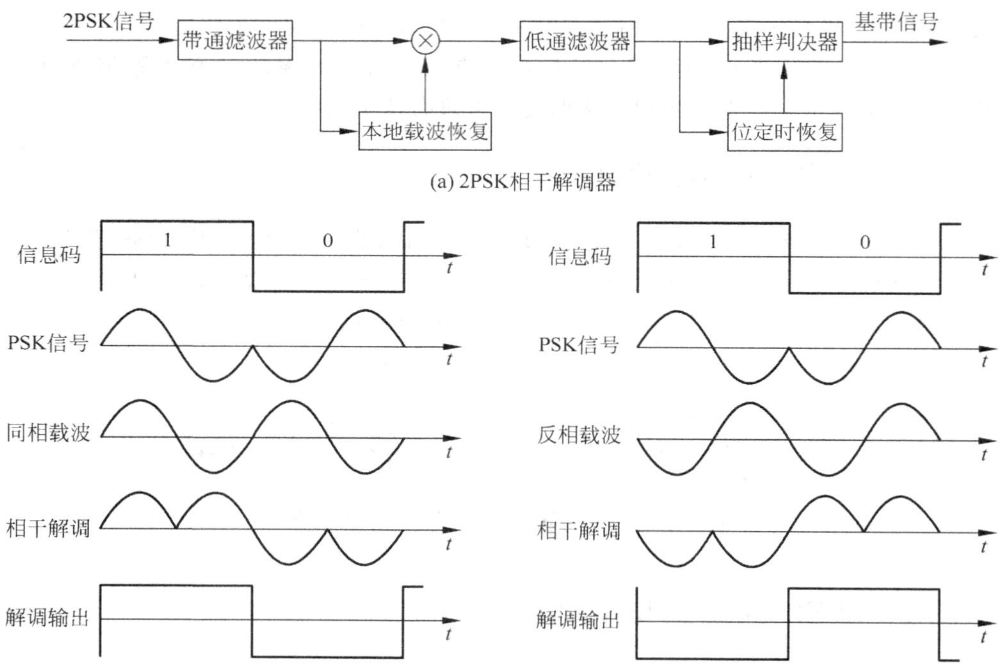

(a) 2PSK相干解调器

(b) 同相载波解调　　(c) 反相载波解调

图 7-14　2PSK 相干解调器及解调“0”、“1”倒置示意图

从图 7-14(b)和图 7-14(c)中可知，本地载波相位的不确定性造成解调后的数字信号可能极性完全相反，形成“0”和“1”的倒置，引起信息接收错误。究其原因是“0”和“1”信息分别调制在载波的两个绝对相位上(比如“0”、“π”)。若能把信息不调制在绝对相位上，就可以解决“0”、“1”倒置的问题。差分相移键控调制 2DPSK 应运而生。

7.4 二进制差分相移键控

7.4.1 2DPSK 的调制

在 2PSK 信号中，调制信号 1 和 0 值分别对应两个确定的载波相位(比如 0 和 π)，即利用载波相位的绝对数值携带数字信息，因此可称为“绝对调相”。而利用前后码元载波相位相对数值的变化也同样可以传送数字信息，这就是“相对调相”。

相对调相信号的产生过程是，首先对数字基带信号进行差分编码，即由绝对码变为相对码(差分码)，然后再进行绝对调相。基于这种形成过程的二相相对调相信号称为二进制差分相移键控信号，记作 2DPSK。2DPSK 调制器方框图及波形如图 7-15 所示。

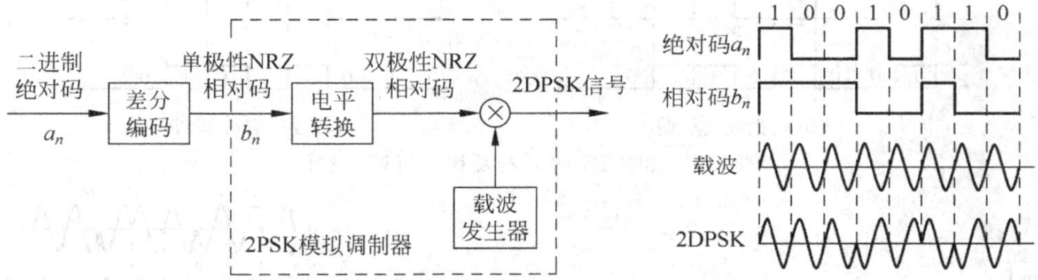

图 7-15 2DPSK 调制器及其波形

差分码可取传号差分码或空号差分码。传号差分码的编码规则为：

$$b_n = a_n \oplus b_{n-1}$$

式中，$\oplus$为模 2 加，b_{n-1}为 b_n 的前一个码元，最初的 b_{n-1}可任意设定。由已调信号的波形可知，在使用传号差分码的条件下，载波相位遇 1 变而遇 0 不变，载波相位的这种相对变化就携带了数字信息。

7.4.2 2DPSK 的解调

由于受本地载波相位模糊度的影响，对 2DPSK 信号进行相干解调得到的相对码$\hat{b}_n$ 可能出现 1 和 0 倒置，但由相对码恢复为绝对码时，要按以下规则进行差分译码：

$$\hat{a}_n = \hat{b}_n \oplus \hat{b}_{n-1}$$

式中，$\hat{b}_{n-1}$是$\hat{b}_n$ 的前一个码元，显然绝对码$\hat{a}_n$ 的值由相对码$\hat{b}_n$ 相邻两个码元相位的变化决定，与相对码码元电平高低无关，因此，2DPSK 克服了 2PSK 因相位模糊而造成的误码。

可见，**2DPSK 之所以能克服载波相位模糊的问题，就是因为数字信息是用载波相位的相对变化来表示的**。2DPSK 的相干解调器和各点波形如图 7-16 所示。

2DPSK 信号的另一种解调方法是差分相干解调(又称延迟解调)，其方框图和波形图如图 7-17 所示。用这种方法解调时不需要恢复本地载波，可由收到的信号单独完成。将 2DPSK 信号延时一个码元间隔 T_s，然后与 2DPSK 信号本身相乘(相乘器起相位比较的作用)，相乘结果经低通滤波后再抽样判决即可恢复出原始数字信息。

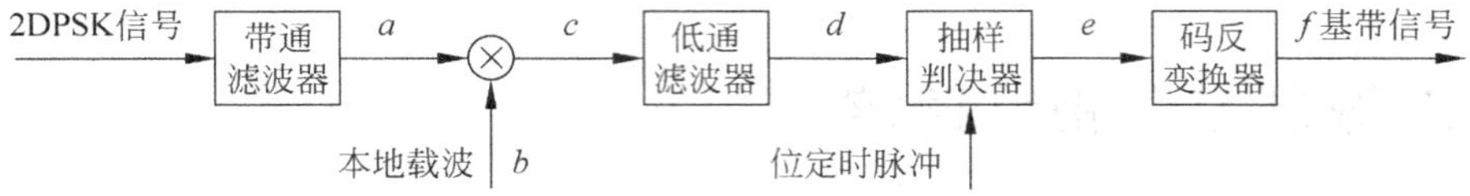

(a) 2DPSK解调器

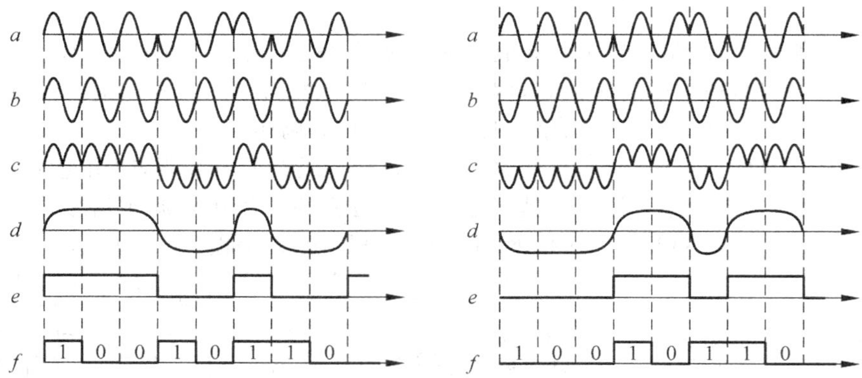

(b) 同相载波解调　　(c) 反相载波解调

图 7-16　2DPSK 解调器及相干解调示意图

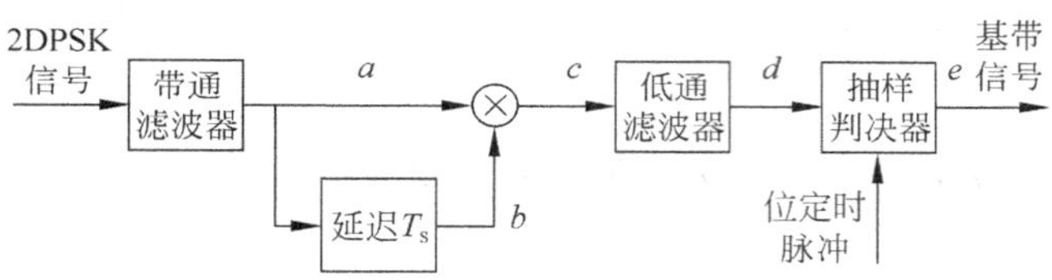

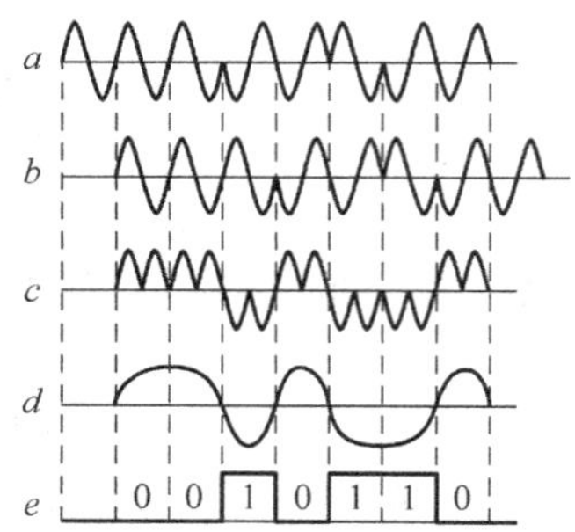

(a) 差分相干解调器　　(b) 各点波形

图 7-17　2DPSK 差分相干解调器及其各点波形

7.5　多进制数字调制*

用多进制的数字基带信号调制载波，就可得到多进制数字调制信号。通常，取多进制数 M 为 2 的幂次($M=2^N$)。

当信道频带受限时，采用 M 进制数字调制可以增大信息传输速率，提高频带利用率，这正是第 1 章中评价通信系统有效性时所提到的内容，即**在不提高波特率的前提下，采用多进制信号可以提高比特率**。

7.5.1　多进制幅度键控

1. MASK 信号表示

在 M 进制的幅度键控信号中，载波幅度 a_n 有 M 种取值。当基带信号的码元间隔为 T_s

时，M 进制幅度键控信号的时域表达式为

$$s_{\text{MASK}}(t)=\left[\sum_{n=1}^{L}a_n g(t-nT_s)\right]\cos\omega_c t \qquad (7.5\text{-}1)$$

式中，$g(t)$ 为门信号的波形，ω_c 为载波的角频率，L 是码元序列长度。

2. MASK 调制

由式(7.5-1)可知，MASK 信号相当于 M 电平的基带信号对载波进行双边带调幅。图 7-18 给出一个 4ASK 信号的波形。图 7-18(a)为四电平基带信号 $B(t)$ 的波形，图 7-18(b)为4ASK 信号的波形。图 7-18(b)所示的 4ASK 信号波形可等效为图 7-18(c)中的 4 种 2ASK 波形之和。也就是说，MASK 信号可以看成由时间上互不相容的 M 个不同振幅值的 2ASK 信号的叠加。因此，MASK 信号的功率谱便是这 M 个信号的功率谱之和。尽管叠加后功率谱的结构是复杂的，但就信号的带宽而言，当码元速率 R_s 相同时，MASK 信号的带宽与 2ASK 信号的带宽相同，都是基带信号带宽的 2 倍。

由第 1 章可知，M 进制基带信号的每个码元携带有 $\log_2 M$ 比特信息。因此，在带宽相同的情况下，MASK 信号的信息速率是 2ASK 信号的 $\log_2 M$ 倍，或者说在信息速率相同的情况下 MASK 信号的带宽仅为 2ASK 信号的 $1/\log_2 M$。

MASK 的调制方法与 2ASK 相同，但是首先要把基带信号由二电平变为 M 电平。将二进制信息序列分为 n 个一组($n=\log_2 M$)，然后变换为 M 电平基带信号。M 电平基带信号对载波进行调制，便可得到 MASK 信号。

【例题 7-1】 对数字基带序列为 01111000010010110001 进行 4ASK 调制。

【解】 $n=\log_2 4=2$

故首先将序列每两个一组变换为 4 电平信号，即用 4 组二进制码对 4 种电平编码：

我们用 00 表示 0，01 表示 1，10 表示 2，11 表示 3。当然，编码方式不唯一。

则原序列变为四电平序列：1320102301(如图 7-18(a)所示)。

对载波调制后，可得 4MASK 波形(如图 7-18(b)所示)。

3. MASK 解调

MASK 信号的解调可以采用我们熟悉的包络解调或相干解调法，其原理与 2ASK 信号的解调完全相同。

7.5.2 多进制相移键控

1. MPSK 信号表示

在 MPSK 信号中，载波相位 φ_n 有 M 种取值，其表达式为

$$s_{\text{MPSK}}(t)=\sum_{n=1}^{L}g(t-nT_s)\cos(\omega_c t+\varphi_n),\quad n=1,\cdots,M \qquad (7.5\text{-}2)$$

对于 4PSK，φ_n 的一种取值可为 0、$\pi/2$、π 和 $3\pi/2$。

可以证明，MPSK 信号能够表达为正交函数形式

$$s_{\text{MPSK}}(t)=I(t)\cos\omega_c t-Q(t)\sin\omega_c t \qquad (7.5\text{-}3)$$

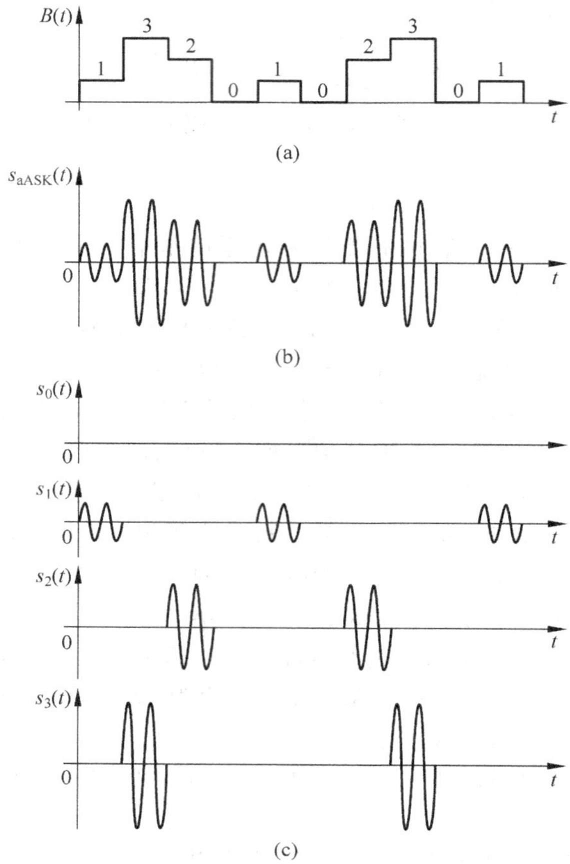

图 7-18　4ASK 信号的波形

式中，$I(t)=\sum_{n=1}^{L}a_n g(t-nT_s)$，被称为同相分量；$Q(t)=\sum_{n=1}^{L}b_n g(t-nT_s)$，被称为正交分量。由此可知，MPSK 信号可以用正交调制的方法产生。对于 4PSK，a_n 和 b_n 按二进制取值。

式(7.5-2)中的每一项都是一个 M 电平双边带调幅信号即 MASK 信号，且该信号可以看成两个正交载波的 MASK 信号的叠加。因此，MPSK 信号的频带宽度应与 MASK 信号的频带宽度相同。与 MASK 信号一样，当信息速率相同时，MPSK 信号与 2PSK 信号相比，带宽节省到 $1/\log_2 M$，即频带利用率提高到 $\log_2 M$ 倍。

MPSK 信号是相位不同的等幅信号，可用矢量图可对其进行形象而简单的描述。图 7-19 画出 $M=2,4,8$，初始相位 $\theta=0$ 和 $\theta=\pi/M$ 时的矢量图(以 0 相位载波作为参考矢量)。

2PSK 信号的载波相位只有 0 和 π 或 $\pi/2$ 和 $3\pi/2$ 两种取值，它们分别对应于数字信息 1 和 0，见图 7-19(a)和图 7-19(d)。4PSK 时，4 种相位为 $0,\pi/2,\pi$ 和 $3\pi/2$，或者为 $\pi/4,3\pi/4,5\pi/4,7\pi/4$，它们分别对应数字信息 11，01，00 和 10，见图 7-19(b)和图 7-19(e)。8PSK 时，8 种相位分别为 $0,\pi/4,\pi/2,3\pi/4,\pi,5\pi/4,3\pi/2,7\pi/4$，或者为 $\pi/8,3\pi/8,5\pi/8,7\pi/8,9\pi/8,11\pi/8,13\pi/8,15\pi/8$，见图 7-19(c)和图 7-19(f)。不同初始相位 θ 的 MPSK 信号原理上没有差别，只是实现的方法稍有不同。

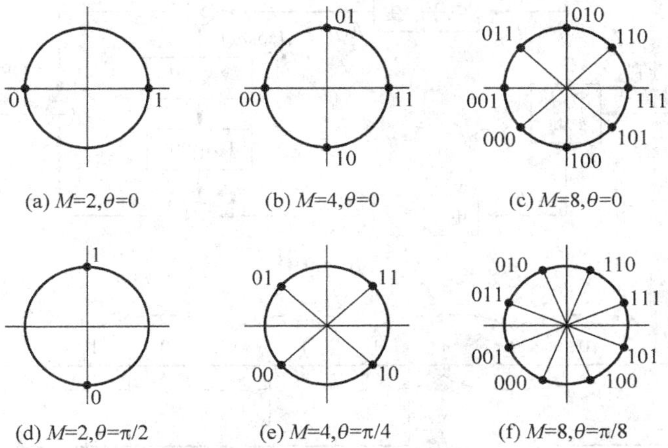

(a) M=2,θ=0　(b) M=4,θ=0　(c) M=8,θ=0

(d) M=2,θ=π/2　(e) M=4,θ=π/4　(f) M=8,θ=π/8

图 7-19　MPSK 信号的矢量图表示

2. MPSK 调制

在 MPSK 调制中,由于随着 M 值的增加,相位之间的差值减小,使得系统的可靠性降低,所以,MPSK 调制多采用 4PSK 和 8PSK。

4PSK 又称 QPSK,其产生方法有正交调制法、相位选择法等。

QPSK 正交调制器方框图如图 7-20(a)所示。输入的串行二进制码经串并变换,分为两路速率减半的序列,电平发生器分别产生双极性二电平信号 $I(t)$和 $Q(t)$,然后分别对同相载波 $\cos\omega_c t$ 和正交载波 $\sin\omega_c t$ 进行调制,相加后即得到了 QPSK 信号。$I(t)$和 $Q(t)$的典型波形如图 7-20(b)所示。

QPSK 也可以用相位选择法产生,其原理框图如图 7-21 所示。载波发生器产生 4 种相位的载波,输入的数字信号经串并变换成为双比特码,经逻辑选择电路,每次选择一种载波作为输出,然后经过带通滤波器滤除高频分量即可。

8PSK 是用载波的 8 种相位代表八进制信号的 8 个状态,其调制原理如图 7-22(a)所示。输入的二进制信号经串并变换,每次产生一个 3 位码组 $b_1b_2b_3$。在 $b_1b_2b_3$ 的控制下,同相路和正交路分别产生一个四电平基带信号 $I(t)$和 $Q(t)$。b_1 用于决定同相路信号的极性,b_2 决定正交路信号的极性,b_3 则用于确定同相路和正交路信号的幅度。在图 7-22(b)中,若设 8PSK 信号幅度为 1,则 $b_3=1$ 时同相路基带信号应为 0.924,而正交路幅度为 0.383。$b_3=0$ 时同相路幅度为 0.383,而正交路幅度为 0.924。这样 $I(t)$的极性和幅度由 b_1b_3 决定,$Q(t)$的极性和幅度由 b_2 决定。可见,同相路与正交路的基带信号幅度互相关联,不能独立选取。

$I(t)$和 $Q(t)$分别对同相载波和正交载波进行幅度调制,得到两个 4ASK 信号,由式(7.5-3)可知,其叠加结果即为 8PSK 信号。

3. MPSK 解调

由式(7.5-3)可知 MPSK 信号可表示为两个正交载波幅度调制信号的代数和,因此,MPSK 信号可以用两个正交的本地载波信号实现相干解调。图 7-23 给出一个 QPSK 相干解调器的框图。

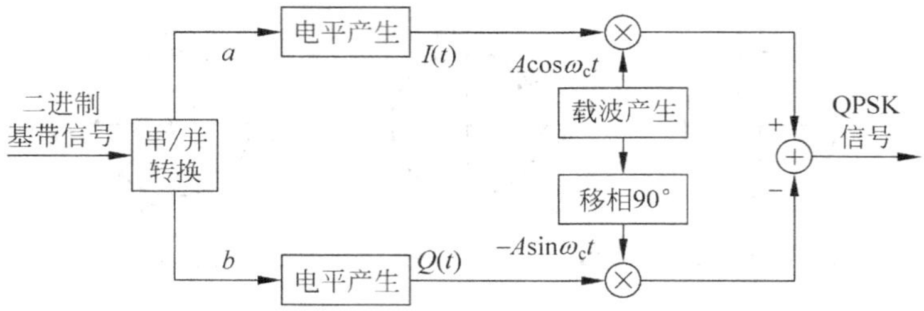

(a) 方框图

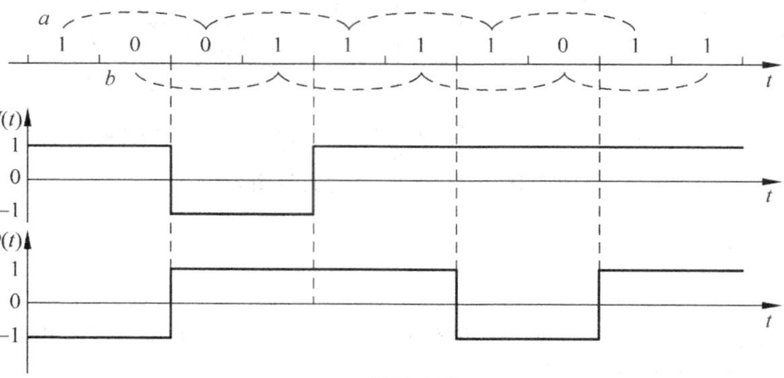

(b) 信号波形

图 7-20 QPSK 正交调制器

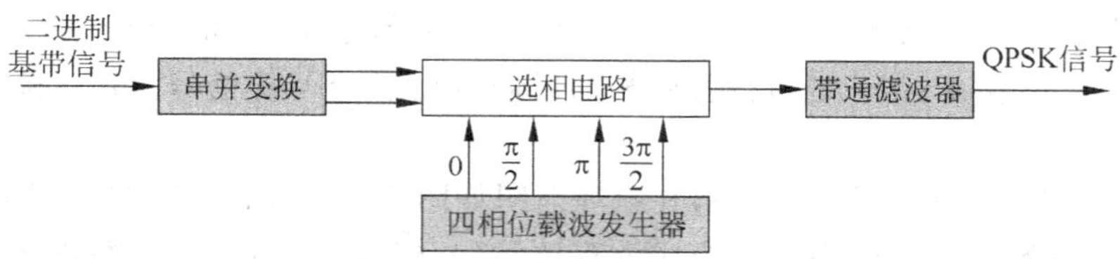

图 7-21 相位选择法产生 QPSK 信号

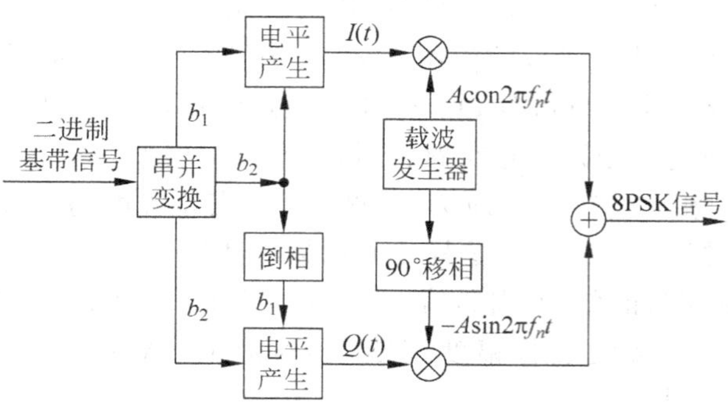

(a) 原理框图

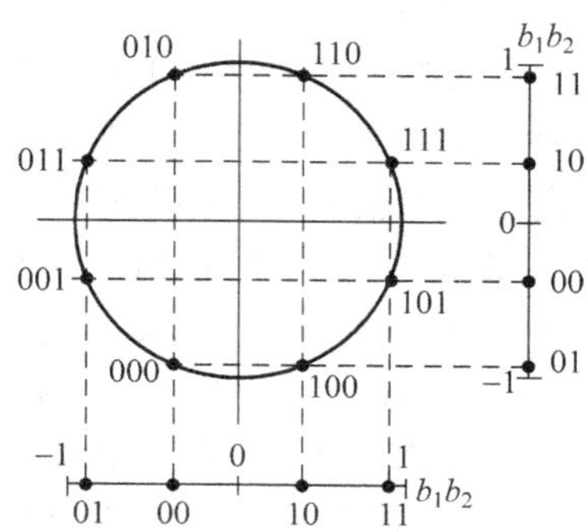

(b) 矢量图

图 7-22 8PSK 正交调制器

QPSK 信号同时送到解调器的上下两个通道，在相乘器中与对应的载波相乘，再经积分器积分，分别得到 $I(t)$ 和 $Q(t)$，最后经抽样判决和并串变换，即可恢复原始信息。

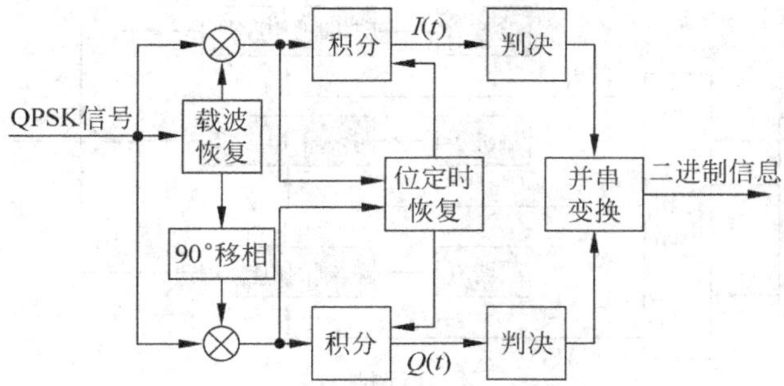

图 7-23 QPSK 相干解调器框图

在 MPSK 相干解调时，同样存在载波相位模糊度问题。因此，对于 M 进制调相也要采用相对调相的方法。对输入的二进制信息进行串并变换时，同时进行逻辑运算，将其编为多进制差分码，然后再进行绝对调相。解调时，也采用相干解调和差分译码的方法。

【例题 7-2】 带通型信道的带宽为 3000Hz，基带信号是二元 NRZ 码。求 2PSK 和 QPSK 信号的频带利用率和最高信息速率。

【解】 当 2PSK 信号的带宽取谱零点带宽时，频带利用率为

$$\eta_{2PSK}=\frac{R_b}{B_{2PSK}}=\frac{R_s}{2R_s}=0.5(b/(s.Hz))$$

取信号的带宽为信道带宽，得最高信息速率为

$$R_b=\eta_{2PSK}B_{2PSK}=0.5\times 3000=1500(b/s)$$

MPSK 信号的频带利用率是 2PSK 信号的 $\log_2 M$ 倍，所以 QPSK 信号的频带利用率为

$$\eta_{QPSK}=\eta_{2PSK}\log_2 4=0.5\times 2=1(b/(s.Hz))$$

同样，取 QPSK 信号的带宽为信道带宽，得最高信息速率为

$$R_b=\eta_{QPSK}B_{QPSK}=1\times 3000=3000(b/s)$$

可见，在带宽不变的前提下，多进制调制信号提高了信息传输速率。

7.5.3 多进制频移键控

MFSK 意味着载波频率 ω_n 有 M 种取值，$M=2^N$。MFSK 信号的时域表达式为

$$s_{MFSK}(t)=\sum_{n=1}^{L}g(t-nT_s)\cos\omega_n t,\quad n=1,\cdots,M \tag{7.5-4}$$

MFSK 调制可用频率选择法实现，如图 7-24(a)所示。串行二进制信号经串并变换后形成 N 路并行二进制信号并产生出 M 个组合。M 个组合信号经过逻辑电路译码后，输出 M 个控制信号分别控制 M 个振荡源，即可产生 MFSK 信号。比如，串行信号经串并变换后形成 3 路并行信号有 8 种组合，通过逻辑电路译码后输出 8 个控制信号分别控制 8 个振荡器产生 8FSK 信号。

MFSK 信号通常用非相干解调，如图 7-24(b)所示。

多进制调制技术在当前的通信领域应用非常广泛，比如我们通过电话线上网常用的 1200b/s 调制解调器 Modem，其内部对数字信号采用的就是四进制调相技术，遵循的标准是 Ball 212A 和 CCITT V. 22；而 2400b/s 的“猫”采用正交幅度调制技术（QAM，

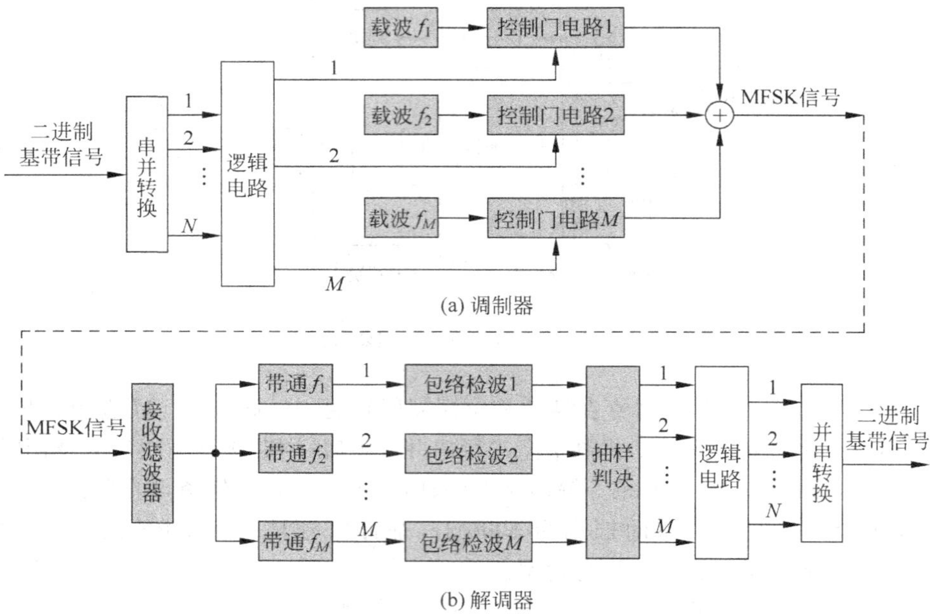

图 7-24　MFSK 调制器及非相干解调器

Quadrature Amplitude Modulation)，其标准为 V. 22 bis；还有执行 V. 29 标准的 9600b/s 调制解调器，执行 V. 32 标准采用格码调制技术的更高速的调制解调器等，详细内容可参阅计算机网络方面的书籍。

7.6 小资料——晶体管的发明

20 世纪初，人们掌握了电子在真空中的运动规律，发明了真空三极管（电子管），开创了电子技术的新领域。但是真空三极管的效率非常低，加上灯丝过热，寿命较短，特别是处理高频信号的效果不理想。

位于美国新泽西州的美国电报电话公司贝尔实验室的科学家们在寻找更好的检波材料时，发现掺有某种极微量杂质的锗晶体材料整流性能比电子管要好。这期间，又有一些科学家在有关锗和硅的理论研究方面取得了进展，从而为晶体管发明奠定了基础。

1945 年秋天，美国贝尔实验室成立了半导体研究小组，由肖克莱负责，成员有布拉顿、巴顿以及其他科学家。经过反复实验，巴顿和布拉顿制成了“点接触型晶体管”。这一实验发现了晶体管具有放大电流的作用。

1947 年 2 月 6 日，世界上最早的实用半导体晶体管问世了，其外形比火柴棍短粗一些。在首次实验时，它能把音频信号放大 100 倍。

晶体管发明以后，发明者们为了谨慎起见，并未急于宣布。直到 1948 年 6 月 17 日正式获得了美国专利后，才于 6 月 22 日在贝尔实验室的大礼堂正式对外宣布。

晶体管的问世，被称为20世纪最重大的发明之一，对电子计算机的进一步发展具有决定性意义。由于这项发明，巴顿、布拉顿、肖克莱同获1956年的诺贝尔物理学奖。约翰·巴顿(John Bardeen)曾两次获得诺贝尔物理学奖，同时他也是唯一一个在同一领域两次获得诺贝尔奖的科学家，第二次是1972年和库珀、施里弗三人一起因发明超导理论而获奖，他们三人合作的成果被称为BCS理论(B——巴顿，C——库珀，S——施里弗)。注：Bardeen也有译作“巴丁”。

7.7 思考题与习题

7-1　为什么要进行数字信号的调制？

7-2　简述2FSK、2PSK与2ASK的关系。

7-3　为什么要引入DPSK？

7-4　2ASK的包络解调器和相干解调器的主要区别是什么？

7-5　设发送数字信息为二元序列$\{a_k\}=010111010011$，试画出ASK、FSK、PSK和DPSK信号波形图。

7-6　在相对相移键控中，假设传输的差分码是01111001000110101011，且规定差分码的第一位为0，试求出下列两种情况下原来的数字信号：

(1) 规定遇到数字信号为1时，差分码保持前位信号不变，否则改变前位信号；

(2) 规定遇到数字信号为0时，差分码保持前位信号不变，否则改变前位信号。

7-7　数字基带信号$g(t)$如图所示。

(1) 试画出MASK信号的波形；

(2) 试大致画出MFSK的信号波形。

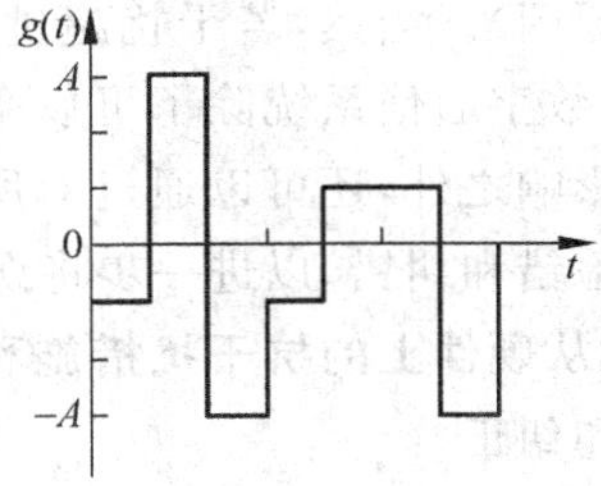

习题7-7图

第8章 差错控制编码

问题引入：数字通信的魅力除了对信号波形失真不敏感外，还有一个特点就是可以利用编码这种“软”方法，对信号传输中出现的错码进行检查甚至纠正，那么，检错纠错的机理是什么？如何实现呢？

8.1 差错控制编码的基本概念

不管是模拟通信系统还是数字通信系统，都存在因干扰和信道传输特性不好对信号造成的不良影响(见图 8-1)。对于模拟信号而言，信号波形会发生畸变(失真)，导致信息失真，并且信号波形的失真很难纠正过来，因此，在模拟系统中，通常只能采取各种抗干扰、防干扰措施尽量将干扰降到最低程度以保证通信质量；而在数字系统中，尽管干扰同样会使信号产生变形，但一定程度的信号畸变不会影响对数字消息的接收，因为我们只关心数字信号的电平状态(是高电平还是低电平，或者是正电平还是负电平)，而不太在乎其波形的失真，也就是说，数字系统对干扰或信道特性不良的宽容度比模拟系统大(这也就是数字通信比模拟通信抗干扰能力强的主要原因)。当然，若干扰超过一定的限度，也会使数字信号产生误码，从而引起信息传输错误。数字通信系统除了可以采取与模拟系统同样的措施以降低干扰和信道不良对信号造成的影响之外，还可以通过对所传数字消息进行特殊的处理方式(即差错控制编码)对误码进行检错和纠错，以进一步将误码率降低，从而满足高质量的通信要求。因此，**数字通信系统可以从硬件上的抗干扰措施和软件上的信道编码两个方面对消息传输中出现的错误进行控制和纠正。**

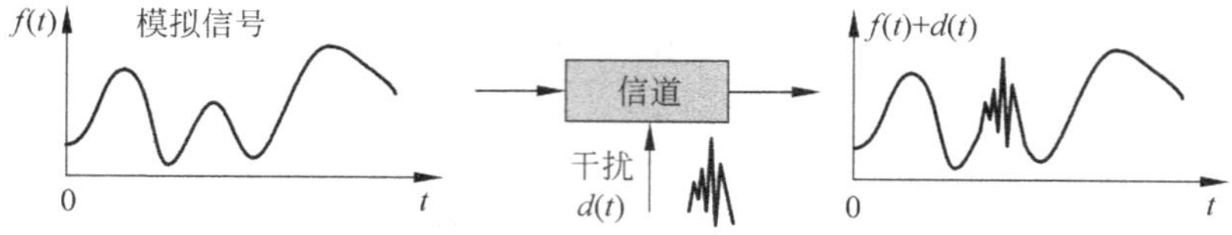

(a) 模拟系统干扰示意图

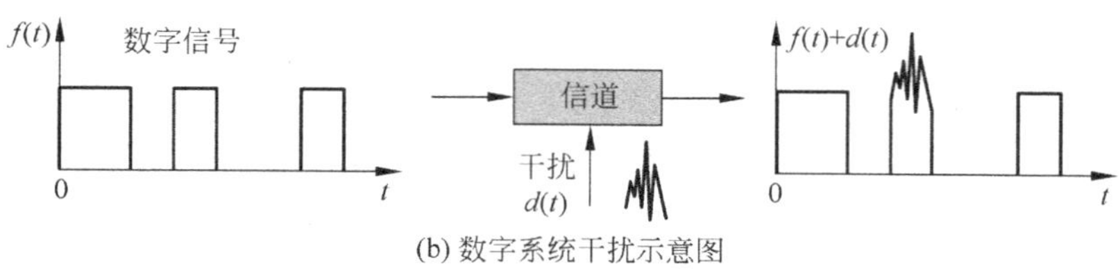

(b) 数字系统干扰示意图

图 8-1　两种通信系统干扰示意图

在图 1-3 中，我们看到数字通信系统有信源编/译码和信道编/译码两对功能模块。因为信源输出是携带模拟消息的模拟信号，所以，信源编码模块的主要任务是把模拟信号转换为数字信号（比如采用 PCM 实现 A/D 转换，形成原始编码）。若信源输出为离散消息（则图 1-3 也可以看做一个数据通信系统的框图），信源编码模块的主要任务就是把这些离散消息变成数字代码（数据），并尽量减少编码多余度（原始码元个数），从而提高编码效率并降低码元速率。比如，消息“真”和“假”可以用符号 T 和 F 表示，信源编码就是将消息符号 T 和 F 变换成“0”和“1”、“00”和“11”或其他码字，显然，“0”和“1”的编码效率最高。可见，信源编码就是把信源的消息符号变换成数据的过程（信源译码模块则完成信源编码的逆向过程）。

信源编码的主要目的是提高通信的有效性。

信道编码的主要任务就是对信源编码器输出的数字基带信号按一定的规律加入一些冗余码元，使之携带检、纠错信息，以便于收信端利用这些信息检出或纠正通信过程中出现的错码，从而提高信息传输的可靠性。可见，信道编码就是使原来没有规律性或规律性不强的原始数字信号变换成具有规律性或加强了规律性的数字信号，而信道译码则是利用这种规律性来鉴别信号是否发生错误或进而有可能纠正错误。

信道编码的主要目的是提高通信的可靠性。

香农在 1848 年和 1957 年发表的《通信的数学理论》、《适用于有扰信道的编码理论某些成果》两篇论文中提出了关于有扰信道中信息传输的重要理论——香农第二定理：

对于一个给定的有扰信道，若该信道容量为 C，则只要信道中的信息传输速率 R 小于 C，就一定存在一种编码方式，使编码后的误码率随着码长 n 的增加按指数下降到任意小的值。或者说只要 $R<C$，就存在传输速率为 R 的纠错码。

该定理虽然没有明确指出如何对数据信息进行纠错编码，也没有给出这种具有纠错能力通信系统的具体实现方法，但它奠定了信道编码的理论基础，并为人们从理论上指出了信道编码的努力方向。

综上所述，信道编码的基本思想就是在数字信息序列中加入一些冗余码元，这些冗余码元不含通信信息，但与信息序列中的信息码元有着某种制约关系，这种关系在一定程度上可以帮助人们发现或纠正在信息序列中出现的错误也就是误码，从而起到降低误码率、提高可靠性的作用。这些冗余码元被称为监督（或校验）码元。因此，我们说：

信道编码就是寻找合适的方法将信息码元和监督码元编排在一起的过程。

需要说明的是，一种比较流行的说法是“信道编码就是差错控制编码”。但在第 6 章中我们知道基带信号通常需要进行码型变换，使得信号与信道匹配，从而提高通信的可靠性。显然，从目的上看，码型变换和信道编码是一致的，都是提高通信的可靠性；从通信流程上看，信道编码和码型变换紧密相连且都处在信号传输阶段（即在信道中）；另外，码型变换实际上也是一种编码。因此，可以把码型变换归为信道编码的一个分支，或者说，信道编码应该包含差错控制编码和码型变换两部分内容。差错控制编码从解码角度提高可靠性，而码型变换从传输角度提高可靠性；差错控制编码注重数字信号的内在规律性，而码型变换强调数字信号的外在表现形式。可见，二者虽然侧重点和方法不同，但实施对象和目的是一致的，因此，放在一个范畴内也是顺理成章的。这样，图 1-3 的系统功能才更加准确和完善。

图 8-2 给出了一种信源分别为模拟信息和数字信息时的信源编码和信道编码示意图。图(a)中,信源编码模块将模拟信息转换为“0”、“1”代码序列(A/D 转换),信道编码模块将信源编码模块的输出(NRZ 码)转换为双极性归零码并附带 1 位偶校验码输出到信道上。图(b)中,信源编码模块将数字信息 A、B、C、D 分别转换为“00”、“01”、“10”、“11”代码序列,信道编码模块将信源编码模块的输出(NRZ 码)转换为双极性归零码并附带 1 位偶校验码输出到信道上(阴影码为校验码)。

如果说信源编码的任务是将欲传送的信息符号化和信号化的话,那么,信道编码的任务就是将欲传送的信息可靠化和准确化。

为了明晰与“码型变换”的关系,突出信道编码的差错控制功能,可以把第 6 章的“码型变换”称为“线路编码”,如图 8-2(c)所示。

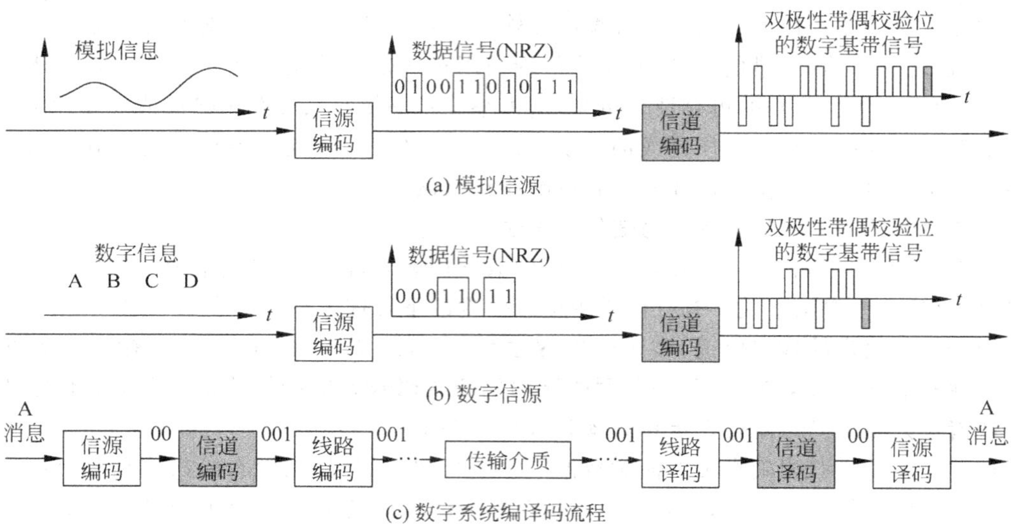

图 8-2 信源编码、信道编码示意图

8.2 差错控制方式

前向纠错(FEC)、检错重发(ARQ)和混合纠错(HEC)是常用的三种差错控制方式。图 8-3 是这三种方式构成的差错控制系统原理框图。

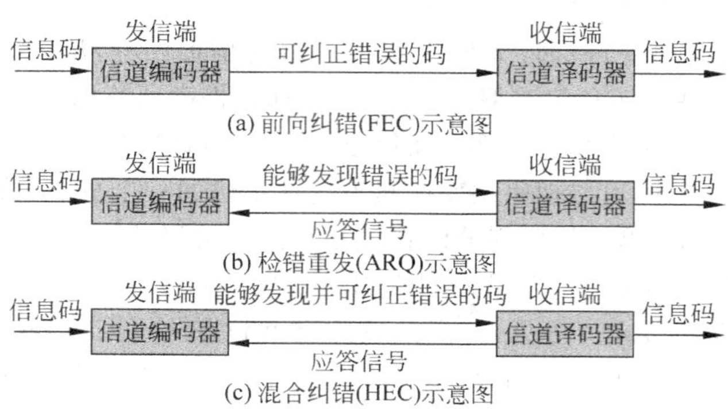

图 8-3 常用三种差错控制系统示意图

在前向纠错系统中，发信端将信息码经信道编码后变成能够纠正错误的码，然后通过信道发送出去；收信端收到这些码字后，根据与发信端约定好的编码规则，通过译码能自动发现并纠正因传输带来的数据错误。前向纠错方式只要求单向信道，因此特别适合只能提供单向信道的场合，同时也适合一点发送多点接收的广播方式。因为无须对发信端反馈信息，所以接收信号的延时小、实时性好。这种纠错系统的缺点是设备复杂成本高，且纠错能力愈强，编译码设备就愈复杂。

检错重发系统的发信端将信息码编成能够检错的码字发送到信道，收信端收到一个码字后进行检验，将有无误码的结果通过反向信道反馈给发信端作为对发信端的一个应答信号。发信端根据收到的应答信号做出是继续发送新的数据还是把出错的数据重发的判断。

检错重发系统根据工作方式又可分为三种，即停发等候重发系统、返回重发系统和选择重发系统，如图 8-4 所示。在图 8-4(a)中，发信端在 $t=0$ 时刻将码字 1 发给收信端，然后停止发送，等待收信端的应答信号。收信端收到该码字并检验后，将应答信号 ACK 发回发信端，发信端确认码字 1 无错，就将码字 2 发送出来；收信端对码字 2 进行检验后通过应答信号 ACK 告诉发信端没有错误，发信端接着发出码字 3，收信端判断该码字有错并以 NAK 告知发信端，发信端就将码字 3 重新发送一次，直到无错为止。从上述过程中可见，发信端由于要等收信端的应答信号，发送过程是间歇式的，所以数据传输效率不高。但由于该系统原理简单，在计算机通信中仍然得到应用。

返回重发系统的工作原理如图 8-4(b)描述，在这种系统中发信端不停顿地发送信息码字，不再等候 ACK 信号，如果收端发现错误并发回 NAK 信号，则发信端从下一个码字开始重发前一段 N 个码字，N 的大小取决于信号传输和处理所造成的延时，也就是发信端从发

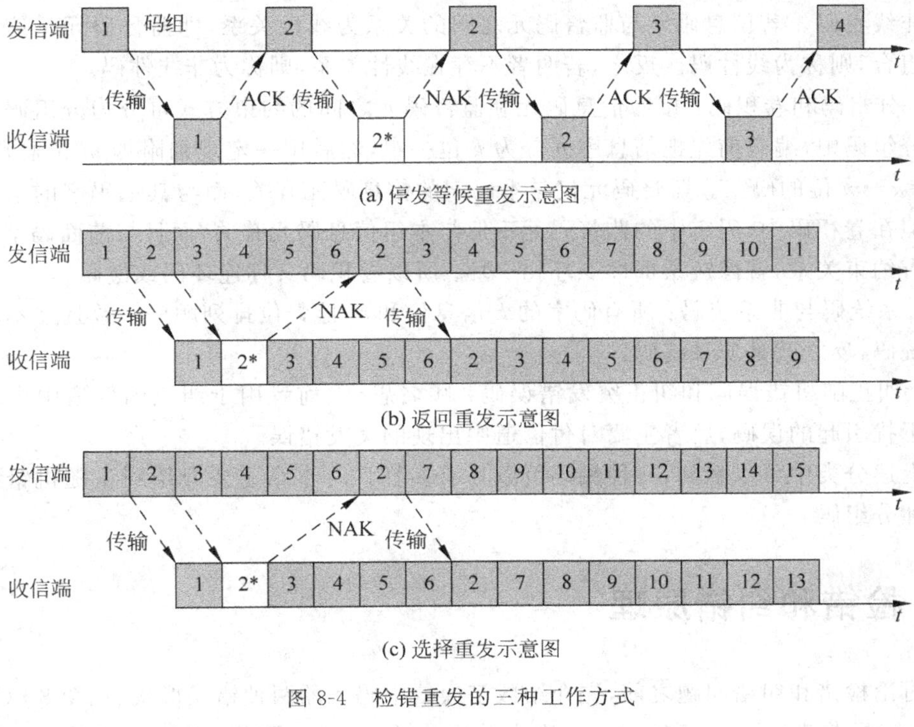

(a) 停发等候重发示意图

(b) 返回重发示意图

(c) 选择重发示意图

图 8-4 检错重发的三种工作方式

错误码字开始，到收到 NAK 信号为止所发出的码字个数，图中 $N=5$。收信端收到码字 2 有错，发信端在码字 6 后重发码字 2，3，4，5，6，收信端重新接收，发信端继续发后续码字。这种返回重发系统的传输效率比停发等候系统高，在很多数据传输系统中得到应用。

图 8-4(c)描述选择重发系统的工作过程：这种重发系统也是连续不断地发送码字，收信端检测到错误后发回 NAK 信号，但是发信端不是重发前 N 个码字，而是只重发有错误的那一组。图中显示发信端只重发收信端检出有错的码字 2、8 和 14，对其他码字不再重发。收信端对已认可的码字，从缓冲存储器读出时重新排序，恢复出正常的码字序列。显然，选择重发系统传输效率最高，但价格也最贵，因为它要求较为复杂的控制，在收、发两端都要求有数据缓存器。

混合纠错方式是前向纠错方式和检错重发方式的结合。如图 8-3(c)所示。其内层采用 FEC 方式，纠正部分差错；外层采用 ARQ 方式，重传那些虽已检出但未纠正的差错。混合纠错方式在实时性和译码复杂性方面是前向纠错和检错重发方式的折中，较适合环路延迟大的高速数据传输系统。

8.3 差错控制编码分类

根据不同的编码方式和衡量标准，差错控制编码主要分类如下。

(1) 检错码、纠错码和纠删码：根据编码功能可分为检错码、纠错码和纠删码三种类型，只能完成检错功能的叫检错码；具有纠错能力的叫纠错码；而纠删码既可检错也可纠错。

(2) 线性码和非线性码：按照信息码元和附加的监督码元之间的检验关系可以分为线性码和非线性码。若信息码元与监督码元之间的关系为线性关系，即监督码元是信息码元的线性组合，则称为线性码。反之，若两者不存在线性关系，则称为非线性码。

(3) 分组码和卷积码：按照信息码元和监督码元之间的约束方式可分为分组码和卷积码。在分组码中，编码前先把信息序列分为 k 位一组，然后用一定规则附加 m 位监督码元，形成 $n=k+m$ 位的码字。监督码元仅与本码字的信息码元有关，而与其他码字的信息码元无关。但在卷积码中，码字中的监督码元不但与本组信息码元有关，而且与前面码字的信息码元也有约束关系，就像链条那样一环扣一环；所以卷积码又称连环码或链码。

(4) 系统码与非系统码：所有码字的 k 信息位和 m 监督位排列顺序一致且互不相混的码叫系统码，反之就是非系统码。

(5) 纠正随机错误码和纠正突发错误码：顾名思义，前者用于纠正因信道中出现的随机独立干扰引起的误码，后者主要对付信道中出现的突发错误。

从上述分类中可以看到，一种编码可以具有多样性。本章主要介绍纠正随机错误的二进制线性分组码。

8.4 检错和纠错原理

在讨论检错和纠错问题之前，先介绍数字通信中码元的两种错误形式(见图 8-5(a))。

(1) 随机差错(见图 8-5(b))：也称为单比特差错，是由随机/起伏噪声引起的码元错误。其特点是码元中任意一位或几位发生从 0 变 1 或从 1 变 0 的错误是相互独立的，彼此之间没有联系；一般不会引起成片的码元错误。

(2) 突发差错(见图 8-5(c))：由突发噪声引起的码元错误，比如闪电、电器开关的瞬态、磁带缺陷等都属于突发噪声。该错误的特点是各错误码元之间存在相关性，因此是成片出现，也就是说突发错误是一个错误序列，该序列的首部和尾部码元都是错的，中间的码元有错的也有对的，但错的码元相对较多，错误序列的长度(包括首和尾在内的错误所波及的段落长度)称为突发长度。

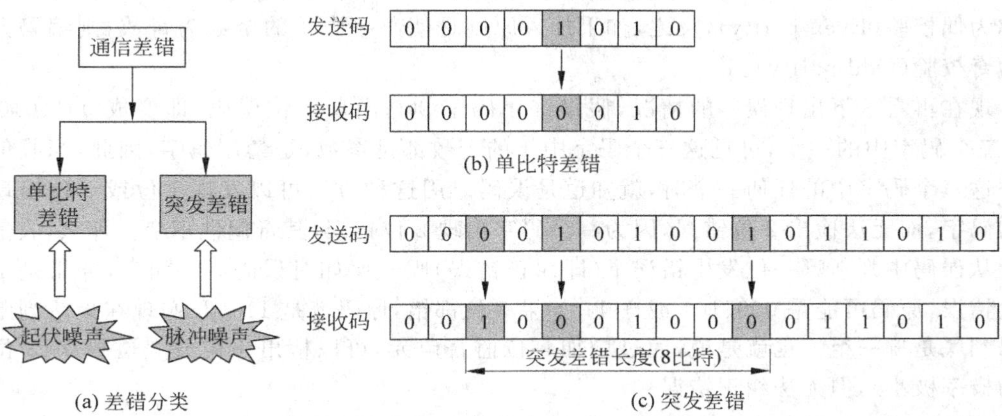

图 8-5 通信差错及其分类

根据前面给出的基本概念我们知道必须在信息码序列中加入监督码元才能完成检错和纠错功能，其前提是监督码元要与信息码之间有一种特殊关系。下面我们从一个简单的例子出发，详细介绍检错和纠错的基本原理。

假设要发送一组具有 4 个状态的数据信息(比如一个电压信号的 4 个值，1V、2V、3V、4V，或者气象信息的晴、阴、雨、雪)。首先要用二进制码对数据信息进行编码(信源编码)，显然，用 2 位二进制码就可完成，编码表如表 8-1 所示。

表 8-1 2 位编码表

数据信息	1V(晴)	2V(阴)	3V(雨)	4V(雪)
数据编码	00	01	10	11

假设不经信道编码，在信道中直接传输按表 8-1 中编码规则得到的 0、1 数字序列，则在理想情况下，收信端收到 00 就认为是 1V，收到 10 就是 3V，如此可完全了解发信端传过来的信息。而在实际通信中由于干扰的影响，会使信息码元发生错误从而出现误码(比如码字 00 变成 10、01 或 11)。从表 8-1 可见，任何一个码字不管是一位还是两位发生错误，都会使该码字变成另外一个信息码字，从而引起信息传输错误。因此，以这种编码形式得到的数字信号在传输过程中不具备检错和纠错的能力，这是我们所不希望的。

通过分析可以发现，问题的关键是 2 位二进制码的全部组合都是信息码字或称许用码字，其中任何一位(或两位)发生错误都会引起歧义。为了克服这一缺点，我们在每个码字后面再加 1 位码元，变成 3 位码字。这样，在 3 位码字的 8 种组合中只有 4 组是许用码字，其余 4 种被称为禁用码字，编码表变成表 8-2。

表 8-2 3 位编码表

数据信息	1V	2V	3V	4V	×	×	×	×
数据编码	000	011	101	110	001	010	100	111

在许用码字 000、011、101、110 中，右边加上的 1 位码元就是监督码元，它的加入原则是使码字中 1 的个数为偶数，这样监督码元就和前面 2 位信息码元发生了关系。这种编码方式称为偶校验(Even parity)，反之，如果加入原则是使码字中 1 的个数为奇数，则编码方式称为奇校验(Odd parity)。

现在再看一下出现误码的情况，假设许用码字 000 出现 1 位误码，即变成 001、010 或 100 三个码字中的一个，可见这三个码字中 1 的个数都是奇数，是禁用码字，因此，当收信端收到这三个码字中的任何一个时，就知道是误码。用这种方法可以发现 1 位或 3 位出现错误的码字，而无法检出 2 位错误，因为一个码字出现 2 位错误，其奇偶性不变。那么，收信端能否从误码中判断哪一位发生错误了(即纠正错误)呢？比如对误码 001 而言，如果是 1 位发生错误，原码可能是 000、101 或 011；如果 3 位都错，原码就是 110，我们现在无法判断出原码到底是哪一组。也就是说，通过增加一位监督码元，可以检出 1 位或 3 位错误(3 位出错的概率极小)，但无法纠正错误。

能否通过增加监督码元的位数来增加检错位数或实现纠错功能呢？比如在表 8-2 中再加 1 位监督码元变成 4 位编码(见表 8-3)，看看情况如何。

表 8-3 4 位编码表

数据信息	1V	2V	3V	4V	×	×	×	×
数据编码	0000	0110	1010	1100	0001	0010	1000	1111
					0100	0111	1011	1101
					1110	1001	0101	0011

编码原则仍然是偶校验。显然，检错 1 位和 3 位没问题，但检错 2 位还不行(比如 0000 变成 1100，而 1100 是许用码字)。设误码为 1110，则可能的原码为 0110、1010、1100、1111 四个(还按 1 位误码考虑)，而 0110、1010、1100 都是许用码字，因此无法纠错。必须注意，这里的纠错是对所有许用码字而言的，部分许用码字能够纠错还不能称为能够纠错，比如误码 0001 的可能原码有 0000、0011、0101、1001，其中 0011、0101 和 1001 都是禁用码字，因此原码只能是 0000，可见对 0001 可以纠错，但我们不能说这种编码方式可以纠正一位错误(因为不能对全部许用码字纠错)。可见，简单地增加一位监督码元并没有提高检错与纠错能力，那么，检错与纠错能力到底与什么有关呢？在回答这个问题之前，先介绍两个新概念——码元的汉明(Hamming)距离和码元的汉明重量。

码元汉明距离就是两个码字中对应码位上码元不同的个数，简称码距(也称汉明距)。码距反映的是码字之间的差异程度。比如，00 和 01 两组码的码距为 1；011 和 100 的码距为 3。那么，多个码字之间相互比较，可能会有不同的码距，其中的最小值被称为最小码距(用 d_{min} 表示)。表 8-3 中的 4 个许用码字的最小码距为 2。

码元的汉明重量简称码重，被定义为一个码字中非零码元的个数，用字母 W 表示。比如，码字 100110 的码重为 3，0110 的码重是 2。它反映一个码字中“1”和“0”的“比重”。

有分析表明，一种编码方式的检错和纠错能力与许用码字中的最小码距有关。根据理论推导，可以得出以下结论。

(1) 在一个码字内要想检出 e 位误码，要求最小码距为：

$$d_{\min} \geqslant e+1 \tag{8.4-1}$$

(2) 在一个码字内要想纠正 t 位误码，要求最小码距为：

$$d_{\min} \geqslant 2t+1 \tag{8.4-2}$$

(3) 在一个码字内要想纠正 t 位误码，同时检测出 e 位误码($e>t$)，要求最小码距为：

$$d_{\min} \geqslant t+e+1, \quad e>t \tag{8.4-3}$$

假如有码字 0000 和 1111，其码距为 4。对式(8.4-1)可以这样理解：若原码为 0000，接收码为 0001、0011 或 0111，显然可以断定接收码出现 1 位、2 位和 3 位错误，即若只用于检错，码距为 4 的码字可检测出 3 位错误；同样的情况，用式(8.4-2)可以发现 0001 是错码，并可认定原码为 0000。但对 0011 不能纠正，因为无法断定原码是 0000 还是 1111。而对 0111，只能认定是 1 位错误，原码为 1111。所以，式(8.4-2)只能纠正 1 位错误；所谓能纠正 t 位误码，同时检测出 e 位误码的意思是指当错码不超过 t 位时，错码能够自动纠正，当错码超过 t 位时，则不能纠正错误，但仍可检测出 e 位误码，这正是混和检错纠错的控制方式。比如上述码字按式(8.4-3)可知，能够纠正 1 位错误，比如收到 0100，可自动将 1 变为 0，当收到 1100 时，则无法纠正，但仍可发现有 2 位错误，当收到 1101 时，只能按 1 位错误纠正为 1111，而不能判定为 3 位错误纠正为 0000。

有了上述结论我们就知道表 8-3 和表 8-2 中的编码检错和纠错能力之所以一样，是因为它们的最小码距都是 2。

显然，要提高编码的纠、检错能力，不能仅靠简单地增加监督码元位数(即冗余度)，更重要的是要加大最小码距(即码字之间的差异程度)，而最小码距的大小与编码的冗余度是有关的，最小码距增大，码元的冗余度就增大，但码元的冗余度增大，最小码距不一定增大。因此，可得出以下结论。

一种编码方式具有检错和纠错能力的先决条件是信息编码必须有冗余，而检错和纠错能力的大小由最小码距决定。

另外，检错要求的冗余度比纠错要低。

在把 k 位信息码编制成 n 位差错控制码的过程中，我们把信息码的位数 k 与差错控制码的位数 n 之比定义为编码效率用 R_c 表示，即：

$$R_c = k/n \tag{8.4-4}$$

因为 $k<n$，所以，$R_c<1$。显然，编码的冗余度越大，编码效率越低，也就是说，通信系统可靠性的提高，是以降低有效性(即编码效率)来换取的。

差错控制编码的关键技术(也是努力方向)就是寻找一种好的编码方法，在一定的差错控制能力要求下，使得编码效率尽可能高，同时译码方法尽可能简单。

注：汉明码是 1950 年由美国数学家理查德·卫斯里·汉明(Richard Wesley Hamming，1915 年 2 月 11 日—1998 年 1 月 7 日)提出的一种能纠正单比特错误的线性分组码。

8.5 几种常用的检错码

8.5.1 奇偶校验码

奇偶校验码是数据通信中最常见的一种简单检错码，其编码规则是：把信息码先分组，形成多个许用码字，在每一个许用码字最后（最低位）加上一位监督码元即可。加上监督码元后使该码字中1的数目为奇数的编码称为奇校验码，为偶数的编码称为偶校验码。根据编码分类，可知奇偶校验码属于一种检错、线性、分组系统码。

奇偶校验码的监督关系可以用以下公式进行表述。假设一个码字的长度为n（在计算机通信中，常为一个字节），表示为$(a_{n-1}a_{n-2}a_{n-3}\cdots a_0)$，其中前$n-1$位是信息码，最后一位$a_0$为校验位，即监督码元，那么，对于偶校验码必须保证：

$$a_{n-1}\oplus a_{n-2}\oplus a_{n-3}\oplus\cdots\oplus a_0=0 \tag{8.5-1}$$

监督码元a_0的取值（0或1）可由下式决定：

$$a_0=a_{n-1}\oplus a_{n-2}\oplus a_{n-3}\oplus\cdots\oplus a_1 \tag{8.5-2}$$

对于奇校验码必须保证：

$$a_{n-1}\oplus a_{n-2}\oplus a_{n-3}\oplus\cdots\oplus a_0=1 \tag{8.5-3}$$

监督码元a_0的取值（0或1）可由式(8.5-4)决定：

$$a_0=a_{n-1}\oplus a_{n-2}\oplus a_{n-3}\oplus\cdots\oplus a_1\oplus 1 \tag{8.5-4}$$

根据奇偶校验的规则我们可以看到，当码字中的误码为偶数时，校验失效。比如有两位发生错误，会有这样几种情况：00变成11、11变成00、01变成10、10变成01，可见无论哪种情况出现都不会改变码字的奇偶性，偶校验码中1的个数仍为偶数，奇校验码中1的个数仍为奇数。因此，简单的奇偶校验码只能检测出奇数个位发生错误的码字。

下面讨论奇偶校检码的码距问题。假设两个码字同为奇数（或偶数）码字，如果两组码只有1位不同，则它们的奇偶性就不同，这与假设相矛盾；如果两组码有2位不同，则它们的奇偶性不变。再假设两个码字奇偶性不同，如果两组码只有1位不同，则它们就变成奇偶性相同的码，这与假设相矛盾；如果两组码有2位不同，则它们的奇偶性不变。换句话说，因构造不出码距为1的奇偶校检码，所以，奇偶校验码的最小码距只能为2。

8.5.2 水平奇偶校验码

为克服上述简单奇偶校验码检错能力不高且不能检测突发错误的缺点，我们可以将经过简单奇偶校验编码的码字按行排列成方阵，每一行是一个码字，若有n个码字则方阵就有n行。比如，有经过奇偶校验编码的7个码字01011011001、01010100100、00110000110、11000111001、00111111110、00010011111、11101100001排成方阵共有7行（见表8-4）。如果传输时按码字逐行传输的话，则与简单奇偶校验码没有区别。但若发信端按列进行传输，即：00010011101001001010 1⋯1001011（如表中箭头所示）。收信端按列接收后再按行还原成发信端的方阵，然后按行进行奇偶校验，则纠错情况就会发生变化。观察该表可见，因为是逐列发送，在一列中不管出现几个误码（偶数个或奇数个），对应在每一行都只是一位误码,所以都可以通过水平奇偶校验检验出来;但对于每一行(一个码字)而言仍然只能检出所有奇数个错误。与简单奇偶校验编码相比,这种方法的最大优点是可以检出所有长度小于行数(码字数)的突发错误。

表 8-4 水平偶校验码

	信息码元										监督(校验)码元
码组 1	0	1	0	1	1	0	1	1	0	0	1
码组 2	0	1	0	1	0	1	0	0	1	0	0
码组 3	0	0	1	1	0	0	0	0	1	1	0
码组 4	1	1	0	0	0	1	1	1	0	0	1
码组 5	0	0	1	1	1	1	1	1	1	1	0
码组 6	0	0	0	1	0	0	1	1	1	1	1
码组 7	1	1	1	0	1	1	0	0	0	0	1

8.5.3 二维奇偶校验码

在上述水平奇偶校验编码的基础上,若再加上垂直奇偶校验编码就构成二维奇偶校验码。比如对表 8-4 的 7 个码字再加上一行就构成二维偶校验码,如表 8-5 所示。

表 8-5 二维偶校验码

	信息码元										监督(校验)码元
码组 1	0	1	0	1	1	0	1	1	0	0	1
码组 2	0	1	0	1	0	1	0	0	1	0	0
码组 3	0	0	1	1	0	0	0	0	1	1	0
码组 4	1	1	0	0	0	1	1	1	0	0	1
码组 5	0	0	1	1	1	1	1	1	1	1	0
码组 6	0	0	0	1	0	0	1	1	1	1	1
码组 7	1	1	1	0	1	1	0	0	0	0	1
监督码元	0	0	1	1	1	0	0	0	0	1	0

二维奇偶校验码在发送时仍按列发送(如箭头所示),收信端顺序接收后仍还原成表 8-5 的方阵形式。二维奇偶校验码比一维奇偶校验码多了个列校验,因此,其检错能力有所提高。除了检出行中的所有奇数个误码及长度不大于行数的突发性错误外,还可检出列中的所有奇数个误码及长度不大于列数的突发性错误,同时还能检出码字中大多数出现偶数个错误的情况,比如,在码字 1 中头两位发生错误,从 01 变成 10,则第 1 列的 1 就变成 3 个,第 2 列的 1 也变成 3 个,而两列的校验码元都是 0,所以可以查出这两列有错误,也就是说,码字中出现了 2 位(偶数位)误码,但具体是哪一个码字(那一行)出现误码还无法判断。

8.5.4 群计数码

奇偶校验码是通过添加监督位将码字的码重配成奇数或偶数。而群计数码的编码原则是先算出信息码字的码重,然后用二进制计数法将码重作为监督码元添加到信息码字的后面。比如表 8-4 中的 7 个信息码字变成群计数码后的形式见表 8-6。

表 8-6 群计数码

	信息码元	监督(校验)码元
码字 1(码重 5)	0 1 0 1 1 0 1 1 0 0	0 1 0 1
码字 2(码重 4)	0 1 0 1 0 1 0 0 1 0	0 1 0 0
码字 3(码重 4)	0 0 1 1 0 0 0 0 1 1	0 1 0 0
码字 4(码重 5)	1 1 0 0 0 1 1 1 0 0	0 1 0 1
码字 5(码重 8)	0 0 1 1 1 1 1 1 1 1	1 0 0 0
码字 6(码重 5)	0 0 0 1 0 0 1 1 1 1	0 1 0 1
码字 7(码重 5)	1 1 1 0 1 1 0 0 0 0	0 1 0 1

这种码属于非线性分组系统码，检错能力很强，除了能检出码字中奇数个错误之外，还能检出偶数个 0 变 1 或 1 变 0 的错误。可以验证，除了无法检出 1 变 0 和 0 变 1 成对出现的误码外，这种码可以检出其他所有形式的错误。

8.5.5 恒比码

恒比码的编码原则是从确定码长的码字中挑选那些“1”和“0”个数的比值一样的码字作为许用码字。

这种码通过计算接收码字中“1”的个数是否正确，就可检测出有无错误。

表 8-7 是我国邮电部门在国内通信中采用的五单位数字保护电码，它是一种五中取三的恒比码。每个码字的长度为 5，其中“1”的个数为 3，每个许用码字中“1”和“0”个数的比值恒为 3/2。许用码字的个数就是 5 中取 3 的组合数，即 $C_5^3=5!/(3!\ 2!)=10$，正好可以表示 10 个阿拉伯数字。

不难看出这种码的最小码距是 2，它能够检出码字中所有奇数个错误和部分偶数个错误。该码也是非线性分组码，但不是系统码，其主要优点是简单，适用于对电传机或其他键盘设备产生的字母和符号进行编码。

表 8-7 五单位保护电码表

阿拉伯数字	编码	阿拉伯数字	编码
0	01101	5	00111
1	01011	6	10101
2	11001	7	11100
3	10110	8	01110
4	11010	9	10011

8.6 线性分组码

对于信源输出的 2^k 个离散消息，信源编码器可以用 k 位二进制码对它们进行编码，形成 2^k 个具有 k 位码元的码字(码组)，这些码字被称为信息码字，通常用矩阵 $\boldsymbol{D}$ 表示。

若在每个 k 位信息码字后面添加 m 位码元，就会形成 2^k 个 n 位码字($n=k+m$)。而添加的 m 个码元不携带欲传送的信息，这些码元被称为监督码元或校验码元。因此，把这种用对每个信息码字附加若干位监督码元的编码方法得到的码字集合称为分组码，常用矩阵 $\boldsymbol{C}$ 表示。

显然，如果上述分组码每个码字之间没有关系的话(彼此独立或线性无关)，则对于大的 k 值或 n 值(信息码或分组码的码长很大)，编码设备会极为复杂，因为编码设备必须储存 2^k 个码长为 n 的码字。鉴于此，我们需要构造码字之间有某种关系的分组码，以降低编码的复杂性。线性分组码就是满足这一条件的一种分组码。

如果分组码中的信息码元和监督码元满足一组线性方程的话，则称其为线性分组码。否则，即为非线性分组码。通常，把长度为 n，有 2^k 个码字的线性分组码称为线性(n,k)码或(n,k)线性码。

线性分组码有以下两个重要性质。

(1) 封闭性。即任意两个许用码字之模 2 和仍为一许用码字，这个性质隐含着线性分组码必须包含全零码字这一结论；

(2) 码字的最小码距等于非零码的最小码重。利用这一性质，可以迅速方便地找出一种线性分组码的最小码距，从而判断该码的检/纠错能力。

在(n,k)码中，虽然有 2^k 个码字，但因为有了线性条件，2^k 个码字中只有 k 个独立，其余的都可以通过这 k 个独立的码字线性组合而成(模 2 加)，因此，编码设备无须储存 2^k 个码长为 n 的码字，而只需保存 k 个线性无关的码字即可。

比如一个共有 8 个码字 $n=7,k=3$ 的分组码，即 $\boldsymbol{C}=[c_1,c_2,c_3,c_4,c_5,c_6,c_7]$，其中 c_1，c_2，c_3 为信息码，其余为监督码。若该分组码满足线性条件：

$$c_7=c_2+c_3,\quad c_6=c_1+c_2,\quad c_5=c_1+c_2+c_3,\quad c_4=c_1+c_3$$

则对于 3 个信息码字 001、010 和 100 可构造出 3 个线性无关的分组码字 0011101、0100111 和 1001110。其余 4 个分组码字(不包含全零码字)均可由这 3 个码组线性组合而成。

$$0111010=0011101+0100111$$
$$1101001=0100111+1001110$$
$$1010011=0011101+1001110$$
$$1110100=0011101+0100111+1001110$$

因此，对于上述的(7,3)码，编码设备只需存储 0011101、0100111 和 1001110 三个分组码字即可。

设有一(n,k)线性分组码，即 $c_1,c_2,\cdots,c_n$；其中信息码字为 $d_1,d_2,\cdots,d_k$，分组码码字格式见图 8-6。具有这种结构的线性分组码又叫做线性分组系统码。

显然：

$$\boldsymbol{C}=[c_1\ c_2\ \cdots\ c_n] \tag{8.6-1}$$

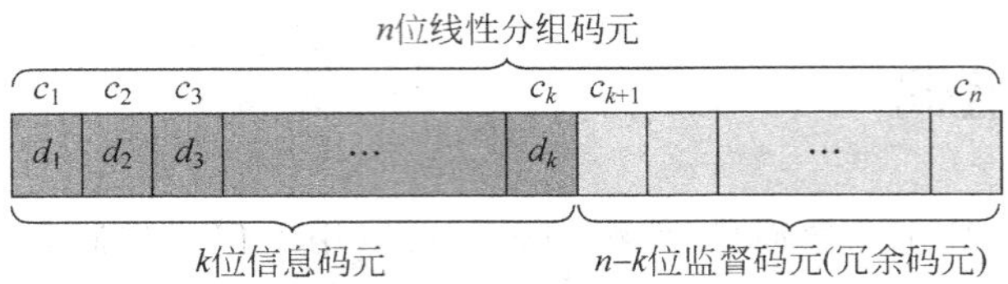

图 8-6　线性分组码码字格式

$$\boldsymbol{D}=[d_1\ d_2\ \cdots\ d_k] \tag{8.6-2}$$

每一个分组码字可以由信息码元线性组合而成，即：

$$\begin{aligned}
c_1 &= d_1\\
c_2 &= d_2\\
c_3 &= d_3\\
&\vdots\\
c_k &= d_k\\
c_{k+1} &= h_{11}d_1 \oplus h_{12}d_2 \oplus \cdots \oplus h_{1k}d_k\\
c_{k+2} &= h_{21}d_1 \oplus h_{22}d_2 \oplus \cdots \oplus h_{2k}d_k\\
&\vdots\\
c_n &= h_{m1}d_1 \oplus h_{m2}d_2 \oplus \cdots \oplus h_{mk}d_k
\end{aligned}$$

式中，h_{ij} 是二进制常数，值为 0 或 1；$h_{mi}d_i$ 表示模 2 乘，也可表示为 $h_{mi}d_i$。其运算规则是：$1\odot 0=0\odot 1=0\odot 0=0$；$1\odot 1=1$。可见，在线性分组码中，信息码元和监督码元可以用线性方程联系起来。上述各式描述一个分组码码字与一个信息码码字之间的关系。

将上述 $\boldsymbol{C}$ 与 $\boldsymbol{D}$ 的 n 个关系式用矩阵表示为：

$$[c_1\ c_2\ \cdots\ c_n]=[d_1\ d_2\ \cdots\ d_k]\cdot\begin{bmatrix}1 & 0 & 0 & \cdots & 0 & h_{11} & h_{21} & \cdots & h_{m1}\\ 0 & 1 & 0 & \cdots & 0 & h_{12} & h_{22} & \cdots & h_{m2}\\ \vdots & \vdots & \vdots & \vdots & \vdots & \vdots & \vdots & \vdots & \vdots\\ 0 & 0 & 0 & \cdots & 1 & h_{1k} & h_{1k} & \cdots & h_{mk}\end{bmatrix}$$

即：

$$\boldsymbol{C}=\boldsymbol{D}\cdot\boldsymbol{G} \tag{8.6-3}$$

式中，$\boldsymbol{G}$ 称为生成矩阵，是一个 $k\times n$ 阶矩阵，具体形式为：

$$\boldsymbol{G}=\begin{bmatrix}1 & 0 & 0 & \cdots & 0 & h_{11} & h_{21} & \cdots & h_{m1}\\ 0 & 1 & 0 & \cdots & 0 & h_{12} & h_{22} & \cdots & h_{m2}\\ \vdots & \vdots & \vdots & \vdots & \vdots & \vdots & \vdots & \vdots & \vdots\\ 0 & 0 & 0 & \cdots & 1 & h_{1k} & h_{2k} & \cdots & h_{mk}\end{bmatrix}$$

该矩阵又可分解为两个子矩阵：

$$\boldsymbol{G}=\left[\begin{array}{ccccc:cccc}1 & 0 & 0 & \cdots & 0 & h_{11} & h_{21} & \cdots & h_{m1}\\ 0 & 1 & 0 & \cdots & 0 & h_{12} & h_{22} & \cdots & h_{m2}\\ \vdots & \vdots & \vdots & \vdots & \vdots & \vdots & \vdots & \vdots & \vdots\\ 0 & 0 & 0 & \cdots & 1 & h_{1k} & h_{2k} & \cdots & h_{mk}\end{array}\right]=[\boldsymbol{I}_k\quad \boldsymbol{Q}] \tag{8.6-4}$$

其中 $\boldsymbol{I}_k$ 是 $k\times k$ 阶单位阵，$\boldsymbol{Q}$ 为 $k\times m$ 阶矩阵，即：

$$\boldsymbol{I}_k=\begin{bmatrix}1 & 0 & 0 & \cdots & 0\\ 0 & 1 & 0 & \cdots & 0\\ \vdots & \vdots & \vdots & \vdots & \vdots\\ 0 & 0 & 0 & \cdots & 1\end{bmatrix}$$

$$\boldsymbol{Q}=\begin{bmatrix}h_{11} & h_{12} & \cdots & h_{m1}\\ h_{21} & h_{22} & \cdots & h_{m2}\\ \vdots & \vdots & \vdots & \vdots\\ h_{1k} & h_{2k} & \cdots & h_{mk}\end{bmatrix}$$

这样，分组码 $\boldsymbol{C}$ 又可表示为：

$$\boldsymbol{C}=\boldsymbol{D}\cdot[\boldsymbol{I}_k\,\boldsymbol{Q}] \tag{8.6-5}$$

需要说明的是，上述各式中的 $\boldsymbol{C}$ 和 $\boldsymbol{D}$ 可以是由一个码字构成的一个行向量，也可以是由 2^k 个行向量构成的 $2^k\times n$ 阶分组码矩阵或 $2^k\times k$ 阶信息码矩阵。

式(8.6-3)说明，(n,k)线性码完全由生成矩阵 $\boldsymbol{G}$ 的 k 行元素决定，即任意一个分组码的码字都是 $\boldsymbol{G}$ 的行向量的线性组合。而(n,k)线性码中的任何 k 个线性无关的码字都可用来构成生成矩阵，因此，生成矩阵 $\boldsymbol{G}$ 的各行都线性无关，如果各行之间有线性相关的，就不可能由 $\boldsymbol{G}$ 生成 2^k 个不同的码字了。其实，$\boldsymbol{G}$ 的各行本身就是一个码字。如果已有 k 个线性无关的码字，则可用其直接构成 $\boldsymbol{G}$ 矩阵，并由此生成其余码字。

用能够分块为 $\boldsymbol{I}_k$ 和 $\boldsymbol{Q}$ 的生成矩阵 $\boldsymbol{G}$ 产生的线性分组码就是系统码，其特征是前 k 位元素与信息码完全相同。不能分块的生成矩阵 $\boldsymbol{G}$ 所产生的线性分组码就是非系统码。

系统码的编码器只需存储 $k\times m$ 个元素（非系统码要存储 $k\times n$ 个），就可根据信息向量（矩阵）构造出相应的分组码码字（或分组码矩阵），从而降低了编码的复杂性，并提高了编码效率。

因为系统码的编/译码器比较简单，且检、纠错性能与非系统码相同，所以，以下只讨论系统码的相关问题。

【例题 8-1】 给定一个(7,4)线性分组码的生成矩阵 $\boldsymbol{G}$

$$\boldsymbol{G}=\begin{bmatrix}g_1\\ g_2\\ g_3\\ g_4\end{bmatrix}=\begin{bmatrix}1 & 0 & 0 & 0 & 1 & 1 & 0\\ 0 & 1 & 0 & 0 & 0 & 1 & 1\\ 0 & 0 & 1 & 0 & 1 & 1 & 1\\ 0 & 0 & 0 & 1 & 1 & 0 & 1\end{bmatrix}$$

若信息码为 $d=[1101]$，求该信息码的线性分组编码 C。

【解】 根据式(8.6-3)可得：

$$\boldsymbol{C}=D\cdot G=[1\quad 1\quad 0\quad 1]\cdot\begin{bmatrix}g_1\\ g_2\\ g_3\\ g_4\end{bmatrix}=[1\quad 1\quad 0\quad 1]\cdot\begin{bmatrix}1 & 0 & 0 & 0 & 1 & 1 & 0\\ 0 & 1 & 0 & 0 & 0 & 1 & 1\\ 0 & 0 & 1 & 0 & 1 & 1 & 1\\ 0 & 0 & 0 & 1 & 1 & 0 & 1\end{bmatrix}$$

$$=[1\quad 1\quad 0\quad 1\quad 0\quad 0\quad 0]$$

即对信息码[1101]的线性分组编码为[0001101]。注意：矩阵乘法采用模 2 乘和模 2 加。

上式也可写成：

$$\boldsymbol{C}=1\cdot g_1\oplus 1\cdot g_2\oplus 0\cdot g_3\oplus 1\cdot g_4$$

$$=[1\ 0\ 0\ 0\ 1\ 1\ 0]\oplus[0\ 1\ 0\ 0\ 0\ 1\ 1]\oplus[0\ 0\ 0\ 1\ 1\ 0\ 1]$$
$$=[1\ 1\ 0\ 1\ 0\ 0\ 0]$$

由以上讨论可知，编码前的信息码字共有 2^k 种组合，而编码后的码字在 k 位信息码元之外还附加了 m 位校验码元，共有 2^n 种组合，显然，$2^n > 2^k$，这就是说 $\boldsymbol{C}$ 与 $\boldsymbol{D}$ 的关系不唯一。因此，选择适当的矩阵 $\boldsymbol{Q}$，就可得到既具有较强的检错或纠错能力，实现方法又比较简单且编码效率较高的一种线性分组码。

为了评价线性分组码的差错控制能力，只需求出分组码中非零码的最小码重(等于码字的最小码距)，然后利用式(8.4-1)、式(8.4-2)和式(8.4-3)计算即可。

需要说明的是，任何线性分组码都包含全零码字。因为任一码字与其本身模 2 加都会得到全零码字。

【例题 8-2】 已知线性(6,3)码的生成矩阵为：

$$\boldsymbol{G}_1=\begin{bmatrix}1&0&1&0&1&1\\1&1&0&1&0&1\\1&1&1&0&0&0\end{bmatrix},\quad \boldsymbol{G}_2=\begin{bmatrix}1&0&0&1&1&0\\0&1&0&0&1&1\\0&0&1&1&0&1\end{bmatrix}$$

求：两组线性分组码及其差错控制能力。

【解】 因为 $k=3$，所以信息码码字矩阵(3×8 阶)为：

$$D=\begin{bmatrix}0&0&0\\0&0&1\\0&1&0\\0&1&1\\1&0&0\\1&0&1\\1&1&0\\1&1&1\end{bmatrix}$$

则由式(8.6-3)可得出分组码码字矩阵分别为：

$$\boldsymbol{C}_1=\begin{bmatrix}0&0&0&0&0&0\\1&1&1&0&0&0\\1&1&0&1&0&1\\0&0&1&1&0&1\\1&0&1&0&1&1\\0&1&0&0&1&1\\0&1&1&1&1&0\\1&0&0&1&1&0\end{bmatrix},\quad \boldsymbol{C}_2=\begin{bmatrix}0&0&0&0&0&0\\0&0&1&1&0&1\\0&1&0&0&1&1\\0&1&1&1&1&0\\1&0&0&1&1&0\\1&0&1&0&1&1\\1&1&0&1&0&1\\1&1&1&0&0&0\end{bmatrix}$$

可见，分组码 C_1 的前 3 位与信息码不完全相同，是非系统码；而分组码 C_2 的前 3 位与信息码完全相同，是系统码。

不考虑全零码，分组码 C_1 和 C_2 的最小码重都为 3，则它们的最小码距 $d_{\min}=3$。根据式(8.4-1)、式(8.4-2)和式(8.4-3)可知两组分组码都能够检 2 位错，纠 1 位错，但不能同时纠 1 位错检 1 位错。

下面简要介绍译码原理。

从式(8.6-5)可得：

$$C=D[I_k\,Q]=[D\,DQ]=[D\,C_m] \tag{8.6-6}$$

$$C_m=DQ \tag{8.6-7}$$

式中，C_m 是 $k\times m$ 阶监督码元矩阵。

式(8.6-7)两边模二加 C_m，可得：$DQ\oplus C_m=0$，该式可变为矩阵相乘形式，即

$$[D\,C_m]\cdot\begin{bmatrix}Q\\I_m\end{bmatrix}=0 \tag{8.6-8}$$

令 $H^{\mathrm{T}}=\begin{bmatrix}Q\\I_m\end{bmatrix}$，则有 $H=[Q^{\mathrm{T}}\quad I_m]$。其中 Q^{T} 是 $m\times k$ 阶矩阵，可用 P 表示，即

$$P=Q^{\mathrm{T}}\quad 或\quad Q=P^{\mathrm{T}} \tag{8.6-9}$$

则有：

$$H=[P\,I_m] \tag{8.6-10}$$

通常，把 H 称为一致校验矩阵或一致监督矩阵。具有$[P\,I_m]$形式的 H 矩阵称为典型形式的监督矩阵。由典型形式的监督矩阵及信息码元很容易算出各监督码元。

线性代数理论告诉我们，典型形式监督矩阵各行一定是线性无关的，因此由它可以得到 m 个独立的监督位。非典型形式的监督矩阵可以通过行运算或列互换化为典型形式，除非非典型形式监督矩阵的各行不是线性无关的。

比较式(8.6-4)和式(8.6-10)可见，借助式(8.6-9)可由校验矩阵 H 可以求得生成矩阵 G，反之亦然。

将式(8.6-6)和 H^{T} 代入式(8.6-8)可得：

$$CH^{\mathrm{T}}=0 \tag{8.6-11}$$

该式说明任何码字和校验矩阵 H 的转置相乘，其结果为 m 位零向量。设收信端接收码字为 R，将 R 代入式(8.6-11)计算。若结果为零，说明没有错码，即 $R=C$。可见，校验矩阵能够检测码字的正确性，“校验”之名由此而来。

可以推导出校验矩阵 H 与生成矩阵 G 满足：

$$GH^{\mathrm{T}}=HG^{\mathrm{T}}=0 \tag{8.6-12}$$

设行向量 $R=[r_1\,r_2\cdots\,r_n]$是收信端通过信道收到的码字。由于信道干扰会产生误码，接收向量 R 和发送向量 C 就会有差别，我们用向量 $E=[e_1\,e_2\cdots\,e_n]$表示这种差别。由此定义三者之间的关系为：

$$E=R+C \tag{8.6-13}$$

这里的“+”号仍为模 2 加。若 R 中的某一位 r_i 与 C 中的相同位 c_i 一样时，E 中的 $e_i=0$；若不同(即出现误码)，则 $e_i=1$。可见向量 E 能够反映误码状况，因此，称之为错误向量或错误图样。比如，发送向量 $C=[1\,1\,0\,1\,1\,0\,0\,1]$，而接收向量 $R=[1\,0\,0\,0\,1\,0\,1\,1]$，显然，$R$ 中有 3 个错误，由式(8.6-10)可得错误图样 $E=[0\,1\,0\,1\,0\,0\,1\,0]$。可见，$E$ 的码重就是误码的个数，因此 E 的码重越小越好。

式(8.6-13)也可写为：

$$R=E+C \tag{8.6-14}$$

定义矩阵 S 为伴随式：

$$S=RH^{\mathrm{T}} \tag{8.6-15}$$

则由式(8.6-11)、式(8.6-14)和式(8.6-15)得：

$$\boldsymbol{S}=(\boldsymbol{E}+\boldsymbol{C})\boldsymbol{H}^{\mathrm{T}}=\boldsymbol{E}\boldsymbol{H}^{\mathrm{T}}+\boldsymbol{C}\boldsymbol{H}^{\mathrm{T}}=\boldsymbol{E}\boldsymbol{H}^{\mathrm{T}} \tag{8.6-16}$$

式(8.6-16)表明伴随式 $\boldsymbol{S}$ 只与错误图样 $\boldsymbol{E}$ 有关，而和发送码字无关。$\boldsymbol{S}$ 可以称为 $\boldsymbol{R}$ 的伴随式。

当通信双方确定了信道编码后，生成矩阵 $\boldsymbol{G}$ 和与之紧密相关的监督矩阵 $\boldsymbol{H}$ 也就随之而定。对于收信端而言，它可以知道生成矩阵 $\boldsymbol{G}$、监督矩阵 $\boldsymbol{H}$ 以及接收到的行向量 $\boldsymbol{R}$。

为了译码，收信端先利用式(8.6-15)求出伴随式 $\boldsymbol{S}$，然后利用式(8.6-16)解出错误图样 E，最后根据式(8.6-13)或式(8.6-14)解出发送码字 $\boldsymbol{C}$。图 8-7 给出编码与译码示意图。

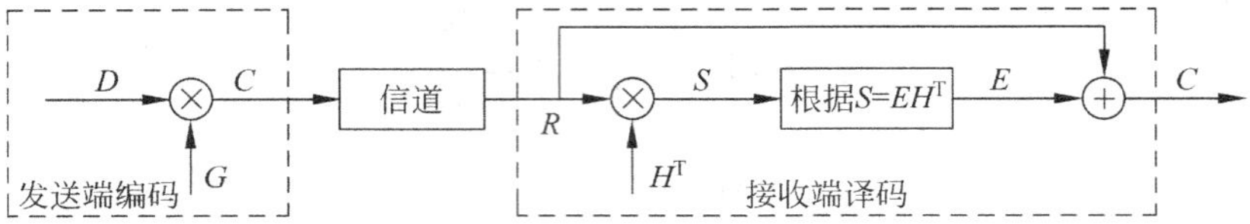

图 8-7　线性分组码编码与译码示意图

需要说明的是，上述步骤仅仅是一个概念上的解释，具体方法还比较麻烦。因为对于一个伴随式 $\boldsymbol{S}$，有 2^k 个错误图样与之对应，需要译码器通过列译码表，确定其中一个真正的错误图样代入式(8.6-13)，才能求解正确码字。有关内容超出本书范围，有兴趣的读者可参阅其他相关书籍。

【例题 8-3】 设发送序列为 11010100111，接收序列为 01101011011，求差错图样和突发长度。

【解】 由式(8.6-10)得错误图样 $E=R+C=11010100111+01101011011=10111111100$

可见，E 中的第一个“1”到最后一个“1”共有 9 个码，因此，突发长度为 9。

8.7 循环码

循环码是线性分组码的一个重要分支，有许多特殊的代数性质，因此，循环码有较强的纠错能力，而且其编码和译码电路很容易用移位寄存器实现，故在 FEC 系统中得到了广泛的应用。

循环码可定义为：对于一个(n,k)线性码 $\boldsymbol{C}$，若其中的任一码字向左或向右循环移动任意位后仍是 $\boldsymbol{C}$ 中的一个码字，则称 $\boldsymbol{C}$ 是一个循环码。循环码是一种分组码，前 k 位为信息码元，后 r 位为监督码元。它除了具有线性分组码的封闭性之外，还具有一个独特的性质即循环性。循环性指的是任一许用码字经过循环移位后所得到的码字仍为一许用码字。若 $\boldsymbol{C}=[c_1,c_2,\cdots,c_n]$是一个循环码字，对它左循环移位一次，得到 $\boldsymbol{C}^{(1)}=[c_2,c_3,\cdots,c_n,c_1]$也是许用码字，移位 i 次得到 $\boldsymbol{C}^{(i)}=[c_{i+1},c_{i+2},\cdots,c_n,c_1,c_i]$也是许用码字。不论右移或左移，移位位数多少，其结果均为循环码字。

在代数编码理论中，可以把循环码字中各码元当做一个多项式的系数，即把一个长为 n 的码字表示为：

$$c(x)=c_1x^{n-1}+c_2x^{n-2}+\cdots+c_n$$

式中，$c(x)$称为码多项式，变量 x 称为元素，其幂次对应元素的位置，它的系数即为元素的取值(我们不关心 x 本身的取值)，系数之间的加法和乘法仍服从模 2 规则。

比如一个(7,3)循环码(见表 8-8)中第 7 个码字为(1100101)，则该码字可表示为：

$$c_7(x)=1\cdot x^6+1\cdot x^5+0\cdot x^4+0\cdot x^3+1\cdot x^2+0\cdot x+1=x^6+x^5+x^2+1$$

表 8-8　一种(7,3)循环码的全部码字

码字编号	信息位 $c_1c_2c_3$	监督位 $c_4c_5c_6c_7$	码字编号	信息位 $c_1c_2c_3$	监督位 $c_4c_5c_6c_7$
1	000	0000	5	100	1011
2	001	0111	6	101	1100
3	010	1110	7	110	0101
4	011	1001	8	111	0010

观察可见，该码的信息位与监督位排列顺序一致、分明，因此是一种系统码。下面再举一例说明系统码与非系统码的区别。对一组 4 位信息码字，附加 3 位监督码元可编成两种(不只两种)循环码见表 8-9。

表 8-9　(7,4)循环码码字

码字序号	信息码 $k_1k_2k_3k_4$	系统码 $c_1c_2c_3c_4c_5c_6c_7$	非系统码 $c_1c_2c_3c_4c_5c_6c_7$
1	0000	0000000	0000000
2	0001	0001011	0001011
3	0010	0010110	0010110
4	0011	0011101	0011101
5	0100	0100111	0101100
6	0101	0101100	0100111
7	0110	0110001	0111010
8	0111	0111010	0110001
9	1000	1000101	1011000
10	1001	1001110	1010011
11	1010	1010011	1001110
12	1011	1011000	1000101
13	1100	1100010	1110100
14	1101	1101001	1111111
15	1110	1110100	1100010
16	1111	1111111	1101001

从表中可见，对于 16 组信息，系统码和非系统码都具有 16 个相同的编码码字，但与信息码的对应(映射)关系不一样。系统码的前 4 位对应的都是信息码，而后 3 位都是监督码元，二者泾渭分明。而非系统码从第 5 组开始就“乱”了，虽然每组信息码仍有一个确定的编码码字与之对应，但已经没有了系统码那种泾渭分明的结构。由于一般我们只研究系统码，所以，有些书上直接说循环码是一种系统码。另外，还需说明的是，对于一个(n,k)线性码

C,根据不同的方法(生成矩阵)可以有多种编码形式,其中包含系统码和非系统码,但系统码是唯一的,其余的都是非系统码。

通过上述介绍,我们简要地了解了数字(数据)通信中信道编码的基本概念和常用的检纠错编码,但限于篇幅,还有很多内容没有涉及,为了使读者对编码有一个全面、系统的认识,我们给出编码所研究的主要问题:

(1) 根据实际通信系统对纠错能力的要求,寻找合适的码型(通常是一种长码型)。要求该码型可以在数学上证明具有满足要求的纠错能力,并具有数学结构,且能够根据此结构用一些设备实现编码和译码。

(2) 寻找实用的编码方法,尽量提高编码效率。

(3) 寻找实用的译码方法,尽量降低译码的复杂性。

总之,在通信技术中,“编码”的目的或用途主要有两个:

(1) 实现各种信息的数字化。该功能主要体现在信源编码模块中,比如 A/D 转换,各种离散消息转换成数据码等。

(2) 实现差错控制,提高通信的可靠性。该功能主要由信道编码模块完成。

8.8 小资料——香农

“通信的基本问题就是在一点重新准确地或近似地再现另一点所选择的消息”。——这是数学家香农在他的惊世之著《通信的数学理论》中的一句名言。正是沿着这一思路他应用数理统计的方法来研究通信系统,从而创立了影响深远的信息论。

克劳德·香农(Claude Elwood Shannon)1916 年 4 月 30 日诞生于美国密西根州,在加洛德 Gaylord 小镇长大。父亲是该镇的法官,母亲是镇里的中学校长,祖父是一位农场主兼发明家,发明过洗衣机和许多农业机械,这对香农的影响比较直接。此外,香农的家庭与大发明家爱迪生还有远亲关系。

1936 年香农在密西根大学获得数学与电气工程学士学位,然后进入 MIT 念研究生。1938 年香农在 MIT 获得电气工程硕士学位,1940 年香农在 MIT 获得数学博士学位。

在世界上最大的通信公司(美国电话电报公司)的研究基地——贝尔电话研究所里,香农钻研了 8 年之久,终于在 1948 年,在《贝尔系统技术杂志》上发表了 244 页的长篇论著,这就是上面提到的那篇《通信的数学理论》。次年,他又在同一杂志上发表了另一篇名著《噪声下的通信》。在这两篇文章中,他解决了过去许多悬而未决的问题:经典地阐明了通信的基本问题,提出了通信系统的模型,给出了信息量的数学表达式,解决了信道容量、信源统计特性、信源编码、信道编码等有关精确地传送通信符号的基本技术问题。

这两篇文章是现在信息论的奠基之作,而三十出头的香农,也一鸣惊人,成了这门新兴学科的领头羊。

他是美国科学院院士、美国工程院院士、英国皇家学会会员、美国哲学学会会员。他获得过许多荣誉和奖励。例如 1949 年 Morris 奖、1955 年 Ballantine 奖、1962 年 Kelly 奖、

1966 年的国家科学奖章、IEEE 的荣誉奖章、1978 年 Jaquard 奖、1983 年 Fritz 奖、1985 年基础科学京都奖。

2001 年 2 月 24 日，香农在马萨诸塞州辞世，享年 85 岁。贝尔实验室和 MIT 发表的讣告都尊崇香农为信息论及数字通信时代的奠基之父。

8.9 思考题与习题

8-1　实现差错控制编码的先决条件是什么？

8-2　实现差错控制编码的基本原理是什么？

8-3　增加监督码元位数是否一定会提高编码的检纠错能力？为什么？

8-4　码重概念的一个主要应用是什么？

8-5　已知一组码的 8 个码字分别为(000000)、(001110)、(010101)、(011011)、(100011)、(101101)、(110110)、(111000)，求第一组和第二组、第四组和第五组的码距、各码字的码重和全部码字的最小码距。

8-6　上题的码字若用于检错、纠错、同时检错和纠错分别能检、纠错几位码？

8-7　给定两个码字(00000)、(11111)。试问检错能检几位？纠错能纠几位？既检错又纠错能检、纠几位？

8-8　已知某线性码的监督矩阵为：

$$\boldsymbol{H}=\begin{bmatrix}1&1&1&0&1&0&0\\1&1&0&1&0&1&0\\1&0&1&1&0&0&1\end{bmatrix}$$

列出所有许用码字。

8-9　已知(7,3)线性码的生成矩阵为

$$\boldsymbol{G}=\begin{bmatrix}1&0&0&1&1&1&0\\0&1&0&0&1&1&1\\0&0&1&1&1&0&1\end{bmatrix}$$

求监督矩阵并列出所有许用码字。

8-10　已知接收端对发送码矩阵 $\boldsymbol{C}=\begin{bmatrix}1&1&1&0&1&0&0\\1&1&0&1&0&1&0\\1&0&1&1&0&0&1\end{bmatrix}$ 的接收错误图样为 $\boldsymbol{E}=\begin{bmatrix}0&1&1&1&1&0&0\\1&0&0&1&0&0&1\\0&0&0&0&0&1&0\end{bmatrix}$，求接收码矩阵 $\boldsymbol{R}$。

第9章 数据通信与通信网

问题引入：(1)什么是“数据通信”？它与我们熟悉的模拟通信、数字通信有何异同点？(2)点到多点和多点到多点的通信就构成了通信网，那么，什么是“通信网”？其特点是什么？

9.1 数据通信与数据通信系统

9.1.1 数据通信的概念

在第1章我们指出，数据通信是指从信源到信宿以数字基带或已调信号为载体的数据传输过程。其传输信道可以是数字信道也可以是模拟信道，比如传输数字基带信号的局域网信道就是数字的；而以75Ω同轴电缆或电话网进行的数据通信采用的就是模拟信道。

数据是指能够由计算机或数字终端设备进行处理并以某种方式编制成二进制码(多进制码)的数字、字母和符号的集合。或者说，数据是消息的符号表现形式，通常由数量有限的符号集构成，比如数字0～9，英文26个字母等。

最早的数据通信可以追溯到1837年莫尔斯发明的电报系统。莫尔斯将0～9十个数字、A～Z二十六个字母和常用标点符号用短电流脉冲(俗称“点”，短音，念作“滴(di)”)和长电流脉冲(俗称“划”，长音，念作“答(da)”)的不同组合表示，即“将数据编码”，从而实现了“数据通信”。莫尔斯码见表9-1。注：表中未列出常用符号。

表9-1 国际莫尔斯码

A	• —	J	• — — —	S	• • •	2	• • — — —
B	— • • •	K	— • —	T	—	3	• • • — —
C	— • — •	L	• — • •	U	• • —	4	• • • • —
D	— • •	M	— —	V	• • • —	5	• • • • •
E	•	N	— •	W	• — —	6	— • • • •
F	• • — •	O	— — —	X	— • • —	7	— — • • •
G	— — •	P	• — — •	Y	— • — —	8	— — — • •
H	• • • •	Q	— — • —	Z	— — • •	9	— — — — •
I	• •	R	• — •	1	• — — — —	0	— — — — —

其实，只要将莫尔斯码中的“点”、“划”用数字“0”、“1”代替，摩尔斯码就变成了我们熟悉的二进制码。

数据信号是由计算机或其他数字终端设备产生的二进制或多进制电脉冲序列即数字信

号，其携带的消息是经过编码处理的数字、符号和字母的集合，即所谓的数据。因此，可以说数据信号是携带数据消息的数字信号。数字信号强调的是信号的变化特性（取值离散且个数有限），即外在的物理特性，而数据信号体现的是信号携带的消息属性。

由于现代的数据通信与计算机密不可分，无论是大、中、小型机还是PC，在其内部，或与外部设备的连接，或计算机与计算机之间的连接中都存在着数据通信，所以我们把这些通信统称为计算机通信。通常，可认为计算机通信就是数据通信。也就是说，数据通信是人与计算机（数字终端设备）或计算机（数字终端设备）与计算机（数字终端设备）之间的以数据信号进行的信息交换过程，通信双方之间至少有一方是计算机或数字终端设备。

至此，可以给数据通信下一个定义：**数据通信是指通信双方（或多方）按照一定协议（或规程），以数字信号为载体，完成数据传输的过程或方式**。为了便于记忆和理解，可以简单地把数据通信理解为"在两点或多点之间以数据信号形式进行信息交流的过程"。

这里的**"协议"（规程）是指为了能有效和可靠地进行通信而制定的通信双方必须共同遵守的一组规则，包括相互交换信息的格式、含义以及过程间的连接和信息交换的节拍等**。

9.1.2 数据、模拟和数字通信的异同点

对于模拟信号而言，信号本身就是所传输的模拟消息，比如语音信号、电视信号。通信系统完成了信号传输也就完成了信息的传输，因此，模拟通信系统只要尽量不失真地将信号从信源传送到信宿即可完成通信任务。

从宏观上看，模拟通信系统信宿接收的信号就是信源发出的信号，所不同的是接收的信号相对于发送的信号有不同程度的变形（失真）；信号在传输过程中不能停顿，只有因电磁波传输而带来的时延，因此，模拟通信是实时通信，且通常不需要通信协议。

数字通信可以说是用数字信号进行的模拟消息通信（比如数字电话），虽然，信宿接收的信号从形式上看与信源发出的信号一样，但它是信源发出信号的再生而不是原信号。它所传输的信号是数字化（经过信源编码）的音频、视频信号，即数字化的模拟消息。也就是说，数字信号携带的是经过编码的模拟信号样值（如PCM）或变化趋势信息（如ΔM）。数字通信包含一些简单通信协议，主要是位于通信系统端点的信息编码协议和差错控制协议。

数据信号携带的数据不是具体的信息，而是模拟或离散消息的编码。收信端接收到数据信号其实是收到了信息编码，要想知道具体信息就必须在协议中按编码表查询，也就是说，数据通信实际上传输的是信息的编码。携带数据的数字信号靠硬件设备传输，而其所表示的具体信息则必须依靠通信双方的协议（软件）传递。

由于数据信号所携带的信息可以直接来自经数字化和编码处理的模拟消息，也可以由纯数据、符号、文字等离散消息编码而成，所以，作为信息的载体——数据信号就具有多义性。同一个数据信号可以代表不同的信息，比如，一个8位数据信号10110010，它可以是一个十进制数，也可以代表一个字母或文字等；而同一个信息也可以用不同的信号表示，比如，同样是"火警"电话，中国是"119"，新加坡是"995"，巴基斯坦是"16"。这说明数据通信的信息和信号可以分离，即意味着**数据通信可以分为上、下两个层面：下层是信号传输层，即由硬件构成的传输系统或网络；上层就是信息传输层，即传输系统或网络各节点上的通信协议**。数据通信示意图见图9-1。

根据数据通信技术的现状，数据通信在信息传输过程中有两个显著特点：一个是在信

息传输层面上的"**化整为零**"；一个是在信号传输层面上的"**存储转发**"。

从信息传输的角度上看，数据通信与模拟通信的本质区别在于它对信息的"化整为零"。通常，在信源端要将欲传输的完整信息分割成若干个"子信息"，形成若干个"信息包"（分割打包），类似于在货运站将一批苹果分装在若干个集装箱内或在邮局把一本书拆开分装在若干个信封里；由于每一个信息包"体积"较小，所以传输起来方便、灵活、快捷，而这正是数据通信的精髓所在。这些信息包可以沿一条事先选定的链路分时传到信宿（面向连接的服务），也可以经过不同的链路分别到达信宿（面向非连接的服务），信宿根据每个信息包上的原始拆分信息，将各信息包中的信息重新整理，"组装还原"成原始信息，完成一个完整的数据信息通信过程。

从信号传输的角度上看，在通信过程中，系统不但需要对信号进行物理加工处理（放大、整形、解析、再生、复用等），还经常需要对不同的协议进行转换（尤其是在网络互连中），因此，信号在每个传输节点都会有或多或少的停顿。正是这个"停顿"，不但使数据通信达不到模拟通信那样的实时传输（尽管目前利用计算机网络进行的多媒体通信可以提供视频点播、电视会议等实时业务，但它们已不是模拟通信中真正意义上的"实时"，只是时延较小可以忽略罢了），而且还需要在每个节点上将数据"暂存"起来，等完成各种处理后再转发出去，从而形成了"存储转发"的信号传输特点。

我们可以用"分割打包——存储转发——封装还原"三个步骤描述数据通信中的信息（信号）传输过程。

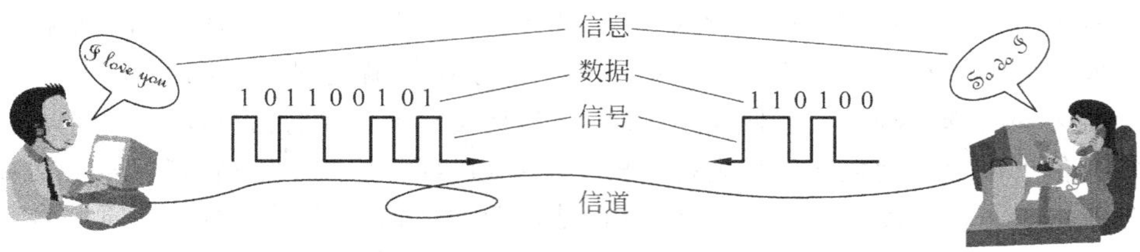

(a) 信息、数据和信号的关系

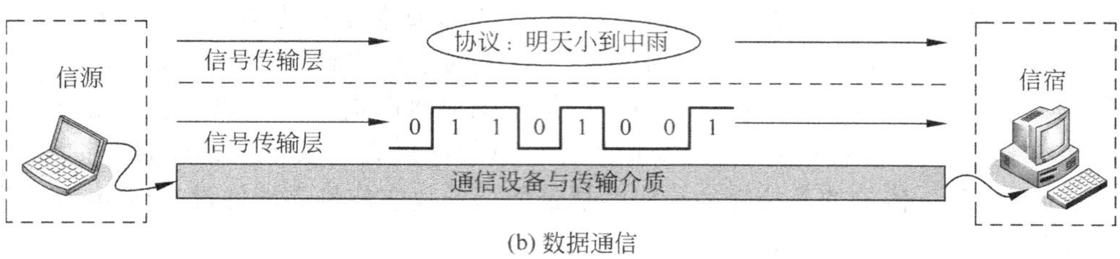

(b) 数据通信

图 9-1 数据通信示意图

通过以上介绍，可以看到数据通信与我们熟悉的公路（铁路）运输和邮政系统非常相似。货物/信纸可类比数据，集装箱/信封或包裹可类比数据包，货运站和邮局可类比节点，编组、分拣可类比解析、复用，货车进站出站可类比存储转发等。显然，这样的类比对我们理解和掌握数据通信原理大有帮助。

数据通信与数字通信尽管是两个不同的概念，但在信号传输方面有许多共同之处，比如，调制、信道编码、差错控制、同步、多路复用、再生中继等。可见，在传输原理上数据通信与数字通信没有本质的区别，甚至可以说数据通信是以数字通信为基础的。但数据通信系统采用的信号存储—转发技术，使得其传输技术比数字通信系统更为复杂。另外，数据通信系统通常存在复杂的协议转换问题。

模拟通信主要研究物理信号波形的传输问题，注重信号波形变化对通信的影响，以信噪比和系统带宽为主要研究指标；数字通信主要是研究物理信号状态的传输问题，注重信号状态变化对通信的影响，以误码率和系统带宽为主要研究指标；而数据通信更关心的是基于物理信号的数据传输（信息传输）问题，即各种通信协议的设计和转换，以误信率和系统带宽为主要研究指标。显然，模拟/数字通信强调信号传输，而数据通信强调信息传输。

理解数据通信可分为信号和信息传输两个层面的概念，对学习“计算机网络”方面的知识大有裨益。因为“计算机网络”课程的主要内容就是各种通信协议，也就是说，“计算机网络”课程以介绍“信息传输”为己任，而信息的载体——信号传输则是“通信原理”课程的“专利”。

9.1.3 数据通信的特点

数据通信主要有以下特点。

(1) 数据通信业务拥有比其他通信业务更为复杂、严格的通信协议。

(2) 数据通信业务比音视频业务的实时性要求要低，可采用存储—转发方式传输信号。

(3) 数据通信业务比音视频业务的差错率要求要高，必须采用严格的差错控制措施。

(4) 数据通信是进程间的通信，可在无人参与的情况下自动进行。

数据通信是随着信息处理技术的进步而迅速发展起来的，是计算机技术与通信技术紧密结合的产物。因此，数据通信的发展不能脱离原有的通信网，在一般情况下还需要利用原有的通信设施作为数据传输的手段，比如公用电话网。数据通信与传统的话音通信相比，有以下主要特点：

(1) 以计算机为中心。通常是人(通过终端设备)与计算机的通信，或计算机与计算机的通信。

(2) 传输的数据信息通常由计算机(或数字终端设备)产生、加工和处理。

(3) 为了进行信息传递，要有严格的通信协议，对信息传输的准确性和可靠性要求高。

(4) 通信速度较高，可以同时处理大量数据。

(5) 数据呼叫(一次完整的通信过程)具有突发性和持续时间短的特点。

(6) 可采用存储—转发方式工作，且一般多采用这种方式。

(7) 必须采用差错控制措施。

自20世纪80年代以来，随着计算机网络的发展和普及，数据通信在科技、商贸、金融、交通、军事等领域发挥着越来越重要的作用且应用日趋广泛，几乎渗透到人类生活的各个角落，比如电子邮件、气象预报、异地会诊、远程教育、智能运输系统、金融结算、股票交易、网络游戏、电子商务、办公自动化等。

9.1.4 数据通信系统的组成

从宏观上看，数据通信系统与第1章介绍的通信系统一样具有信源、信宿和传输信道(介质)三大部分。如果结合数据通信的具体特点更深入地讨论数据通信系统的话，我们认为一个数据通信系统由以下 7 个部分构成。

(1) 信源数据终端设备(DTE,Data Terminal Equipment);

(2) 信源数据终端设备和数据通信设备之间的接口;

(3) 信源的数据通信设备(DCE,Data Communication Equipment);

(4) 信源与信宿之间的传输信道(狭义信道);

(5) 信宿的数据通信设备;

(6) 信宿数据终端设备和数据通信设备之间的接口;

(7) 信宿数据终端设备。

数据通信系统的组成示意图见图 9-2。DTE 可以是终端设备或计算机,比如显示器、电传打字机、个人计算机、打印机、主机的前端处理机或者能发送和接收数据的其他设备;DCE 对于模拟信道可以是调制解调器,对于数据信道可以是数据服务单元(DSU,Data Service Unit);传输信道(传输介质)可以是电缆、双绞线或光纤等;从形式上看,接口由 DTE 和 DCE 内部的输入输出电路以及连接它们的连接器和电缆组成。从功能上看,接口还应包含相应的协议标准,比如 RS—232C 接口除了计算机内部的输入输出电路、D 形插头/插座和电缆之外,还有相应的 RS—232C 接口标准。

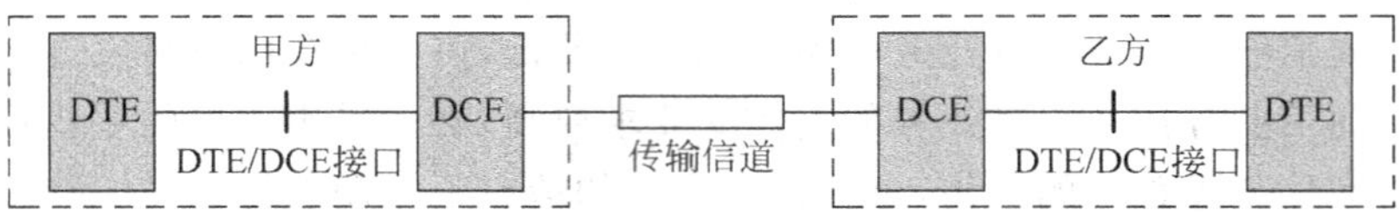

(a) 数据通信系统框图

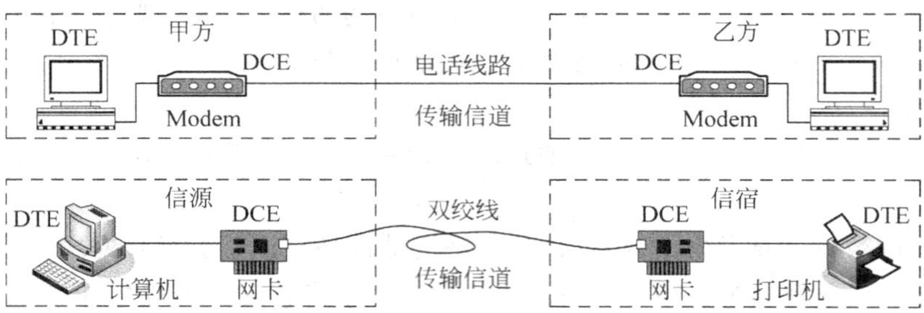

(b) 数据通信系统实例

图 9-2 数据通信系统示意图

数据通信系统的全部意义与其他通信系统一样,就是在信源和信宿之间传送有用的信息,而差别主要表现在这些信息可直接被 DTE 使用,也可以由 DTE 处理后供操作人员使用。

9.1.5 数据通信的主要性能指标

数据通信系统和模拟通信系统、数字通信系统一样具有一些技术性能指标。

1. 带宽

带宽有信道带宽和信号带宽之分,一个信道(广义信道)能够传送电磁波的有效频率范围就叫该信道的带宽。对信号而言,信号所占据的频率范围就是信号的带宽。

2. 信号传播速度

信号传播速度是指信号在信道上每秒钟传送的距离，单位是 m/s。由于我们所用的通信信号都是以电磁波的形式出现，所以信号传播速度略低于光在真空中的速度，基本上是 3×10^8 m/s。信号传播速度 v 与信号波长 λ 和频率 f 的关系是：$v=f\lambda$。随着传输介质的不同，可能会有少许变化。一般来说，信号传播速度是个常量，介绍它的目的主要是和"数据传输速率"的概念加以对比。

3. 数据传输速率(比特率)

数据传输速率是指每秒能够传输多少位数据，单位是比特/秒(b/s)，它和第 1 章中的信息传输速率是一致的。数据传输速率高，则传输每一位的时间短，反之，数据传输速率低，则每位传输时间就长。如在 100Mb/s 传输速率的情况下，每比特传输时间为 10ns；在 10Mb/s 传输速率的情况下，每比特传输时间为 100ns。

4. 最大传输速率

每个信道传输数据的速率有一个上限，我们把这个速率上限叫做信道的最大传输速率，也就是信道容量。

5. 码元传输速率(波特率)

信号每秒钟内包含的码元个数叫做波特率(Baud)。这与第 1 章的概念实际上是一样的，只是描述的角度不同而已。波特率一般小于等于比特率，奈奎斯特定理中的 v 大于 2 时，波特率小于比特率；v 等于 2 时，波特率等于比特率。

某些情况下波特率大于比特率，如采用内带时钟的曼彻斯特编码(见 6.1 节)，一半的信号变化用于时钟同步，另一半的信号变化用于传输二进制数据，因此，波特率是数据传输速率的两倍。

6. 吞吐量

吞吐量是信道在单位时间内成功传输的信息量。单位一般为 b/s。例如某信道 10 分钟内成功传输了 8.4Mb 的数据，那么它的吞吐量就是 8.4Mb/600s＝14Kb/s。注意，由于传输过程中出错或丢失数据造成重传的信息量，不计在成功传输的信息量之内。

7. 利用率

利用率是吞吐量和最大数据传输速率之比。

8. 延迟

延迟指从发送者发送第一位数据开始，到接收者成功地收到最后一位数据为止，所经历的时间。它又主要分为传输延迟、传播延迟两种，传输延迟与数据传输速率和发送机/接收机以及中继和交换设备的处理速度有关，传播延迟与传播距离有关。

9. 抖动(Jitter)

延迟不是固定不变的,它的实时变化叫做抖动。抖动往往与机器处理能力、信道拥挤程度等有关。有的应用对延迟敏感,如电话;有的应用对抖动敏感,如实时图像传输。

10. 差错率(包括比特差错率、码元差错率、分组差错率)

差错率是衡量通信信道可靠性的重要指标,在计算机通信中最常用的是比特差错率和分组差错率。比特差错率是二进制比特位在传输过程中被误传的概率,在样本足够多的情况下,错传的位数与传输总位数之比近似地等于比特差错率的理论值。码元差错率(提示:对应于波特率)指码元被误传的概率。分组差错率是指数据分组被误传的概率。

我们通过一个对线路的描述来说明上述概念:有一条带宽3000Hz的信道,最大传输速率可以达到30Kb/s,实际使用的数据传输速率为28.8Kb/s,传输信号的波特率为2400b/s,它的吞吐量为14Kb/s,因此利用率约等于50%,延迟约为100ms,由于环境稳定,所以抖动很小,可忽略不计。

9.1.6 数据通信方式

数据通信除了第1章介绍的各种方式外还有几种特有的方式,它们是:串行通信和并行通信;同步通信和异步通信。

1. 串行通信

串行通信是指将表示一定信息的数字信号序列按信号变化的时间顺序一位接一位地从信源经过信道传输到信宿的过程或方式。

其特点是只需一条信道,通信线路简单、成本低廉,一般用于较长距离的通信,比如工控领域利用计算机串口进行的数据采集和系统控制。缺点是传输速度较慢,为解决收、发双方的码组或字符同步问题,需要采取同步措施。

设有一数字信号10011010,要在两个计算机设备中进行传递,则发送设备需将该序列按1→0→0→1→1→0→1→0的顺序逐个通过一条信道传送到接收设备,见图9-3(a)。

若两个计算机要利用电话线路进行通信,就只能采用串行方式,同时,必须使用调制解调器(Modem)俗称"猫"。因为电话线路是用于传输模拟信号的,不能直接传输数字信号。所以发送端计算机输出的数字信号必须经过调制解调器变成模拟信号才能经电话线路传递到接收端计算机,而接收端也必须通过调制解调器将模拟信号再还原成数字信号才能被计算机接收,如图9-2(b)所示。甲方与乙方利用电话线路通信,甲方可将数据传送给乙方,乙方也同样可将数据传送给甲方。由于调制解调器既可将数字信号变为模拟信号,也可将模拟信号变为数字信号,而且大多数调制解调器可同时进行数/模和模/数转换,因此,调制解调器可按全双工或半双工方式通信。

2. 并行通信

并行通信是指将表示一定信息的数字信号序列按码元数分成 n 路(通常 n 为一个字长,

比如8路、16路、32路等)，同时在n路并行信道中传输，信源一次可以将n位数据(一个字节)传送到信宿。

比如在传输数字信号10011010时，并行方式是将该序列的8位码用8条信道同时传输，如图9-3(b)所示。

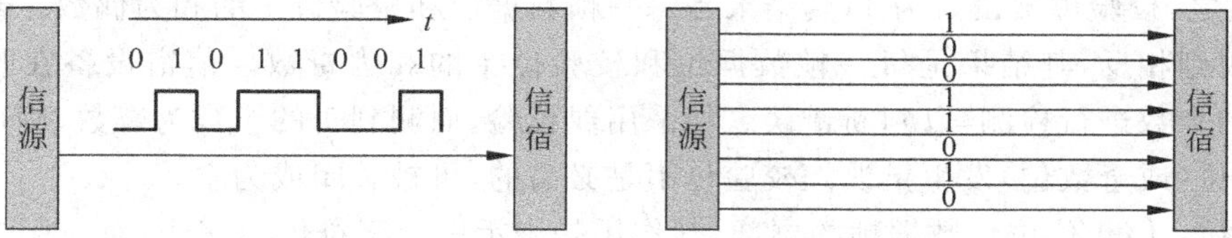

(a) 串行通信　　(b) 并行通信

图9-3　串行通信与并行通信示意图

并行通信的特点是需多条信道、通信线路复杂、成本较高、但传输速率快且不需要外加同步措施就可实现通信双方的码组或字符同步，多用于短距离通信，比如计算机与打印机之间通过计算机并行通信口的通信。

3. 异步串行通信与同步串行通信

串行通信时，数据是逐位从信源传到信宿，通常由若干个数据位组成一个字符，位与位之间、字符与字符之间没有停顿(没有时间间隙)，这就给信宿在区分、确认字符时带来很大的困难，即信宿虽然收到了一大串数据，但不知它们多少位是一个字符或哪几位是一个字符，因此，这些数据对信宿来说毫无意义。为了解决这个问题，信源与信宿之间在通信时必须同步，也就是必须让信宿知道多少位数据是一个字符，那几位码元是一个字符，或一个字符何时开始何时结束，以便正确地恢复数据所携带的信息。

那么如何使通信双方保持同步呢？在实际通信中有一个控制过程(发生在网络7层协议中的数据链路层)叫数据链路控制可实现两点间的同步。该控制过程要求通信硬件或软件给数据(位、字节、报文)加上同步信息，使得通信双方的硬件时钟保持一致，从而保证信宿正确地识别信源发过来的信息。

根据同步信息添加方法的不同，串行通信可分成异步串行通信和同步串行通信两种。

(1) 异步串行通信。在以字符为通信单位的串行通信中，同步信息由硬件加在每一个字符的数据帧上，这种串行通信称为异步串行通信。

我们知道，一个字符由若干数据位(码元)组成，在异步串行通信中一般以一个字符为一个数据传输单位，而所谓的同步信息也是几个数据位，把一个数据传输单位(一个字符)的数据位与同步信息的数据位结合起来就构成一个数据帧。数据帧有自己的格式称为帧格式，通常由起始位、数据位、校验位和停止位4部分组成。

起始位：当通信线路从空闲的标志状态(逻辑1电平)变为逻辑0电平，并保持一个位时长后，表示起始位到来，其作用是唤醒接收设备准备接收数据。起始位对应于二进制数的0，用低电平表示，占用一个数据位的宽度。

数据位：由n个代表信息的二进制(或多进制)码元(数据位)组成。常数n也称一个字符的宽度(长度)，其数值取决于数据所采用的字符集，如电报码字符为5位，ASCII码为7

位,汉字码则为 8 位。

校验位:数据位后面可插入一个校验位,用 0 或 1 表示,作用是对收到的数据是否出现差错进行检测。其原理是信源通信设备利用硬件检测字符数据位逻辑 1 的个数,然后根据此值是奇数还是偶数来决定校验位的值。若采用偶校验,则 1 的个数为偶数时校验位被设置为 0,反之,校验位被设置为 1,其结果是每一帧数据位和校验位 1 的和为偶数。若采用奇校验,则规则相反,其结果是每一帧数据位和校验位 1 的和为奇数。信宿设备在收到数据后,对 1 的个数进行检测,以判断错误。如采用偶校验,而测到 1 的个数为奇数,则可断定该字符有 1 位(或奇数位)发生错误。校验位不是必需的,可被关闭或为空。

停止位:停止位位于数据帧的尾部,其作用是表示一个字符传送完毕,对应于二进制数的 1,用高电平表示,占用一到二个数据位的宽度,以确保数据线处于标志状态,等待下一个起始位的到来。为提高通信设备的吞吐率,应尽量缩短帧周期,所以,PC 的停止位都定为 1 位,只有对传输速率要求不高时才使用 1.5 位或 2 位。

图 9-4(a)是传输 ASCII 码中 A 字符的数据帧格式(A 由 1000001 表示,加入 1 位偶校验位)。

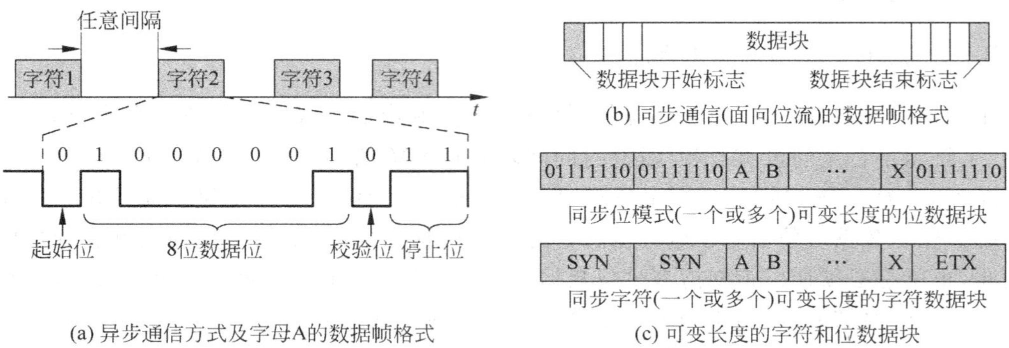

图 9-4 异步通信与同步通信示意图

要想成功地进行异步通信,除了收、发端采用相同的数据帧格式外,还必须统一传输速率。计算机通信中常采用的典型速率(b/s)有:300、600、1200、2400、4800、9600 等。

异步通信是一种面向字符的传输方式,其特点是简单、可靠、经济,常用于计算机与终端之间的数据通信(比如计算机的串行通信口),主要缺点是速率较低。但随着技术的发展,传输速率越来越高,其应用范围也日益广阔。

(2) 同步串行通信。与异步通信不同,同步通信不是对每个字符单独同步,而是以数据块为传输单位并对其进行同步。每个数据块的头部和尾部都要附加一个特殊的字符或比特序列,以标志数据块的开始与结束。所谓数据块就是一批字符或二进制位串组成的数据。图 9-4(b)是其数据帧格式。

同步通信可分为面向字符和面向位流两种传输方式。在面向字符的方式中,每个数据块的头部用一个或多个同步字符 SYN 来表示数据块的开始;而尾部用另一个字符 ETX 代表数据块的结束。在面向位流的传输方式中,每个数据块的头部和尾部都用一个特殊的比特序列(如 01111110)来标记数据块的开始与结束。在计算机局域网的通信中都采用面向位流的同步传输方式。图 9-4(c)是可变长度的字符和位数据块。

同步通信的特点是开销少、效率高，适合较高速率的数据传输；缺点是整个数据块一旦有一位误传，就必须重传整个数据块。

需要注意的是，在异步和同步通信方式中，有时会出现两个不同的“字符”概念。一个是只包含数据位的字符，一般也称为字节，比如电报码的5位字符、ASCII码的7位字符和汉字码的8位字符等；另一个是除数据位之外还包括起始位、停止位、校验位在内的码集合。后一种字符就是异步通信中的一个传输单位，实际上就是一个数据帧。

9.2 通信网

9.2.1 通信网及其结构

虽然没有强调，但前面所介绍的通信原理知识其实主要是围绕着完成点到点通信任务而展开的。实际生活和工作中，更多的通信业务是在通信网中进行，因此，需要研究如何基于点到点通信技术实现点到多点、多点到多点和穿过多点的点到点通信过程。这里所说的通信网是指**由一定数量的节点（包括终端设备和交换设备）和连接节点的传输链路有机地组合在一起，以实现两个或多个规定点之间信息传输的通信系统，或者说通信网是为位于不同空间位置的用户之间进行信息传输（交换）而构建的硬件和软件环境**。从形式上看，通信网是传输介质、传输设备和通信终端的集合。

显然，由于通信网的任务和结构更加复杂，所以，为保证用户信息的准确和可靠传输，通信网还必须传输信令信息和管理信息。

早期的通信网由于受技术、需求与应用的制约，仅限于话音通信，比如电话网就是人们最熟悉和最常用的一种通信网络。随着社会信息化的到来，人们对信息的需求向多元化发展，并且对信息的需求量呈爆炸式增长，这种信息需求驱动了现代通信技术和通信网络的迅猛发展，而现代通信技术和通信网络的突飞猛进又为满足人们对信息日益强烈的渴望提供了技术保证和业务支持。在这种大环境下，作为信息流动的平台，通信网面临着前所未有的挑战和发展机遇，另外，由于计算机网络（尤其是城域网和广域网）的内核就是通信网，因此，我们有必要对通信网有一个概括性的了解和初步的掌握。

根据通信网提供的业务类型、采用的交换技术、传输技术、服务范围、运营方式、拓扑结构等方面的不同可对其进行多种分类。

(1) 按业务类型可以将通信网分为电话通信网（如PSTN、移动通信网等）、数据通信网（如X.25、Internet、帧中继网等）、广播电视网等。

(2) 按空间距离可以将通信网分为广域网（WAN，Wide Area Network）、城域网（MAN，Metropolitan Area Network）和局域网（LAN，Local Area Network）。

(3) 按信号传输方式可以将通信网分为模拟通信网和数字通信网。

(4) 按运营方式可以将通信网分为公用通信网和专用通信网。

从管理和工程的角度看，网络之间的本质区别在于所采用的实现技术不同，主要包括三个方面：交换技术、控制技术以及业务实现方式。而决定采用何种技术实现网络的主要因素则有：用户的业务流量特征、用户要求的服务性能、网络服务的物理范围、网络的规模、当前可用的软硬件技术的信息处理能力等。

从功能上看，通信网，比如公用电话网(PSTN，Public Switched Telephone Network)，由传输、交换、终端三大部分组成。其中传输部分为网络的链路(Link)，交换部分为网络的节点(Node)，终端(Terminal)是信息的发送者和接收者(或者说是信息的用户)。

由于目前信息的种类已不再是单一的语音，通信网上承载的可能是语音、图形、图像及视频信息，也可能是文字、数字、符号等其他数据信息；用户可以是人，也可以是计算机程序或设备(包括计算机、各种输入输出设备、服务器以及通信设备或网络互连设备等)。因此，现代通信网必须能够搭载多种通信业务，比如综合业务数据网 ISDN。如果我们把具有传输除语音信息之外还能传输其他信息能力的通信网称为数据通信网的话，那么计算机网络就是由资源子网(由各种计算机终端组成)和数据通信子网(由传输介质和各种通信设备组成)共同组成的信息传输与交换网络，如图 9-5 所示。**寻址、路由和转发是组成现代计算机网络的基本功能要素。**

为了减少传输错误，现代通信网络系统大都采用数字传输技术，即在传输信息之前，先由发送端将数据转换为便于远程传输的二进制数字信号，然后再利用通信网络传送到接收端，最后由接收端将收到的二进制信号还原成发送端的原始数据信息。

由于传输信息的种类以及用户需求的日益多样化，导致通信网络的类型及其搭载业务的不断增加和更新，通信网的体系结构也变得复杂起来。

类似于 OSI 的 7 层网络结构模型，我们把通信网在纵向上从下到上依次分为传输网、业务网和应用层(见图 9-6)。在横向上根据用户接入网络实际的物理连接可分为用户驻地网、接入网和核心网或局域网、城域网和广域网。在垂直分层网络总体结构中，应用层面表示各种信息应用；业务网层面表示传送各种信息的业务网；传输网层面表示支持业务网的传送手段和基础设施；支撑网则可以支持全部 3 个层面的工作，提供保证网络有效正常运行的各种控制和管理能力，它包括信令网、同步网和电信管理网。

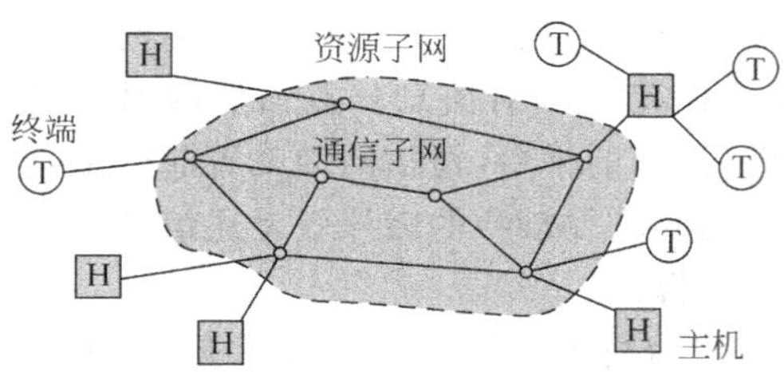

图 9-5 计算机网络逻辑结构

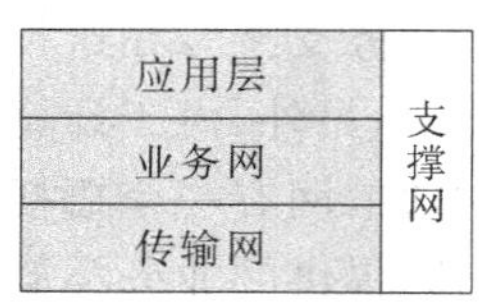

图 9-6 通信网垂直体系结构

网络的分层使网络规范与具体实施方法无关，简化了网络规划和设计，各层的功能相对独立。因此，单独地设计和运行每一层网络要比将整个网络作为单个实体设计和运行简单得多。随着信息服务多样化的发展及技术的演进，尤其是随着软交换等先进技术的出现，现代通信网与支撑技术还会出现变化，如增加控制层等平面，而网络分层的变化将主要体现在应用层和业务层面上，网络的基础层即传输网将保持相对稳定。

目前，通信网正朝着传统的电信网、有线电视网、因特网这三大网络相互渗透、相互融合的方向发展，为人们提供更为快捷、便利、广泛的多种通信业务服务。

9.2.2 通信网拓扑结构

拓扑结构是指通信网络中的各节点设备(包括计算机及有关通信设备等)与通信链路相互连接而构成的不同物理几何结构。网络拓扑结构是决定通信网络性质的关键因素之一。

根据各节点在网络中的连接形式,通信网络拓扑结构常分为总线型、星状、环状、树状、网状、网孔型和复合型7种结构。

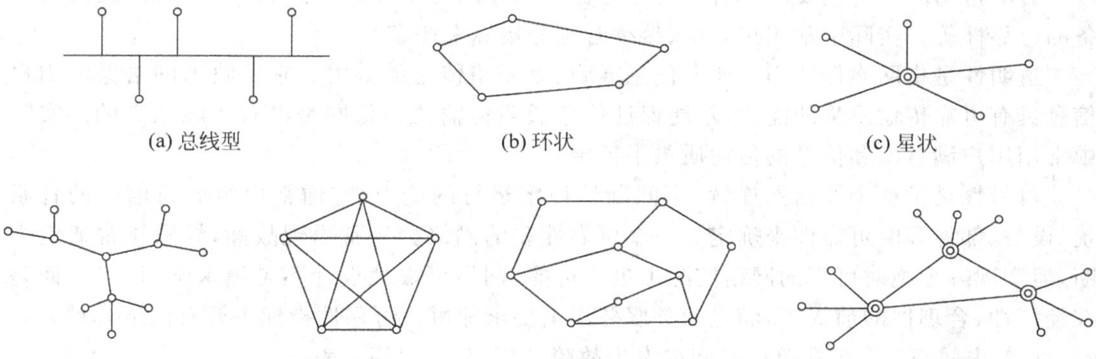

图 9-7 通信网拓扑示意图

表9-2列出了各种网络拓扑结构的特性和适用场合。显然,每种拓扑结构都各有特色。在实际应用中,应该根据不同通信网络的实际环境、条件和要求选择合适的拓扑结构。当然,拓扑结构的选取还与所选用的传输介质、介质的布局、介质访问控制技术等因素密切相关。

从概念和结构上看,通信网的拓扑结构与我们熟知的计算机网络拓扑基本上是一样的。

表 9-2 常用的网络拓扑结构特性

拓扑结构	特　　性	适用场合
总线型	具有良好的扩充性和可靠性,利于分布式控制,总线的故障将会对系统产生重要的影响	局域网
星状	便于扩充,利于集中式控制,中心节点的故障将会对系统产生致命的影响	局域网
环状	利于分布式控制和实时通信,介质访问控制方法简单,环路故障将会对系统产生致命的影响	局域网和城域网
树状	具有良好的扩充性和可靠性,利于分布式控制,通信路径选择算法的好坏将直接影响通信的性能	广域网
网状	可靠性高、灵活性大,利于分布式控制,管理复杂	广域网
复合型	经济性好、稳定性好	广域网

9.2.3 通信网服务质量

从用户的角度来看,通信网实际上是一个提供服务的设施,其基本功能就是在任意两个网络用户之间提供有效而可靠的信息传送服务。因此，对任何通信系统来说，有效性和可靠性是其最主要的质量指标。为了用直观、可测量的指标来衡量通信服务质量，目前电话网和数据网对各自的业务都定义了详细的涉及有效性和可靠性等通信性能的服务质量指标。

对通信网的服务质量一般用可访问性、透明性和可靠性三个性能指标来衡量。

可访问性是指网络保证合法用户随时能够快速、有保障地接入到网络以获得信息服务，并在规定的时延内传递信息的能力。它反映了网络保证有效通信的能力。

影响可访问性的主要因素有：网络的物理拓扑结构，网络的可用资源数目以及网络设备的可靠性等。实际中常用接通率、接续时延等指标来评定。

透明性是指网络保证用户业务信息准确、无差错传送的能力。它反映了网络保证用户信息具有可靠传输质量的能力，不能保证信息透明传输的通信网是没有实际意义的。实际中常用用户满意度和信号的传输质量来评定。

可靠性是指整个通信网连续、不间断地稳定运行的能力，它通常由组成通信网的各系统、设备、部件等的可靠性来确定。一个可靠性差的网络会经常出现故障，导致正常通信中断，但实现一个绝对可靠的网络实际上也不可能，网络可靠性设计不是追求绝对可靠，而是在经济性、合理性的前提下，满足业务服务质量要求即可。可靠性指标主要有以下几种。

(1) 失效率：系统在单位时间内发生故障的概率，一般用 λ 表示。

(2) 平均故障间隔时间(MTBF)：相邻两个故障发生的间隔时间的平均值，$\text{MTBF}=1/\lambda$。

(3) 平均修复时间(MTTR)：修复一个故障的平均处理时间，μ 表示修复率，$\text{MTTR}=1/\mu$。

(4) 系统不可利用度(U)：在规定的时间和条件内，系统丧失规定功能的概率，通常假设系统在稳定运行时，μ 和 λ 都接近于常数，则

$$U=\lambda/(\lambda+\mu)=\frac{\text{MTTR}}{\text{MTBF}+\text{MTTR}}$$

对于我们熟悉的电话通信网，可以从持续质量、传输质量和稳定性质量等三个方面定义服务质量要求。

接续质量：它反映的是电话网接续用户通话的速度和难易程度，通常用接续损失(呼叫损失率，简称呼损)和接续时延来度量。

传输质量：它反映的是电话网传输话音信号的准确程度，通常用响度、清晰度、逼真度这三个指标来衡量。实际中对上述三个指标一般由用户主观来评定。

稳定性质量：它反映电话网的可靠性，主要指标与上述一般通信网的可靠性指标相同，如平均故障间隔时间、平均修复时间、系统不可利用度等。

数据网的服务质量与前面所述的“数据通信的主要性能指标”基本相同，不再赘述。

9.2.4 网络的服务性能保障机制

由于任何网络都不可能保证100%的可靠，所以，在网络运行中时常要面对以下问题。

(1) 数据传输中的差错和丢失。

(2) 网络拥塞。

(3) 交换节点和物理线路故障。

要保证稳定的服务性能，网络必须提供相应的机制来解决上述问题，这对网络的可靠运行至关重要。目前网络采用的服务性能保障机制主要有差错控制、拥塞控制、路由选择和流量控制4类。

9.3　现代通信网的支撑技术

9.3.1　应用层技术

1. 应用层业务

在现代通信系统中，不管采用什么样的传送网结构以及什么样的业务网承载，最后真正的目的是要为用户提供他们所需的各类通信服务，满足用户对不同业务服务质量的需求。因此，应用层业务是直接面向用户的。

应用层业务主要包括模拟与数字视音频业务（如普通电话业务、智能网业务、IP电话业务、广播电视业务等），数据通信业务（如网络商务、电子邮件）和多媒体通信业务（如分配型业务和交互型业务）等。

2. 终端技术

终端设备是用户与通信网之间的接口设备，它包括图9-1的信源、信宿和发变换器、收变换器的一部分。终端设备有以下3项主要功能。

（1）将待传送的信息和传输链路上传送的信号进行相互转换。在发送端，将信源产生的信息转换成适合传输链路上传送的信号；在接收端则完成相反的变换。

（2）将信号与传输链路相匹配，由信号处理设备完成。

（3）完成信令的产生和识别，即用来产生和识别网内所需的信令，以完成一系列控制功能或操作。

终端技术主要包括以下几种。

（1）音频通信终端技术：音频通信终端是通信系统中应用最为广泛的一类通信终端，它可以是应用于普通电话交换网络PSTN的普通模拟电话机、录音电话机、投币电话机、磁卡电话机、IC卡电话机，也可以是应用于ISDN网络的数字电话机，以及应用于移动通信网的无线手机。

（2）图形图像通信终端技术：图形图像通信终端，如传真机，它是把纸介质所记录的文字、图表、照片等信息，通过光电扫描方法变为电信号，经公共电话交换网络传输后，在接收端以硬拷贝的方式得到与发端相同（或相类似）的纸介质信息。

（3）视频通信终端技术：视频通信终端，如各种电视摄像机、多媒体计算机用摄像头、视频监视器以及计算机显示器等。

（4）数据通信终端：数据通信终端，如调制解调器、ISDN终端设备、多媒体计算机终端、机顶盒、可视电话终端等。

要特别说明的是对于广播电视网中的业务应用，并不是简单地采用图9-1所示的点到点通信结构与上述的终端技术，而是由电台或电视台向千家万户以广播（或交互）的方式传送信息和提供服务。

9.3.2 业务网技术

业务网是向用户提供诸如电话、电报、传真、数据、图像等各种电信业务的网络。在传送网的节点上安装不同类型的节点设备，则形成不同类型的业务网。业务节点设备主要包括各种交换机（电路交换、X.25、以太网、帧中继、ATM 等交换机）、路由器和数字交叉连接设备（DXC）等。DXC 既可作为通信基础网的节点设备，也可以作为 DDN 和各种非拨号专网的业务节点设备。

业务网包括电话网、数据网、智能网、移动网等，可分别提供不同的业务。其中交换设备是构成业务网的核心要素，它的基本功能是完成接入交换节点链路的汇集、转接接续和分配，实现一个呼叫终端（用户）和它所要求的另一个或多个用户终端之间的路由选择的连接。交换设备的交换方式可以分为两大类：电路交换方式和分组交换方式。

1. 电话网与电路交换技术

如果需要在两部话机之间进行通话，只需用一对线将两部话机直接相连即可。如果有成千上万部话机需要互相通话，就需要将每一部话机通过用户线连到电话交换机上。交换机根据用户信号（摘机、挂机、拨号等）自动进行话路的接通与拆除。一个城市只装一台交换机称为单局制，大城市需建立多个电话机分局，分局间使用局间中继线互连。与用户线不同，中继线是由各用户共用的。分局数量太多时，就需要建立汇接局，汇接局与所属分局以星状连接，汇接局间是全互连的。分局间通话需经汇接局转接。为了使不同城市用户能互相通话，城市内还需建立长话局，长话局与市话分局（或市话汇接局）间以长市中继线相连。不同城市的长话局、长话汇接局间用长途中继线相连。

2. 数据网与分组交换技术

公共数据网是根据数据通信的突发性和允许一定时延的特点，采用了存储—转发分组（包）交换技术。数据网包括 X.25 分组交换网、帧中继网（FR）、数字数据网（DDN）、智能网（IN）、综合业务数字网（ISDN）、异步转移模式（ATM）网等。随着计算机连网用户的增长，数据网带宽不断拓宽，网络节点设备几经更新，在这个发展过程中不可避免地出现新老网络交替，多种数据网并存的复杂局面。在这种情况下，一种能将遍布世界各地各种类型数据网联成一个大网的 TCP/IP 协议应运而生，从而使采用 TCP/IP 协议的国际互联网（Internet 或 IP 网）一跃而成为目前全世界最大的信息网络。

3. 智能网技术

随着电信网络的发展，用户对业务的需求越来越高，比如希望提供的业务种类要多，使用要方便，获取信息的手段要灵活，速度要快，费用要低，甚至希望能自己参与管理。

智能网依靠先进的信令技术和大型集中数据库技术，将网络的交换功能与控制功能相分离，把电话网中原来位于各个端局交换机中的网络智能集中到了业务控制点的大型计算机上，而原有的交换机仅完成基本的接续功能。未来的功能强大的智能网可配备有完善的业务生成环境，客户可以根据自己的特殊需要定义自己的个人业务。这对电信业的发展无疑是一次革命。

4. 移动通信网技术

所谓移动通信是指通信双方或至少有一方是在运动中的信息交换过程。例如，固定点与移动体（汽车、轮船、飞机）之间，移动体与移动体之间、人与人或人与移动体之间的通信，都属于移动通信。由于移动通信中至少有一方是处于移动状态，所以必须使用无线信道，即靠无线电波传送信息。

移动通信网依靠先进的移动通信技术可为用户提供灵活的移动业务，如，蜂窝公用陆地移动通信系统、集群调度移动通信系统、无绳电话系统、无线电寻呼系统、卫星移动通信系统等。

9.3.3 传输网技术

传输网是一个庞大复杂的网络，由许多的单元组成，完成将信息从一个点传递到另一个点或另一些点的功能，如传输电路的调度、故障切换、分离业务等。

传输链路是信息的传输通道，是连接网络节点的媒介。它一般指信源和信宿之间（或两个节点之间）的传输介质与通信设备。

根据信道的定义，这里所说的传输链路指的是广义信道。传输链路可以分为不同的类型，它们各有不同的实现方式和使用范围。

从物理实现角度看，传送网技术包括传输介质、传输系统和传输节点设备技术。传输介质前面已经介绍，下面简要介绍传输系统和传输节点设备技术。

(1) 传输系统：传输系统包括传输设备和传输复用设备。携带信息的基带信号一般不能直接加到传输介质上进行传输，需要利用传输设备将它们转换为适合在传输介质上进行传输的信号，例如光、电等信号。

传输设备主要有微波收发信机、卫星地面站收发信机和光端机等。为了在一定传输介质中传输多路信息，需要有传输复用设备将多路信息进行复用与解复用。传输复用设备目前可分为 3 大类：即频分复用、时分复用和码分复用设备。

(2) 传输节点设备：传输节点设备包括配线架、电分插复用器（ADM）、电交叉连接器（DXC）、光分插复用器（OADM）、光交叉连接器（OXC）等。

另外不同类型的业务节点可以使用一个公共的用户接入网，实现由业务节点到用户驻地网的信息传送，因此可将接入网看成是传输网的一个组成部分。

其实，站在通信原理的角度看，在信号传输层面，通信网研究的主要问题就是如何快速准确地交换和如何大量可靠地传输。

9.3.4 支撑网技术

支撑网是使业务网正常运行，增强网络功能，提供全网服务质量，以满足用户要求的网络。在各个支撑网中传送相应的控制、检测信号。支撑网包括信令网、同步网和电信管理网，其主要技术如下所述。

(1) 信令网技术：在采用公共信道信令系统之后，除原有的用户业务之外，还有一个起支撑作用的、专门传送信令的网络——信令网。信令网的功能是实现网络节点间(包括交换局、网络管理中心等)信令的传输和转接。

(2) 同步网技术：实现数字传输后,在数字交换局之间、数字交换局和传输设备之间均需要实现信号时钟的同步。同步网的功能就是实现这些设备之间的信号时钟同步。

(3) 电信管理网技术：电信管理网是为提高全网质量和充分利用网络设备而设置的。网络管理是实时或准实时地监视电信网络的运行,必要时采取控制措施,以达到任何情况下,最大限度地使用网络中一切可以利用的设备,使尽可能多的通信业务得以实现。

通过上述对通信网各层技术的介绍可以看到,生活中我们熟悉的交通网在概念和功能上与数据通信网很类似。客运、货运、邮政和军事部署等都是基于公路、铁路、航空等基础网络为人们提供的运输服务。显然,如何快速准确地编组调度、如何大量高效地运输是人们管理、运行交通网要解决的主要问题。

9.4 几种“信道”概念的理解

现在我们已经接触了不少有关“信道”的概念,它们是：信道、广义信道、狭义信道、物理信道、逻辑信道、数字信道、模拟信道、传输介质、通路、链路、虚电路等。这些概念很容易混淆,需要用心体会其中的差异。

大家知道,通信就是信息的传递,但在实际通信中,信息由各种信号所承载,通信系统直接传送的是电信号(或光信号)。对于模拟通信,信号波形直表示信息,传送信号也就是传送信息；而在数据通信(包括数字通信)中,信息是通过各种编码方式搭载在数字信号之上,仅以传送信号为目的的通信系统(比如模拟系统)虽然可以完成信号的传输,但不一定能够完成信息的传递。

通信的实施,必须在通信双方(或多方)之间实现信号的传输,而信道就是指信号传输的途径。传输介质是具体完成信号传输的物理通路(比如各种导线、光纤、无线电波等),显然是一种信道。在一个通信系统中,连接信源和信宿除了传输介质之外,还有各种通信设备,它们同样为信号提供传输路径,所以也是一种信道。为了区分这两种信道,定义传输介质为狭义信道,通信设备与传输介质一起被称为广义信道。

信道是一种抽象概念,而“通路”是信道的一种表现形式,指信道的一种“直通”状态,一般应用于模拟通信中,比如打电话就是在通信双方之间建立一条通路。

物理信道强调的是信道的存在形式,看得见摸得着,比如一条电缆、一对电话线、一根光纤等。而逻辑信道主要指在一个物理信道之中,通过复用技术而产生的看不见摸不着的信号传输途径。比如通过频分复用,有线电视在一条同轴电缆(物理信道)上可以产生多条逻辑信道传输多路电视信号。

上述几个“信道”概念多用在模拟通信中,而链路、虚电路、虚信道、虚通路则主要出现在数据通信中。

数字信道一般指数字信号经过的途径,模拟信道指模拟信号经过的途径,它们都包括传输介质和传输设备。主要区别是：数字信道一般有编、解码设备和信号再生设备(比如编码器、译码器、中继器等),信号主要以抽样—判决—再生的方式传送；而模拟信道没有编、解码设备,在传输信号过程中靠放大器延长传输距离。

“链路”和“通路”都有“连通”的线路之意。但“链路”强调“连通”的形式是像链条似的将一段一段线路连接起来。而“通路”强调“连通”是一种畅通无阻的“直通”。因此，对于普通的电话连接，我们常以通路表示，以强调通信的实时性。而在数据通信中，由于数据大都以“包”的形式出现，以存储—转发的方式传输，所以多用链路表示数据传输的路径。信号在通路中传输不需要协议，但在链路中通常需要协议。

解释“虚电路”之前，了解一下“实电路”很有必要。以打电话为例，通话的双方在通话前必须建立一条信号通路，而且这条通路是实实在在由传输介质和通信设备组成的“实电路”，信号沿着这条物理信道从信源畅通无阻地“跑”到信宿，并且独占“跑道”，不允许其他信号共享。“虚电路”具有和“实电路”一样的连通功能，允许信号在其上传输，但它对信号的传输不是像实电路那样从信源不停脚地跑到信宿，而需要在节点处先停下来，即在节点储存起来，再经过复用等处理，然后与其他信号一起再向下一个节点“跑去”。从宏观上看，“虚电路”和“实电路”是一条“道”，但传输信号的方式不一样，“实电路”类似一条完整的传输管道，在每个节点上是“直通”的；而“虚电路”的传输管道是分段的，在节点上信号一般不能直通，必须停一下(尽管这个停顿时间很短)。

“虚电路”与“实电路”的主要区别有二：一是在信号在“虚电路”中传输通常需要协议，而“实电路”不需要；二是“虚电路”通常为共享信道，“实电路”则为独占。

综上所述，这些“信道”概念从本质上看都是指信号传输的途径，也就是信道的意思，但侧重点或强调的内容不太一样，有的从存在形式区分，有的从传输特性区分，有的从连通状态区分等。对于同样的一条连接，可以用不同的“信道”概念加以描述，比如，两个电话之间的电话线，可以称为传输介质，也可以叫通路、信道、物理信道、狭义信道等。因此，不管网络互连采用什么设备，也不管设备之间的连接叫什么名字，只要把握住“信号传输”的要旨，就不会被各种术语和概念所迷惑。

9.5 小资料——收音机的发明

1906 年，美国的费森登教授在一次无线电通信实验中，在世界上首次用调幅无线电波发送音乐和讲话，附近的许多无线电通信电台都接收到了费森登教授的信号。但是，要真正实现无线电广播，就要有一种普通公众都能拥有、专门用于收听声音信号的无线电接收机，即收音机。

矿石收音机是在无线电广播事业初期出现的一种简单接收机，它是由美国科学家邓伍迪和皮卡尔德发明的。1910 年，邓伍迪和皮卡尔德开始研究无线电接收机，他们利用某些矿石晶体进行试验，发现铅矿石具有检波作用，如果将其与几种简单的元件相连接，就可以接收到无线电台放送的广播节目。

矿石收音机靠天线接收电波，机内装有简单的调谐电路，可将接收到的电波按所需的波长选择出来输送给矿石检波器从电波中分检出记载音频信号的电流，然后通过耳机将电流转换成声音。矿石收音机无须电池，结构简单。但它只能供一人收听，而且接收性能也比较差，见图 9-8。

1912 年，费森登在改进原有接收机的研究中发明了外差式电路，为以后出现的超外差和边带接收法奠定了基础。

1913 年，美国无线电工程师阿姆斯特朗发明了超外差电路。同年，法国人吕西安、莱维利用超外差电路制作成了收音机，并申请了专利，从而结束了以往收音机必须安装许多旋钮，调谐十分困难的历史，大大简化了收音机的调谐过程，为工业化生产提供了条件。1924 年，超外差式收音机首次投入市场。今天世界上 99%的无线电收音机、电视、卫星地面站等都是利用超外差电路进行工作的。

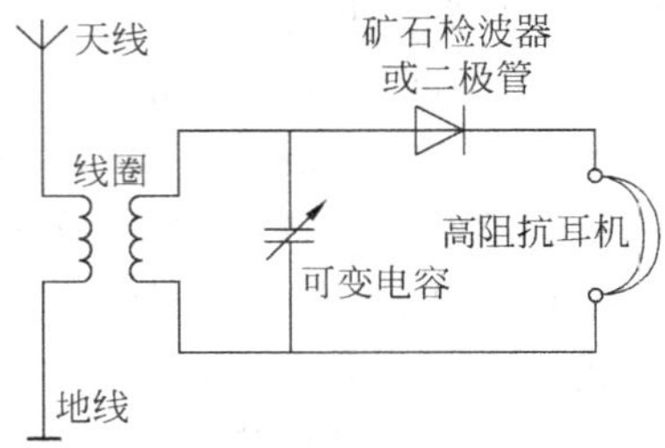

图 9-8　矿石收音机电路图

调频收音机也是阿姆斯特朗发明的。1925 年，他发明了使载波的瞬时频率随传播信号的变化规律而变化的调制方法，即调频方法。

早时期的收音机由于使用的是电子管，大多都体积大、耗电多和笨重。1955 年，首批晶体管收音机几乎同时在美国和日本问世。

9.6 思考题与习题

9-1　举出几种常见的通信业务。

9-2　什么是数据通信？什么是数字通信？简述数据通信与数字通信的关系。

9-3　串行通信和并行通信有何优缺点？

9-4　同步通信和异步通信的本质区别是什么？

9-5　数据通信系统由哪几部分组成？举例说明一个数据通信系统。

9-6　什么是通信网，通信网的体系结构有哪几层？

9-7　计算机网络和通信网有什么关系？

9-8　通信网主要有哪几种支撑技术？

9-9　简述各种常见网络拓扑的优缺点。

9-10　通信网的发展主要分哪几个阶段？

9-11　什么是“三网合一”？三网合一的基础是什么？

第10章 通信终端

问题引入：*通信是在通信终端之间进行的信息传输过程。那么在生活中，有哪些我们熟悉的通信终端设备呢？它们又是如何工作的呢？*

通信设备是通信系统的重要组成部分，是指一类主要完成信号发送、接收、变换、传输、交换和信息处理等任务的电子装置。按设备在通信系统中所处的位置，通常可分为终端设备和传输设备两种。

通信系统的最终目的就是向用户提供所需的各类信息服务，主要包括模拟与数字音、视频业务（如普通电话业务、智能网业务、IP电话业务、广播电视业务等）、数据通信业务（如网络商务、电子邮件）和多媒体通信业务等。它们都由用户与通信网之间的接口设备来完成，这种位于通信系统两端或通信网边沿的设备称为通信终端设备。简单地说，通信终端设备就是信宿或同时也是信源的通信设备，简称通信终端。

终端设备必须具备以下三项主要功能。

(1) 将待传送的消息和信道上传送的信号进行相互转换。在发信端，将信源产生的消息转换成适合传输信道上传送的信号；在收信端则完成相反的变换。

(2) 将信号与信道相匹配，由信号处理模块完成。

(3) 完成信令的产生和识别，以实现一系列控制功能或操作。

根据处理信号的不同，通信终端有模拟通信终端和数据通信终端之分。普通电话机、收音机和电视等可归为模拟通信终端范畴。数据通信终端又称数据终端设备（DTE，Data Terminal Equipment）简称终端，是能够向通信子网发送和接收数据的设备。常见的大、中、小型计算机以及一些以计算机为核心的电子设备（比如传真机等）无疑是通信网络中最典型的数据终端设备。它们不仅可以发送、接收数据，而且还可以完成差错控制、数据格式转换等信息处理功能。

为了使大家对通信系统有一个更全面的了解，本章简要介绍几种常用的通信终端设备。

10.1 电话机

10.1.1 磁石式电话机

1875年6月2日，电学家沃特森通过图10-1所示的原始电磁式电话听到了贝尔在另一房间里说"沃特森先生,快来呀! 我需要你"的话,这一刻宣告了人类历史上第一部电话机的诞生。

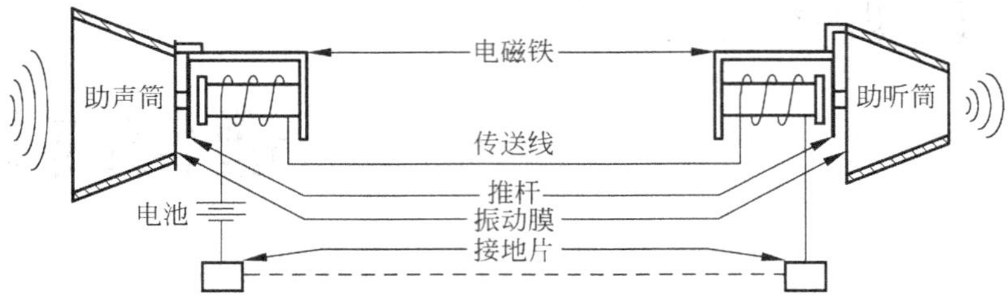

图 10-1　原始电磁式电话机示意图

贝尔的第一部电话机构造非常简单,由两个装了振动膜片的电磁铁和能够集中声波的助声筒、助听筒组成。说话时,空气冲击助声筒底部的膜片引起振动,振动改变铁芯与衔铁之间的磁通,使线圈中产生变化的感应电流(完成送话),该电流流过另一只电磁铁线圈,使得助听筒底部的膜片按电流的变化规律发生振动,通过助听筒把振动产生的声音送到人耳。

在电话机里,把能将声音变成相应电信号的转换器称为送话器,把相应电信号还原为声音的转换器叫做受话器,两者之间的导电线称为线路。

根据贝尔的发明,人们制造了早期简陋电话机,说与听都用一个带振动片的电磁铁,听的时候扣在耳朵上当受话器用,说的时候放在嘴前当送话器用。后来人们虽然把送话和受话分开,做成两个独立的部件,但实际上还是两个构造相同的带振动片的电磁铁,通话效率很低。1877 年爱迪生发明了炭精式送话器,极大地提高了电话机的送话效率,对受话器的结构也进行了改进并把它们装到了一个手柄里。最初的电话机只有通话装置,没有呼叫设备,后来逐渐配套,形成了磁石式电话机(见图 10-2)。这种电话机除了手柄和电铃之外,还配有一个手摇发电机和两节干电池。只要两部磁石电话机之间拉上两根线就可以打电话,摇动发电机,另一部电话机的铃就会响起来,双方都拿起手柄后,自备干电池作为通话用的电源接通,双方就可以通话了。

(a) 壁挂式电话机

(b) 台式电话机

图 10-2　早期磁石式电话机

贝尔的电话只能把声音从送话方传到受话方,属于单工传输方式见图 10-3(a)。通话双方要想交谈就必须用图 10-3(b)方式。图 10-3(b)虽然可以双工传输语音信号,但需要 4 根线传输信号,经济性不好。图 10-3(c)可以用两根线完成双工传输,但会产生"侧音效应"。所谓侧音就是本方发出的声音通过送话器转换成电信号后不仅可以通过二线线路送往对方,而且还要送到本方受话器中,产生很大的声音——侧音,影响收听对方的话音。因此,现代的电话机设计总是要尽量减小侧音。图 10-3(d)是具有消侧音功能的双工方式示意图,图中混合电路的作用是完成 2/4 线转换，把送话电信号送往线路上，把线路上来的电信号送往受话器。由于混合电路含有消侧音电路，故可大大减少侧音效应。

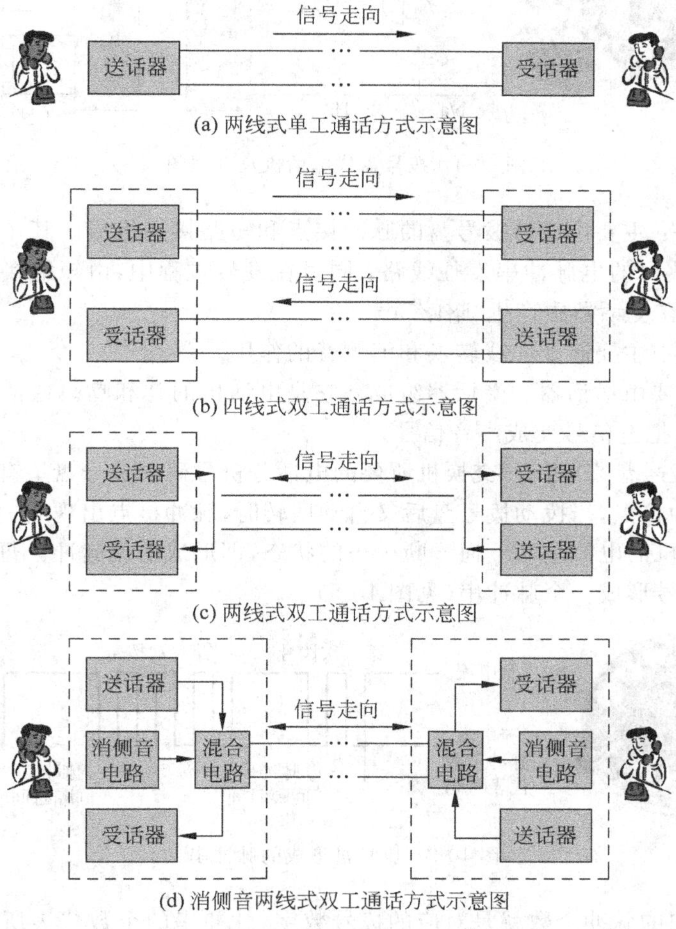

图 10-3　电话通话方式演变示意图

典型的双工方式应该有两个信道分别传输两个方向的信号(如图 10-3(b)所示)，其目的是防止两个方向的信号互相干扰。而图 10-3(d)中实际上是用一个信道(两根线)传输双向信号，即在传输信道中，两个方向的信号是混在一起的(互相干扰)。而"消侧音"技术能够消除这种干扰，从而使得在一个信道上完成双工通信成为可能。

10.1.2　拨号盘式电话机

拨号盘式电话机是自动电话机，它主要由叉簧开关 H1、H2、交流铃、拨号电路、通话电路和手柄 5 部分组成，如图 10-4 所示。

(1) 叉簧 HI、H2：用于振铃和通话状态的转换。振铃和通话是交替工作的，即振铃时不能通话，通话时不能振铃。

(2) 交流铃：呼叫被叫用户接听电话。

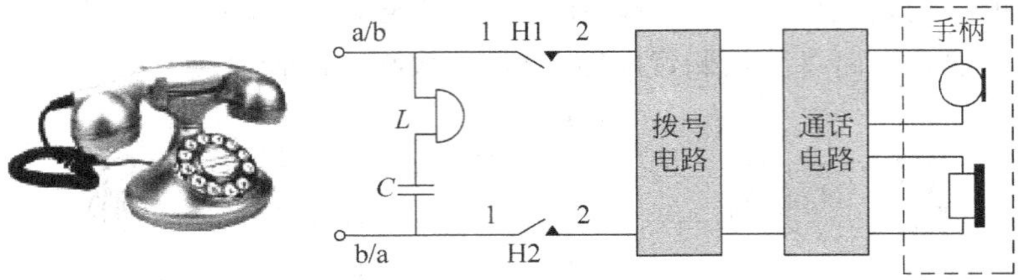

图 10-4 拨号盘式电话机及其框图

(3) 拨号电路：主要由旋转拨号盘的脉冲接点和短路接点组成。其作用是把相应的电话号码变成相等数目的电脉冲串发往线路；同时在发号过程中，由短路接点把通话电路短路，防止发号脉冲在受话器中产生"喀喀"声。

(4) 通话电路：主要起 2/4 线转换和消侧音的作用。

(5) 手柄：主要由送话器和受话器组成。它是电话机的耳和嘴。送话器把声音信号变成电信号；受话器把电信号变成声音信号。

打电话者用拨号盘来"告诉"交换机所要的电话分机号码。拨号盘上有一对与电话机供电回路串接的脉冲接点，当拨动拨号盘后又自动回转时，脉冲接点出现断—通—断……的连接动作，导致电话机的电流呈断—通—断……的状态，即形成电流脉冲。每通断一次形成一个脉冲，每拨一次号形成一个脉冲串(见图 10-5)。

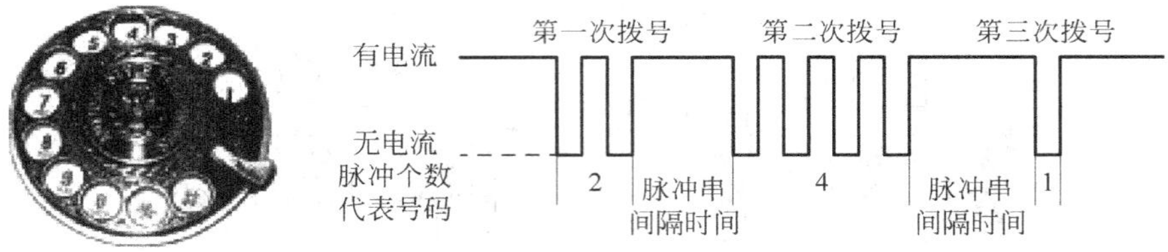

图 10-5 拨号盘形成的脉冲串

每个脉冲串内的脉冲个数就是对应的拨号数字，脉冲串的个数代表所拨电话号码的位数。交换机上有专门接收这些脉冲串的设备，当它接收到这些脉冲串后，就可判断出用户要的被叫用户，自动进行必要的接续动作，接通相应的被叫电话机。为了使交换机能正确地接收这些信号，不发生判断错误，对电话机发出的电流脉冲速度，通、断时间，脉冲串间隔时间均有一定的要求，有兴趣的读者可查看相关书籍。

10.1.3 按键式电话机

按键式电话机是从 20 世纪 80 年代开始逐渐普及的，是现代电子技术发展的成果之一。按键式电话机与拨号盘式电话机除叉簧和手柄相同外，其他电路却不尽相同。

按键电话机主要由叉簧、振铃电路、极性保护电路、拨号电路、通话电路和手柄组成，见图 10-6。

(1) 振铃电路：由音调振铃集成电路和压电陶瓷蜂鸣器或扬声器组成。它把交换机送来的 25Hz 铃流变成直流，然后再产生两种频率不同的交流信号，驱动压电陶瓷蜂鸣器或扬声器发出悦耳的声音。

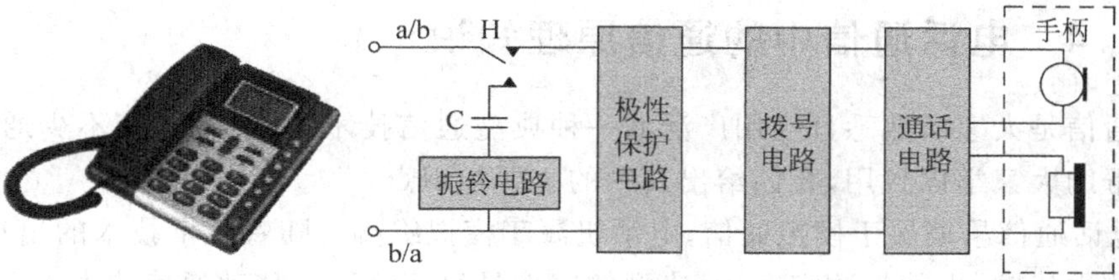

图 10-6　按键式电话机及其框图

(2) 极性保护电路：它的主要作用是把 a/b、b/a 线上极性不确定的电压变成极性固定的电压，以确保拨号电路和通话电路所要求的电源极性。

(3) 拨号电路：拨号电路是由拨号专用集成电路，键盘和外围电路组成。它可以把键盘输入的号码变成相应的脉冲或双音多频信号送到线路上。同时能发出静噪信号来消除拨号时在受话器中产生的"喀喀"声。

(4) 通话电路：采用高性能(宽频响、长寿命等)的电/声、声/电转换器件作为受话器、送话器，并配上送、受话放大器(多采用专用通话集成电路)完成通话功能。它主要起 2/4 线转换、消侧音和放大接收与发送信号作用。

按键式电话机在性能上有以下优点：第一，其脉冲发号参数完全由电子器件保证，非常稳定，且按键方式比拨盘方式操作简单；第二，通话时话音失真度小(频率失真小)，发送、接收系统的灵敏度可按要求进行调整，为了适应电话线路长短的不同对话音信号衰减的变化，电话机中加入了自动音量调节功能，使长、短线通话时音量均柔和适中；第三，振铃声音为双音调方式，声音悦耳，可以方便地加入振铃音量调节和音调调节功能。

按键电话机除采用脉冲发号之外，还可以用双音多频(DTMF)方式发号。这种发号方式是这样的：全部发号信号由高、低两个频率群组成，每一群中有 4 个频率，从高、低频群中分别任选一个频率(8 中取 2)组合起来代表一个数字或符号，具体如表 10-1 所示。

发号时，电话机发出含有两个频率的音频信号电流，用户可以从受话器听到它的声音(确认音)。交换机接收到双音频信号进行判别，完成相应的接续动作。为使交换机能准确识别，对电话机发出的双音频信号在频率偏差、电平、失真、持续时间等方面均有严格要求。表 10-1 中的 A、B、C、D 四种双音频组合目前使用较少，主要是作为备用。

为了方便用户，生产厂家推出了具备脉冲和音频两种拨号方式的两用电话机，用一个开关(通常表示为 P/T)可以选择电话机处于脉冲或音频方式工作。

表 10-1　双音多频发号代码表

高频群 / 低频群	**1209Hz**	**1336Hz**	**1477Hz**	**1633Hz**
697Hz	1	2	3	A
770Hz	4	5	6	B
852Hz	7	8	9	C
941Hz	*	0	#	D

10.1.4 电话通信中的通信原理知识

电话通信是大家所熟悉且应用广泛的一种典型通信技术，其中包含着不少通信原理知识。为了帮助大家学以致用，我们给出其中的主要知识点。

(1) 电话通信早期属于模拟通信，电话机属于模拟终端。随着数字技术的出现，电话可以用数字技术传输，也就是数字电话，典型的实例是目前流行的移动通信技术——手机。随着网络技术和计算机技术的发展与应用，目前电话网也可以进行数据通信，比如拨号上网和ADSL、电传等。

(2) 电话通信属于双工通信，但它是利用消侧音技术在一个信道上完成双向信号传输。

(3) 电话机到交换机之间是音频基带信号传输。交话机之间多采用调制传输。由于局与局之间多为多路电话传输，所以采用单边带频分复用技术。比如一个基群传送12路电话，带宽为48kHz；一个超群由5个基群构成，传输60路电话，带宽为240kHz。

10.2 收音机

10.2.1 收音机分类及原理框图

收音机是我们所熟悉的家用电器，也是一种典型的通信终端或通信设备。用通信术语来描述的话，它是一种无线单工语音通信产品，是“调制与解调”原理在实践中的具体应用，其工作原理与很多专用通信设备(比如电台)很相似，具有代表性。

收音机有多种，根据不同标准具有不同分类。

根据主要元件不同可分为：电子管、晶体管和集成电路收音机。

根据电路原理不同可分为：直接检波式、来复再生式和超外差式。前两种已基本淘汰。

根据工作波段不同可分为：单波段和多波段。

根据信号调制不同可分为：调幅式和调频式。也有合二为一的调幅调频机。

根据体积大小不同可分为：台式、便携式、袖珍式和微型式。

根据性能指标不同可分为：特级、一级、二级、三级和四级5个等级。

收音机必须工作在一个叫做“工作波段”的指定频率范围内，也就是说可以接收指定频段内的电台。工作波段主要分为中波、短波和调频波三大类。我国规定收音机的工作波段是：调幅中波段为535～1605kHz；调频波段为88～108MHz；调幅短波段因机器等级不同而略有差异，比如具有一个短波波段的三级收音机为3.9～12MHz或6～18MHz。

收音机从发明到现在，经历了电子管(见图10-7)、晶体管和集成电路三个时代。虽然体积越来越小，功能也越来也多，但其工作原理始终没变。了解收音机的工作原理对掌握通信原理相关知识大有好处。图10-8给出了超外差式晶体管收音机及其原理框图。

10.2.2 输入电路

从天线到收音机第一级输入端之间的电路叫输入电路。输入电路的作用是从天线接收的各种信号中把需要收听的电台信号选择出来，并传输到下一级电路，而把其他不需要收听

图 10-7　电子管收音机

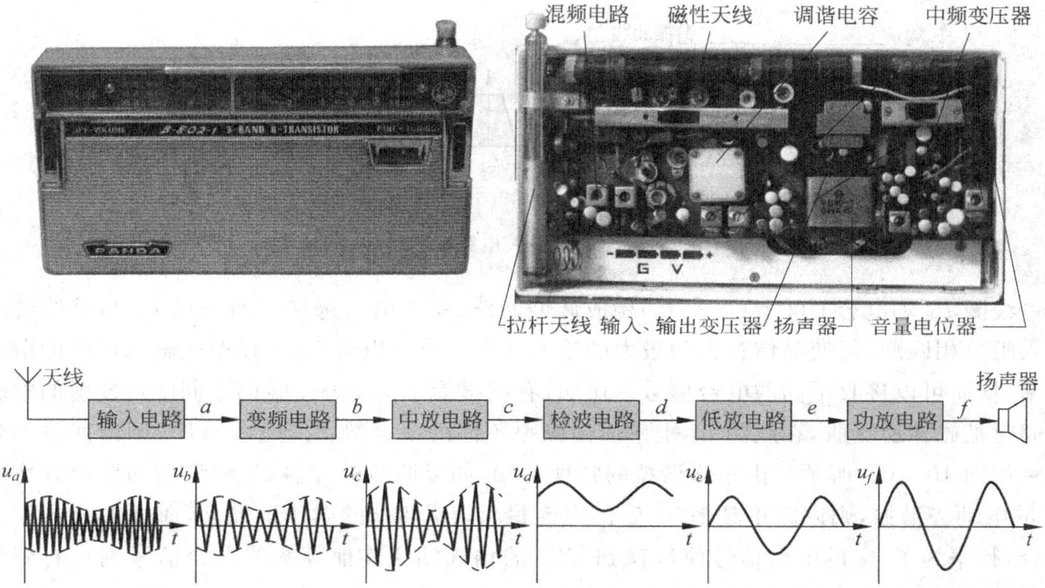

图 10-8　超外差式晶体管收音机及其原理框图

的信号(干扰)有效地加以抑制。对输入电路的要求如下。

(1) 输入电路的电压传输系数尽可能大,且在整个波段中变化不大。所谓电压传输系数就是指输入电路的输出与输入电压(天线线圈的感应电动势)之比。

(2) 输入电路的选择性要好,即从天线传输来的多而杂的信号中取出有用信号的能力要强。这是输入电路的主要作用。

(3) 要有足够的波段覆盖,即收音机能调谐到所要接收的整个波段内各个频率的电台信号,并且所调谐到的每一个频率都能达到上述传输系数和选择性等主要指标。

输入电路又称调谐电路,其基本原理就是利用“谐振”原理将天线接收到的众多电台信号中的一个“调谐”出来并送到下一级电路(变频电路)。

采用磁性天线的输入电路如图 10-9(a)所示。它是由可变(调谐)电容 C_{1a}、微调电容 C_T、铁氧体磁棒以及绕在磁棒上的谐振线圈 L_1 与耦合线圈 L_2 组成。磁棒起着接收电磁波的作用,与套在它上面的谐振线圈 L_1 共同构成所谓的磁性天线。由于磁棒的磁导率很高,空间的电磁波穿过它时,形成非常密集的磁力线贯穿磁棒,使谐振线圈 L_1 上感应出较高的感应电动势。

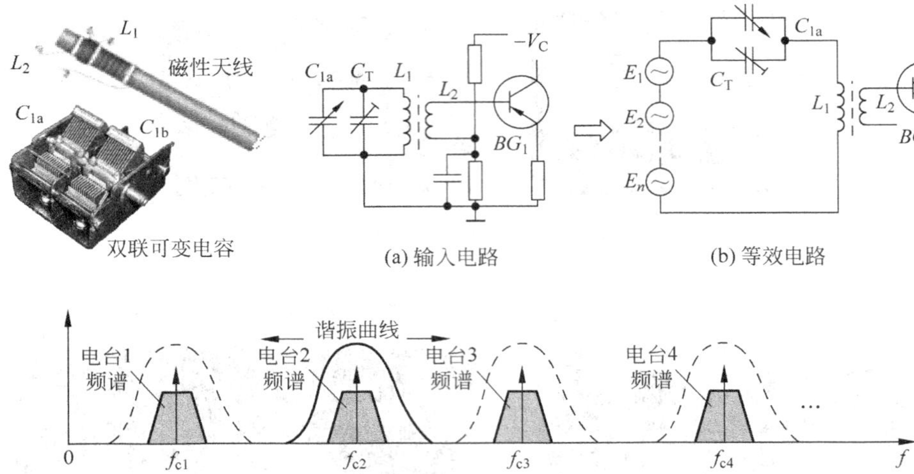

(a) 输入电路　　(b) 等效电路

(c) 调谐电路选台示意图

图 10-9　磁性天线输入电路及其等效电路

线圈 L_1 和电容 $C(C=C_{1a}+C_T)$ 构成调谐回路，完成电台选择。而通过 L_2 与晶体管的输入阻抗相匹配，可使晶体管得到最大的输入功率。改变电容 C_{1a} 可以改变输入回路的谐振频率，从而可以接收不同的电台信号。比如，有频率为 $f_1,f_2,\cdots,f_n$ 的不同电台发射的电磁波同时被磁棒所接收，在线圈 L_1 上感应出频率不同的电动势 $E_1,E_2,\cdots,E_n$，调谐回路等效电路如图 10-9(b)所示。由串联谐振的特性可知，如果调节电容器 C_{1a} 使调谐回路对频率为 f_2 的电动势谐振，则回路里频率为 f_2 的电流最大，L_1 两端的电压也最大，通过 L_1 与 L_2 的耦合，频率为了 f_2 的电台信号便传输到 BG_1 的输入端。其他频率的电台信号则被有效地抑制。C_T 选用半可变电容器，其作用是补偿可变电容器 C_{1a} 的容量，使之调谐范围可以覆盖整个频段(比如，中波 535～1605kHz 频段)。调谐过程如图 10-9(c)所示，可见，调振电路的作用就是提供一个可以在频率轴上左右滑动的带通滤波器。

10.2.3 变频电路

利用本地产生的振荡波与输入信号混频，将输入信号频率变换为某个预定的频率的技术或方法叫做“外差”或“超外差”技术或方法。

超外差原理最早由 E. H. 阿姆斯特朗于 1918 年提出。这种方法是为了适应远程通信对高频率、弱信号接收的需要，在外差原理的基础上发展而来的。**外差方法是将输入信号频率变换为音频，而阿姆斯特朗提出的方法是将输入信号变换为超音频，因此称之为“超外差”。**

超外差电路的典型应用是超外差接收机，其优点是：①容易得到足够大而且比较稳定的放大量。②具有较高的选择性和较好的频率特性。③容易调整。缺点是电路比较复杂，同时也存在着一些特殊的干扰，如像频干扰、组合频率干扰和中频干扰等。随着集成电路技术的发展，超外差接收机已经可以单片集成。

变频电路是超外差技术的核心部分。其基本思路是将接收电路收到的不同频率电台信号全部变成一个统一频率的信号，以保证有较高的灵敏度和选择性。这个“统一频率”称为“中频频率”简称“中频”。我国规定的中频频率为465kHz。可见，中频低于中波波段。变频器原理见图10-10。

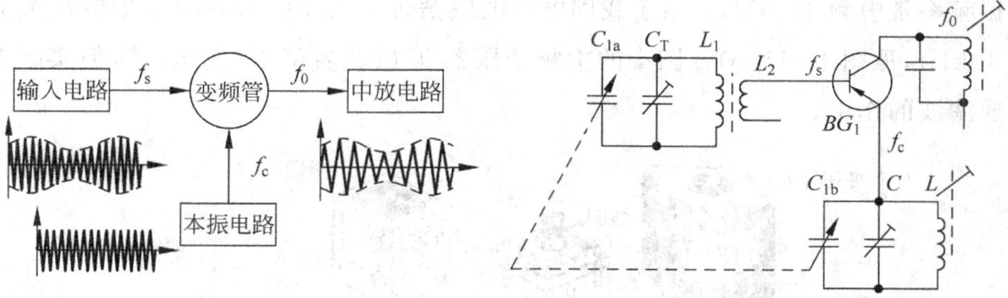

(a) 变频电路框图　(b) 变频电路简图

图10-10　变频电路(变频器)原理图

变频器工作原理是这样的：输入电路在工作波段中选中一个载频为 f_s 的电台信号送入变频管基极；本机振荡电路(本振电路)产生一个频率为 f_c 的正弦型信号送入变频管发射极；通过变频管的非线性作用，从集电极输出包含 f_s 和 f_c 混合频率信号，再经过中频变压器选出其中的差频信号(也就是中频信号 $f_0=f_c-f_s$)送入中放电路。

因为接收的电台信号载频随电台的不同而不同，即 f_s 是变化的。所以，为了使中频信号 f_0 保持不变，就需要本振信号的频率随 f_s 同步变化并保持一个固定差值。图10-10(b)中的双连可变电容器 C_{1a}和 C_{1b}的作用就是保证在选择不同电台的同时，让本振频率也随之同步改变。

超外差的目的就是通过变频器把所有可接收的不同载频电台信号变成一个固定频率(中频)的调幅信号，从而降低对后续放大电路通频带的要求，提高收音机的性价比。

注意：有些收音机或电视机的框图中会出现“混频电路”或“混频器”字样。其含义与“变频电路”或“变频器”略有不同。“变频”是指用一个管子(晶体管或电子管)同时完成“本机振荡”信号的产生和“混频”任务；而用一个管子产生本机振荡信号，用另一个管子进行混频时，则该管子和周边元器件就构成“混频电路”。因此，“变频器”包含“产生本振”和“混频”两个功能，而“混频器”只完成“混频”任务。

10.2.4　中放电路

中频放大器(简称中放)是超外差式收音机的重要组成部分，其性能好坏直接决定收音机的选择性和灵敏度。它必须满足以下要求。

(1) 要有良好的选择性。

(2) 要工作稳定，受电压、温度影响要小，不能产生自激振荡。

(3) 通频带内频响特性要好。

(4) 在保证稳定的前提下，功率增益要尽量高。

中频放大器的作用是将变频器或前一级放大器送出的中频小信号加以放大。通常一个收音机有两三级中频放大器。图 10-11 是一个中放电路的原理图及其频响特性。中频放大器的谐振频率是中频 465kHz。由于我国电台的频谱带宽为 10kHz，所以，中频放大器的通频带为 10kHz，见图 10-11(b)。图中的中频变压器 T 虽然名字叫“变压器”，但实际上主要是起带通滤波的作用。

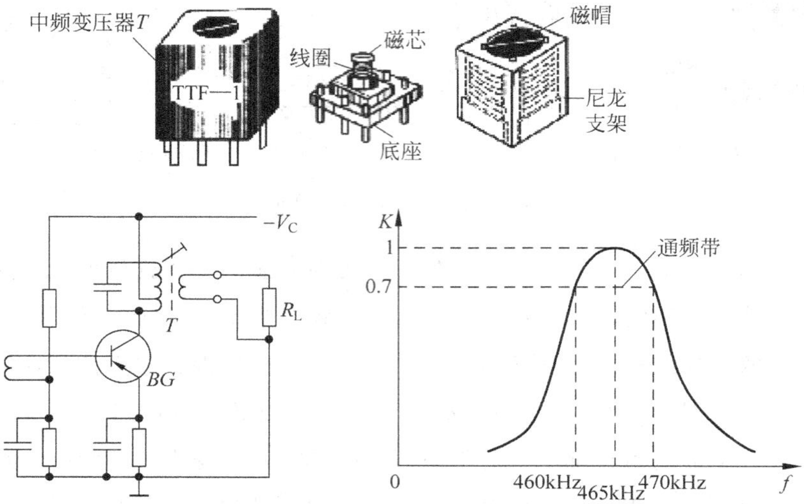

(a) 中频放大器电路　　(b) 中频放大器频响特性

图 10-11　中频放大器及其频响特性

10.2.5　检波电路

调幅收音机采用包络检波，其原理我们在第 2 章已经讲过，不再赘述。

10.2.6　低频放大和功率放大电路

检波器输出的信号就是音频信号，但因其幅度太小，所以必须经过放大才能推动扬声器发声。低频放大器和功率放大器就是完成将检波器输出的小音频信号放大至可以带动扬声器的大幅度音频信号。低频放大器是一个典型的共发射极放大器，而功率放大器是一个典型的推挽放大电路(见图 10-12)。有关内容可参看模拟电路教科书。

10.2.7　广播通信中的通信原理知识

无线电广播是一种单工、点到多点、无线传输的模拟音频通信系统，其中的理论知识主要包括幅度调制与解调、频率调制与解调、频分复用(一个电台播出多套节目)等内容。而信号频谱和信道通频带概念更是理论知识中的基础。

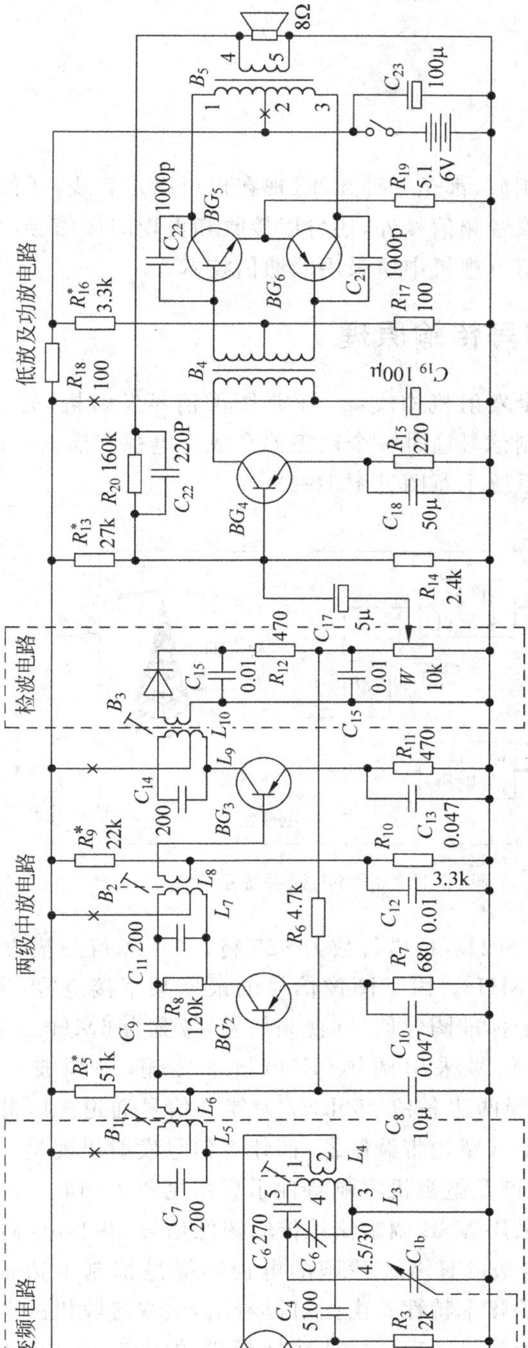

图10-12 一个典型的六晶体管中波超外差式收音机原理图

10.3 电视机

电视机与收音机的功能相似，都是一种无线（现在也可以是有线）通信终端设备，其本质区别在于电视机除了可以接收音频信号外，还可以接收和再现图像信号，其原理和结构远比收音机复杂。本节简要地介绍电视机中所采用的通信技术。

10.3.1 电视机信号传输原理

电视广播电台通常由两个发射机构成：一个是图像信号发射机，另一个是伴音信号发射机。两个发射机输出的调制信号通过一个双工器合成为电视广播信号由一副天线发射出去供电视机接收。广播电视系统示意图见图 10-13。

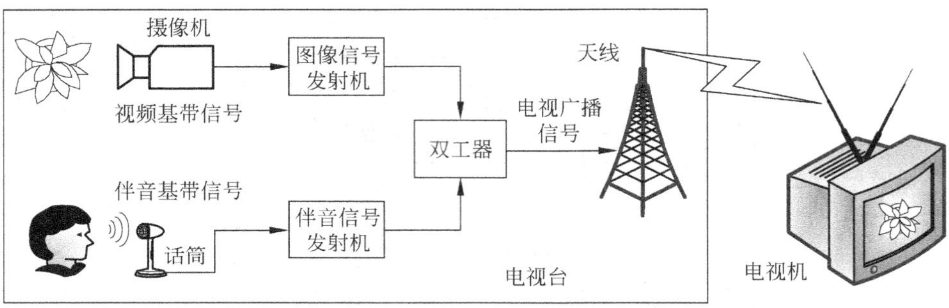

图 10-13 广播电视系统示意图

按我国电视标准，场频为 50Hz，扫描行数为 625 行，采用隔行扫描方式，则电视图像信号的最高频率约为 $f_{max}\approx 5.6$MHz。由于图像信号的最低频率接近零，所以图像信号的带宽就是其最高频率。我国规定标准图像信号（视频信号）带宽为 6MHz。图像信号采用残留边带调制（VSB）发送。伴音信号采用调频（FM）技术传输，调频波所占的频率范围为 130kHz。我国规定在伴音载频两边各留 250kHz 为伴音信号通道。因此，图 10-13 中的图像信号发射机实际上就是一个残留边带调制器，而伴音信号发射机就是一个调频器。

图像信号、伴音信号的频谱及电视机频响特性示意图见图 10-14。

我国电视传输标准规定采用 VSB 调幅信号传输图像信号，并和电视接收机的频率特性配合起来，共同完成单边带传送的任务。我国的电视广播是抑制下边带，见图 10-14(b)。图 10-14(c)表示电视接收机的频率特性。由图可以看出，电视接收机的调谐和收音机不同。收音机是把电台的载频调节到整机频率特性曲线通频带的中点，而电视机则把图像载频调节到频率特性曲线通频带的一个斜边上，以使整个上边带都能通过电视接收机，同时把接收到信号中未被抑制掉的那部分下边带抑制掉。

电视伴音信号采用调频方法传送，以保证得到较高的放音质量。伴音信号频带比图像信号窄得多，它安置在图像信号上边带的旁边。伴音载频比图像载频高 6.5MHz。通常在电视接收机中用同一个高频放大器去接收和放大图像和伴音两种信号，这样可使接收机的构造简化。采用残留边带传送后，发送设备的总频带宽约为 8MHz，而接收机的带通放大器

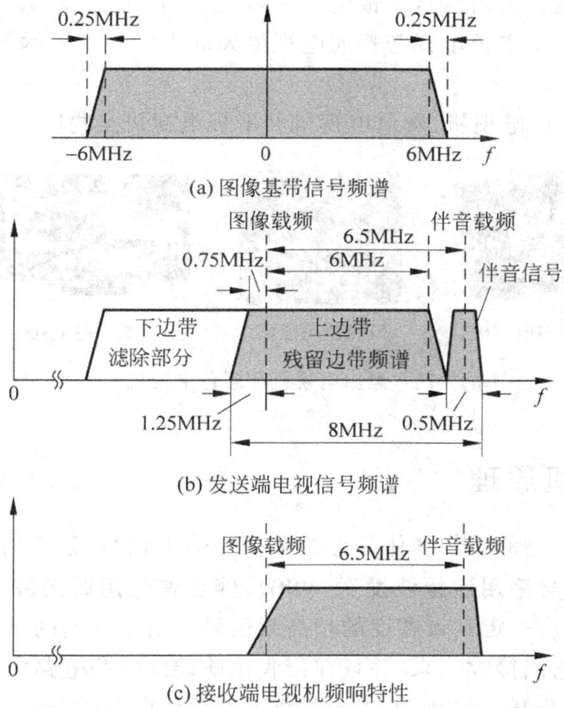

图 10-14 发送端电视信号频谱及电视机频响示意图

频带宽度为 6.5MHz 就可以了。

在电视广播中，每一套电视节目必须单独使用一个频道，也就是一个独立的频率范围。我国的电视节目频道主要分布在甚高频段 VHF 和特高频段 UHF 两个频段中。表 10-2 是 VHF 频段的频道划分。其中 1～5 频道称为Ⅰ波段；6～12 频道称为Ⅲ波段；5～6 频道之间空出了 93～166MHz 一段供调频广播使用，称为Ⅱ波段。

表 10-2 我国 VHF 频段电视频道划分表

波段	频道	频率范围/MHz	图像载频/MHz	伴音载频/MHz
Ⅰ	1	48.5～56.5	49.75	56.25
	2	56.5～64.5	57.75	64.25
	3	64.5～72.5	65.75	72.25
	4	76～84	77.25	83.75
	5	84～92	85.25	91.75
Ⅲ	6	167～175	168.25	174.75
	7	175～183	176.25	182.75
	8	183～191	184.25	190.75
	9	191～199	192.25	198.75
	10	199～207	200.25	206.75
	11	207～215	208.25	214.75
	12	215～223	216.25	222.75

随着电视技术的飞速发展，目前，平板电视大行其道，以显像管为图像显示屏的普通电视即将变为昔日黄花。由于平板电视与普通电视最大的不同在于显示屏，所以，本节还是介绍普通电视机原理。

图 10-15 是普通的黑白电视机、彩色电视机和平板电视机实物图。

(a) 黑白电视机　(b) 彩色电视机　(c) 平板彩色电视机

图 10-15　黑白电视机和彩色电视机

10.3.2　电视机原理

我们已经知道电视广播的图像和伴音是两个独立的电信号，发送时要用两个载波和两套独立的发射机，**图像信号采用调幅波发送（VSB），伴音信号用调频波**。这两种信号，虽然调制方式不同，但都是具有一定频带宽度的超高频信号。由于它们的载波频率比较接近，所以能用一副天线同时把它们接收下来，并且在接收机前端的一些电路中，可以让这两个信号共同通过，以后再把它们分开。因此，电视接收机不必采用两套完全独立的接收电路。

从基本原理上看，**电视接收机是一种可以接收调幅信号和调频信号的终端设备**，目前的电路形式都采用超外差式电路。超外差式电路不管接收哪一个频道的电视台，都是利用变频器把接收到的超高频载波信号变成频率较低的而且是固定的中频载波信号，然后再用中频放大器去放大，并用中放的级间 LC 回路来保证图 10-14(c)所要求的频率特性。

上面已经谈到，超高频的图像和伴音载波信号是共用一副天线接收下来的。这两个信号通常是一起通过电视接收机的高频部分和图像通道的中频放大器，直到经过图像检波器以后，再把伴音信号分离出来。已调幅的图像中频信号经过调幅检波器（因为图像信号采用VSB 传送，用普通的包络检波会产生失真。所以，电视中可采用中频补偿或其他检波方式，比如双差分同步检波器来解决这个问题）解调后，便得到图像的视频信号。由于已调频的伴音中频信号的幅度不变，因而经过调幅检波器时不会得到音频信号，但是它却得到变频处理。这是因为调幅检波器和变频器的都具有非线性。这时，图像中频信号的载波相当于本机振荡信号，它和伴音中频信号在调幅检波器里混频，得出的新信号频率为图像中频和伴音中频之差，即 6.5MHz，而原来的调频性质却没有变。这个新的信号称为第二伴音中频信号，它的频率较原来的中频为低，频带又窄。因此，在图像检波之后，用一个 Q 值较高的 LC 谐振回路就能把它分离出来，然后送到第二伴音中频放大器中去进一步放大。再通过限幅器、鉴频器对伴音的调频信号进行检波，便可得出伴音的音频信号。

图 10-16 为超外差式电视接收机电路的方框图。对于超外差式接收机，主要是靠图像中频放大器来放大中频信号和保证所需的频率特性。但通常仍安排一级简单的高频放大器，其作用是用来选择所要接收的电视台信号、抑制天线可能收到的其他干扰信号，以及把变频器和天线隔离开。这样，一方面可以避免本机振荡信号通过天线发射出去干扰别的接

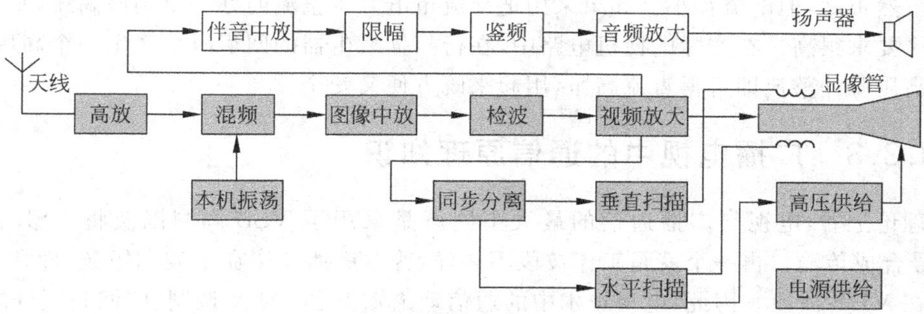

图 10-16 超外差式电视机原理框图

收机,另一方面也可以保证变频器的工作稳定。

变频器包括混频和本机振荡两级,本机振荡器的振荡频率分别比电视台的图像信号载频和伴音信号载频高一个固定数值,因而变频后即得出固定的图像中频信号和伴音中频信号。例如第二频道的图像载频为 57.75MHz,伴音载频为 64.25MHz,而本机振荡频率为92MHz。因此,图像中频为 92－57.75＝34.25MHz,伴音中频为 92－64.25＝27.75MHz。可以看出,原来伴音信号比图像信号高 6.5MHz,经过变频以后,得到的伴音中频反而比图像中频低 6.5MHz。

由于中频是固定的,所以随着接收不同频道的电视台,本机振荡的频率也要跟着改变,以保证得到固定的中频,这只需要在用转换开关换接高放级和变频器输入端的调谐回路的同时,换接本机振荡器已预先调好的振荡回路即可。实际的装置是把整个高频部分(包括高放、混频和本机振荡),连同频道选择的转换开关装在一起,称为高频头。它的输入端接天线,输出端接中频放大器。

由于经过变频后,原来频率较高的伴音载波信号变成频率较低的伴音中频信号,而原来频率较低的图像载波信号变成了频率较高的图像中频信号。所以,在中频放大器中,通频带特性正好和图 10-14(c)所示的整机通频带特性左右对调。在图像中频放大器中,主要应保证让图像中频信号通过。对于伴音中频信号,则增益只要有图像信号的 5%左右即可。等到伴音信号和图像信号分离后,在第二伴音中放中再做进一步的放大。这是为了避免伴音中频信号对图像中频信号的干扰。即便如此,伴音中频信号在图像通道中仍能得到一定的放大。

一般电视机图像中放的放大倍数为 2000～20000 倍,输出的图像中频信号可达1～3V。经检波器输出图像视频信号(严格地说是全电视信号),再用视频放大器放大到 50V 左右,这样,在显像管的荧光屏上就会有足够对比度的黑白图像了。视频放大器应能放大频宽为6MHz 的图像信号。

为了在显像管荧光屏上重显出电视图像,不仅要求用图像信号去控制显像管上光点的亮度,还要让光点在荧光屏上沿水平和垂直方向扫描。因此,要有水平扫描和垂直扫描电路,以产生能使电子束作水平和垂直扫描的锯齿形电流。为了稳定地重显图像,必须使显像管中电子束的扫描和电视台摄像机中的扫描同步。由于行、场同步脉冲是混在图像信号的扫描回程中传送给电视接收机的,所以,需要从视频放大器引出一路输出,加到同步脉冲分离放大器的输入端,以便分离出行、场同步脉冲,分别用来控制行、场扫描发生器。

为了使显像管有足够的亮度,需要产生很高的第二阳极电压,一般在 10000V 以上。这个电压虽然很高，但电流很小。如果采用把交流市电升压整流的办法得到该高压，则对变压器的绝缘要求很高。在实际电视机电路中，在行扫描发生器的回程时会产生一个高压脉冲，把这个高压脉冲整流即可得直流高压，用起来既方便又安全。

10.3.3 广播电视中的通信原理知识

从理论上看，电视与广播通信的最大不同就是采用了 VSB 调制以及将 VSB 信号和 FM 信号合成传输。再一个就是工作波段不一样，普通广播工作在中波和短波，而调频广播也工作在 VHF 波段。因此，电视技术中的通信理论知识也主要是调制、解调和频分复用。

10.4 数据终端

数据终端设备通常由输入设备、输出设备和输入输出控制器组成。其中，输入设备对输入的数据信息进行编码，以便进行信息处理；输出设备对处理过的结果信息进行译码输出；输入输出控制器则对输入、输出设备的动作进行控制，并根据物理层的接口特性（包括机械特性、电气特性、功能特性和规程特性）与线路终端接口设备（如调制解调器、多路复用器、前端处理器等）相连。

不同的输入、输出设备可以与不同类型的输入、输出控制器组合，从而构成各种各样的数据终端设备。由于这类设备是一种人—机接口设备，在地理位置上可以远离主机，通常由人进行操作，所以工作速率较低。我们最为熟悉的计算机、传真机、卡片输入机、磁卡阅读器等都可作为数据终端设备。其基本构成如图 10-17 所示。

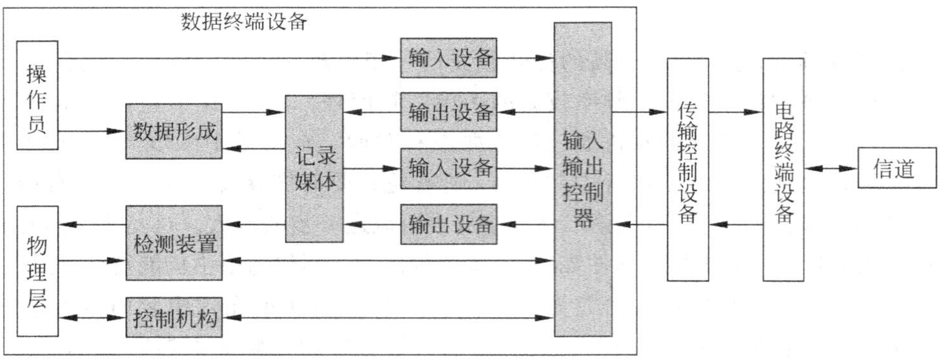

图 10-17 数据终端正基本构成示意图

数据终端设备的种类繁多。早期的终端设备多为机械式结构，如电传打字机。随着电子技术和计算机技术的发展，信息种类的增多以及信息处理方式的多样化，促使终端设备向着高速化、多功能化、小型化和智能化的方向发展。我们根据终端设备的功能强弱及应用情况，将其分为通用终端、复合终端和智能终端三大类。

1. 通用终端

通用终端设备仅具有输入、输出功能。常见的有：

(1) 键盘、打印类终端。这是应用最悠久、最普及的终端设备。键盘是供输入信息用的,按键信号经编码器变成为二进制码,然后通过输入控制器送往计算机。目前键盘的品种规格很多,以个人计算机使用的标准键盘为例,就有简易型 82/83 键和全功能型 101/102 键两种键盘。打印终端的主要组成是打印装置。按其打印方式有击打型和非击打型两种,前者是利用机械机构的动作,击打活字载体上的字符,使之与色带和纸张相撞印出字符,后者利用打钢针戳击色带在纸张上留有点阵组成的字符图形(如点阵式针状打印设备)。由于后者的打印机构简单,速度较快,因此得到广泛应用。非击打式打印是利用物理或化学方法,如电、热、磁、照相、激光等手段来完成打印动作,打印结果也呈点阵状。如静电打印、激光打印、喷墨打印等都属于非击打式打印。由于该类打印机的机械结构简单,因而有利于提高打印速度和降低机械噪声,印刷质量也有明显的改善。为此,受到人们的青睐。

(2) 显示类终端。显示终端常配置相应的输入设备(如键盘、鼠标、图形板、光笔等)、显示器存储器等,以扩展和增强显示终端的功能。用户可以借助输入设备将数据和指令告诉计算机,对其进行加工、处理或执行,经计算机处理或执行的结果(包括文字、图形、图像及视频信息)可通过显示终端输出,供用户观察和监视。

显示终端的重要组成部分是显示器件,它分为 CRT 器件和平面显示器件两类。由于平面显示器件(如液晶显示、等离子体显示等)具有工作电压低、体积小、呈平面显示等特点,从而得到了普遍应用。

(3) 识别类终端。上述两类终端尽管应用广泛,但其工作效率低,对操作员的素质要求较高。更为致命的弱点是需经计算机处理和控制的数据或命令必须事先编制成程序。为了进一步简化人—机对话过程,使输入、输出等操作更为简便灵活,从而出现了识别类终端。

目前,识别类终端有两种类型,一种是对字符、标记的识别;另一种是对语音的识别。前者是借助光学和光—电转换原理达到检测和识别字符、标记的目的,如条形码识别机就是它的一个应用实例。后者识别时,需先对语音信号进行分析,提取其中的特征信息,然后利用模式识别原理或方法,控制和实现语音的识别。

2. 复合终端

复合终端是具有输入、输出和一定处理能力的数据终端设备。更确切地说,它是一种面向某种应用业务,可以按需配置输入、输出设备进行特定业务信息处理的终端设备。

复合终端种类较多,这里仅以常见的复合终端为例,来说明它的应用特性。

(1) 远程批作业终端。它是一种专门配置在远地运行,并以联机处理方式向主机传输数据的终端设备,适用于批量作业处理的环境。这类终端除具有输入、输出控制功能外,还具有数据缓冲及可编程的功能。因而可在本地完成包括传输控制、差错校验、格式变换等通信任务。不能处理的任务则交给远端的主机去完成。

(2) 事务处理终端。它是为适应某种特定应用环境而设计的一类终端设备。常见的有销售终端、信贷终端、传真终端等。

销售终端主要应用于商业的零售场合。采用条形码识别技术的自动销售系统 POS (Point of Sale)就是一种典型的销售终端应用实例。它用条形码标识各商品,并作为 POS 的输入数据。根据商品的条形码信息,从销售商品数据库存中检索出该商品对应的销售价格,据此结算出顾客购物应付的款额,POS 是一种很有用的商品管理工具。它不仅可用于收付账管理,而且可用于账目管理、商品的库存管理等。

信贷终端是一种能阅读信用卡上磁性条形码的设备,用来验证该信用卡的有效性。此类终端本身一般没有数据处理能力,它是通过访问和检索主机中相关的数据库信息来确认信用卡的信任度。

传真终端实质上是一种远程复制设备,它既可以将包含有文字和图像信息的文件发送到远方,也能接收来自远方的文件并再现。当传真终端作为计算机终端时,可以通过一组指令,将文件传送到多个用户或全部用户,或者应用数据压缩技术将文件存储起来,供用户检索使用。目前传真机终端已被广泛用于办公自动化系统中。

3. 智能终端

它是一种内嵌有单片机或微处理机、具有可编程能力和数据处理及数据传输控制能力的终端设备,与非智能终端相比,具有可扩充性、灵活性及兼容性等特点。

智能终端按其处理能力的不同,可分为弱智能终端和智能终端两种。前者的功能是由制造厂家事先固化在只读存储器(ROM,Read Only Memory)或其他存储器件中,用户只能使用,不可改变。后者则不然,它可更改终端功能。由于它备有基本操作系统、语言编译程序及通信控制程序等系统软件,所以,用户可根据终端应用业务的需要或变化编制和设置各种应用软件,赋予终端新的功能。典型的智能终端是大家熟悉的智能手机。图 10-18 是常见的数据终端设备。

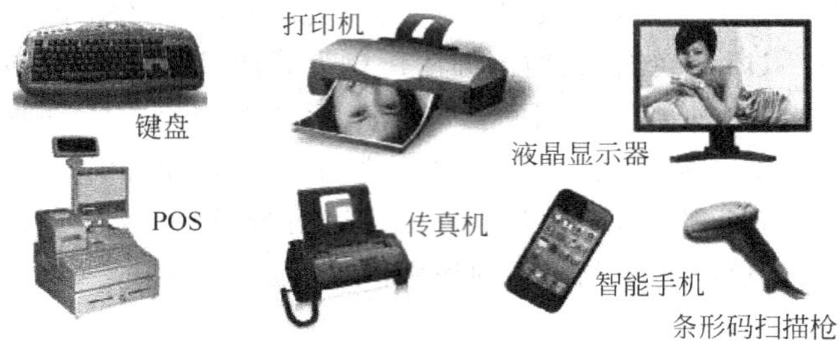

图 10-18　常见数据终端设备

10.5 小资料——雷达的发明

20 世纪 30 年代,无线电技术出现了重大的突破,那就是雷达的发明。雷达又称作无线电测位,是利用无线电波的反射来测量远处静止或移动目标的距离和方位,并辨认出被测目标的性质和形状。

早在 1887 年,赫兹在进行验证电磁波存在的实验时就曾发现:发射的电磁波会被一大块金属片反射回来,正如光会被镜面反射一样。

1897 年夏天,在波罗的海的海面上,俄国科学家波波夫在“非洲号”巡洋舰和“欧洲号”练习船上直接进行 5km 的通信试验时,发现每当联络舰“伊林中尉号”在两舰之间通过时,通信就中断,波波夫在工作日记上记载了障碍物对电磁波传播的影响,并在试验记录中提出了利用电磁波进行导航的可能性。这可以说是雷达思想的萌芽。

1921 年，业余无线电爱好者发现了短波可以进行洲际通信后，科学家们发现了电离层。从此，短波通信风行全球。

1934 年，一批英国科学家在 R. W. 瓦特领导下对地球大气层进行研究。有一天，瓦特被一个偶然观察到的现象吸引住了。它发现荧光屏上出现了一连串明亮的光点，但从亮度和距离分析，这些光点完全不同于被电离层反射回来的无线电回波信号。经过反复实验，他终于弄清，这些明亮的光点显示的正是被实验室附近一座大楼所反射的无线电回波信号。瓦特马上想到，在荧光屏上既然可以清楚地显示出被建筑物反射的无线电信号，那么活动的目标例如空中的飞机，不是也可以在荧光屏上得到反映吗？

根据上述设想，瓦特和一批英国电机工程师终于在 1935 年研制成功第一部能用来探测飞机的雷达。后来，探测的目标又迅速扩展到船舶、海岸、岛屿、山峰、礁石、冰山以及一切能够反射电磁波的物体。

当时研制雷达纯粹是为了军事需要，因此是在保密状态下进行的。实际上，几乎在同一时期，各国的科学家们都在保密的条件下独立地开展这方面的工作，都有杰出的代表人物，R. W. 瓦特只能说是在这方面已为大家知晓的代表人物而已。

到 1939 年为止，一些国家秘密发展起来的雷达技术已达到了完全实用的地步。就在这一年，爆发了第二次世界大战，这项新发明在二战中显示出了巨大的威力。

10.6 思考题与习题

10-1 根据你所接触到的通信网或计算机网络，请列举出哪些是通信终端。

10-2 电话机为什么能够在一个信道中传输双向信号，实现双工通信？

10-3 举出几个所学通信原理知识在收音机中的主要应用实例。

10-4 举出几个所学通信原理知识在电视机中的主要应用实例。

10-5 简述电台广播与电视广播系统的异同点。

第二篇

通信技术

第11章 无线个人区域网络技术

问题引入：长距离高速率固然是对通信技术的一个主要诉求，但近距离低速率的无线通信也有着广泛的应用和巨大的市场。那么，如何实现近距离低速率的无线通信呢？

11.1 无线个人区域网络概述

随着通信、微电子、计算机、网络等技术的飞速发展，无线通信网络渐渐地走进了人们的日常生活，并且开始发挥越来越大的作用。

根据覆盖面积的不同，无线通信组网技术大致可归纳为以下四大类。

(1) 通信距离10m左右的无线个人区域网络(WPAN)。

(2) 通信距离100m左右的无线区域网络(WLAN)。

(3) 通信距离大于100m的无线社区区域网络(WMAN)。

(4) 通信距离大于1000m的无线广域网络(WWAN)。

无线个人区域网络(简称为无线个域网)通常距离不超过10m。由于通信范围有限，无线个域网络通常用于取代实体传输线，让不同的系统能够方便地进行近距离联系。如果说接入网是电信网的"最后一千米"的话，那么个人区域网则更关注最后10m的接入。

1998年成立的IEEE 802.15工作组，主要致力于研究个人区域网络和短程无线网络标准化问题。根据数据速率、功耗以及对服务质量(QoS)要求的不同，IEEE 802.15工作组定义了3种不同类型的无线个人区域网(WPAN)标准，分别是传输速率高于20Mb/s的高速无线个人区域网(HR－WPAN)、传输速率1Mb/s的中速无线个域网(MR－WPAN)和传输速率比较低的低速无线个域网(LR－WPAN)。IEEE 802.15工作组还成立了专门的任务组分别对它们进行标准化。

IEEE 802.11.1是IEEE提出的第一个取代有线连接的无线个人区域网技术标准，以蓝牙技术为基础，属于中速短程无线通信网络。

IEEE 802.11.2于1999年成立，主要目标是为IEEE 802.15无线个人网络发展推荐应用。它可以与基于开放频率波段的其他无线设备(如IEEE 802.11设备)共存。

IEEE 802.11.3是为低功率、低成本的短程通信制订的高速率WPAN标准，且与蓝牙标准兼容。此外，工作组3a(TG3a)进行IEEE 802.11.3超高速WPAN物理层的可选标准的制订工作，用以替代高速WPAN的物理层。

对于一些只需要简单的无线连接、对数据速率的要求不高但对功耗要求严格的应用领域，如工业控制和家庭网络，IEEE 802.11.4 工作组应运而生。工作组 4(TG4) 主要负责制订物理层及 MAC 层的协议，其余协议主要参照已有的标准。

本章主要介绍蓝牙、ZigBee、NFC 和 UWB 四种无线个人区域网络技术。

11.2 蓝牙技术

11.2.1 "蓝牙"的由来

"蓝牙"这个名字的来历颇具传奇色彩。公元 10 世纪的北欧正值动荡年代，各国之间战争频繁。丹麦国王哈拉德二世经过不懈努力，终于使各方领袖坐到了谈判桌前，四分五裂的挪威和丹麦得以统一。关于这位国王的名字有两种说法：一种是其全名为 Harald Blatand，而 Blatand 在英语中意思为"蓝牙"(Bluetooth)；另一种说法是这位英雄酷爱吃蓝梅，以至于牙齿都被染成了蓝色，因此"蓝牙"(Bluetooth)成了他的绰号。

瑞典的爱立信公司于 1994 年成立了一个专项科研小组，对移动电话及其附件的低能耗、低费用无线连接的可能性进行研究。他们最初的目的在于建立无线电话与 PC 卡、耳机及桌面设备等产品的连接。但是随着研究的深入，科研人员越来越感到这项技术所独具的个性和巨大的商业潜力，同时也意识到凭借一家企业的实力根本无法继续研究，于是，爱立信将其公诸于世，并极力说服其他企业加入它的研究中来。他们共同的目标是建立一个全球性的小范围无线通信技术，并将此技术命名为"蓝牙"，来表达要将这种全新的无线传输技术在全球推广，并实现全球通用的雄心。

1998 年 2 月，瑞典爱立信(Ericsson)、芬兰诺基亚(Nokia)、日本东芝(TOSHIBA)、美国(IBM)和英特尔(Intel)公司五家著名厂商，组成了一个特殊利益集团(有的书译为特别兴趣小组)SIG(Special Interest Group)。之后，蓝牙引起了越来越多企业的关注。目前，包括微软、索尼、惠普、戴尔在内的 2500 多家公司都签署了相关协议加入该组织，共享这一先进技术。

11.2.2 蓝牙技术概述

蓝牙是一个开放性的无线通信标准，设计者的初衷是用隐形的连接线代替线缆。其目标是：**保持联系，不靠电缆，拒绝插头**。它将取代目前多种电缆连接方案，通过统一的短程无线链路，在各信息设备之间可以穿过墙壁或公文包，实现方便快捷、灵活安全、低成本小功耗的话音和数据通信。它推动和扩大了无线通信的应用范围，使网络中的各种数据和语音设备能互连互通，比如，移动电话、便携式计算机以及各种便携式通信设备的主机之间的近距离通信，从而实现了个人区域内快速灵活的数据和语音通信。

作为一种无线数据与语音通信的开放性全球规范，**蓝牙技术以低成本的近距离无线连接为基础，为固定和移动设备通信环境建立一个特别连接，完成数据消息的短程无线传输**。其实质内容是要建立通用的无线电空中接口(Radio Air Interface)及其控制软件的公开标准，使通信和计算机进一步结合，使不同厂家生产的便携式设备通过无线传输，能够在近距离范围内具有互用、互操作的性能(Interoperability)。具体地说，就是简化小型网络设备

(如移动PC、掌上电脑、手机)之间以及这些设备与Internet之间的通信，免除在这些设备之间以及局域网之间加装电线、电缆和连接器。此外，蓝牙技术还为已存在的数字网络和外设提供通用接口以组建一个远离固定网络的个人特别连接设备群。

蓝牙技术使用全球通行的、无须申请即可使用的2.45GHz ISM(工业Industry、科学Science、医学Medicine)频段。若以2.45GHz为中心频率，在这个频段上最多可设立79个带宽为1MHz的信道。其收发信机采用跳频扩谱(Frequency Hopping Spread Spectrum)技术，在2.45GHz ISM频段上以1600跳/秒的速率进行跳频通信。在发射带宽为1MHz时，其有效数据速率为721kb/s，最高数据速度可达1Mb/s。由于采用低功率时分复用方式工作(发射)，故其有效传输距离大约为10m，加上功率放大器时，传输距离可扩大到100m。

蓝牙支持点到点和点到多点的连接，可采用无线方式将若干蓝牙设备连成一个微微网(Piconet)，多个微微网又可互连成特殊分散网，形成灵活的多重微微网的拓扑结构，从而实现各类设备之间的快速通信。它能在一个微微网内寻址8个设备，其中1个为主设备，7个为从设备。

蓝牙是一种低功耗的无线技术，当检测到距离小于10m时，接受设备可动态调节功率。当业务量减小或停止时，蓝牙设备可以进入低功率工作模式。由于其功耗低，所以，对人体危害小。

蓝牙标志、模块及耳机如图11-1所示。其模块结构简单、成本低廉、容易实现和推广，有很强的可移植性。可随时随地应用于多种通信场合，如WAP、GSM、DECT等，引入身份识别后可灵活漫游，引入到移动电话和笔记本电脑，就可建立无线通信。可方便地应用于各种电子产品中，打印机、PDA、计算机、传真机、键盘、游戏操纵杆、耳机等数字设备都可成为蓝牙系统的一部分。

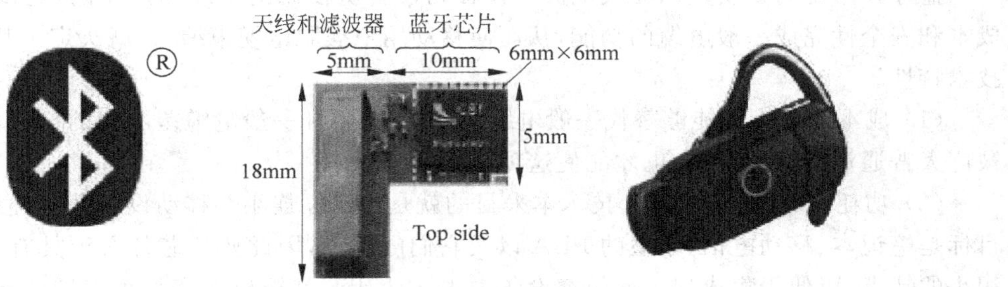

(a) 蓝牙标志 (b) 蓝牙模块 (c) 蓝牙耳机

图11-1 蓝牙标志、模块及设备示意图

蓝牙以无线LANs的IEEE 802.11标准技术为基础。应用了Plonk and play技术(有点类似"即插即用")，即任一蓝牙设备一旦搜寻到另一个蓝牙设备，马上就可以建立联系，而无须用户进行任何设置，因此可以解释成"即连即用"。

蓝牙技术涉及一系列软硬件技术、方法和理论，包括：无线通信与网络技术，软件工程、软件可靠性理论，协议的测试技术，规范描述语言，嵌入式实时操作系统(Embedded RTOS)，跨平台开发和用户界面图形化技术，软硬件接口技术(如RS232，UART，USB等)，高集成、低功耗芯片技术等。

目前，蓝牙技术主要以满足FCC(Federal Communications Commission，美国联邦通信

委员会)的要求为目标。在其他国家的应用,需要做一些适应性调整,如发射功率和频带。Bluetooth 1.0 规范已公布的主要技术指标和系统参数如表 11-1 所示。

表 11-1 Bluetooth 1.0 技术指标和系统参数

工作频段	ISM 频段,2.402～2.480GHz
双工方式	全双工,TDD 时分双工
业务类型	支持电路交换和分组交换业务
数据速率	1Mb/s
非同步信道速率	非对称连接 721kb/s/57.6kb/s,对称连接 432.6kb/s
同步信道速率	64kb/s
功率	美国 FCC 要求<0dBm(1mW),其他国家可扩展到 100mW
跳频频率数	79 个频点/1MHz
跳频速率	1600 次/秒
工作模式	PARK/HOLD/SNIFF
数据连接方式	面向连接业务 SCO,无连接业务 ACL
纠错方式	1/3FEC,2/3 标 FEC,ARQ
鉴权	采用反映逻辑算术
信道加密	采用 0 位、40 位、60 位密钥
语音编码方式	连续可变斜率调制 CVSD
发射距离	一般可达 10cm～10m,增加功率情况下可达 100m

11.2.3 蓝牙技术的特点

蓝牙技术是为了实现以无线电波替换移动设备所使用的电缆而产生的,它试图以相同成本和安全性完成一般电缆的功能,从而使移动用户摆脱电缆束缚,这就决定了其具备以下技术特性。

(1) 成本低。为了能够替代一般电缆,它必须具备和一般电缆差不多的价格,这样才能被广大普通消费者所接受,也才能使这项技术普及开来。

(2) 功耗低、体积小。蓝牙技术本来目的就是用于互连小型移动设备及其外设,其市场目标是笔记本、移动电话、小型的 PDA 以及它们的外设,因此蓝牙芯片必须具有功耗低、体积小的特点,以便于集成到小型便携设备中去。蓝牙产品输出功率很小(只有 1mW),仅是微波炉使用功率的百万分之一,是移动电话的一小部分。

(3) 近距离通信。蓝牙技术通信距离为 10m,如果需要的话,还可以选用放大器使其扩展到 100m。这已经足够在办公室内任意摆放外围设备,而不用再担心电缆长度是否够用。

(4) 安全性。同其他无线信号一样,蓝牙信号很容易被截取,因此蓝牙协议提供了认证和加密工能,以保证链路级的安全。蓝牙系统认证与加密服务由物理层提供,采用流密码加密技术,适合硬件实现,密钥由高层软件管理。除此之外,跳频技术的保密性和蓝牙有限的传输范围也使窃听变得困难。

另外,为了满足不同的安全需求,蓝牙协议定义了三种安全模式。模式 1 不提供安全保障,模式 2 提供业务级安全,模式 3 则提供链路级安全。

11.2.4 蓝牙系统组成

蓝牙系统一般由天线单元、链路控制(硬件)单元、链路管理(软件)单元和蓝牙软件(协议栈)单元4个功能单元组成。

1. 天线单元

蓝牙要求其天线部分体积小、重量轻,因此,蓝牙采用微带天线。

2. 链路控制单元

在目前的蓝牙产品中,人们使用了3个IC分别作为连接控制器、基带处理器以及射频传输/接收器,此外还使用了30～50个单独调谐元件。

基带链路控制器负责处理基带协议和其他一些低层常规协议。它有3种纠错方案:1/3比例前向纠错(FEC)码、2/3比例前向纠错码和数据的自动请求重发(ARQ)方案。采用FEC方案的目的是为了减少数据重发的次数,降低数据传输负载。但是,要实现数据的无差错传输,FEC就必然要生成一些不必要的开销比特而降低数据的传送效率。这是因为数据包对于是否使用FEC是弹性定义的。报头总有占1/3比例的FEC码起保护作用,其中包含了有用的链路信息。

3. 链路管理单元

链路管理(LM)软件模块携带了链路的数据设置、鉴权、链路硬件配置和其他一些协议。LM能够发现其他远端LM并通过LMP(链路管理协议)与之通信。LM模块提供如下服务:发送和接收数据;请求名称;链路地址查询;建立连接;鉴权;链路模式协商和建立;决定帧的类型。此外,还控制设备的工作状态即呼吸(Sniff)、保持(Hold)和休眠(Park)三种模式。

蓝牙基带部分在物理层为用户提供保护和信息保密机制。鉴权基于"请求—响应"运算法则。它允许用户为个人的蓝牙设备建立一个信任域,比如只允许主人自己的笔记本电脑通过主人自己的移动电话通信。加密被用来保护连接的个人信息。密钥由程序的高层来管理。网络传送协议和应用程序可以为用户提供一个较强的安全机制。

4. 软件单元

蓝牙的软件(协议栈)单元是一个独立的操作系统,不与任何操作系统捆绑。它必须符合已经制定好的蓝牙规范。

蓝牙规范是为个人区域内的无线通信而制定的协议,包括两部分:第一部分为核心(Core)部分,用以规定诸如射频、基带、连接管理、业务搜寻(service discovery)、传输层以及与不同通信协议间的互用、互操作性等组件;第二部分为协议子集(Profile)部分,用以规定不同蓝牙应用(也称使用模式)所需的协议和过程。

蓝牙协议可以分为4层,即核心协议层、电缆替代协议层、电话控制协议层和采纳的其他协议层。

在蓝牙协议栈中,还有一个主机控制接口(HCI)和音频(Audio)接口。HCI是到基带控制器、链路管理器以及访问硬件状态和控制寄存器的命令接口。利用音频接口,可以在一个或多个蓝牙设备之间传递音频数据,该接口与基带直接相连。

11.2.5 蓝牙技术的应用

蓝牙最普通的应用是替代 PC 与打印机、鼠标、扫描仪、投影仪等外设的连接电缆,以及无线互连 PDA、移动电话以及 PC 等。尤其是笔记本电脑与移动电话利用蓝牙技术的互相连接,大大扩展了其各自的应用领域。

蓝牙特殊利益集团(SIG)规范了蓝牙的各种应用模式,每一种应用模式对应一个 Profile,规范了相应模式功能和使用的协议。不同厂商产品只要遵循同样的 Profile,相互之间就能够互通。根据蓝牙 SIG 的规范,其主要应用模式如下所述。

(1) 对讲机。未来采用蓝牙技术的移动电话将是“三合一”,即集移动电话、无绳电话、对讲机三种功能于一身。两个蓝牙设备之间在近距离内可以建立直接语音通路,比如两个蜂窝电话用户之间,通过蓝牙连接可以直接进行对话,这样移动电话就可以当对讲机用。

(2) 无绳电话。内置蓝牙芯片的移动电话,在室内可以用做无绳电话,通过无绳电话基站接入 PSTN 进行语音传输,从而不必支付昂贵的移动通话费用,当然在室外或途中仍作为移动电话使用。

(3) 头戴式耳机。采用蓝牙技术的头戴式耳机作为移动电话、个人计算机等的语音输入、输出接口,能够在保持私人通话的同时,使用户摆脱电缆束缚而有更大活动自由。这种头戴式耳机必须能够发送 AT 命令并能够接收相应编码信号,使用户不用手动就能完成摘、挂机等操作。

(4) 拨号网络。采用蓝牙技术的移动电话、Modem 等设备,能够用做“Internet 网桥”。例如,这种移动电话可作为无线 Modem 供计算机访问拨号网络服务器使用,或者计算机通过这种移动电话或 Modem 接收数据。此时,移动电话与 Modem 充当网关角色,提供到公共网络的接入,而台式机或笔记本电脑则作为数据终端,使用网关所提供的服务。

(5) 传真。采用蓝牙无线技术的移动电话或 Modem,可以用做计算机传真 Modem,以发送和接收传真信息,此时它们被称为“广域网数据接入点”。

(6) 局域网接入。在这种应用模式下,多个数据终端使用同一个局域网接入点(LAP),以无线接入方式访问局域网,一旦连接成功,数据终端将能够访问局域网所提供的一切服务,就好像是通过拨号网络连接到该局域网一样。两个蓝牙设备之间也可以直接通信,类似于用一根电缆把两个 PC 连接起来。

(7) 文件传输。蓝牙设备之间可以传送数据对象,这些设备可以是个人计算机、智能电话或者是 PDA,数据对象可以是各种文件,比如 Excel 文件、PowerPoint 文件、声音文件、图像文件等。用户可以浏览远端设备上文件夹内容,可以新建或删除文件夹。整个文件夹、目录或流媒体格式都可以在设备间传送。

(8) 目标上传。使用目标上传功能的设备主要是笔记本电脑、PDA 和移动电话。一个蓝牙设备可以将目标上传至另一个蓝牙设备收件箱,其中“目标”可以是商业卡或者是某种委任(Appointment)等,同样,一个蓝牙设备也可以从另一个蓝牙设备下载商业卡。两个蓝牙设备之间可以相互交换商业卡,此时往往先进行上传再进行下载。

(9) 数据同步。蓝牙设备非常巧妙的一种功能,是发送信息到关掉的或者工作在休眠模式下的另一个蓝牙设备。比如，当蜂窝电话接收到一条消息时，它可以把这条消息发送到笔记本电脑，即使后者被放在包中且没有开机。当然，蓝牙技术可以进行不同设备间数据同步，以保证用户在任何时间、选择任何设备都能得到最新的信息。

使用此功能的设备也主要是笔记本电脑、PDA 和移动电话。使用蓝牙技术，不同设备之间可以保持 PIM(Personal Information Management)信息同步。这些信息通常包括电话本、日历、消息以及备忘录等，它们使用共同的协议和格式进行传送。此外，当移动电话或者 PDA 靠近笔记本电脑时，将自动与笔记本电脑进行同步。

总之，蓝牙技术的应用被认为非常广泛而且极具潜力。它可以应用于无线设备(如 PDA、手机、智能电话、无绳电话)、图像处理设备(照相机、打印机、扫描仪)、安全产品(智能卡、身份识别、票据管理、安全检查)、消费娱乐(耳机、MP3、游戏)汽车产品(GPS、ABS、动力系统、安全气袋)、家用电器(电视机、电冰箱、电烤箱、微波炉、音响、录像机)、医疗健身、建筑、玩具等领域。

11.3 ZigBee 技术

11.3.1 ZigBee 技术概述

ZigBee，中文称为“紫蜂”，是一种短距离、结构简单、低功耗、低数据速率、低成本和高可靠性的双向无线网络通信技术。

ZigBee 联盟成立于 2001 年 8 月。ZigBee 联盟采用了 IEEE 802.11.4 作为物理层和媒体接入层规范，并在此基础上制定了数据链路层(DLL)、网络层(NWK)和应用编程接口(API)规范，最后，形成了被称作 IEEE 802.11.4(ZigBee)技术标准。

ZigBee 技术的主要优点如下。

(1) 低功耗。ZigBee 技术可以确保两节五号电池支持长达 6 个月到 2 年的使用时间。

(2) 成本低。是同类产品的几分之一甚至十分之一。

(3) 低复杂度。

(4) 高可靠性。采用了碰撞避免机制，同时为需要固定带宽的通信业务预留了专用时隙，避免了发送数据时的竞争和冲突。

(5) 时延短。通信时延和从休眠状态激活的时延都非常短。

(6) 组网简单、灵活。

(7) 网络容量大。可支持达 65000 个节点。

(8) 安全。提供数据完整性检查和鉴权功能。

11.3.2 ZigBee 系统组成

ZigBee 系统框图及模块实物见图 11-2 所示，控制器通过收发器完成数据的无线发送和接收。ZigBee 工作在免授权的频段上，包括 2.4GHz(全球)、915MHz(美国)和 868MHz(欧洲)，分别提供 250Kb/s (2.4GHz)、40Kb/s (915MHz)和 20Kb/s (868MHz)的原始数据吞吐率，其传输范围介于 10～100m。

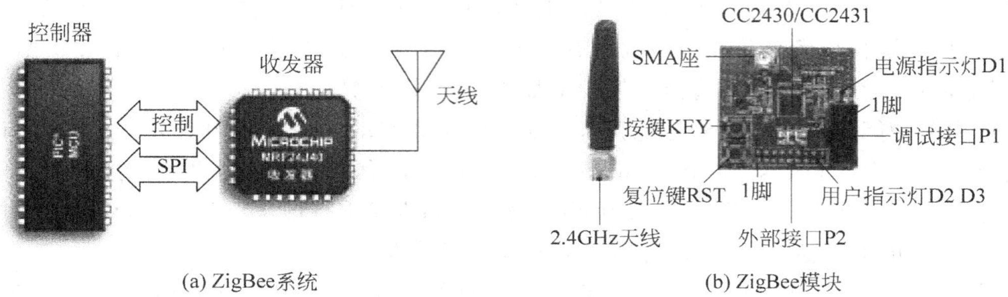

图 11-2　ZigBee 系统及模块示意图

ZigBee 定义了两种类型的设备：全功能设备（FFD，Full Functional Device）和简化功能设备（RFD，Reduced Function Device）。网络拓扑结构为星状、树状、网状及其共同组成的复合网结构。网络为主从结构，一个网络有一个网络协调者（Coordinator）和最多可达 65535 个从属设备。网络协调者必须是 FFD，它负责管理和维护网络，包括路由、安全性、节点的附着与离开等。一个网络只需要一个网络协调者，其他终端设备可以是 RFD，也可以是 FFD。RFD 的价格要比 FFD 便宜得多，其占用系统资源仅约为 4Kb，因此网络的整体成本比较低。因此，ZigBee 非常适合有大量终端设备的网络，如传感网络、楼宇自动化等。

ZigBee 有 3 个工作频段：2.402～2.480GHz、868～868.6MHz、902～928MHz，共 27 个信道。信道接入方式采用 CSMA-CA（Carrier Sense Multiple Access with Collision Avoidance）带有冲突避免的载波侦听多路访问协议，能有效地减少帧冲突。

为了抗干扰，ZigBee 在物理层采用直接序列扩频 DSSS 和频率捷变 FA 技术。在网络层，ZigBee 支持网状网，存在冗余路由，保证了网络的健壮性。

ZigBee 的 MAC 信道接入机制有两种：无信标（Beacon）模式和有信标模式。无信标模式就是标准的 ALOHA CSMA-CA 的信道接入机制，终端节点只在有数据要收发的时候才和网络会话，其余时间都处于休眠模式，使得平均功耗非常低。有信标模式下，终端设备可以只在信标被广播时醒来，并侦听地址，如果没有侦听到自己的地址，则又转入休眠状态。

11.3.3　ZigBee 的应用

由于 ZigBee 具有功耗极低、系统简单、成本低、短等待时间（Latency Time）和低数据速率的特点，所以非常适合有大量终端设备的网络。

它主要适用于自动控制领域以及组建短距离低速无线个人区域网（LR-WPAN，Low Rate-Wireless Personal Area Network）。比如，楼宇自动化、工业监视及控制、计算机外设、互动玩具、医疗设备、消费性电子产品、家庭无线网络、无传感器网络、无线门控系统和无线停车场计费系统等。

通常符合以下条件之一的应用，就可以考虑采用 ZigBee 技术。

（1）设备成本很低，传输的数据量很小。

（2）设备体积很小，不便放置较大的充电电池或者电源模块。

（3）没有充足的电力支持，只能使用一次性电池。

（4）频繁地更换电池或者反复地充电无法做到或者很困难。

(5) 需要较大范围的通信覆盖,网络中的设备非常多,但仅仅用于监测或控制。

11.3.4 ZigBee和蓝牙性能参数比较

ZigBee的系统复杂性要远小于蓝牙系统,为更直观地比较ZigBee和蓝牙,我们将两种技术的主要技术及性能参数列入表11-2。

表11-2 ZigBee和蓝牙的主要技术及性能参数表

	ZigBee	蓝 牙
使用频段	2.4GHz/915MHz/868MHz	2.4GHz
扩频方式	DSSS	FHSS
调制方式	BPSK/O-QPSK	GFSK
数据传输速率	2.4GHz:250Kb/s 915MHz:40Kb/s 868MHz:20Kb/s	标称速率1Mb/s 非对称链接723.2Kb/s 57.6Kb/s 对称链接433.9Kb/s 同步信道速率64Kb/s
安全机制	MAC和NWK,分级安全控制,AES	链路级,认证基于共享密钥,询问/响应机制,反应逻辑算术鉴权,AES
纠错方式	CRC,ARQ	1/3FEC,2/3FEC,CRC,ARQ
信道数	1+10+16=27个	79个
传输距离	10~75m	10m(加发射功放可达100m)
新从属设备入网时间	约30ms	≥3s
休眠设备激活时间	约15ms	约3s
活跃设备信道接入时间	约15ms	约2ms
运行所需系统资源	约28Kb	约250Kb
网络拓扑结构	星状/树状/网状网	微微网/散射网
单个网络的设备数量	256个,最多可达65536个	8个,最多可达8+255(休眠)个
链路状态模式	活跃/休眠	活跃/呼吸/保持/休眠
功率消耗	极小	中等
业务类型	分组交换	电路交换/分组交换

11.4 NFC技术

11.4.1 NFC技术概述

NFC(Near Field Communication)近场通信,是一种非常短距离的无线通信技术,适用范围仅有数厘米,适合各种装置之间无须使用者事先设定的一种简便与安全的通信方式。

NFC是由Philips公司发起,现在由Philips、Nokia和Sony等公司联合主推的一项无线通信技术。与RFID不同的是,NFC采用了双向连接和识别,距离在20cm距离内,工作于13.56MHz频率范围。

NFC是一个开放的标准,由ISO 18092和ECMA 340来定义,同时与应用广泛的ISO 14441A标准的非接触式智能卡基础架构兼容。NFC能自动地建立无线连接,其短距离交互特性大大简化了认证识别过程。比如,通过 NFC,计算机、数码相机、手机、PDA 等多个设备之间可以很方便快捷地的进行无线连接,进而实现数据交换和服务。

NFC 使用标准 RFID 技术的子集以及在 1～2dBm 的典型输出功耗,能在有源和无源操作模式下,以 106Kb/s、212Kb/s 和 424Kb/s 传输速率实现超短距离数据链接。

NFC 在应用上可分为以下三种类型。

(1) 设备连接。NFC 可以为无线局域网(WLAN)或蓝牙等设备简化无线连接。可将两个内建 NFC 的装置相连接,以进行点对点资料传输,例如下载音乐、交换影像与同步处理通讯录等。

(2) 实时预定。这类应用如门禁管制或车票及门票等,使用者只需利用含有 NFC 芯片的装置靠近读取装置即可,它还可作为简易的资料撷取应用,方便实时地获取各种详细信息,必要的话还可以联机使用信用卡服务。

(3) 移动商务。主要用于大型的交通和金融机构,比如 Visa 卡,索尼的 FeliCa 非接触智能卡或诺基亚的 3220NFC 手机等,这是 NFC 应用范围最广泛的领域。

11.4.2 NFC 原理和组成

NFC 通过一个芯片、一根天线和一些软件的组合,能够实现各种设备在几厘米范围内的通信。基本原理基于 RFID(Radio Frequency Identification 无线射频识别技术)。图 11-3(a)给出一个硬件构成框图。

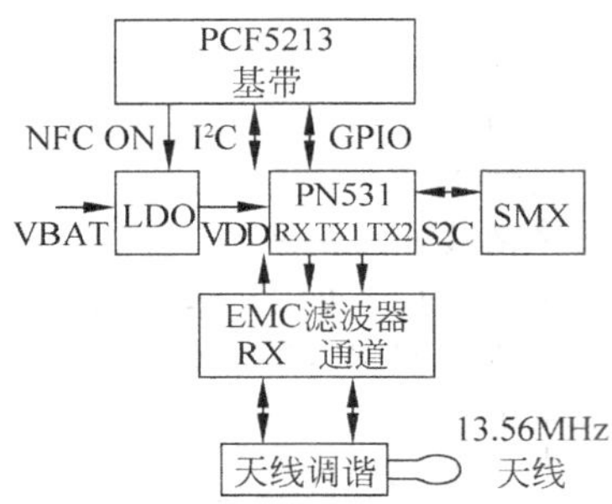

(a) NFC硬件构成

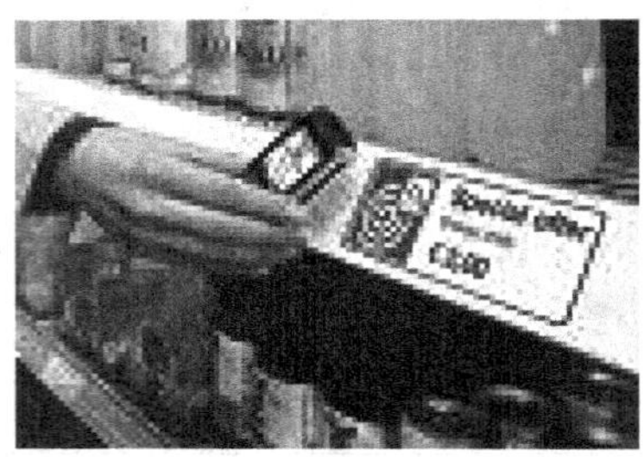

(b) NFC的应用

图 11-3 NFC 硬件构成及应用示意图

无线射频识别技术是一种非接触的自动识别技术,其基本原理是利用射频信号和空间耦合(电感或电磁耦合)或雷达反射的传输特性,实现对被识别物体的自动识别。

电感耦合方式一般适用于中、低频工作的近距离射频识别系统。典型的工作频率有:125kHz、225kHz 和 13.56MHz。识别作用距离小于 1m,典型作用距离为 10～20cm。

电磁反向散射耦合方式一般适用于高频、微波工作的远距离射频识别系统。典型的工作频率有:433MHz、915MHz、2.45GHz 和 5.8GHz。识别作用距离大于 1m,典型值为 3～10m。

RFID 系统至少包含电子标签和阅读器两部分,电子标签与阅读器之间通过耦合元件实现射频信号的空间耦合。在耦合通道内,根据时序关系,实现能量传递和数据的交换。

电子标签又称为射频标签、应答器,是射频识别系统的数据载体,由标签天线和标签专用芯片组成。RFID标签具有持久性好，信息接收传播穿透性强，存储信息容量大、种类多等特点。有些RFID标签支持读写功能，目标物体的信息能随时被更新。

依据电子标签供电方式的不同，电子标签可以分为有源电子标签(Active tag)、无源电子标签(Passive tag)和半无源电子标签(Semi-passive tag)。有源电子标签内装有电池，无源射频标签没有内装电池，半无源电子标签部分依靠电池工作。

电子标签依据频率的不同可分为低频电子标签、高频电子标签、超高频电子标签和微波电子标签。依据封装形式的不同可分为信用卡标签、线形标签、纸状标签、玻璃管标签、圆形标签及特殊用途的异形标签等。

低频近距离RFID系统主要集中在125kHz、13.56MHz系统；高频远距离RFID系统主要集中在UHF频段(902～928MHz)的915MHz、2.45GHz、5.8GHz上。UHF频段的远距离RFID系统在北美得到了很好的发展，欧洲则多以有源2.45GHz系统的应用为主。5.8GHz有源RFID系统在日本和欧洲均有较为成熟的市场。

依据射频工作方式，电子标签分为被动、半主动和主动射频系统。

被动系统中，由阅读器，也称为NFC发起设备(主设备)，发出射频激活标签，被动系统需要较强的射频信号，所以当阅读器和标签距离较近时才能发挥作用。它可以选择106Kb/s、212Kb/s或424Kb/s其中一种传输速度，将数据发送到另一台设备。

半主动系统使用内部能量监测周围环境，但也需要阅读器发出射频激活标签发出信号。半主动和被动的区别是半自动系统中有内部能量，标签能够发挥其他作用，例如监测周围环境的温度等，也可以扩展射频活动范围。

主动射频系统利用标签中的内置电源在标签周围形成有效活动区，标签能够主动获得位置很低或高处以及距离较远的射频信号，并传送到阅读器中。在主动模式下，每台设备要向另一台设备发送数据时，发起设备和目标设备都要产生自己的射频场，以便进行通信。这是对等网络通信的标准模式，可以获得非常快速的连接设定。

在一个应用会话过程中，NFC设备可以在发起设备和目标设备之间切换自己的角色。利用这项功能，电池电量较低的设备可要求以被动模式充当目标设备，而非发起设备。

最常见的是被动射频系统，当解读器遇见RFID标签时，发出电磁波，周围形成电磁场，标签从电磁场中获得能量激活标签中的微芯片电路，芯片转换电磁波，然后发送给解读器，解读器把它转换成相关数据。控制计算器就可以处理这些数据从而进行管理控制。

在主动射频系统中，装有电池的标签在有效范围内活动。标签上的数据是通过射频无线电波的形式发送，并不要求目标物体在视野范围之内，加上处理数据块的特点，阅读器能够达到每秒钟辨认1000个标签的速度。大多数RFID系统能够同时收集到天线范围内的大量标签数据，这种特性被称为同时识别功能。

阅读器又称为读出装置、扫描器、通讯器、读写器(取决于电子标签是否可以无线改写数据)，它通过接收标签发出的无线电波读取数据。RFID阅读器(读写器)分为手持和固定两种。典型的阅读器包含有高频模块(发送器和接收器)、控制单元以及阅读器天线。通过天线与RFID电子标签进行无线通信，可以实现对标签识别码和内存数据的读出或写入操作。

11.4.3 NFC技术的应用

NFC设备可以作为非接触式智慧卡、智慧卡的读写器终端以及设备对设备的数据传输链路。其主要应用范围如下。

(1) 用于服务启动。比如门禁和打开或关闭设备电源等。

(2) 用于智能媒体。

(2) 用于移动支付。比如付款等,图 11-3(b)给出了一个应用实例。

(3) 用于电子票务。比如机票、车票、演出票的购票、验票等。

NFC 作为一种新兴的技术,主要弥补了蓝牙技术协同工作能力差的不足。但它的目标并非是完全取代蓝牙、WiFi 等其他无线技术,而是在不同的场合、不同的领域起到相互补充的作用。因为 NFC 的数据传输速率较低,仅为 212Kb/s,不适合诸如音视频流等需要较高带宽的应用。虽然,NFC 是以 RFID 为基础发展起来的,应用也很相似,但它本质是一种强调双向数据传输的通信技术,而 RFID 是一种用于读取标签数据的标签技术。

有研究表明,NFC 技术的应用之门将由手机开启,然后会在各种消费电子装置中出现。可以想象用手机取代现有各种卡的应用是一种怎样的情景!

11.4.4 NFC 与蓝牙技术的比较

蓝牙设备之间正常的配对操作经常花费五六秒钟的时间(在拥挤的条件下可增加到 30s),改进的 NFC 单任务协议,完成同样的任务只需要 100～200ms。

NFC 与蓝牙复杂的使用模型相比,效率优势很明显,这是由于 NFC 是一个相对简单的协议,最初是为了少量直接的、点对点应用而开发的。但蓝牙弥补了 NFC 通信距离不足的缺点,适用于较长距离的数据通信。NFC 主要针对近距离交易交互应用,适用于交换财务信息或敏感的个人信息。NFC 和蓝牙可共存互补,NFC 协议可用于引导两台设备之间的蓝牙配对过程,并促进蓝牙的使用。

11.5 UWB 技术

11.5.1 UWB 技术概述

UWB(Ultra Wideband),简称超宽带,是一种不用载波,而采用时间间隔极短的脉冲进行通信的技术。也被称作脉冲无线电(Impulse Radio)、时域(Time Domain)或无载波(Carrier Free)通信技术。

UWB 所占的频谱范围很宽,谱密度极低,信号的中心频率在 650MHz～5GHz,平均功率为亚毫瓦量级,抗干扰能力强,具有多个可利用信道。美国 FCC 对 UWB 的规定为:在 3.1～10.6GHz 频段中占用 500MHz 以上的带宽。

UWB 是一种短距离无线宽带传输技术。由于未采用载波调制,因此 UWB 不需要混频器、过滤器、RF/IF 转换器以及本地振荡器等电路,从而实现了低成本下的低功耗、高速宽带应用。UWB 的传输范围在 5～10m,理论上最高速度可达 1Gb/s。

11.5.2 UWB 技术原理

UWB 技术的基本工作原理是,发送和接收脉冲间隔严格受控的单周期超短时脉冲。

超短时单周期脉冲决定了信号的带宽很宽，接收机直接用一级前端交叉相关器就把脉冲序列转换成基带信号。

UWB 技术采用脉冲位置调制 PPM 单周期脉冲来携带信息和信道编码，一般工作脉宽 0.1～1.5ns（$1ns=10^{-9}s$），重复周期在 25～1000ns。

在 UWB 技术中，用每个脉冲出现位置超前或落后于标准时刻一个特定的时间 δ 来表示一个特定的信息。

UWB 系统采用相关接收技术，关键部件称为相关器（correlator）。相关器用准备好的模板波形乘以接收到的射频信号，再积分就得到一个直流输出电压。相乘和积分只发生在脉冲持续时间内，间歇期则没有。处理过程一般在不到 1ns 的时间内完成。相关器实质上是改进了的延迟探测器，模板波形匹配时，相关器的输出结果量度了接收到的单周期脉冲和模板波形的相对时间位置差。图 11-4(a)给出了其芯片实物图。

(a) UWB芯片　　(b) UWB的应用领域

图 11-4　UWB 芯片及应用领域

11.5.3 UWB 技术特点及应用

UWB 具有如下传统通信系统无法比拟的技术特点。

(1) 系统结构简单。常用的无线通信是利用连续载波的参量变化来携带信息。而 UWB 不使用载波，它通过发送纳秒级脉冲来传输数据信号。UWB 发射器直接用脉冲小型激励天线，不需要传统收发电路所需要的变频器和功率放大器等，只需采用非常低廉的宽带发射器。在接收端，UWB 接收机也有别于传统的接收机，不需要中频处理。

(2) 高速的数据传输。UWB 的通信距离为 10m 以内，其传输速率可达 500Mb/s。UWB 以非常宽的频率带宽来换取高速的数据传输，并且不单独占用已经拥挤不堪的频率资源，而是共享其他无线技术使用的频带。在军事应用中，可以利用巨大的扩频增益来实现远距离、低截获率、低检测率、高安全性和高速的数据传输。

(3) 功耗低。UWB 系统使用间歇的脉冲来发送数据，脉冲持续时间很短，一般在 0.2～1.5ns，占空比很低，系统耗电可以做到很低，在高速通信时系统的耗电量仅为几百微瓦到几十毫瓦。民用的 UWB 设备功率一般是传统移动电话所需功率的 1/100 左右，是蓝牙设备所需功率的 1/ 20 左右。

(4) 安全性高。由于 UWB 信号一般把信号能量弥散在极宽的频带范围内，对一般通信系统而言，UWB 信号相当于白噪声信号，并且在大多数情况下，UWB 信号的功率谱密度低于自然的电子噪声，从电子噪声中将脉冲信号检测出来是一件非常困难的事。而采用编码对脉冲参数进行伪随机化后，脉冲的检测将更加困难。

(5) 多径分辨能力强。由于常规无线通信的射频信号大多为连续信号或其持续时间远大于多径传播时间,多径传播效应限制了通信质量和数据传输速率。实验表明,对常规无线电信号多径衰落深达10~30dB的多径环境,对超宽带无线电信号的衰落最多不到5dB。

(6) 定位精确。冲激脉冲具有很高的定位精度,采用超宽带无线电通信,很容易将定位与通信合一,而常规无线电难以做到这一点。超宽带无线电具有极强的穿透能力,可在室内和地下进行精确定位,而GPS定位系统只能工作在GPS定位卫星的可视范围之内。与GPS提供绝对地理位置不同,超短脉冲定位器可以给出相对位置,其定位精度可达厘米级,此外,超宽带无线电定位器更为便宜。

(7) 工程简单造价低。在工程实现上,UWB比其他无线技术要简单得多,可全数字化实现。它只需要以一种数学方式产生脉冲,并对脉冲产生调制,而这些电路都可以被集成到一个芯片上,设备的成本将很低。

由于上述优点,UWB非常适于建立一个高效的无线局域网或无线个人局域网(WPAN)。主要应用于室内通信、高速无线LAN、家庭网络、无绳电话、安全检测、位置测定、雷达等领域。比如,地质勘探及可穿透障碍物的传感器(Imaging System);汽车防冲撞传感器等(Vehicle Radar System);家电设备及便携设备之间的无线数据通信(Communication and Measurements System);警戒雷达、地雷探测等。图11-4(b)给出了其应用领域。

与当前流行的短距离无线通信技术相比,UWB具有巨大的数据传输速率优势,最大可以提供高达1Gb/s以上的传输速率。UWB技术在无线通信方面的创新性、利益性已引起了全球业界的关注。

11.6 小资料——计算机的发明

很多书上说,美籍匈牙利裔科学家冯·诺依曼(John Von Neumann,1903—1957)是电子计算机的发明人,而冯·诺依曼本人却认为计算机的基本概念属于英国科学家阿兰·图灵(Alan M. Turing,1912—1954)。但是,真正的"计算机之父"既不是冯·诺依曼,也不是阿兰·图灵,而是美国的约翰·文森特·阿塔那索夫(John V. Atanasoff,1903—1995)。

第一台电子计算机的试验样机是衣阿华大学物理学教授阿塔那索夫在其研究生克利福特·贝瑞(Clifford E. Berry,1818—1963)的帮助下于1939年10月开始运转。这台计算机帮助衣阿华大学的教授和研究生们解算了若干复杂的数学方程。阿塔那索夫把这台机器命名为ABC(Atanasoff-Berry-Computer),其中,A、B分别取两人姓氏的第一个字母,C即"计算机"的首字母。

阿塔那索夫1903年10月4日在美国马里兰州的哈密尔敦出生。父亲是保加利亚侨民,在保加利亚得过最高级别的科学奖,到美国后担任矿山电气工程师。母亲是数学教师。阿塔那索夫从小与电气和数学结下不解之缘。

阿塔那索夫于1921年进入佛罗里达大学,选择了与父亲相同的专业:电气工程。在同学中间,他的数学成绩最好,而且是唯一学习过二进制数运算的人。1925年大学本科毕业,他进入衣阿华大学学习数学。获得硕士学位后进入威斯康星大学攻读物理学博士学位。他的广博知识为发明创造奠定了坚实基础。博士毕业后,阿塔那索夫返回衣阿华大学当教师并成为该校物理学教授。

第二次世界大战结束后,阿塔那索夫没有返回大学讲坛。他陆续创办过几个军事和民用企业，并担任总裁和技术主管。他一生获得 32 项发明专利，于 1995 年 6 月 15 日逝世，终年 92 岁。

11.7　思考题与习题

11-1　什么是蓝牙技术？

11-2　蓝牙技术有哪些主要特点？

11-3　蓝牙技术目前有哪些主要应用？

11-4　根据你对蓝牙技术的理解，你认为它还有哪些潜在的应用？

11-5　ZigBee 的特点是什么？与蓝牙技术在应用上有何区别？

11-6　试举出蓝牙、ZigBee、NFC 和 UWB 技术中的包含的通信原理概念。

第12章 IP电话技术

问题引入：长途电话"贵"，是人们慎打长途电话的主要原因，那么，能否找到一种"便宜"的长途电话技术，使得人们不再"抠抠唆唆"地打长途呢？

20世纪末，一种全新的通信业务——IP电话进入了人们的生活，尤其是在长途电话领域，人们已经越来越频繁和习惯地使用IP电话。那么什么是IP电话？其诱人的魅力何在？请跟随我们寻找答案。

12.1 IP电话概述

简单地说，IP电话就是利用计算机互联网进行的一种语音传输业务，或者更通俗形象地说，**IP电话就是网络电话**。其最大的特点就是比我们所熟悉的普通电话便宜，换句话说，IP电话在通信经济性方面为人们提供了一个不错的选择。

1995年2月，以色列的VocalTec公司推出了客户端Internet电话软件——Internet Phone，率先成功地将IP电话推向市场，此后，IP电话在全球范围得到迅速发展。

IP电话（IP Phone）是利用IP网（互联网）进行的一种通信服务。最初它是在Internet上实现的，因此有人称为Internet电话。另外，还有Iphone和VoIP（Voice over IP）的称谓，其实都是一个意思。不过，"IP电话"是现在使用最广也最科学的提法。

IP电话具有以下主要特点。

（1）产品采用统一的标准，可实现全球网络的互通；

（2）话音质量近似于现有PSTN电话的质量；

（3）大部分传统的电话运营公司提供IP电话业务。IP电话与PSTN电话成犄角之势，甚至有人估计可能在适当的时候取代PSTN电话。

12.2 IP电话基本工作原理

IP电话是利用Internet作为传输媒体实现计算机与计算机、普通电话与普通电话、计算机与普通电话之间进行语音传输的一种通信技术。

IP电话的原理是采用Voice Over IP技术，先将公共电话网（PSTN，Public Switched Telephone Network）传来的甲方模拟话音信号在发信端转换为数字信号，经过语音压缩算法对语音数据进行压缩、编码等处理，然后把这些语音数据按 TCP/IP 标准进行打包，通过数据通信网络（包括 Internet、Intranet、ATM、帧中继等）和其他种类的数据包（数据、E-mail、视像、图片等）一同传送；在收信端重组这些语音数据包、再经解压、解码，转换为正常的实时语音，通过 PSTN 送到最终接收方（乙方）。简言之，IP 电话是一种利用数据通信网传输话音信息的数字型电话，其工作流程如图 12-1 所示。

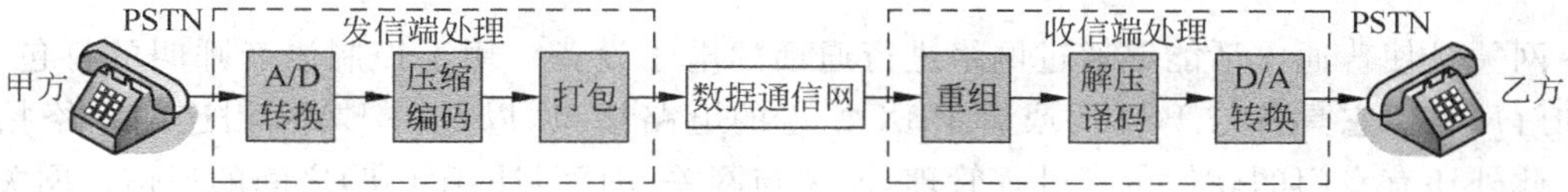

图 12-1 IP 电话工作流程示意图

12.2.1 IP 电话的系统组成

IP 电话系统有四个基本组件：终端设备（Terminal）、网关（Gateway）、多点接入控制单元（MCU，Multipoint Control Unit）和网闸（Gatekeeper），见图 12-2 所示。

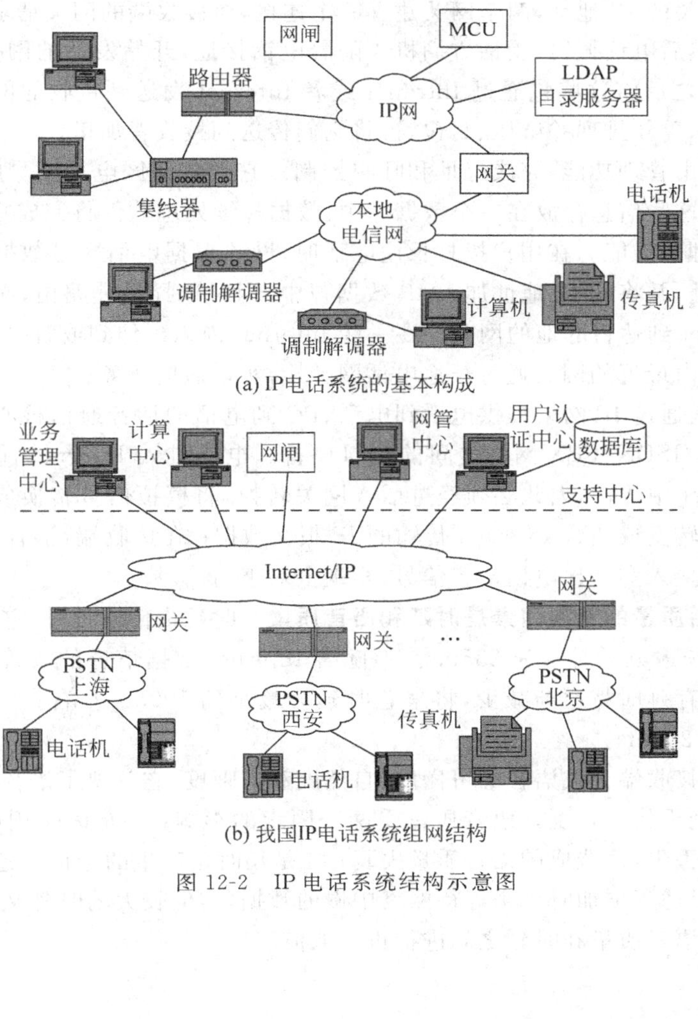

图 12-2 IP 电话系统结构示意图

1. 终端设备

终端设备是指 IP 电话的客户终端，可以是软件(如 Microsoft 的 Netmeeting)或硬件(如电话机)，它们直接连接在 IP 网上进行实时语音和多媒体通信。

2. 网关

网关是使普通电话能够通过网络进行通话的电子设备。用于控制语音呼叫的打包、压缩和解压缩。它具备与 PSTN 或者 PBX 相连的电路接口，以及与 LAN 相连的网络接口卡。此外还有专门的软件负责进程管理，网关与网关、网关与网闸(守)之间的通信。网关应具有下列功能。

(1) 具有 IP 网络接口和与 PSTN/ISDN/PBX 交换机互联的接口；

(2) 完成实时语音压缩，将 64kb/s 的语音信号压缩成低码率语音信号；

(3) 完成寻址和呼叫控制。

网关通过模拟一个典型的电话网来"欺骗"PBX(Private Branch Exchange，用户级交换机)。当用户拨完号码开始呼叫时，信号被送到 PBX，PBX 将信息送到本地网关。本地网关查表得到远端网关的 IP 地址，两个网关建立一个连接，而接收端的网关请求当地的 PBX 来完成这个呼叫，然后电话振铃，受话方摘机。随着电话接通，开始发话的网关将来话流量送入编码系统编码之后将这些包通过 Intranet 或者 Internet 发送到接收的网关，接收的网关执行逆向的过程，重新排列并解压、封包，再将它们传送到接收者那里。

网关具有路由管理功能，完成寻址和呼叫控制。它把各地区电话区号映射为相应的地区网关 IP 地址，这些信息存放在一个数据库中，数据接续处理软件将完成呼叫处理、数字语音打包、路由管理等功能。在用户拨打长途电话时，网关根据电话区号数据库资料，确定相应网关的 IP 地址，并将此 IP 地址加入 IP 数据包中，同时选择最佳路由，减少传输时延，IP 数据包经 Internet 到达目的地的网关。在一些 Internet 尚未延伸到或暂时未设立网关的地区，可设置路由，由最近的网关通过长途电话网转接，实现通信业务。

因此，网关是通过 IP 网络提供电话到电话、PC 到电话的话音通信核心与关键设备，是 IP 网络与 PSTN/ISDN/PBX 网络之间的接口设备。电话进入 Internet 前是模拟信号，不能直接在 Internet 中传输，因此必须经过话音网关转换，将模拟信号转换成数字信号，然后压缩、打包，最终转变成适合 Internet 传输的 IP 报文数据；在接收端，话音网关则完成逆过程。网关可同时接入和转出电话语音信号，实现全双工通信。

决定 IP 电话质量的主要因素是时延和语音质量。时延指传输延时，它影响电话交谈的节奏。目前，IP 长途电话时延为 235ms。但随着 Internet 数据信道的改善，IP 电话数据包的传送延时和缓存延时将逐渐减少，将来总时延会减小到 100ms 左右。一般情况下，用户可接受的时延为 250ms。

语音质量指接收端合成语音的可懂度、自然度和清晰度，它反映了语音数据包所包括的内容，以及语音受干扰的程度。语音质量受两个因素的影响：一是因采用低比特率语音编码器和语音分组丢失，而造成的语音质量失真；二是长时延产生的会话动态损伤。通常，为提高语音质量，可适当增加时延来等待网络中慢的数据包，但较大的时延又会给用户造成不便，因此，需要在语音质量和时延之间进行折中取值。

3. MCU

MCU使IP电话在IP网络中可实现多点通信,支持如网络会议的多点应用。

4. 网闸

网闸又称网络管理者或关守,负责用户的注册和管理。它主要完成如下功能。

(1) 地址映射。将电话网的E.164地址映射成相应网关的IP地址。

(2) 呼叫验证和管理。对接入用户的身份进行认证,防止非法用户接入。

(3) 呼叫记录。使运营商有详细的数据进行收费。

(4) 区域管理。多个网关可由一个网闸来管理。

需要说明的是,由于Internet网采用分组交换技术,它不可能提供实时通信,所以IP电话也不可能提供像线路交换(PSTN)那样真正的实时通信,其实时性是相对的。

12.2.2 IP电话的实现方式

1. PC到PC

这是IP电话最早,也是目前最容易实现的一种方式,它相当于一种联机应用,用户使用专用客户端IP电话软件,再配备麦克风、音箱、声卡等设备就可通过IP网实现这种应用。

2. 电话到电话

这是IP电话最主要的应用方式,IP电话市场收入的主要来源。这种应用需要通过网关将PSTN与IP网连接,网关的功能和质量至关重要。

3. PC到电话

它属于IP电话的附加应用,主要是为满足不同用户的需求,吸引更多用户而开展的。它需要客户端软件和网关双方的支持。

4. 电话到PC

它也属于IP电话附加的应用。这种应用自身存在一些缺陷,使用较困难。主要是通话前要进行预约。而且预约非常不方便;本地网关与PC上的应用软件之间互通不易实现。

5. 传真机到传真机

IP电话网关通常还带有传真功能,网关可以辨别呼叫是电话还是传真从而分别处理。对于IP电话的业务商来说,IP传真已成了一项非常重要的收入来源。

6. 通过Web网页连接呼叫中心

实现方式是在Web网页上建立一个与电话中心连接的图标,用户只需单击这个图标就可以通过Internet连接到呼叫中心并实现通话。这种方式对那些有服务中心、技术支持和产品介绍的公司和企业来说非常有用,它加强了用户与企业之间的联系。

12.3 IP电话的相关技术标准

12.3.1 国际标准化组织

IP电话的国际标准化组织主要有：ITU-T(国际电联标准化部门)、ETSI(欧洲电信标准协会)、IETF(Internet工程任务组)和IMTC(多媒体远程会议集团)。

ITU-TSG16研究组：主要从事多媒体终端和安全问题的研究，它主要的工作就是制订H.323系列建议。

ETSI TIPHON工程组：主要任务是规定一套业务互操作性要求，确定接口和功能方面的体系结构，对呼叫控制程序、信息流和协议作出规定，研究端到端服务质量参数及E.164地址与IP地址之间的转换，同时规定计费和安全方面的问题。目的是向各类网络运营者提供面向业务的解决方案，其工作基于H.323和现有电路交换网标准。

IETF：制定新的信令协议，包括会话初始协议(SIP)、Internet和PSTN的网络互通。其IPTEL工作组负责制定相关协议和框架文件，包括呼叫处理语法等。该工作组还写出了一些业务模型文件，描述由呼叫处理语法实现的业务，并讨论语法的使用方法。

IMTC：由来自北美、欧洲和亚太地区的150多个成员组成，旨在建立开放的国际标准，推动交互式多媒体远程会议解决方案的应用和实现。其VoIP论坛不定期地进行一些活动来制定标准，促进IP电话业务。

12.3.2 IP电话技术的协议和标准

主要分为H.323协议和SIP协议两大类，二者的主要区别在呼叫建立和控制方面。目前各组织对IP网络上承载实时业务(话音、视频等)的方式并无不同，均是利用了源自IETF的RTP协议。SIP比H.323简单、灵活，但尚处于IETF的标准化阶段，支持厂家很少。ITU-T于1996年11月通过了H.323标准，目的是使得不同厂商的IP电话产品之间有良好的互连性。H.323标准描述了IP电话系统的基本构成和各部分功能。它支持点对点通信及在MCU支持下的多点通信协议。

1. H.323协议

为使各厂家的IP电话能够相互通信，相应的国际标准应运而出。在Intel和Microsoft的倡导下，由ITU推荐的H.323协议作为IP电话的基础协议。目前许多公司已向H.323靠拢，它们的产品均支持H.323协议。我国采用H.232作为IP电话的国内标准。

H.323协议是ITU多媒体通信协议族H.32x中的1个，它提供了窄带可视电话的技术要求，包括基于X.25网的语音、视频、数据和控制等协议。H.323协议支持点到点通信和点到多点通信。

H.323不支持呼叫转移，多点间通信过程复杂。采用H.323协议的用户，只有先与MCU(多点控制单元)连接，才能进行多点通信，并且进行多点通信的用户数上限受限制。此外，端到端传送DTMF(DTMF信号不容易编码、打包、拆包和解码)信号的协议以及PSTN到Internet的用户呼叫等问题也未解决。

2. VoIP 论坛的协议

针对 H.323 的不足，一些大公司，如 Cisco、Microsoft、Dialogic 等成立了 VoIP(Voice over Internet Protocal)论坛。VoIP 立足于现有的 H.32x 协议系列和电路交换网协议，并对它们进行完善。H.32x 的目标是规定和发展基于开放性和一致性的通信规则，用于保证 IP 协议数据网上的，无缝电话通信设备间的互操作性和服务质量。

3. SIP 协议

H.323 提供了窄带多媒体通信所需要的所有子协议，但它的控制协议非常复杂。而 SIP 只是简单的呼叫控制协议，仅提供了呼叫的建立、控制和拆除等功能。SIP 工作在应用层上，可采用 TCP 或 UDP 作为其传输协议。由于 SIP 仅用于初始化呼叫，不涉及数据传输过程，因而造成的附加传输代价远远小于 H.323。SIP 是一种基于文本的协议，它由 SIP 规则资源定位语言描述，可嵌入 Web 页面或其他超文本链接中，用户只需用鼠标一点就可发出一个呼叫。SIP 提供了其他协议类似的服务，但更简单，扩充性好，适合大规模应用，SIP 还在不断完善之中。

12.4 IP 电话的服务质量及发展前景

尽管 IP 电话已进入了商业运行，但仍有很多技术问题需要解决，主要包括：不断发展的 IP 电话标准的互通、网路的多域组织和网闸互通、业务功能模型、认证结构、路由、计费结构、服务的互操作性、安全、服务质量、设备容量与管理等。其中用户最关心的就是服务质量(QoS)问题。IP 电话的 QoS 直接影响 IP 电话的推广应用。由于 IP 网络采用的 TCP/IP 协议本身是为提供非实时数据业务而设计的，IP 协议负责主机间的数据传输，并不进行检错和纠错，因而 IP 电话必须解决 QoS 问题。影响 QoS 的因素主要有：编解码方法、时延、时延抖动、丢包、比特差错和协议处理。

运用 IP 电话交换信息具有以下主要优点。

(1) IP 技术是通信领域的新潮流，它符合未来的发展方向，其市场潜力十分可观。

(2) IP Phone 的分组交换技术，可以实现信道的统计复用，使得网络资源的利用率更好，大大降低运营投入成本。

(3) 与传统传媒相比较，IP Phone 具有它们的一切表现形式和特点，传播信息容量极大。形态多样，迅速方便，覆盖全球，打破了时空限制，打破了传统地缘政治、地缘经济、地缘文化的概念，形成了以传播信息为中心的跨国界、跨文化、跨语言的全新的传媒方式。

(4) 价廉。通过 Internet 打电话，没有长途的概念，是以数据流量或连接时间来计费的，每小时的费用只有几元，大大降低了长途费用。

在技术应用方面，IP 电话有以下功能。

(1) 组建内部长途电话网。拥有自己的 Intranet 的单位，可以利用 IP Phone 来组建自己的内部电话网，这样不但降低了本单位内部电话费、传真费用，而且使许多长途电话变成了本地市话，大大节省了经费支出。

(2) 接入远地电话网。利用 IP Phone 接入远地电话网，变长途电话为本地电话，以求得较为廉价的服务。

(3) IP Call Completion 服务。一般在一条电话线,当以拨号上网方式进行计算机通信时,就无法再听电话了。而 IP Phone 提供的 IP Call Completion 服务可以实现用户上网时,依然能够接通电话。

(4) 网上购物。IP Phone 使网上购物具有更大的交互性,使商家与用户间可以通过 IP Phone 进行直接信息交流。

IP 电话与 PSTN(公共交换电话网)电话业务相融合是未来的发展趋势。PSTN 经过百年发展,已成为世界上最庞大、最完善和最有效的网络。伴随移动通信、卫星通信和智能网等技术的发展,PSTN 也成为寻呼网、移动电话网和数字用户环线的交换网络。因此,IP 电话与 PSTN 相结合,能够更迅速、更有效地占领电话市场。在现阶段,由于 Internet 设施仍无法与 PSTN 相比,因此 IP 电话只能逐步分流传统电话业务,还不能完全取代。

总之,IP 电话在一定程度上提高了通信系统的性价比及灵活性,为普及电话应用,提高通信服务质量,方便人们生活做出了较大的贡献。

12.5 小资料——传真机的发明

1841 年,英格兰人亚历山大·贝恩首先提出了用电来传送图像和照片的设想。1843 年,他取得了这项发明的专利。当时他利用电刷做振动子,把要发送的图像转换成电信号,然后再将得到的电信号经通信线路传送给对方;在接收端,用电刷做成的振动子在一张放在铜板上的电化学纸上作记录,使发送过来的图形得到恢复。人们把贝恩发明的这种技术称为"传真技术"。

1907 年,法国物理学家爱德华·贝兰发明了相片传真机。1912 年,世界上第一幅通过传真机传送出去的新闻照片出现在巴黎的一张报纸上,引起很大的轰动。

2002 年 3 月 14 日,以百岁高龄谢世的德国人鲁道夫·黑尔是近代传真技术的奠基人。他发明了将文字或图像分解成一个个微小的黑白灰度不等的小点子,然后变成相应的电信号进行传送,到对方后再用相反的方法合成和重组的新型的传真方式。他根据上述原理制造出来的传真机后来在通讯社、电信局、警察局等部门获得广泛应用。因而,人们称黑尔为"传真机之父"。

1959 年,英国研制成功报纸传真机。20 世纪 60 年代初,由于电子技术的飞速发展,不但传真机质量大大提高了,而且价格也大幅度降低,这就使得传真机从电信局走向办公室、家庭甚至豪华的私人汽车,成为实现办公自动化和居家办公所不可缺少的通信设备。

12.6 思考题与习题

12-1 什么是 IP 电话?它与普通电话有何区别?

12-2 简述 IP 电话的工作方式。

12-3 简述 IP 电话的系统组成。

12-4 IP 电话有哪几种通话方式?

12-5 IP 电话的主要缺点是什么?

第13章 接入网技术

问题引入：如果把高速公路网看作是交通骨干网的话，那么，在高速公路网与各个终端用户之间应该有一个交通子网，用以引导车辆进入或驶离骨干网。在通信网中，是否也应该有一个类似的通信子网？

在我们通常讨论研究的广域网、局域网、城域网等网络之外，还有一种通信网虽然没有明确列入计算机网络家族，但却与计算机网络有着密切的关系，这就是接入网。大家知道，广域网，尤其是 Internet，主要是利用现有的各种电信网作为内核进行信息交流和资源共享，而接入网是电信网中的一个重要的组成部分，因此，也可以把接入网看成是广域网不可或缺的一部分。接入网不管在通信网还是计算机网络中都扮演着非常重要的角色。

13.1 接入网的概念

传统的电信网从设备构成上看，主要由用户终端设备、用户线传输设备、交换设备及局间中继传输设备等几部分组成。按通信功能它又可以分为传输网、交换网和接入网 3 部分，如图 13-1 所示。

图 13-1　传统电信网示意图

接入网是由传统的用户环路发展而来，是用户环路的升级，是通信网演变过程中的一个新概念。

所谓用户环路是指从电话端局的交换机到用户终端设备之间的连接线路，如图 13-2 所示。用户环路自电话机发明以来就已经存在。由于用户终端设备主要是电话机，且电信网以传送话音信号为主，所以，从用户终端到交换设备之间的传输技术相对局间的中继传输技术来说比较简单，用铜导线传输信号（300～3400Hz 音频信号）就可满足网路要求，因此，用

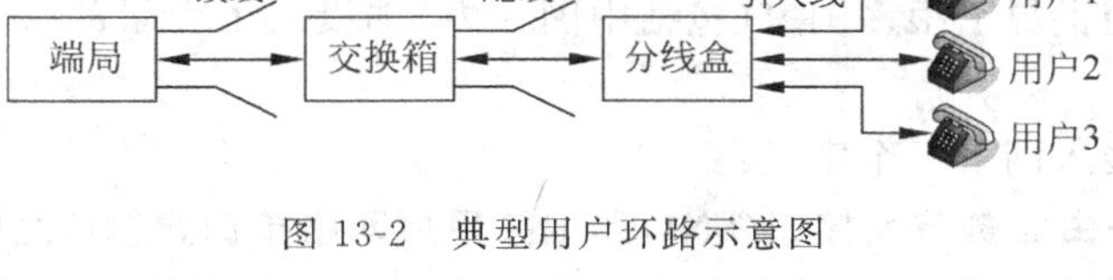

图 13-2　典型用户环路示意图

户环路的基本配置形式在大约一百年的时间里并没有发生重大变化。各个线缆段由不同规格的铜线电缆组成，其中馈线电缆（主干电缆）一般为3～5km（很少超过10km），配线电缆一般为数百米，引入线则只有数十米左右。

20世纪90年代后，随着通信与计算机的“联姻”，尤其是Internet和通信技术的发展，数字化、宽带化和智能化已经成为通信发展的方向，人们对电信业务从质量到业务种类都提出了更高的要求。用户对业务的需求由单一的模拟话音业务逐步转向包括数据、图像和视频在内的多媒体综合数据业务。由于受传输损耗、带宽和噪声等的影响，这种由传统铜线组成的简单用户环路结构已不能适应当前网络的发展和用户业务的需要，而且用户环路所采用的模拟窄带传输手段也逐渐成为制约通信发展的瓶颈，所以在这种新形势下，各种以接入综合业务为目标的新技术、新思路不断涌现。这些技术的引入增强了传统用户环路的功能，也使之变得更加复杂。用户环路渐渐失去了原来点到点的线路特征，开始表现出交叉连接、复用、传输和管理等网络特征。

基于电信网的这种发展演变趋势，英国电信(BT)于1975年提出了接入网AN(Access Network)的概念，20世纪80年代初原CCITT提出V1～V4数字接口建议，直到80年代后期，ITU－T着手制订标准化V5.x数字接口规范，并对AN作出较为科学的界定，AN技术才真正进入电信业务应用领域。

AN是一种适用于各种业务和技术，有严格规定并从较高的功能角度描述的网络概念，其结构、功能、接入类型和管理功能等在G.902中有详细阐述。图13-3给出了目前国际上流行的一种对电信网的划分形式，其中用户驻地网(CPN)指用户终端到用户网络接口(UNI)之间所包含的机线设备，是属于用户自己的网络，在规模、终端数量和业务需求方面差异很大。CPN可以大至公司、企业或大学校园，由局域网络的所有设备组成，也可以小至普通居民住宅，仅由一部话机和一对双绞线组成。核心网包含了交换网和传输网的功能，或者说包含了长途网和中继网的功能。接入网则包含了核心网和用户驻地网之间的所有实施设备与线路，主要完成交叉连接、复用和传输功能，一般不包括交换功能。图中TMN是电信管理网，Q3是电信管理网与电信网各部分相连的标准接口。

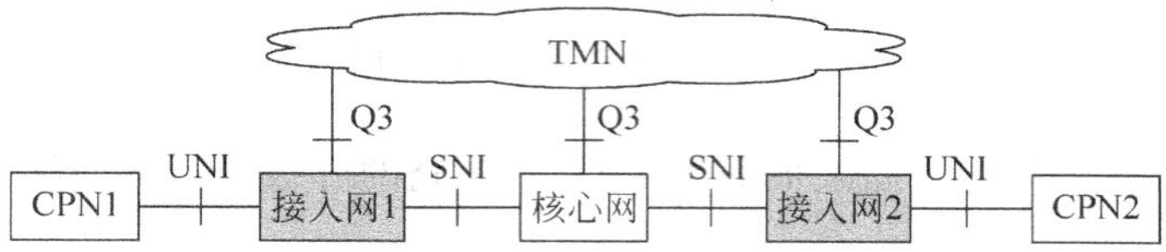

图13-3　电信网组成示意图

从以上描述可以看出，接入网已经从功能和概念上替代了传统的用户环路结构，成为电信网中的重要组成部分，其技术发展必将给整个网络的发展带来巨大影响。谁先建设好数字化、IP化和宽带化的接入网，率先为用户提供丰富多彩的多媒体业务，谁就拥有了市场的主动权。因此，目前世界上很多国家（包括中国在内）都投入了大量的人力和物力进行接入网的研发工作。

至此，可以给接入网下一个定义：

接入网(AN)是由业务节点接口(SNI)和相关用户网络接口(UNI)之间的一系列传送实体（例如线路设施和传输设施）组成的为传送电信业务提供所需传送承载能力的实施系统，

可经由 Q3 接口进行配置和管理。通俗地讲，接入网就是指本地交换机（或远端模块局）和用户终端设备之间所有设备和传输介质构成的传输系统。

接入网的物理参考模型如图 13-4 所示。

为便于理解，可以把单位内部路网与高速公路网之间的道路网类比为接入网。

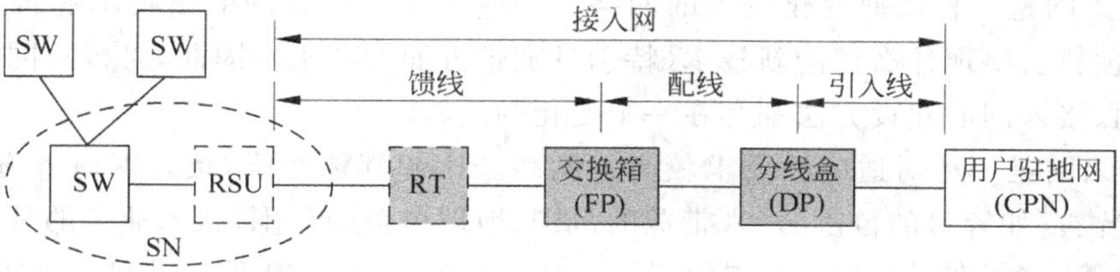

图 13-4 接入网物理参考模型

从图 13-3 可以看出，接入网处于整个电信网的网络边缘，用户的各种业务通过接入网进入核心网。由于在电信网中的位置和功能不同，所以接入网与核心网有着非常明显的差别。接入网的主要特点如下。

(1) 具备复用、交叉连接和传输功能，一般不含交换功能。接入网主要完成复用、交叉连接和传输功能，一般不具备交换功能，它提供开放的 V5 标准接口，可实现与任何种类交换设备的连接。

(2) 接入业务种类多，业务量密度低。接入网的业务需求种类繁多，除接入交换业务外，还可接入数据业务、视频业务以及租用业务等，但是与核心网相比，其业务量密度很低，线路占用率低，经济效益差。统计结果显示核心网中继电路的占用率通常达 50%以上，而住宅用户电路的占用率仅在 1%以下。

(3) 网径大小不一，成本与用户有关。接入网只负责在本地交换机和用户驻地网之间建立连接。由于覆盖的各用户所在位置不同，造成接入网的网径大小不一。例如市区的住宅用户可能只需 1～2km 长的接入线，而偏远地区的用户可能需要十几千米的接入线，其成本相差很大。而对核心网来说，每个用户需要分担的成本十分接近。

(4) 线路施工难度大，设备运行环境恶劣。接入网的网络结构与用户所处的实际地形有关系，敷设线路时，经常需要在街道上挖掘管道，施工难度较大。另外接入网的设备通常放置于室外，要经受自然环境甚至人为的破坏；另据美国贝尔通信研究中心估计，由于电子元器件和光元器件的性能变化随温度按指数规律而变化，所以接入网设备中的元器件性能恶化的速度比一般设备快 10 倍，这就对元器件的性能和极限工作温度以及设备性能指标提出了相当高的要求。

(5) 网络拓扑结构多样，组网能力强大。接入网的网络拓扑结构具有总线型、环状、单星状、双星状、链状、树状等多种形式，可以根据实际情况进行灵活多样的组网配置。其中环状结构可带分支，并具有自愈功能，优点较为突出。在具体应用时，应根据实际情况进行针对性的选择。

由于接入网的特殊性，它还具备如下特征。

(1) 综合性强。接入网是迄今为止综合技术种类最多的一种网络。例如，传送部分就综合了 SDH、PON、ATM、DLC、HFC 和各种无线传送技术等。

(2) 直接面向用户。接入网是一种直接面向用户的敏感性很强的网络。其他网络发生问题时，有时用户还感觉不到，但接入网发生问题，用户肯定会感觉到。

(3) 接入网是和其他业务网关系最为密切的网络，是本地电信网的一部分，和本地网的其他部分关系密切。

(4) 接入网是一种快速变化发展的网络。一些可用于接入网的新技术还将不断出现，而且，很难预料会出现什么样的新技术(特别是宽带方面的技术)，因此，对接入网的认识、接入网的作用、接入网的建设方法都存在一个变化的过程。

(5) 接入网是一种对适应性要求较高的网络。比起其他网络，接入网对各方面适应性的要求都要高。如容量的范围、接入带宽的范围、地理覆盖的范围、接入业务的种类、电源和环境的要求等，这些在其他业务网中不存在的问题，在接入网中都变成问题被提出了。因此，接入网被称为电信网的"最后一千米"。其发展目标就是建立一种标准化的接口方式，用一个可监控的接入网络，为用户提供话音、文本、图像、有线电视等综合业务。

13.2 接入网的接口技术

13.2.1 接入网的界定与功能模型

从图 13-3 中可见，接入网中主要有三种接口，即用户网络接口(UNI)，业务网络接口(SNI)和 Q3 管理接口。接入网依赖于各种接口将各类业务从不同用户端接入电信网，不同配置用不同的接口类型，配置和管理通过 Q3 接口进行。

原则上对实现接入网的 UNI 和 SNI 的类型和数目没有限制，接入网不解释(用户)信令，具有业务独立性和传输透明性的特点。

为与其他交换和传送技术的发展相适应，充分利用网络资源，既能经济地将现有各种类型的用户业务综合地接入到业务节点，又能对未来接入类型提供灵活性，国际电信联盟(ITU-T)提出了功能性接入网概貌的框架建议(G.902)。如图 13-5 所示为接入网的功能模型，由业务节点接口(SNI)和用户网络接口(UNI)之间一系列的传送实体组成，它由 5 个基本功能组，即用户接口功能、业务接口功能、核心功能、传送功能及管理功能。

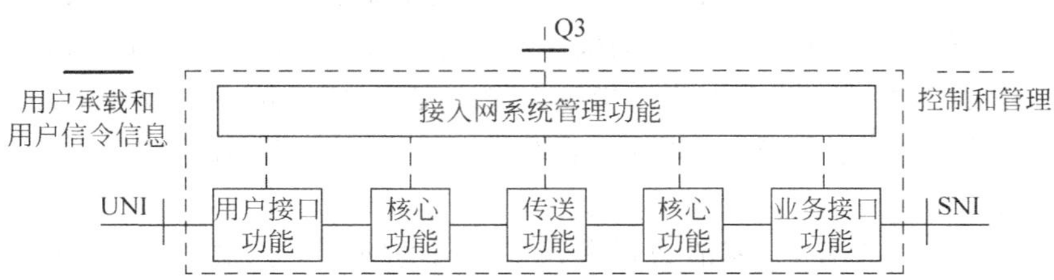

图 13-5 接入网功能模型

可见，接入网是由业务节点接口(SNI)与相关用户网络接口(UNI)之间的一系列传送实体(如线路设施、传输设施等)组成的为传送电信业务而提供所需承载能力的系统。它含有复用、交叉和传输功能，可灵活支持各种类型和业务，并且支持多种传输介质。

13.2.2 V5 接口

V5 接口是业务接点接口(SNI)的一种,是目前一种较成熟的用户信令和用户接口。ITU-T 开发的本地交换机支持接入网的开放 V5 接口(SNI),主要由支持窄带业务(≤2Mb/s)的 V5.1 和 V5.2 接口构成(G.964 和 G.965)。另外,ITU-T 还制定了支持宽带业务(传输速率>2 Mb/s)的 VB5 接口技术规范,可以支持 B-ISDN 用户接入。

我国以 ITU-T 建议 G.964 和 G.965 为主要根据,编制了《本地数字交换机和接入网之间的 V5.1 接口技术规范》和《本地数字交换机和接入网之间的 V5.2 接口技术规范》。

V5 接口具有以下几个优点。

(1) V5 接口是一个综合化的数字用户接口,符合通信网数字化、综合化的趋势。

(2) V5 接口是一个开放的接口,可以选择多个交换机和接入设备供应商,通过竞争,可降低成本,优化网络,提高服务质量。

(3) 通过开放的 V5 接口,交换机可以收纳各种接入设备,同一 AN 的多个 V5 接口既可连到一个交换机也可连到多个交换机,同一用户的不同用户端口既可指配给一个 V5 接口也可指配给多个 V5 接口,不仅组网方式灵活,使网络向有线/无线相结合的方向发展,而且提高了网络的安全性、可靠性。

13.3 接入网的分类

接入网的分类方法有多种多样,可以按传输介质、拓扑结构、使用技术、接口标准、业务带宽、业务种类等进行分类。就目前的技术研究现状而言,接入网主要分为有线接入网和无线接入网,有线接入网包括铜线接入网、光纤接入网和混合光纤/同轴电缆接入网;无线接入网包括固定无线接入网和移动接入网。各种方式的具体实现技术多种多样,特色各异。

有线接入主要采取如下措施:一是在原有铜质导线的基础上通过采用先进的数字信号处理技术来提高双绞铜线对的传输容量,从而提供多种业务的接入;二是以光纤为主,实现光纤到路边、光纤到大楼和光纤到家庭等多种形式的接入;三是在原有有线电视(CATV)的基础上,以光纤为主干传输、经同轴电缆分配给用户的光纤/同轴混接入。

无线接入技术主要采取固定接入和移动接入两种形式,涉及微波一点多址、蜂窝和卫星等多种技术。另外有线和无线相结合的综合接入方式也在研究之列。表 13-1 列出了目前常用的接入网技术。

表 13-1 接入网分类表

接入网	有线接入网	铜线接入网	数字线对增容(DPG)
			高比特率数字用户线(HDSL)
			非对称数字用户线(ADSL)
			甚高速率数字用户线(VDSL)
		光纤接入网	光纤到路边(FITC)
			光纤到大楼(FFIB)
			光纤到家(F1TH)
		混合光纤同轴电缆接入网	

续表

<table>
<tr><td rowspan="13">接入网</td><td rowspan="11">无线接入网</td><td rowspan="6">固定无线接入网</td><td>微波一点多址(DRMA)</td></tr>
<tr><td>固定蜂窝、固定无绳</td></tr>
<tr><td>直播卫星(DBS)</td></tr>
<tr><td>多点多路分配业务(MMDS)</td></tr>
<tr><td>本地多点分配业务(LMDS)</td></tr>
<tr><td>甚小型天线地球站(VSAT)</td></tr>
<tr><td rowspan="5">移动接入网</td><td>蜂窝移动通信</td></tr>
<tr><td>无绳通信</td></tr>
<tr><td>卫星移动通信</td></tr>
<tr><td>无线寻呼</td></tr>
<tr><td>集群调度</td></tr>
<tr><td rowspan="2">综合接入网</td><td colspan="2">FTTC+HFC</td></tr>
<tr><td colspan="2">有线+无线</td></tr>
</table>

13.4 小资料——集成电路的发明

1958 年 9 月 12 日，美国德州仪器公司的实验室里，工程师杰克·基尔比成功地实现了把电子器件集成在一块半导体材料上的构想。这一天，被视为集成电路的诞生日，而这枚小小的芯片，开创了电子技术历史的新纪元。

凭借其在发明集成电路方面所取得的成就，杰克·基尔比于 2000 年获得诺贝尔物理学奖。

杰克·基尔比(Jack St. Clair Kilby)出生于美国堪萨斯州。于 1947 年在伊利诺斯大学完成了学士学位。毕业后在密尔沃基(Milwaukee)的中心实验室(Centralab)谋得一份工作，开始和晶体管打交道。同时，他开始在威斯康星大学电机工程专业深造，并于 1950 年获得硕士学位。基尔比于 1958 年加入德州仪器公司，从此迎来事业的关键转折点。

除了集成电路，他还在手持电子计算器、热敏打印机两项发明中发挥了关键作用。他一共持有 60 项电子发明专利。

由于他的开创性工作，基尔比在德州仪器被任命为助理副总裁。1983 年从德州仪器退休后，仍担任德州仪器的顾问。

除了诺贝尔奖以外，基尔比还在 1993 年同时获得了美国国家技术奖章和国家科学奖章，这是美国政府颁发的最高技术奖，只有 13 位美国人获此殊荣。1993 年获得日本京都高级技术奖。1989 年获得美国国家工程院颁发的第一届国际 Charles Stark Draper 奖，这是全球最高工程奖。他还受到美国专利商标局的表彰，并跻身美国全国发明家名人堂。

2005 年 6 月 20 日，杰克·基尔比因癌症在德州达拉斯市的家中与世长辞，享年 81 岁。

德州仪器董事长汤姆·恩吉布斯(Tom Engibous)对其这样评价道："我认为，只有福特(Henry Ford)、爱迪生(Thomas Edison)、莱特兄弟(Wright Brothers)和基尔比(Kilby)等屈指可数的人物，真正地改变了世界和我们的生活方式。"他接着指出："如果说有一种开创性的发明不仅改变了半导体产业，而且改变了世界，那就是 Jack 发明的第一块集成电路。"

13.5　思考题与习题

13-1　简述接入网的含义并画出接入网示意图。

13-2　有哪几类铜线接入技术？

13-3　都有哪些光接入网技术？

13-4　接入网有哪些特点？

第14章 光纤通信技术

问题引入：我们知道，通信系统通信容量的大小受传输介质带宽的制约。现实生活中，有没有一种比常用的金属介质带宽更宽的传输介质呢？如果有，如何利用这种介质进行通信呢？

14.1 光纤通信概述

14.1.1 光纤通信的概念

第1章讲过，人们对通信的要求之一就是尽可能地提高通信容量。对于载波通信而言，载波频率越高，意味着可以用于通信的频带就越宽，通信容量就越大。有线通信从明线发展到电缆，无线通信从短波发展到微波，目的都是通过提高载波频率来扩大通信容量。

光纤通信就是以光波为载波，以光纤为传输介质的信息传输过程或方式。光纤通信可以为人们提供大容量和高质量的通信服务。

光纤（光导纤维，optical fiber）通信首先将信源欲传送的电话、电报、图像或数据等信号进行电/光转换，即把电信号先变成光信号，再经由光纤传输到信宿，信宿再将接收到的光信号做光/电转换，还原成电信号，从而完成一次光纤通信的全过程。可见，光纤通信与我们熟悉的电缆通信主要有两点不同：一是传输信号为光信号而不是电信号；另一个是传输介质是光纤而非电缆（由金属物质做成的线缆）。另外，在光纤通信中，由于作为载波的光波频率比电波频率高得多，所以其通信容量就比无线电通信大得多，同时作为传输介质的光纤又比铜轴电缆或波导管的损耗低得多，因此，相对电缆通信或微波通信，光纤通信具有许多优势。光纤通信技术是世界新技术革命的重要标志，也是未来信息社会中各种信息网的主要传输手段。

光纤通信技术始于1966年英籍华裔学者高锟和霍克哈姆的一篇有关传输介质新概念的论文，历经1970—1979年光纤与半导体激光器研制成功的第一阶段，1979—1989年光纤由多模向单模转移，波长由短向长转移的第二阶段以及1989年至今光纤系统由PDH向SDH过渡的第三个阶段，目前已经成为最有前途最为重要的通信技术。本章将简要介绍光纤通信的基本概念和原理。

14.1.2 光纤通信使用的波长

光是一种电磁波，通常将红外线、可见光、紫外线都归入光波范围。可见光的波长范围是0.39～0.76μm，大于0.76μm部分是红外光，小于0.39μm部分是紫外光。除可见光外，所有的电磁波人眼都看不见。

光纤通信使用的波长范围在近红外区内，0.8～1.8μm 的波长可分为短波波段和长波波段，短波波段为 0.8～0.9μm，长波波段为 1.2～1.6μm。常用的工作波长主要为短波段的 0.85μm，长波波段的 1.31μm 和 1.55μm。

光在光纤中传输，也会因“阻力”而变得微弱，但是经过研究发现，光以 0.85μm、1.31μm 和 1.55μm 三种波长通过光纤时，所受的“阻力”要比以其他波长通过时小得多，因此，光纤通信实用的波长就以这几种为主。显然，这几个波长不在可见光的范围之内，它们都在近红外区，肉眼无法看见。

早期的光纤通信系统多采用多模光纤，工作波长在 0.8～0.9μm 范围内，中继距离较短。目前的光纤通信多选用单模光纤，其工作波长为 1.55μm，中继距离较长。

需要注意的是，如果有机会接触光纤，千万不要用眼睛对着光纤的断面看，因为光纤在传输信号时，光的能量很集中，稍不注意就会灼伤眼睛。

14.1.3 光纤通信的特点

光纤通信之所以能够飞速发展而成为未来通信的方向，是由于它具有如下主要优点。

(1) 传输频带宽，通信容量大。光纤通信的载波为光波，通常使用的光波频率在 10^{14}～10^{15} Hz 数量级，比常用微波频率高 10^3～10^4 倍，因此，理论上其通信容量增加 10^3～10^4 倍。虽然在实际应用中由于受到了光电器件特性的限制，传输带宽比理论上要窄得多，但已投入运营的光纤通信系统中，一对光纤仍可传输 3 万路电话，是目前通信容量最大的一种通信方式。与电缆一样，也可将几对甚至上百对光纤组成一根光缆，传输容量就更大了。

(2) 损耗低、中继距离远。由于光纤的损耗低(波长为 1.55μm 的光纤损耗已达 0.2dB/km，甚至更低)，因此中继距离可以很长，在通信线路中可减少中继站数量，降低成本并提高通信质量。例如，对于 400Mb/s 速率的信号，光纤通信系统可实现 100km 以上的无中继传输距离，而同样速率的同轴电缆通信系统，无中继传输距离仅为 1.6km 左右。如果再使用光纤放大器，则可以直通上万千米，而无须再生中继，这一点对于海底光缆通信等长途干线业务具有重大意义。

(3) 抗干扰能力强，保密性好。由于光纤是由纯度较高的玻璃(二氧化硅)材料制成，不导电、无电感，不怕雷电和高压，所以它不受电磁干扰，而且因为各种干扰的频率一般相对比较低，所以它们不能干扰频率比其高得多的光波信号。有实验表明，在核爆炸发生时，地球上所有的电通信均受严重干扰，而唯独光通信不受影响。光在光纤中传播时，几乎不向外辐射，在同一光缆中，数根光纤之间不会相互干扰，也难以窃听，因此，光纤通信比其他通信方式有更好的保密性。

(4) 重量轻，体积小。通信设备的体积和重量对于许多领域尤其是航空航天以及军事领域来说，具有非常重要的意义。相同话路的光缆要比电缆轻 90%～95%，而直径不到电缆的五分之一。比如，通 21000 个话路的 900 对双绞线，其直径为 3 英寸，质量为 8t/km；而通信量为其 10 倍的光缆，直径仅为 0.5 英寸，质量仅为 203kg/km。这样在长途干线或市内干线上使用，不仅空间利用率高，而且便于铺设。

(5) 资源丰富，成本低。现有的通信线路是由铜、铝、铅等金属材料制成的，而世界上金属的储藏量有限。光纤的原材料是石英(主要成分为二氧化硅)，说得更通俗一点就是随处可见的沙子，在地球上资源丰富。用 1kg 的高纯度石英玻璃可以拉制上万米的光纤，相比之下制造 1km 单管同轴电缆要耗 120kg 的铜或 500kg 的铝。随着光纤通信技术的推广应用，将会节约大量的有色金属材料，对合理使用地球资源有一定的战略意义。

当然，光纤本身也有缺点，如光纤质地脆弱、机械强度低，要求比较好的切断、连接技术，分路、耦合比较麻烦等，但这些问题随着技术的不断发展，都在逐步得到克服。

14.2 光纤通信原理

根据第一篇基础理论可知，若要实现光纤通信，首先必须在信源对作为信息载体的光信号进行调制，也就是说必须让光信号的某个参量随电信号的变化而变化。调制后的光波经过光纤信道传送到信宿，由相关设备鉴别出它的变化并还原成电信号，然后再现出原始信息。

根据调制与光源的关系，光调制可分为直接调制和间接调制两大类。直接调制方法仅适用于半导体光源（激光 LD 和发光二极管 LED），这种方法是把要传送的信息转变为电流信号注入 LD 或 LED，从而获得相应的光信号。直接调制后的光波电场振幅的平方比例于调制信号，是一种光强度调制（IM）的方法。

间接调制是利用晶体的电光效应、磁光效应、声光效应等性质来实现对激光辐射的调制，这种调制方式既适应于半导体激光器，也适应于其他类型的激光器。间接调制最常用的是外调制的方法，即在激光形成以后加载调制信号。其具体方法是在激光器谐振腔外的光路上放置调制器，在调制器上加调制电压，使调制器的某些物理特性发生相应的变化，当激光通过它时得到调制。对某些类型的激光器，间接调制也可采用内调制的方法，即用集成光学的方法把激光器和调制器集成在一起，用调制信号控制调制元件的物理性质，从而改变激光输出特性以实现其调制。

14.3 光纤通信系统的组成

通过上述原理描述，我们可以认为一个基本光纤通信系统必须包括信源端的光发射机（光调制设备）、信宿端的光接收机（光解调设备）和连接它们的光纤介质。如果进行远距离传输，则必须在通信线路中间插入放大器或中继器。实用的光纤通信系统一般都是双向的，因此其系统的组成包含了正、反两个方向的基本系统，并且每一端的发送机和接收机做在一起，称为光端机，同样，中继器也有正反两个方向，如图 14-1 所示。

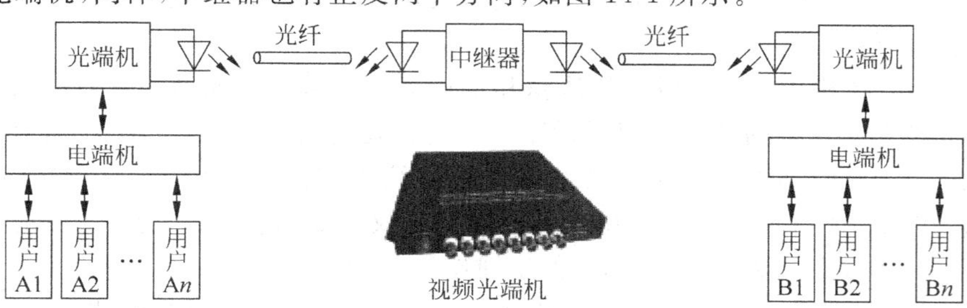

图 14-1 光纤通信系统示意图

在发信端,用户的电报、电话、传真、图表文字、图像电视、可视电话、数据等各种信息以电信号的形式送到电端机,电端机将所有用户的信息进行复用再送到光端机,光端机再将电信号变成光信号,并将光信号送往传输介质光纤。

在收信端,光端机将光信号解调出来变成电信号,经过放大整形后再送到电端机,电端机再将电信号进行解复用,同时将信号进行变换,使其正确无误地送给指定用户。

中继器是将经过一段距离传输衰减并失真的光信号进行放大整形,然后再进行传输,中继方式有:光—电—光方式和光—光方式。

光纤通信系统可归结为“电—光—电”的简单模型,即发信端把需要传输的信号先变成电信号,然后再转换成光信号在光纤内传输,收信端又将光信号还原成电信号。整个过程中,光纤部分只起传输作用,信号的生成和处理仍由电系统来完成。

与电通信类似,光纤通信也可分为模拟通信和数字通信两种。模拟光通信中的光信号强度随电信号的变化而线性变化,通俗地讲,就是光线有“明”和“暗”之分。而数字光通信中的光信号与数字电信号相似,只有两种状态:“亮”和“灭”。

图 14-1 所示的系统示意图对模拟或数字信号都适用。对模拟信号而言,要使信号不失真,就要求光源有良好的线性幅度特性。但是常用的光源,尤其是半导体激光器的非线性比较严重,所以模拟光通信常用在非线性失真要求不太严格的地方。对数字光纤通信系统而言,由于信号为脉冲形状,因此光源的非线性对系统性能影响不大。数字光纤通信系统也具有数字电通信系统的一切优点。现已建成的系统中,除少数专用光纤通信系统外,几乎所有公用及大多数专用光纤系统都使用数字式。

14.3.1 光端机

为了实现双向传输,光端机包含光发射机和接收机两部分。下面分别介绍光发射机和光接收机。

1. 光发射机

光发射机的作用是将电端机输出的电信号转换成适合光纤传输的光信号并将其发送出去。它主要由光源、光源驱动与调制以及信道编码电路三部分组成,如图 14-2 所示。

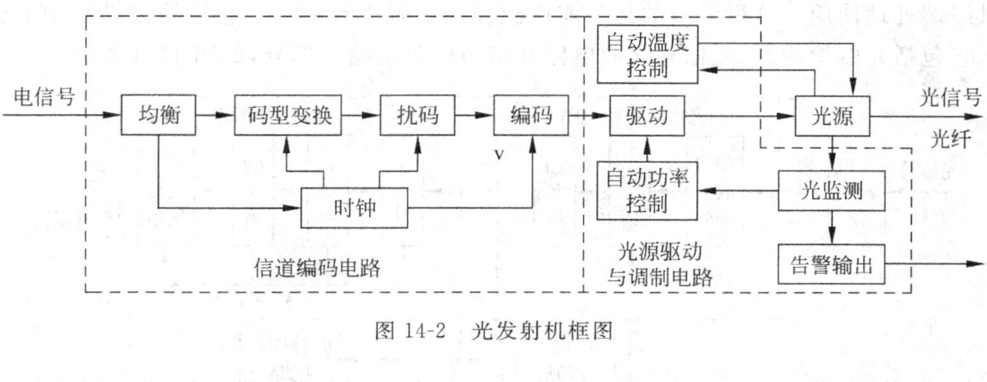

图 14-2 光发射机框图

(1) 信道编码电路。信道编码电路用于对基带信号的波形和码型进行变换,使其适合作为光源的控制信号。它主要完成以下功能。

① 均衡：由 PCM 电端机送来的 HDB_3 或 CMI 码流，首先需要经过均衡器均衡，用于补偿由电缆传输产生的衰减和畸变，以便正确译码。

码型变换：由均衡器输出的 HDB_3 或 CMI 码变换成为二进制单极性不归零码（NRZ），以便数字电路处理。

② 扰码：若信号码流中出现长连“0”或长连“1”的情况，将会给时钟信号的提取带来困难。为了避免出现这种情况，加一扰码电路，它可有规律地破坏长连“0”或长连“1”的码流，使得 0、1 等概率出现。

③ 时钟提取：提取时钟信号，供给码型变换和扰码电路以及编码电路使用。

④ 编码：对经过扰码以后的信码流进行信道编码，变为适合光纤线路传送的线路码型。

（2）光源驱动与调制电路。光源驱动与调制电路主要包含下面几个电路。

① 光源驱动：它用经过编码以后的数字信号来调制发光器件的发光强度，完成电/光变换任务。

② APC（自动光输出功率控制电路）：由于温度变化和工作时间加长，光源输出的光功率会发生变化，所以为保证输出光功率的稳定，必须加自动光功率控制电路。

③ ATC（自动温度控制电路）：半导体光源的输出特性受温度影响很大，特别是长波长半导体激光器对温度更加敏感，为保证输出的稳定，对激光器进行温度控制是十分必要的。

④ 光监测：监测光电二极管用于检测激光器发出的光功率，经放大器放大后控制激光器的偏置电流，使其输出的平均功率保持恒定。

（3）光源。光发送部分的核心是产生激光或荧光的光源，它是组成光纤通信系统的重要器件。目前，用于光纤通信的光源主要是半导体激光器 LD 和半导体发光二极管 LED，它们都属于半导体器件，特点是体积小、重量轻、耗电量小。

此外还有一些辅助电路，如告警电路：当光发送机出现故障、输入信号中断或激光器失效时，这时告警电路发出告警提示。

2. 光接收机

光接收机的作用是接收经光纤传输衰减后的十分微弱的光信号，放大并检出传送的信息，供终端处理使用。这里介绍的是目前广泛使用的强度调制——直接检波系统中的光接收机，它包括光电检测器、光信号接收电路和信道解码电路三部分，如图 14-3 所示。

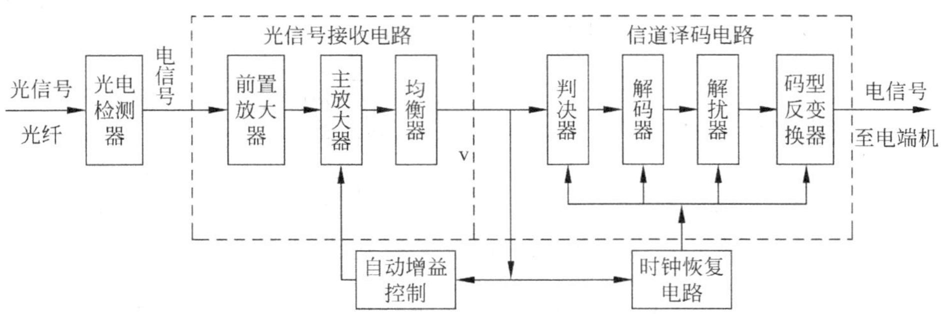

图 14-3　光接收机框图

(1) 光电检测器。光电检测器把光纤传送过来的光信号转为电信号，其输出的电信号的大小与输入光的强弱变化一致。在光纤通信中广泛使用的光电检波管是半导体光电二极管，其主要原理是利用光电效应来实现光电转换。

(2) 光信号接收电路。前置放大器将光电检测器输出的微弱电信号进行放大，在对其进行放大时首先必须考虑的是抑制放大器的内部噪声。

主放大器是将前置放大器输出的信号放大到伏数量级，使后面的判决电路能正常工作。

均衡器对经光纤传输、光/电转换和放大后产生畸变的电信号进行补偿，以利于判决。

自动增益控制电路根据输入光功率的大小(即根据经光监测和放大后的电信号大小)产生相应的控制电压，控制主放增益做相应调整。

(3) 信道译码电路。时钟恢复电路从信号码流中提取与发送一样的时钟信号。

判决器逐个对码元波形进行取样判决，以得到原发送的码流。

译码、解扰、码型反变换是与发送端完全对应的电路。首先，译码电路将光线路码型恢复为发端编码前的码型，然后经过解扰电路将发送端“扰乱”的码恢复为被扰前的状况，最后由码型反变换器将解扰后的码变换为原来适于在电端机系统中传输的 HDB_3 码或 CMI 码。

此外光接收机中还有一些辅助电路，如钳位电路，温度补偿电路和告警电路。

14.3.2 中继器

在远距离光纤通信系统中，由于受发送光功率、光接收机灵敏度、光纤的损耗和色散的影响，光脉冲信号的幅度会衰落，波形会失真，其在光纤中的传输距离也会受限。为了延长通信距离，需在光波信号传输过一定距离以后，进行光中继处理。

光中继器的功能是放大衰减的信号，恢复失真的波形，再生光脉冲信号。目前常用的是光—电—光的转换方式，即先用光电检测器接收光纤中已衰减的光信号，经放大和再生，恢复原来的数字电信号，再对光源进行驱动，产生光信号送入光纤。原理组成如图 14-4 所示。

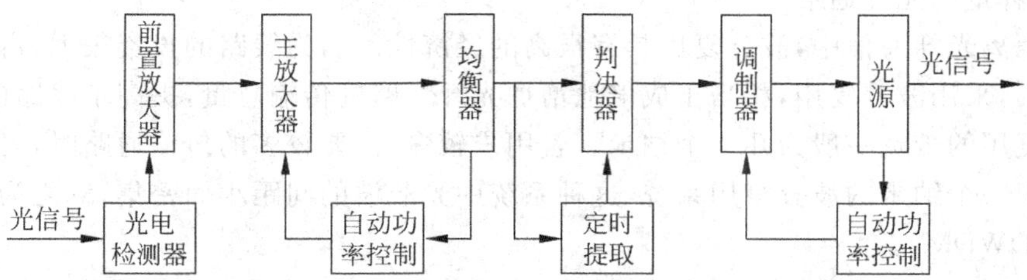

图 14-4 光中继器框图

14.4 几种光纤通信技术

20 世纪 90 年代以后，光纤通信成为一个发展迅速、技术更新快、新技术不断涌现的领域。应用于光纤通信中的各种新技术构成了现代光纤通信技术的基础，这些技术的出现使通信的面貌得到很大的改观。

1. 相干光通信技术

大多数光纤通信系统都采用非相干光的强度调制——直接检测(IM－DD)方式。也就是把光作为载波,发送时主信号对光载波进行强度调制,接收时对光载波直接进行包络检测,恢复发送端的信号,完成通信。这种方式的优点是调制和解调简单、容易实现、成本低,但这种方式没有充分发挥光纤通信本身所具有的优越性,没有利用光载波的频率和相位信息,限制了系统性能的进一步提高。

随着光纤通信技术的发展,人们提出采用单一频率的相干光作为光源(载波),利用无线电技术中的外差接收方式,再配以幅移键控 ASK、频移键控 FSK、相移键控 PSK 等调制方式的一种新型的光纤通信方式,称为外差光纤通信系统,又称为相干光通信系统。相干光通信,像传统的无线电和微波通信一样,在发射端对光载波进行幅度、频率或相位调制,在接收端,则采用外差检测,这种检测技术称为相干检测。与原 IM－DD 方式相比,主要差别是光接收机中增加了外差接收需要的本机振荡光源和光混频器。本振光源与光信号在混频器混合,经光检波后产生电中频信号,再经电解调就可得到发送的原数字信息。相干检测可以提高接收灵敏度 20dB,相当于在相同发射功率下,光纤损耗为 0.2dB/km,则传输距离增加 100km。同时采用相干检测,可以充分利用光纤带宽。

2. 光波分复用技术

光波分复用技术(WDM)是把具有不同波长的几个或几十个光路信号复用到一根光纤中进行传送的方式或过程。其基本原理是在发送端将不同波长的信号组合起来(复用),送入到光缆线路上的同一根光纤中进行传输,在接收端又将组合波长的光信号分开(解复用),并作进一步处理,恢复出原信号后送入不同的终端,因此将此项技术称为光波分割复用,简称光波分复用技术。它类似于电通信中的频分复用。采用这种技术可以扩大光纤通信的容量,实现大容量的光纤通信。

在长距离光纤通信中,波分复用具有很高的经济性。因为线路的投资很大,占总投资的 70%～80%,采用波分复用,相当于成倍地增加光纤线路的传输总量,提高了线路的利用率。

波分复用的带宽一般为几十个纳米。若用户较多,需要较多的传输通路时,可以使用工作波长小于一个纳米的波分复用系统,这种系统中光载波的间距小而密集,称之为高密度波分复用(HDWDM)。

图 14-5 所示的方框图就是在一根光纤上单向传输 N 个波长光波的波分复用系统。

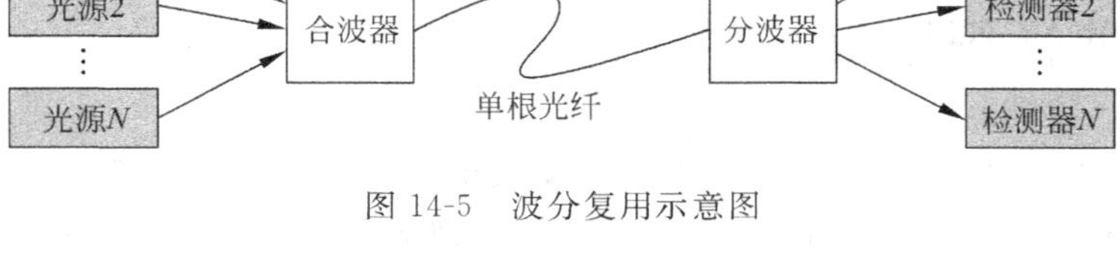

图 14-5　波分复用示意图

系统在发送端有 N 台光发射机(即有 N 个不同波长的光源)。这 N 个光信号通过复用器——合波器,将来自 N 台光发射机的光信号合并起来,耦合进入同一根光纤中传输。当这些被合并的光波传到接收端后，又通过一个复用器——分波器，将合并的信号分开，再分别送到各自相应的光电检波器通道中，从而实现在一根光纤上传输多个光源光信号的目的。当然，每个光源本身又能传输成百上千路信号，如传输 5 次群(7680 路)信号。于是，通过这样的复用方式，会使一根光纤中的实际传输量得到成倍地增加，极大地提高了光纤通信系统的有效性和经济效益。

3. 全光网络技术

全光网络技术是指用户与用户之间的信号传输与交换全部采用光波技术的先进网络，它包括光传输、光放大、光再生、光交换、光存储、光信息处理、光信号多路复用/分插、进网/出网等许多先进的全光技术。

全光网络是光纤通信技术发展的最高阶段，实现透明、具有高度生存性的全光通信网是宽带通信网未来的发展目标。全光网络的建立将在干线网的交叉节点上引入光交叉连接(OXC)和光波长变换，从而形成端到端之间的"虚波长"通路，实现用户端到端的全光网络连接，这将使电路之间的调配和转接变得简单和方便。从发展趋势看，形成一个真正的以 WDM 技术及光交换技术为基础的光网络层，建立纯粹的"全光网络"，消除光/电转换的瓶颈已成为光通信发展的必然趋势。

为了让读者对光纤及全光网络有一个更深刻的认识。图 14-6 给出了几种光纤连接器。

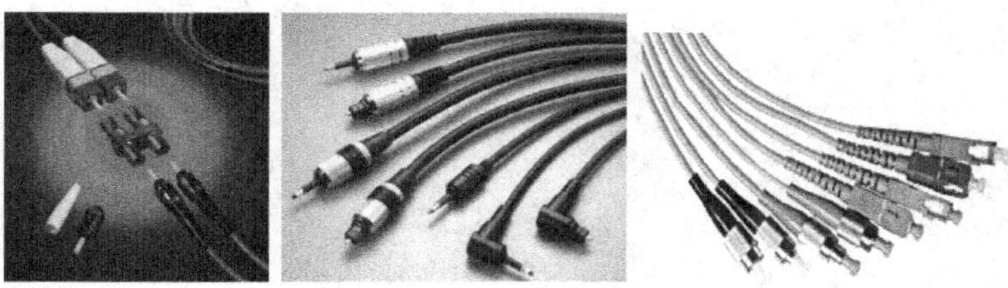

图 14-6　光纤连接器

14.5　小资料——光纤之父高锟

高锟教授 1933 年生于上海，1948 年举家移居香港，高中毕业后到英国深造，1957 年加入国际电话电报公司(ITT) 在英国的标准电信研究实验室当研究员，1965 年取得伦敦大学电子工程的博士学位。1966 年，他发表了一篇叫做《光频率的介质纤维表面波导》的论文，开创性地指出，可以用玻璃去做光学纤维传送信号，从此揭开了光纤通信的帷幕。

历史上第一项属于光通信的专利，是由贝尔在 1880 年以"光话机"取得。但直到高锟关于光纤的论文发表之前，人类想出的各种传输光的方式，都还不足以使之成为有效的通信手段。在 20 世纪 60 年代，即使是最好的导体，光波在其中传输 20m，能量就只剩下原来的 1%，更何谈"通信"二字。而高锟提出的光纤，是用高纯度的玻璃纤维制成，光进入到其中，就像进入了一个周围全是镜子的管线，在全反射的作用下，再也跑不掉，只有从另一端出来。光纤低损失、宽频带、尺寸小、重量轻

的优点，给人类通信带来了一场革命，这种与头发差不多粗细的“光导体”，把人类带入了信息时代。

高锟的研究成果荣获29项专利，并获得20多个国际奖项，其中包括电机工程界诺贝尔奖之称的马可尼国际奖、日本国际奖和代表美国国家工程学院最高荣誉的查理·斯塔克·德雷珀奖。1987年，高锟还就任了香港中文大学第三任校长，9年的时间里，他锐意改革，使这所大学得以跻身国际名校行列。英国科学博物馆里摆置着他的照片和科学成就，表扬他对人类科学界所作的贡献。中国科学院紫金山天文台将一颗小行星命名为“高锟星”。

14.6 思考题与习题

14-1 光纤通信与电缆通信的主要区别是什么？

14-2 光纤通信的主要优点是什么？

14-3 简述光纤通信的工作原理。

14-4 光纤通信的新技术都有哪些？

14-5 找出几个光纤通信中的通信原理知识点。

第15章 微波中继通信技术

问题引入：在有线通信系统中，利用光纤可以完成大容量长距离通信任务，那么，在无线通信系统中，采用什么技术可以完成同样的任务呢？

微波通信是在第二次世界大战后期开始使用的一种无线电通信技术。微波通信分为模拟通信和数字通信两类，而模拟微波通信正逐渐被数字微波通信所取代。目前，数字微波通信已成为一种重要的传输手段。

如果说光纤是有线通信中的"信息高速公路"的话，那么微波就是无线通信中的"信息高速公路"。

15.1 微波中继通信的概念

根据无线电频谱的划分，通常将分米波、厘米波、毫米波统称为微波，其频率范围为300MHz～300GHz。而所谓的**微波通信通常是指利用分米波、厘米波、毫米波段的无线电波作为载波进行的信息传输过程或方式**。如果被载送的信号是模拟基带信号，则为模拟微波通信，若是数字基带信号，则为数字微波通信。

当微波通信用于地面长途通信时，需要采用中继(接力)传输的方式才能完成信号从信源到信宿的传输任务。**微波中继通信就是指利用微波作为载波并采用中继(接力)方式在地面上进行的信息传输过程或方式**。由于卫星通信实际也是在微波频段采用中继(接力)方式进行通信的，只是其中继站设在卫星上而已，所以，为了与卫星通信相区别，这里所说的微波中继通信仅限定在地面上。

图 15-1 是 A、B 两地利用中继站进行的远距离地面微波中继通信示意图。

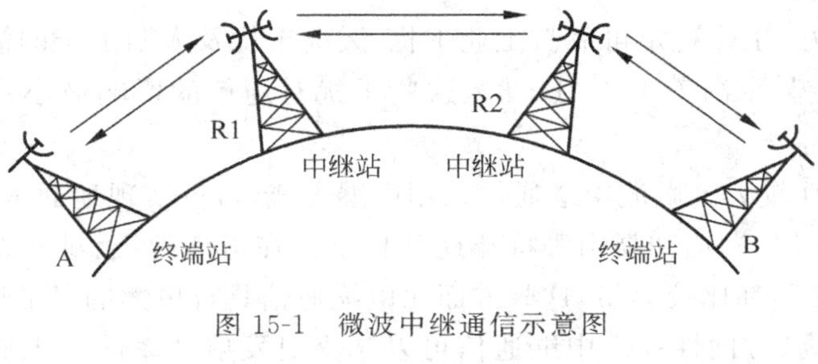

图 15-1 微波中继通信示意图

也许有人会问："对于地面上的远距离微波通信，为什么要采用中继通信方式呢?"其直接原因有两个：一是微波传播具有视距传播特性，即电磁波是沿直线传播的，而地球表面是个曲面，因此若通信两地之间距离较长，且天线架设高度有限，则发信端发出的电磁波就会受到地面的阻挡而无法达到收信端。因此，为了延长通信距离，需要在通信两地之间设立若干中继站，进行电磁波转接；另一个原因就是微波在传播过程中有损耗，在远距离通信时有必要采用中继方式对信号逐段接收、放大和发送。

一般来说，每隔 50km 左右，就需要设置微波中继站将电磁波放大转发。长距离微波通信干线可以经过几十次中继传至数千千米仍可保持很高的通信质量。

微波中继通信可以用于各种电信业务的传送，如传送长途电话信号、宽频带信号（如电视信号）、数据信号、移动通信系统基地站与移动业务交换中心之间的信号等，还可用于特殊地形（如孤岛、沼泽等）的通信线路。

15.2 微波中继通信的频率范围

目前，微波中继使用的频段范围为 1～40GHz，如表 15-1 所示。国外的微波设备往往首先选用 4GHz 频段。我国主要使用 2GHz、4GHz、6GHz、7GHz、8GHz 和 11GHz 频段，其中 2GHz、4GHz、6GHz 频段因电波传播比较稳定，故用于干线微波通信，而支线或专用网微波通信常用 2GHz、7GHz、8GHz 或 11GHz。

表 15-1 部分微波频段划分

代号	L 波段	S 波段	C 波段	X 波段	Ku 波段	K 波段	Ka 波段
频率/GHz	1～2	2～4	4～8	8～13	13～18	18～28	28～40

15.3 微波中继通信的特点

微波中继通信具有以下特点。

(1) 微波频带宽，通信容量大。微波频段占用的频带约 300GHz，而全部长波、中波和短波频段占有的频带总和不足 30MHz，前者是后者的 10000 多倍。占用的频带越宽，可容纳同时工作的无线电设备就越多，通信容量也就越大。一套短波通信设备一般只能容纳几条话路同时工作，而一套微波中继通信设备可以容纳几千甚至上万条话路同时工作，并可传输电视图像等宽频带信号。

(2) 抗干扰性好，工作稳定可靠。工业干扰、天电干扰及太阳黑子的活动对微波频段通信的影响小（当通信频率高于 100MHz 时，这些干扰对通信的影响极小），但它们严重影响短波以下频段的通信。

(3) 通信灵活性较大。微波中继通信采用中继方式，可以实现地面上的远距离通信，并且可以跨越沼泽、江河、湖泊和高山等特殊地理环境。在遭遇地震、洪水、战争等灾祸时，通信的建立、撤收及转移都比较容易，这些方面比电缆通信具有更大的灵活性。

(4) 天线增益高、方向性强。中继通信可以减小对发射功率的要求而获得满意的通信效果。另外由于微波具有直线传播特性，可利用微波天线把电磁波聚集成很窄的波束，使微波天线具有很强的方向性，减少通信中的相互干扰。

(5) 投资少、建设快。在通信容量和质量基本相同的条件下,按话路千米计算,微波中继通信线路的建设费用不到同轴电缆通信线路的一半,而且还可以节省大量有色金属,建设时间也比后者短。

15.4 微波中继通信系统的组成

微波中继通信系统的线路组成可以是一条主干线,中间有若干支线,也可以是由枢纽站向若干方向分支,其主干线可以长达几百千米甚至几千千米,支线可以有多条。除了在线路末端设置微波终端站外,还在线路中间每隔一定距离设置若干微波中继站和微波分路站,如图 15-2 所示。

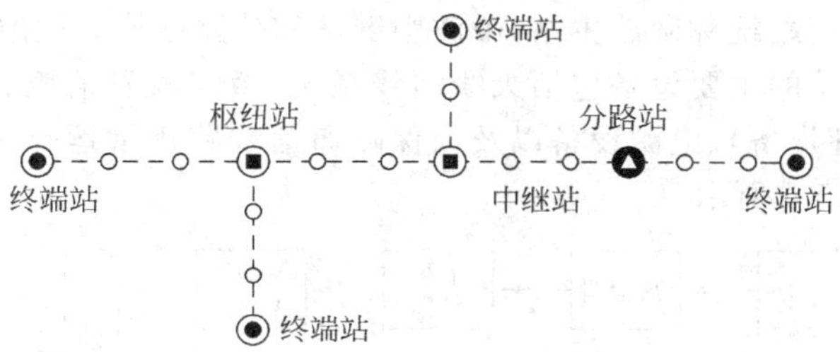

图 15-2 微波中继通信线路示意图

最基本的数字微波通信系统主要由用户终端、交换机、终端复用设备和微波站等组成,如图 15-3 所示。

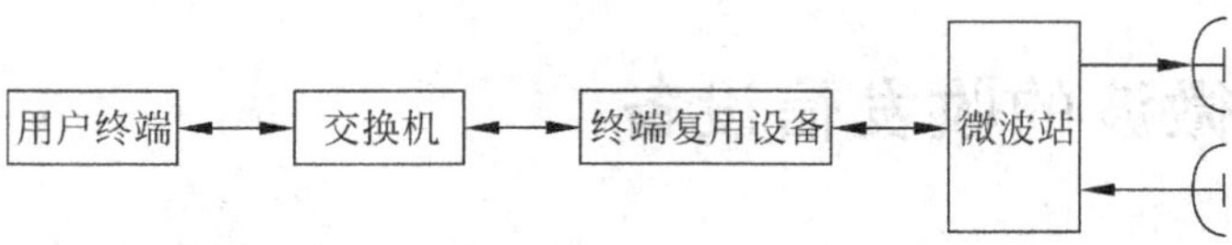

图 15-3 微波通信系统基本组成

1. 用户终端

用户终端是用户直接使用的输入/输出终端设备,如自动电话机、电传机、计算机、调度电话机等。用户终端主要通过交换机集中在微波终端站或微波分路站。

2. 交换机

用户可通过交换机进行呼叫连接、建立暂时的通信信道,既实现本地用户终端之间的业务互通(如实现本地话音用户之间的通话),又可通过微波中继通信线路实现本地用户终端与远地(对端交换机所辖范围)用户终端之间的业务互通。

3. 终端复用设备

终端复用设备的基本功能是将交换机送来的多路信号或群路信号进行适当变换,然后送到微波终端站或微波分路站的发信机;将微波终端站或微波分路站的收信机送来的多路信号或群路信号适当变换后送到交换机。模拟微波中继通信系统的终端复用设备是频分多路载波机；**数字微波中继通信系统的终端复用设备是时分多路数字终端机，包括增量调制（ΔM）和脉冲编码调制（PCM）两种制式**。终端复用设备配置在微波终端站或微波分路站。

4. 微波站

微波站的基本功能是传输来自终端复用设备的群路信号。按其与终端复用设备的连接关系，微波站分为终端站、分路站、枢纽站和中继站。处于主干线两端或支线路终点的微波站称为终端站，在此站可上行、下行全部支路信号。处于微波线路中间，除了可以在本站上收发部分支路信号外，还可沟通干线上两个方向之间通信的微波站称为分路站。配有交叉连接设备，除了在本站上收发部分支部信号外，还可以沟通干线上数个方向之间通信的微波站称为枢纽站，它具有通信枢纽功能。处于微波线路中间，没有上下话路的微波站称为中继站。微波终端站和枢纽站统称微波主站，微波中继站和分路站统称微波中间站。

典型的数字微波站的主要设备包括天线馈线系统、微波收发信机、调制解调器、时分多路复用设备（基带处理设备）、电源设备以及为保障通信线路正常运行和无人维护所需的监测控制设备等，如图 15-4 所示。

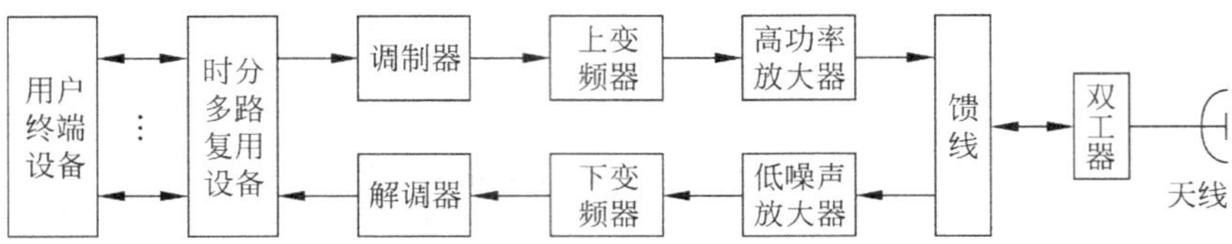

图 15-4　微波站设备

15.5　数字微波的收发信设备

1. 发信设备

数字微波发信设备可以有如下两种组成方案。

（1）微波调制发射机

微波调制发射机的组成方框图如图 15-5(a)所示。来自数字终端机的数字信号经过码型变换后，直接对微波载波进行调制，然后经过功放和微波滤波器送到天线，由天线发射出去。这种方案的发射机结构简单，但当发射频率比较高时，其微波功率放大器制作难度大，且发射机的通用性差。

（2）中频调制发射机

中频调制发射机的组成方框如图 15-5(b)所示。来自数字终端的信号经过码型变换后，在中频调制器中对中频载波（70MHz 或 140MHz）进行调制（数字相位调制），获得中频调制信号，然后通过功率中放，把中频信号放大到规定要求的功率电平，经上变频器交换为微波调制信号，再经微波功放、微波滤波器馈送到天线，由发射天线发射出去。中频调制发射机的构成方案与一般调频制模拟微波机相似，只要更换调制解调单元，就可以利用现有模拟微波信道传输数字信息。因此，在多波道运用时，这种方案容易实现数字系统和模拟系统

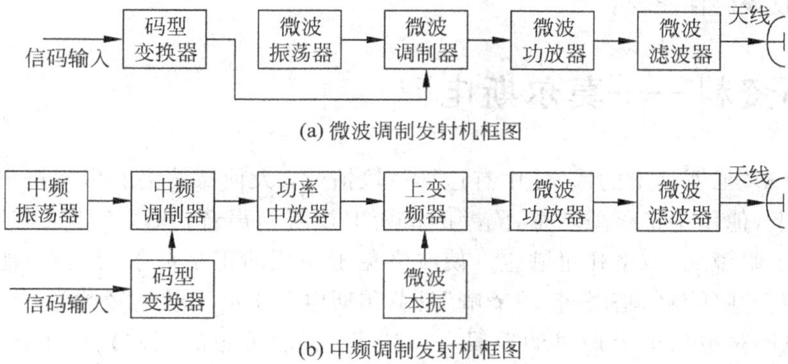

图 15-5 微波发信设备框图

的兼容。在不同容量的数字微波中继设备系列中，改变传输容量一般只需要交换中频调制单元，微波发送单元可以通用。在研制和生产不同容量的设备系列时，这种方案有较好的通用性。

2. 收信设备

数字微波收信设备一般都采用超外差接收方式，其组成方框图如图 15-6 所示。它由射频系统、中频系统和解调系统三部分组成。来自接收天线的微波微弱信号经过馈线、微波滤波器、低噪声放大器和本振信号进行混频，变成中频信号，再经过中频放大、滤波后，送到解调单元，实现信码解调和再生。

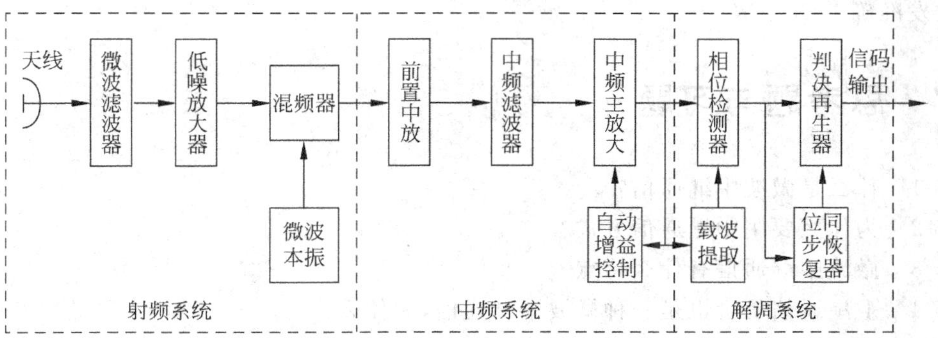

图 15-6 微波接收设备框图

射频系统可以用微波低噪声放大器，也可以不用放大而采用直接混频方式，前者具有较高的接收灵敏度，而后者的电路较为简单。微波滤波器用来选择工作波段的信号，抑制邻近信道的干扰。

中频系统提供足够大的放大量，并具有自动增益控制功能，以确保送入解调系统的信号电平稳定。中频系统对整个接收信道的通频带和频率响应也起着决定性作用。

数字调制信号的解调分为相干解调和非相干解调两种方式。由于相干解调具有较好的抗误码性能，因而比较常用。还有一种差分相干解调，也叫延迟解调电路，它是利用相邻两个码元载波的相位进行解调，只适用于差分调相信号的解调。这种方法电路简单，但与相干解调相比，其抗误码性能较差。

15.6 小资料——莫尔斯电码

在著名电影“尼罗河上的惨案”中有这样一段情节：大侦探波洛的房间里出现了一条眼镜蛇，情急之下，他用手指敲敲墙壁，隔壁的雷斯上校听到声音，知道波洛面临险境，立即杖剑过来，刺死了眼镜蛇，波洛死里逃生。使波洛免于一死的正是莫尔斯电码，他通过墙壁传送给雷斯的声音“嘀嘀嘀，嗒嗒嗒，嘀嘀嘀”是莫尔斯电码中的求救信号 SOS。

莫尔斯电码是电信史上最早的编码。1936 年，冥思苦想的莫尔斯终于悟出：“电流只要停止片刻，就会出现火花；没有火花出现是另一种符号；没有火花的时间长度又是一种符号。这三种符号如果组合起来代表数字和字母，就可以通过导线来传递文字了”。于是他用“点”(0.1 秒的通电时间)、“划”(0.3 秒的通电时间)和“间隔”(断开电路)来表示各种字符，包括 26 个字母和数字，它的声音是“嘀”、“答”和无声，这就是至今还在沿用的“莫尔斯电码”，也就是通信原理中的信源编码。

莫尔斯在设计电码时，并非随心所欲，而是大量研究了报刊上常用字的出现频率。对于出现频率最高的三个字母 E，T，A，用最简单的电码组合；对于不常用的字母，如 J，Q，X，Y，Z 等字母，其组合便比较复杂。在考虑到了各个字符点划组合上的区别之外，他还对点划的长短和间隔的大小作了严格的时间上的规定。一个“划”相当于 3 个“点”的时间长度，点与点，点与划，划与划之间的间隔为一个“点”的时间，字符之间相隔 3 个“点”的时间，字之间的间隔为 5 个“点”的时间，由此构成了莫尔斯电码的旋律。只有严格遵守这些时间比例，才能做到收发准确。

15.7 思考题与习题

15-1 什么是微波中继通信？

15-2 为什么要用中继通信方式？

15-3 微波中继通信有什么特点？

15-4 卫星通信是否也是一种微波中继通信，为什么？

15-5 举出几个微波通信中包含的通信原理知识点。

15-6 简述中继站、枢纽站和分路站的异同点。

第16章 卫星通信技术

问题引入：由于地球是"圆"的，所以，两点间的无线电通信距离就会因地面的阻挡而受限，那么，如何克服这一困难实现两点间的长距离通信呢？

从各种历史小说、文史资料中，经常可以看到古人对远距离通信的热切渴望和丰富想象，"千里眼"、"顺风耳"等充满幻想的"特异功能"成为众多文人笔下的神赐之功和非凡的法力。1945 年 10 月的《无线电杂志》上发表了一篇由一位叫克拉克的英国空军军官所写题为《地球外的中继站》的文章，文中向人们描述了一种全球通信方式——以地球同步轨道上的卫星构成的中继站进行通信，第一次敲响了远程通信的神秘之门。1957 年 10 月，苏联成功地发射了世界上第一颗人造地球卫星，使克拉克的梦想变为现实。1963 年美国发射成功的实用地球同步卫星，首先在大西洋地区开始进行商用国际通信业务，这是第一代国际通信卫星开始的标志。历经 40 余年的不懈努力，国际通信卫星目前已经发展到了第七代。

卫星通信使人们足不出户就可了解世界各地发生的奇闻趣事、重大事件，坐在舒适的沙发上通过电视屏幕就能领略和欣赏全球的秀美山川、人文古迹和异域风情。现代科学技术给人们插上了翅膀，圆了人类几千年的通信之梦，而古时美丽的幻想则为后人指明了努力奋发的方向。因此，可以毫不夸张地说，想象是科学技术发展的源泉和动力，没有了幻想，历史的长河将会枯竭，人类的文明将会没落。

卫星通信主要解决了长期困扰人们的长距离、大范围的通信问题。

本章将简要介绍现代科学赐予人类的"翅膀"——卫星通信。

16.1 卫星通信概述

16.1.1 卫星通信的概念

卫星通信是指利用人造地球卫星作为中继站转发无线电信号，在两个或多个地面站之间进行的通信过程或方式。这里地面站(也称地球站)是指设在地球表面(包括地面、海洋和大气中)的无线电通信站，而用于实现通信目的的人造卫星叫做通信卫星。

卫星通信属于宇宙无线电通信的一种形式，它是在地面微波中继通信和空间技术的基础上发展起来的。微波中继通信是一种"视距"通信，即只有在"看得见"的范围内才能通信，而通信卫星的作用相当于离地面很高的微波中继站。显然，由于作为中继站的卫星离地面很高，所以经过它中继转接之后的通信距离可以很远。图 16-1 是一种简单的卫星通信系统

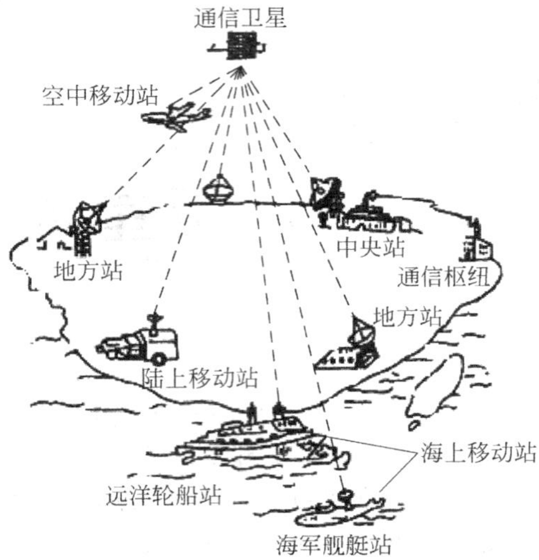

图 16-1　卫星通信示意图

示意图，它由一颗通信卫星和多个地面通信站组成。

16.1.2　卫星通信的工作频段

由于卫星处于电离层之外的外层空间，地面发射到卫星的电磁波和卫星发射到地面的电磁波都必须能穿透电离层才行，而在无线电频段中只有微波频段恰好具备这一条件，所以卫星通信使用微波频段。

卫星通信的工作频段常用上（下）行（线）/下（上）行（线）频段来表示，比如 6GHz/4GHz 频段，表示该卫星的上行（线）频率为 6GHz 频段，下行（线）频率为 4GHz 频段。其中上行线是指地面站至卫星的通信线，其工作频段简称为上行频率；下行线是指卫星至地球的通信线，其工作频段简称为下行频率。因一个卫星要同时进行收发工作，必须把收发无线电波分开，使其工作在两个不同的频段，所以上行频率与下行频率是不同的。

目前大多数卫星通信系统选择在下列频段工作。

(1) UHF 波段(400/200MHz)。

(2) L 波段(1.6/1.5GHz)。

(3) C 波段(6.0/4.0GHz)。

(4) X 波段(8.0/7.0GHz)。

(5) K 波段(14.0/12.0；14.0/11.0；30/20GHz)。

由于 C 波段的频段较宽，又便于利用成熟的微波中继通信技术，且天线尺寸也较小，所以，卫星通信最常用的是 C 波段。

16.1.3　卫星通信的特点

与其他通信系统相比较，卫星通信有如下特点。

(1) 覆盖区域大，通信距离远。一颗同步通信卫星可以覆盖地球表面的 1/3 区域，因而利用 3 颗同步卫星即可实现全球通信，完成远距离越洋通信和电视转播。从远距离通信上看，卫星通信的建站费用和运行费用不因通信站之间的距离远近、两站之间地面上的自然条件恶劣程度的不同而变化，比地面微波中继、电缆、光缆、短波通信等具有明显优势。另外，除了国际通信外，在国内或区域通信中（尤其对边远、交通及经济不发达地区），卫星通信是极其有效的通信手段。

(2) 具有多址连接能力。地面微波中继的通信区域基本上是一条线路，而卫星通信可使通信卫星所覆盖区域内的地面站都能利用这一卫星进行相互间的通信。我们称卫星通信的这种能同时实现多方向、多个地面站之间的相互联系的特性为多址连接。

(3) 频带宽，通信容量大。卫星通信采用微波频段，占有近 275GHz 的频宽（而地面微波中继仅占 39GHz），可提供宽带的综合业务信息传输服务。卫星通信系统的传输容量取决于卫星转发器的带宽和发射功率，而一颗卫星可设置多个转发器，例如国际电信卫星集团的 IS—Ⅶ号卫星有 46 个转发器，其通信容量为 120 000 路电话和 3 路彩色电视，其通信容量仅低于光纤通信。

(4) 通信质量好，可靠性高。卫星通信的电波主要是在大气层以外的宇宙空间传输，宇宙空间差不多处于理想的真空状态，传输电波十分稳定，不易受天气、季节或人为干扰的影响。而且通常只经过卫星一次转接，其噪声影响较小，通信可靠性可达 99.8%以上。

(5) 通信方式灵活，机动性好。卫星通信可以实现地面微波通信无法完成的高空和海洋上的通信，具有较大的灵活性。同时卫星通信不仅能作为大型地面站之间的远距离通信干线，而且可以为车载、船载、地面小型机动终端以及个人终端提供通信，能够根据需要迅速建立同各个方向的通信联络，能在短时间内将通信网延伸至新的区域，或者使设施遭到破坏的地域迅速恢复通信。

卫星通信也存在一些不足之处，举例如下。

(1) 通信传输延迟大。由于卫星通信传输距离很长，其单程距离（地面站 A—卫星转发—地面站 B）长约 80 000km，传输延时约 270ms，所以，在通过卫星打电话时，通信双方会感到很不习惯。

(2) 卫星使用寿命短。

(3) 卫星发射与控制复杂。

(4) 存在日凌中断通信现象等。所谓“日凌中断”是指当地球、卫星和太阳共处在一条直线上，地面站天线既对着卫星也对着太阳时，强大的太阳噪声会进入地面站造成通信中断的现象。

16.2 卫星通信系统

16.2.1 卫星通信系统的分类

目前世界上建成了数以百计的卫星通信系统，归结起来有如下分类。

(1) 按卫星制式可分为：静止卫星通信系统、随机轨道卫星通信系统和低轨道卫星（移动）通信系统。

(2) 按通信覆盖区域的范围可分为：国际卫星通信系统、国内卫星通信系统和区域卫星通信系统。

(3) 按用户性质可分为：公用(商用)卫星通信系统、专用卫星通信系统和军用卫星通信系统。

(4) 按业务范围可分为：固定业务卫星通信系统、移动业务卫星通信系统、广播业务卫星通信系统和科学实验卫星通信系统。

(5) 按基带信号体制可分为：模拟制卫星通信系统和数字制卫星通信系统。

(6) 按多址方式可分为：频分多址(FDMA)、时分多址(TDMA)、空分多址(SDMA)和码分多址(CDMA)卫星通信系统。

(7) 按运行方式可分为：同步卫星通信系统和非同步卫星通信系统。目前国际和国内的卫星通信大都采用同步卫星通信系统。

16.2.2 卫星通信系统的组成

卫星通信系统主要由空间部分的通信卫星和地面部分的地面站、测控系统、监控管理系统组成。通信卫星和通信卫星地面站是直接用来进行通信的，测控系统和监控管理系统是为保证系统正常运行而设置的，如图 16-2 所示。

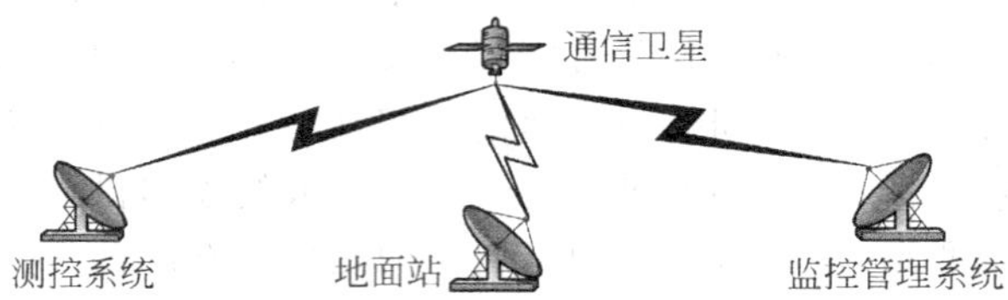

图 16-2 卫星通信系统基本组成

测控系统的任务是在卫星发射过程中对卫星进行跟踪并控制卫星准确地进入轨道上的定点位置。在卫星正常运行过程中，用来接收卫星发来的信标和各种数据，然后经过分析处理，再向卫星发出指令去控制卫星的轨道、位置和姿态，对卫星的轨道、位置和姿态进行监视、校正和位置保持，保证通信卫星各部分工作正常进行。

现代卫星测控系统通常由指挥控制中心、测控数据交换中心、分布在各地的测控站以及测量船组成，并通过统一时间，使通信系统有机地联系在一起。

监控管理系统的任务是在通信开通之前，对通信系统的参数进行测试和鉴定。在通信过程中，对卫星和地面站的各项通信参数进行监视和管理，如对转发器的增益或地面站的发射功率大小、稳定性等进行监视和管理。这种管理监测功能通常由系统的网控中心来承担。

地面的测控系统和监控管理系统并不直接用于通信，而是用来保障通信的正常进行。由若干颗卫星和它们所覆盖的许多个地面站组成的卫星通信系统的网络结构可以是星状结构、网状结构或星形与网状的混合结构。在星状结构中，各外围站与中心站可直接通信，而各外围站之间不能直接经通信卫星直接通信，只有经中心站转接才能通信。在网状结构中，所有各站都可经通信卫星直接通信。

16.2.3 卫星通信系统的工作过程

卫星通信系统可以传输电话、电报、传真、数据和电视等信息，根据系统所传基带信号是模拟还是数字的，相应地将卫星通信系统分为模拟系统与数字系统。基带信号不同，相应的发射、接收设备的调制与解调方式也不同，但它们的工作过程从总体上来说是类似的，下面以传送多路电话为例，说明卫星通信系统的工作过程。

一般情况下，一条卫星通信线路要由发端地面站、上行线路、卫星转发器、下行线路和收端地面站组成，如图 16-3 所示。

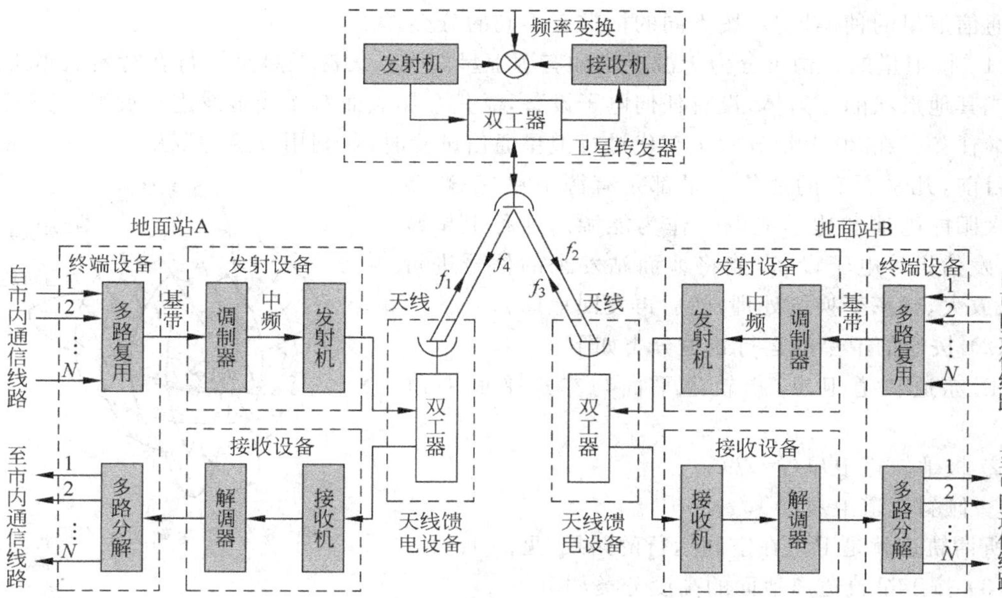

图 16-3　卫星通信系统原理框图

当 A 地的 N 个用户要与 B 地的 N 个用户通话时，A 地用户的电话信号先经 A 地市内通信线路送到地面站 A 的终端设备进行多路复用，复用后所得的基带信号再送到调制器对中频(如 70MHz)副载波进行调制，然后再将中频信号经上变频变为 f_1(如 6GHz)的微波信号，最后经功率放大后送往天线发射到卫星。信号经上行线路到达卫星时，要穿过大气层和自由空间，因此会受到衰减，并会遭受噪声等干扰的影响。卫星中的转发器对收到的信号进行放大、变频等处理后，以频率 f_2(如 4GHz)的微波信号进行功放、发射，经下行线路传送到地面站 B。

由于卫星转发器的功率、天线增益等均有限，同时信号经下行线路到 B 站时也要经过自由空间并穿过大气层，使得到达 B 站的信号功率很微弱。信号经地面站 B 高增益天线和低噪声接收机的接收、放大后，进入下变频器变成中频信号再进一步放大，然后送到解调器，解调器输出的基带信号经多路分解设备分解成各路话音信号，最后通过 B 地市内通信线路送到相应用户。

B 地向 A 地送话音信号的过程与上述一样，但上行频率为 f_3，下行频率用 f_4，为避免干扰，取 $f_3 \neq f_1$，$f_4 \neq f_2$。注意：这里的多址方式设为频分多址的方式，即各地面站均以不同的射频频率与卫星连接。

16.3 通信卫星

16.3.1 通信卫星的分类

通信卫星的种类繁多，按不同的标准有不同的分类。

(1) 按卫星的结构可分为无源卫星和有源卫星两类。无源卫星是运行在特定轨道上的球形或其他形状的反射体，没有任何电子设备，靠其金属表面对无线电波进行反射来完成信号中继任务。在20世纪五六十年代进行卫星通信试验时，曾利用过这种卫星。

目前，几乎所有的通信卫星都是有源卫星，一般多采用太阳能电池和化学能电池作为能源。这种卫星装有收、发信机等电子设备，能将地面站发来的信号进行接收、放大、频率变换等处理，然后再发回地球。

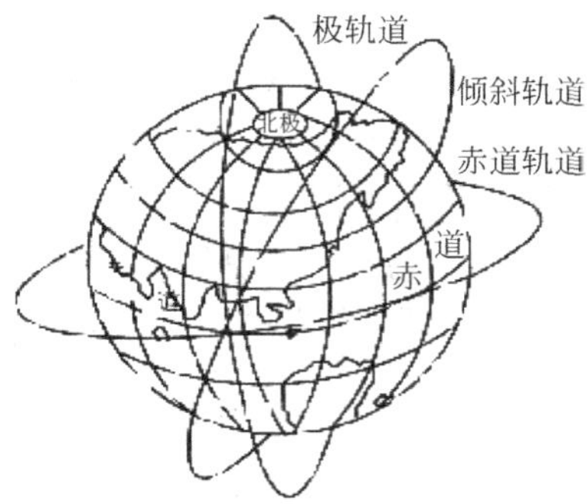

图16-4 卫星轨道示意图

(2) 按通信卫星的运行轨道分类如下。

① 赤道轨道卫星（指轨道平面与赤道平面夹角$i=0°$）。

② 极地轨道卫星（$i=90°$）。

③ 倾斜轨道卫星（$0°<i<90°$）。

所谓轨道就是卫星在空间运行的路线，见图16-4。

(3) 按卫星轨道离地面的高度分类如下。

① 低轨道（LEO）卫星，通常高度为500～2000km，运行周期约为2～4h。

② 中轨道（MEO）卫星，通常高度为2000～20 000km，运行周期为5～6h（对约10 000km高度而言）。

③ 高轨道（HEO）卫星，通常高度大于20 000km，运行周期大于12h。

(4) 按卫星运转周期与地球自转是否相同，可分为同步卫星和非同步卫星。

同步卫星是指在赤道上空约35 860.6km的圆形轨道上与地球自转同向运行的卫星。由于其运行方向和周期与地球自转方向和周期均相同，那么从地面上任何一点看上去，卫星都是“静止”不动的，所以把这种对地球相对静止的卫星简称为同步（静止）卫星，其运行轨道称为同步轨道。

非同步卫星的运行周期不等于（通常小于）地球自转周期，其轨道倾角、轨道高度、轨道形状（圆形或椭圆形）可因需要而不同。从地球上看，这种卫星以一定的速度在运动，故又称为移动卫星或运动卫星。

不同类型的卫星有不同的特点和用途，其中同步卫星使用得最为广泛。

16.3.2 同步卫星中继的通信范围

利用卫星作为中继站的通信范围接近于卫星天线的波束覆盖范围，即卫星所照射的地球上的区域，也称为卫星视区。全球波束覆盖区的示意图如图16-5所示。

对同步卫星来说，一颗卫星的覆盖区可达地球表面总面积的42.4%。但在上述覆盖区

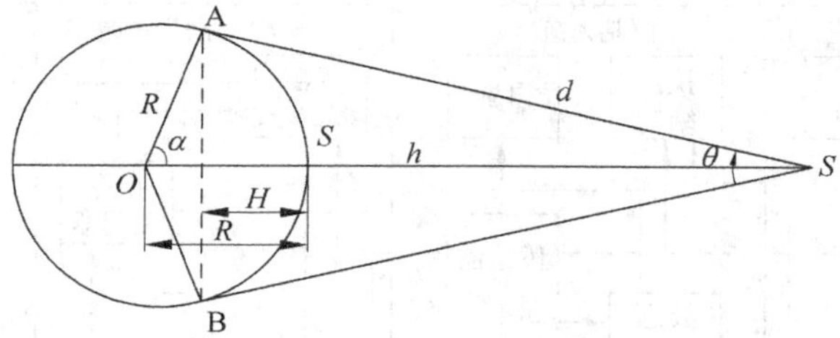

图 16-5　全球波束覆盖区几何关系

的边缘，地面站天线对准卫星的仰角接近 0°，这在卫星通信中是不允许的。因为仰角过低时，由于地形、地物及地面噪声的影响，不能进行有效的通信。为此一般规定地面站天线的工作仰角不得小于 5°，仰角≥5°的地面区域被叫做静止卫星的可通信区。它比上述覆盖区的面积减少约 4.4%，只达到全地球的 38%。尽管如此，也只需将 3 颗同步卫星适当配置，就可建立除两极地区(南极和北极)以外的全球性通信，如图 16-6 所示。

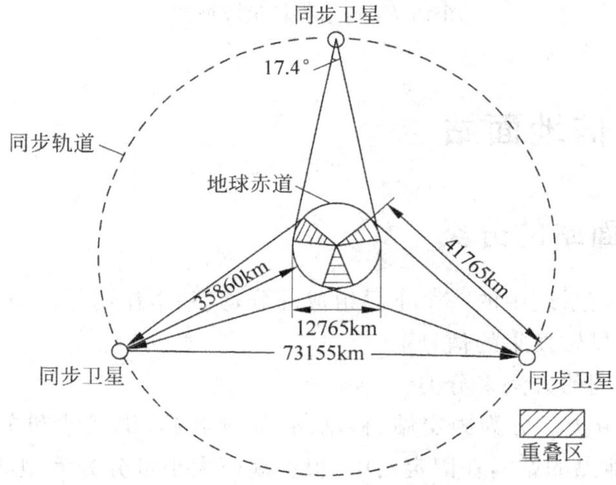

图 16-6　同步卫星配置的几何关系

图 16-6 中，每两颗相邻卫星都有一定的重叠覆盖区，但南、北两极地区则为盲区。目前正在使用的国际通信卫星系统，就是按这个原理建立的，其卫星分别位于大西洋、印度洋和太平洋上空。其中，印度洋卫星能覆盖我国的全部领土，太平洋卫星覆盖我国的东部地区，即我国东部地区处在印度洋卫星和太平洋卫星的重叠覆盖区中。

16.3.3　通信卫星的组成

在卫星通信系统中，各地面站发射的信号都是经过卫星转发给对方地面站的，因此，除了要保证在卫星上配置转发无线电信号的天线及通信设备外，还要有用来保证完成通信任务的其他设备。一般来说，**一个通信卫星主要由天线系统、通信系统、遥测指令系统、控制系统和电源系统五大部分组成**，如图 16-7 所示。

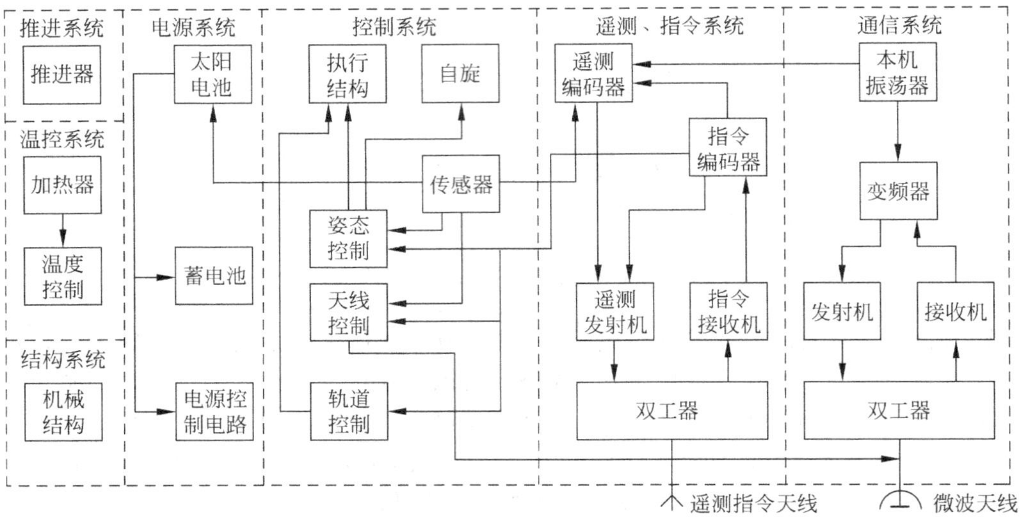

图 16-7 通信卫星组成框图

16.4 卫星通信地面站

16.4.1 地面站的分类

地面站是卫星通信系统中的一个重要组成部分，其基本作用是向卫星发射信号，同时接收由其他地面站经卫星转发来的信号。

对地面站可按不同的方法来分类。

(1) 按站址特征分类。分为固定站、移动站(如舰载站、机载站和车载站等)、可拆卸站(短时间能拆卸转移地点的站)，在固定站中，根据规模大小可分为大型站，中型站和小型站。

(2) 按 G/T 值分类。地面站性能指数 G/T 值是反映地面站接收系统的一项重要技术性能指标。其中 G 为接收天线增益，T 表示接收系统噪声性能的等效噪声温度。G/T 值越大，说明地面站接收系统的性能越好。国际上把 $G/T\geqslant 35$dB/K 的地面站定为 A 型标准站，把 $G/T\geqslant 31.7$dB/K 的站定为 B 型标准站，而把 $G/T<31.7$dB/K 的站定为非标准站。

(3) 按用途分类。可分为民用、军用、广播、航海、实验等地面站。

(4) 按天线口径分类。分为 1 米站、5 米站、10 米站以及 30 米站等。

(5) 按传输信号的特征分类。可分为模拟通信站和数字通信站。

此外，地面站还可按工作频段、通信卫星类型、多址方式等不同进行分类，而且随着科学技术的迅猛发展和社会需求的日益增大，新的地面站种类会不断涌现，地面站的分类也将会随之而变。

16.4.2 地面站的组成

对不同的通信体制，地面站的组成也不相同，但是从地面站设备的基本组成和工作过程来看，**一个典型的双工地面站一般包括天线系统、发射系统、接收系统、信道终端系统、监控系统、电源系统、伺服跟踪系统、地面接口及传输系统等组成**，如图 16-8 所示。

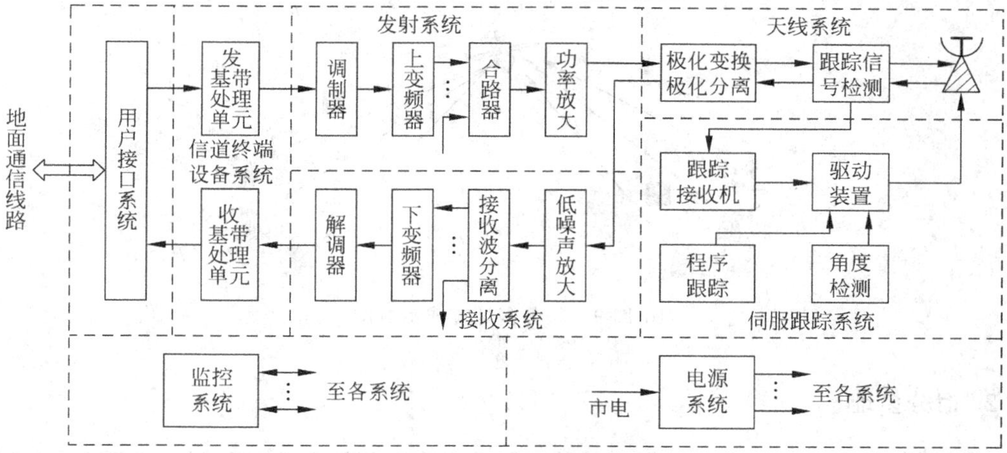

图 16-8 地面站设备组成框图

16.5 卫星通信的多址技术

多址连接技术是指在卫星的覆盖区内，各地面站通过同一个卫星，同时分别建立相互之间的通信线路而实现的各地面站之间通信的一种方式。对于多址连接技术来说，关键是每个地面站都能迅速准确地从卫星转发下来的总信号中分出发给自己的信号。实现多址连接的技术基础是信号分割，也就是在发端对信号进行适当的设计，使系统中各地面站所发射的信号各有差别，同时各地面站具有信号识别能力，能从卫星转发的总信号中只接收本站所需要的信号。最有效的分割和识别方法是利用某些信号的正交特性实现多址连接。常用的多址连接方式有频分多址（FDMA）、时分多址（TDMA）、空分多址（SDMA）和码分多址（CDMA）。

1. 频分多址(FDMA)

卫星通信系统使用的频分多址是将通信卫星使用的频带分割成若干互不重叠的部分，再将它们分别分配给各个地面站。各个地面站按所分配的频带发送信号，接收端的地面站根据频带识别发信站，并从接收到的信号中提取发给本站的信号。

图 16-9 为频分多址方式示意图，图中 f_1 f_2 f_3 为分配给各个地面站发射载波频率，用不同的颜色框代表分配给各个地面站的频带，各个地面站按所分配的频带发送信号，这些信号通过卫星转发器变频，发给相应的各接收地面站。

由于频分多址方式可以直接利用地面微波中继通信的成熟技术和设备，也便于与地面微波系统直接连接，所以频分多址方式是国际卫星通信和一些国家的国内卫星通信较多采用的一种多址方式。它的主要缺点是存在互调干扰，这是因为当卫星转发器同时放大多个不同频率信号时，由于输入、输出特性和调幅/调相转换特性的非线性，使输出信号出现各种组合频率成分，所以当这些组合频率成分进入工作频带内，就会造成干扰。

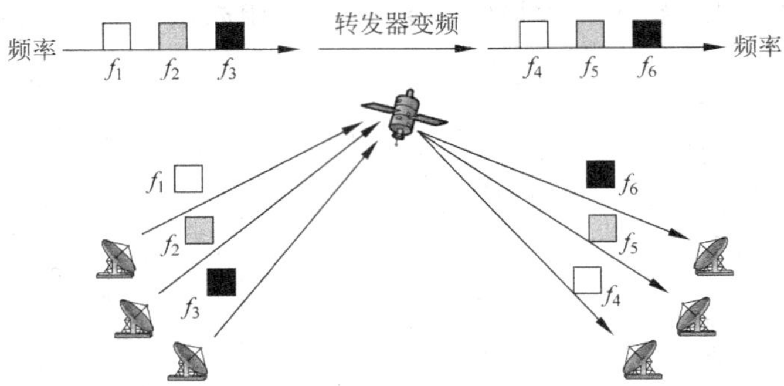

图 16-9 频分多址方式示意图

2. 时分多址

卫星通信系统的时分多址是把卫星转发器的工作时间周期性地分割成互不重叠的时间间隔，即时隙 ΔT_k 分配给各地面站使用。各地面站可以使用相同的载波频率在所分配的时隙内发送信号，接收端地面站根据接收信号的时隙位置提取发给本站的信号。在这种方式中由于分配给每个地面站的不再是一个特定的载波，而是一个指定的时隙，这样能有效地利用卫星频带而又不使各站信号相互干扰。通常把所有地面站的时隙叫分帧，各地面站的分帧可以一样长也可不一样，根据业务量而定。

图 16-10 为时分多址方式示意图，图中 $\Delta T_1, \Delta T_2, \cdots, \Delta T_k$ 是各地面站在卫星转发器中所占时隙。由于各地面站只在自己所占时隙内向卫星发射信号，所以各载波不是同时进入卫星的，也就是说在任一时刻卫星转发器放大的只有一个载波，这就允许各地面站采用相同的载波频率，从而从根本上克服了频分多址互调干扰的问题。

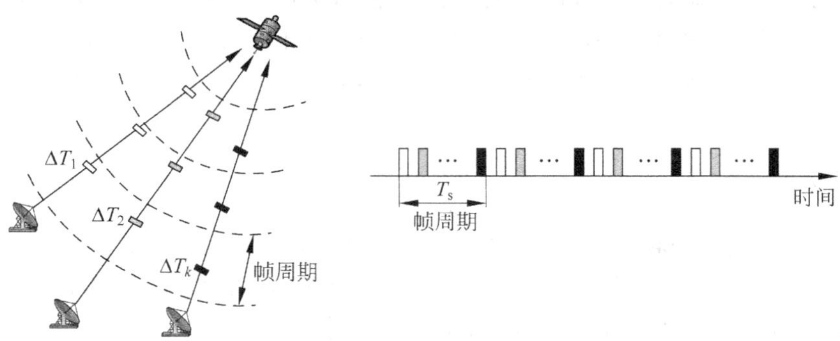

图 16-10 时分多址方式示意图

为了实现各地面站的信号按指定的时隙通过卫星转发器，时分多址方式要解决的一个关键问题是要同步各地面站的发送时间，也就是必须要有一个时间基准。通常的做法是安排某个地面站作为基准站，基准站周期性向卫星发射脉冲射频信号，经卫星发给其他各地面站，作为系统内各地面站共同的时间基准。用来控制各地面站射频信号的发射时间，以便在分配的时隙通过卫星转发器。

3. 码分多址(CDMA)

在码分多址卫星通信系统中，各个地面站所发射的载频信号的频率相同，并且各个地面站可同时发射信号。但是不同的地面站有不同的地址码，该系统靠不同的地址码来区分不同的地面站。各个站的载波信号由该站基带信号和地址码调制而成；接收站只有使用发射站的地址码才能解调出发射站的信号，其他接收站解调时由于采用的地址码不同，因而不能解调出该发射站的信号。

由于码分多址卫星通信系统中在原发送信号中叠加了类似噪声的伪随机码(PN)，伪随机码的码元宽度比数字基带信号的码元宽度窄得多，也就是说伪随机码的频谱宽度比数字基带信号的频谱宽度宽得多，因此数字基带信号与伪随机码进行扩频调制后使其信号频谱大大展宽。码分多址方式由于采用了扩频技术，所以抗干扰能力强，有一定的保密能力，改变地址比较灵活。缺点是要占用很宽的频带，频带利用率一般较低，接收时对地址码的捕获与同步需有一定的时间。它特别适用于军事卫星通信系统及要求保密性强的卫星通信系统。码分多址有多种方式，目前应用较多的是直接序列扩频码分多址(DS/CDMA)(原理如图 16-11 所示)和跳频码分多址(FH/CDMA)两种。

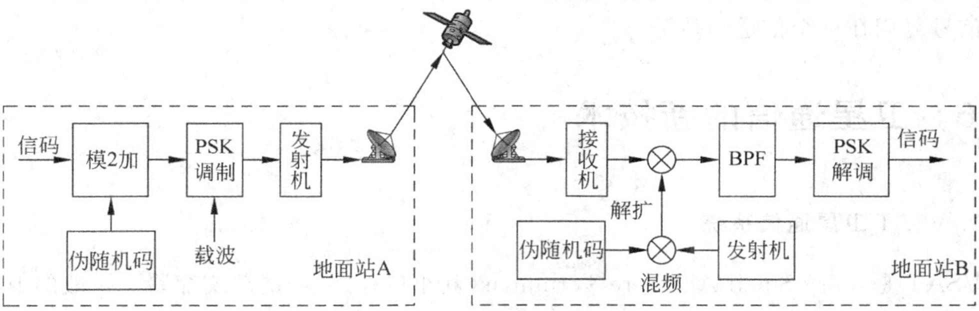

图 16-11　直接序列码分多址方式示意图

4. 空分多址

空分多址方式是指在卫星上安装多个天线，这些天线的波束属于点波束，点波束天线的覆盖面积小，一般为圆形，其波束半功率宽度只有几度或更小，因此也称为窄波束天线。由于其波束较窄，因而天线增益高，地面站所接收到的信号强，因此地面站可采用小口径的天线和低功率的发射机。在空分多址方式的卫星上，这些点波束天线覆盖区分别指向地球表面上的不同区域，不同区域的地面站所发射的电波在空间不会互相重叠，利用天线的波束在空间指向的差异来区分不同地面站。

卫星上装有转换开关设备，这个转换开关设备是一个空中交换机，由这个交换机中的微波开关矩阵网络可根据控制信号的指示把该转换的信号转换到发往相应波束区用的放大器和天线，并转发给相应波束区的指定地面站。如果有几个地面站都在同一天线波束覆盖区，则它们之间的站址识别还要借助频分多址方式或时分多址方式。图 16-12 为空分多址方式示意图。

空分多址方式的主要特点是卫星天线增益高，卫星功率可得到合理有效的利用；不同

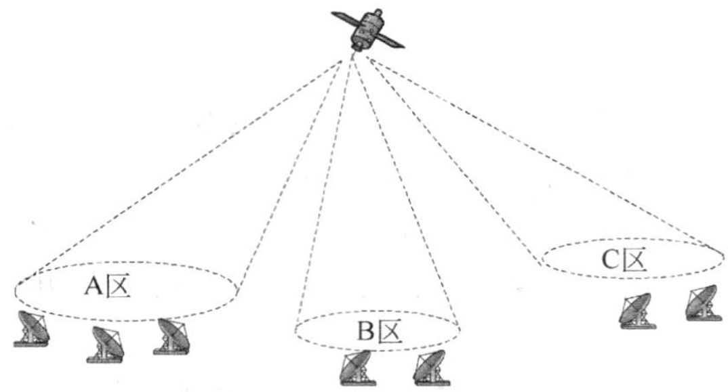

图 16-12 空分多址方式示意图

区域地面站所发信号在空间互不重叠，即使在同一时间用相同频率，也不会相互干扰，因而可实现频率重复使用，系统容量得到扩大；卫星对其他地面通信系统的干扰减小。但空分多址方式要求天线波束的指向应非常准确，对卫星的稳定及姿态控制要求很高，且天线及控制装置都较庞大和复杂。

通过上述多址技术原理可以看到，多址技术的实质就是复用技术。从概念上讲，多址技术强调的是一个信道输出的多路复用信号如何寻找各自的终端，而复用技术主要讲如何将多路信号复用在一个信道中传输。

16.6 卫星通信的新技术

1. VSAT 卫星通信系统

VSAT 是 Very Small Aperture Terminals(甚小口径终端)的英文缩写。一般的卫星通信系统用户在利用卫星通信的过程中，必须要通过地面通信网汇接到地面站后才能进行。对于有些用户，如银行、航空公司、汽车运输公司、饭店等就显得很不方便，这些用户希望能自己组成一个更为灵活的卫星通信网，并且各自能够直接利用卫星来进行通信，把通信终端直接延伸到办公室和私人家庭，甚至面向个人进行通信，这样就产生了 VSAT 系统。

VSAT 系统代表了当今卫星通信发展的一个重要方向，它的产生和发展奠定了卫星通信设备向多功能化、智能化、小型化的方向发展。

VSAT 系统(网络)是由一个主站和若干个 VSAT 终端组成的卫星通信系统。

主站也称为中心站或枢纽站，它是一个较大的地面站，具有全网的出、入站信息传输、交换和控制功能。

VSAT 系统终端，通常指天线尺寸小于 2.4m，由主站应用管理软件高度监测和控制的小型地面站。

VSAT 系统主要用来进行 2Mb/s 以下低速率数据的双向通信。VSAT 系统中的用户小站对环境条件要求不高，可以直接安装在用户屋顶上，不必汇接中转，可由用户直接控制，安装组网方便、灵活。

VSAT 系统工作在 14/11GHz 的 K_U 频段以及 C 频段。系统中综合了分组信息传输与交换、多址协议、频谱扩展等多种先进技术，可以进行数据、语言、视频图像、传真、计算机信息等多种信息的传输。

2. 移动卫星通信系统

移动卫星通信(MSS)是以 VSAT 和地面蜂窝移动通信为基础,是空间卫星多波束技术、星载处理技术、计算机和微电子技术的综合运用,是更高级的智能化新型通信网,能将通信终端延伸到地球的每个角落,实现"世界漫游"。它充分展现了卫星通信的优势和特点,使电信网发生质的变化。

根据卫星运行轨道的高度可把移动卫星通信系统分为以下几类。

(1) 低轨道(LEO)卫星移动通信系统。为了实现全球个人通信,人们研究了很多方法,其中一个方案就是低轨道卫星移动通信系统。美国摩托罗拉公司在 1991 年提出了用 77 颗卫星覆盖全球移动电话系统的"铱星系统"。这 77 颗卫星分成 7 组,每组 11 颗,分别围绕在地球上空经度距离相等的 7 个平面内的低轨道上。卫星与卫星之间可以接力传输,从而使卫星天线的波束覆盖全球表面。这样在地面的任何地点、时间,总有一颗卫星在视线范围内,以此来实现全球个人通信。

这种系统中的卫星离地面高度较低,约为 765km,因此,叫做低轨道卫星。由于卫星离地球表面较近,每颗卫星能够覆盖的地球表面就比静止卫星小得多,但仍比地面上移动通信的基站覆盖的面积大得多,从而使系统中卫星的覆盖区域能布满整个地球表面。同时卫星与移动通信用户之间的最大通信距离不超过 2315km,在这样的距离内,可以使用小天线、小功率、重量轻的移动通信电话机通过卫星直接通话。

目前除了"铱星"外,还有全球星(Global-star)系统、白羊(Aries)系统、柯斯卡(Coscon)系统和卫星通信网络(Teledesic)系统等低轨道卫星移动通信系统。

(2) 中轨道(MEO)移动卫星通信系统。LEO 卫星移动通信系统虽然易于实现手持机个人通信,但由于卫星数量多、寿命短,运行期间要及时补充替代卫星,使得系统投资较高。因此,许多中轨道(MEO)卫星移动通信系统的设计方案便应运而生。有代表性的 MEO 卫星系统主要有 Inmarsat—P(ICO,中高度圆形轨道)、TRW 公司提出的 Odyssey(奥德赛)、欧洲宇航局开发的 MAGSS—14 等。

(3) 静止轨道(GEO)移动卫星通信系统。静止轨道移动卫星通信系统与低轨道卫星移动通信系统的区别在于它是利用静止卫星进行移动通信。用户可以使用便携式移动终端,通过同步通信卫星和地面站,并经由通信网中转,进行全球范围的电话、传真和数据通信。

目前,海事卫星(Inmarsat)系统为全世界海、陆、空中的移动体提供静止卫星通信服务。其卫星分布在大西洋、印度洋和太平洋上空,形成全球性的通信网。目前它提供的业务有电话、电报、利用电话电路的数据传输、遇难安全通信、高速数据和群呼等。

图 16-13 是几种特殊卫星。

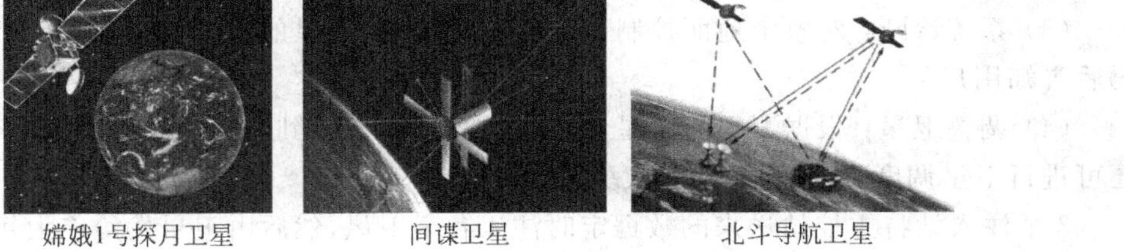

嫦娥1号探月卫星　　间谍卫星　　北斗导航卫星

图 16-13 几种特殊卫星

16.7 GPS 系统

16.7.1 GPS 概述

GPS 系统从根本上来讲属于一种通信系统。GPS 是英文 Navigation Satellite Timing and Ranging/Global Positioning System 的字头缩写 NAVSTAR/GPS 的简称。意思是利用导航卫星进行测时和测距,从而构成全球定位系统。现在国际上已经公认将这一系统简称为"全球定位系统"。

GPS 是美国为满足陆海空三军和民用部门对导航越来越高的要求而提出的一个技术解决方案。该方案是由分布在 6 个互成 60°轨道平面上的 24 颗卫星(每个轨道平均分布 4 颗卫星)组成。其中 21 颗为工作卫星,另外 3 颗作为备用。这样的卫星布置基本上可以保证在地球上的任何一个位置能同时观测到 4 颗卫星。其工作卫星分布示意图如图 16-14 所示。

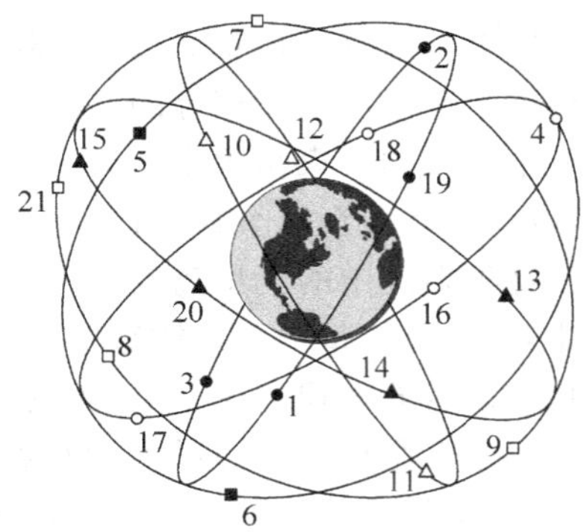

图 16-14 GPS 卫星分布示意图

16.7.2 GPS 系统组成

GPS 系统由 GPS 卫星、地面控制系统和用户 GPS 接收机三大部分组成。

GPS 卫星由洛克韦尔国际公司空间部研制,重 774kg,主体呈柱形,直径 1.5m,底部装有多波束定向天线,能发射 L_1 和 L_2 波段的信号,其波束方向图基本上能覆盖半个地球。卫星轨道长半轴为 26 609km,偏心率为 0.01,倾角为 55°,卫星高度 20 200km,运行周期为 12h,设计寿命 7 年。

利用卫星定位和导航,首先必须知道卫星的位置。地面控制系统测量和计算每颗卫星的星历,编辑成电文发送给卫星,然后再由卫星实时地播放给用户,也就是所谓的广播星历。GPS 系统的地面控制系统由 1 个主控站、3 个注入站和 5 个监测站组成。

主控站主要完成以下功能。

(1) 采集数据:采集各监测站所测得的伪距和有关数据以及监测站自身状态数据和海军水面兵器中心发来的参考星历。

(2) 编辑生成导航电文:根据采集到的全部数据计算出每颗卫星的星历、时钟改正数、状态数据以及大气改正数,并按一定的格式编辑生成为导航电文传送到注入站。

(3) 系统诊断:对整个地面控制系统的工作状态、卫星的健康情况进行诊断,将结果编码后告知用户。

(4) 调整卫星:根据测得的卫星参数及时将卫星调整到预定轨道使其正常工作。同时还可进行卫星调度,用备份卫星替代失效的卫星。

3 个注入站将主控站送来的数据定时注入各个卫星,然后由卫星发给广大用户。

上述两大组成部分和具体的用户关系不大,是由专门机构投资、建设和维护运行的,是一种共享型的信息资源。

每个 GPS 用户至少必须拥有一台 GPS 接收机，来接收卫星发出的有关定位信息。根据不同的标准，接收机有多种分类。

（1）按编码形式可分为：有码接收机和无码接收机。

（2）按通道方式可分为：时序接收机、多路复用接收机和多通道接收机。

（3）按所用器件可分为：模拟接收机、数字接收机和混合式接收机。

（4）按性能高低可分为：X 型接收机、Y 型接收机和 Z 型接收机。

（5）按用途不同可分为：军用、民用、导航、测时、测地型接收机。

尽管接收机种类繁多，但其电路结构基本上一样，主要分为天线单元和接收单元两部分，见图 16-15。

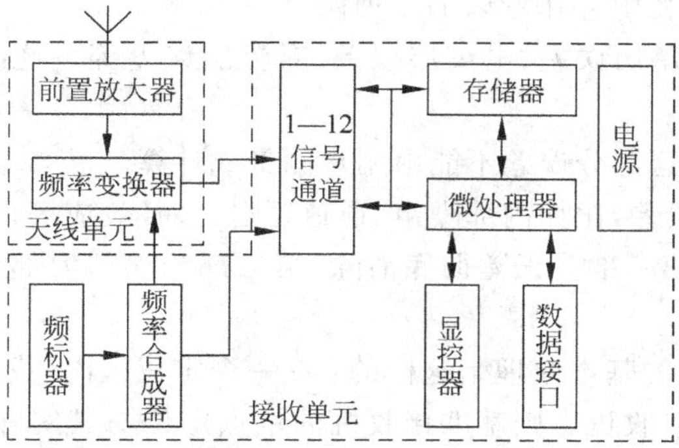

图 16-15　GPS 接收机原理框图

16.7.3 GPS 定位原理

对于一个 GPS 接收机来说，要想确定它的三维坐标必须能同时接收 4 颗 GPS 卫星的定位信号。每个卫星以广播形式向地面发送有关定位信号，接收机收到该信号并计算出信号从卫星上发出到它接收到所用的时间，然后乘以光速就可得到该卫星到接收机之间的距离。因为受到各种误差的影响，这个距离不是真正的实际距离，所以被称为伪距。然后，以这个距离为半径，以卫星为圆心，就形成了一个球面。当接收机同时知道与 3 颗导航卫星的距离时，就可形成 3 个球面，3 个球面的交点就是接收机的位置。为了修正卫星和接收机的时间误差，还需要同时使用第 4 颗卫星。

GPS 信号主要包含 3 个部分：载波、测距码和数据码。

载波有以下两种载频。

L_1载波：载频 $f_{L1}=154\times f_0=1575.42\text{MHz}$，波长 $\lambda_1=16.03\text{cm}$。

L_2载波：载频 $f_{L2}=120\times f_0=1227.6\text{MHz}$，波长 $\lambda_2=24.42\text{cm}$。

式中，f_0是时钟频率，$f_0=10.23\text{MHz}$。

在 L_1载波上将数据码和两种测距码进行 PSK 调制。在 L_2载波上只将测距 P 码进行 PSK 调制。

所谓测距码是两种伪随机码。美国政府在 GPS 系统中提供两种服务，一种是标准定位服务 SPS，采用一种称为粗码（C/A 码，Coarse/Acquisition）的测距码进行定位，精度约为

100m，主要供民用；另一种是精密定位服务 PPS，采用一种称为精码(P 码，Precise)的测距码进行定位，精度达到 10m，主要是军方和经过特许的民间用户使用。在实际使用中发现两种码的定位精度远远高于设计值。粗码精度可达 14m，精码达到 3m。为此，美国政府决定采用所谓的 SA(Selective Availability)政策(选择使用政策)，人为地把误差引入卫星定位数据中，故意降低定位精度，以防未经许可的用户将 GPS 用于军事目的。采用 SA 政策后，粗码的精度降为 100m 左右。

至于数据码，由于内容较多，在此不作介绍，有兴趣的读者可参阅有关书籍。

由于 SA 政策使大多数民间用户、商业用户的定位精度大大下降，单点定位误差达一百多米，难以满足这部分用户的要求。这就迫使人们采用其他方法提高定位精度。差分定位系统应运而生。

在单点 GPS 定位过程中存在着以下 3 种误差。

(1) 卫星时钟误差、星历误差、电离层误差、对流层误差等。这部分误差对所有接收机都存在，属于公共误差。

(2) 传播延迟误差，这部分误差不能由用户测量或计算。

(3) 接收机固有的误差，比如内部噪声、通道延迟、多径效应等。

利用差分技术可将第一部分误差彻底消除，第二部分误差大部分消除。第三部分误差利用差分技术无法消除。

简单地讲，差分定位的基本原理是这样的：在一个定位区内，找一个已知坐标的点位安放一部接收机作为基准接收机。则基准接收机的单点定位与其实际位置就有一个差值，把这一差值作为一个修正值发送给区域内的其他接收机，那么这些接收机就可利用这一修正值修改它们的单点定位值，从而得到比较精确的定位坐标。实验证明，在以基准点为圆心，半径 500km 的范围内，差分定位技术是可行的。差分定位示意图见图 16-16。

除了上述 GPS 基本内容之外，GPS 系统还采用了其他通信技术，比如扩频通信技术、相关接收技术、最小频移键控、纠错编码等，限于篇幅本书不作介绍。

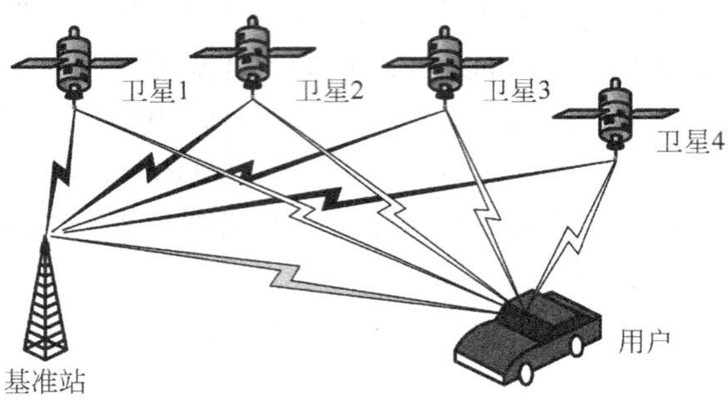

图 16-16　差分 GPS 系统示意图

16.8 小资料——人造卫星史话

1957 年 10 月 4 日，苏联拜科努力航天中心天气晴朗。人造卫星发射塔上竖着一枚大型火箭。火箭头部装着一颗圆球形的有 4 根折叠杆式天线的人造卫星“斯普特尼克 1 号”。

随着火箭发动机的一声巨响，火箭升空，在不到 2min 的时间里消失得无影无踪。世界上第一颗人造卫星发射成功了。消息迅速传遍全球，各国为之震惊。这颗"小星"在天空虽然只逗留了 92 天，但它却"推动"了整个地球，推动了各国发展空间技术的步伐。

1958 年 1 月 31 日，美国第一颗人造地球卫星"探险者—1 号"升空。1961 年 7 月 10 日，美国又成功地发射了第一颗商业通信卫星"电星 1 号"。

中国是继苏、美、法、日后第五个能独立发射卫星的国家。1970 年 4 月 24 日，我国用自制"长征—1 号"运载火箭，在酒泉卫星发射中心，成功地发射了第一颗人造地球卫星——"东方红 1 号"，它标志着我国在征服太空的道路上迈出了巨大的一步，并跻身于世界航天先进国家之林。

16.9　思考题与习题

16-1　什么是卫星通信？卫星通信系统有哪几种？

16-2　同步卫星的特点是什么？

16-3　一个卫星通信系统通常由哪几部分组成？

16-4　简述空分多址的含义。

16-5　为什么通信卫星工作于微波波段？

16-6　卫星通信能否实现移动通信？若能，有哪几种方式？

16-7　试列举几个卫星通信技术中所包含的通信原理知识点。

16-8　GPS 系统的主要功能是什么？

16-9　为什么要采用差分 GPS 系统？简述差分定位原理。

第17章 移动通信技术

问题引入：前面介绍的通信技术都属于定点通信范畴，而实现在移动过程中的通信才能满足人们对通信便捷性的高要求，那么，如何实现移动通信呢？

电话的应用与普及极大地改变了人们的生活方式，为人际间的沟通和交流架起了方便快捷之桥。随着科学技术的进步和社会的发展，人类进入了信息时代，生活的节奏也不断加快，人们越来越希望能够实现任何人(Whoever)在任何地方(Wherever)、任何时间(Whenever)与任何人(Whomever)进行任何业务(Whatever)的通信，即"5W 目标"。

显然，只有移动通信才能满足现代人类信息交流的高标准需求。

移动通信几乎集中了有线和无线通信领域中的所有最新技术成就，不仅可以传送话音信息，还能够传送数据甚至图像，使用户能够随时随地快速而可靠地进行多种信息的交换，成为一种全时空通信。因此有人说，21 世纪的主要通信方式将是移动通信。

移动通信是人们追求通信便利性的直接产物。

17.1 移动通信概述

17.1.1 移动通信的概念及特点

移动通信是指通信双方或至少一方是在运动中实现信息双向传输的过程或方式。例如移动体(车辆、船舶、飞机、人)与固定点之间或移动体之间的通信都属于移动通信。

从上述移动通信的概念中可以看到，移动通信其实很早就有，比如，飞机与机场之间、飞机与飞机之间的通信；船舶与码头之间、船舶与船舶之间的通信；野战部队与指挥部之间、野战部队与野战部队之间的通信等都属于移动通信的范畴。但由于那时的移动通信领域比较专业，与人们的生活联系不够紧密，所以，没有引起人们的高度重视和广泛关注。随着移动电话的出现和普及，移动通信才逐渐被普通百姓所了解、所接受。进而引发了移动通信的大发展和大普及，以至于在人们的概念中把移动通信和移动电话(手机)画上了等号。本章所涉及的内容也主要是移动电话技术。

移动通信可以应用于任何条件之下，特别是在有线通信不可及的情况下(如无法架线、埋线缆等)更能显示出其优越性。由于移动通信采用无线方式，并且是在运动中进行通信，所以形成了它的许多特点。

(1) 移动通信的传输信道必然是无线信道。由于在通信中至少有一方处于运动状态，只能通过无线电波进行联络，因此移动通信也称移动无线电通信方式。

(2) 具有复杂的电波传播环境。由于电波受到城市高大建筑物的阻挡等原因，移动台接收到的是多径信号。这种信号的幅度会发生快速和剧烈衰落现象。而移动台又处于高速运动中的时候，就会加快衰落现象；另外移动通信是在运动过程中进行的，移动台之间会出现近处移动台干扰远处移动台的远近效应现象。因此，一般要求移动台的发射功率具有自动调整的能力，同时移动台的接收机需要具有自动增益控制的能力。

(3) 在强干扰下工作。移动台通信环境变化是很大的，经常处于强干扰区。例如，移动台附近的发射机可能对正在通信的移动台形成强干扰。又如，汽车在公路上行驶，本车和其他车辆的噪声所形成的干扰也相当严重。因此，要求移动通信具备很强的抗干扰能力。

(4) 多普勒效应。运动中的移动台所接收的信号频率将随运动速度而变化，并会产生不同的频移(称为“多普勒效应”)，从而造成接收点的信号场强不断变化，其变化范围可达20～30dB。

(5) 环境条件差，对设备要求高。移动台长期处于运动中，尘土、震动、日晒雨淋的情况时常遇到，这就要求它必须有防震、防尘、防潮、抗冲击等能力。另外，由于移动台由用户直接操作，所以，要求移动台体积小、重量轻、成本低，操作使用简便安全。

(6) 用户数量大，频率有限。有限的频率资源决定了有限的信道数目，这和日益增长的用户数量形成一对矛盾。为了解决这个矛盾，除了开辟新的频段，缩小频道间隔之外，研究各种有效利用频率的技术和新的体制是移动通信面临的重要课题。

17.1.2 移动通信系统的分类

随着移动通信应用范围的不断扩大，移动通信系统的类型越来越多，其分类方法也多种多样。

1. 按设备的使用环境分类

主要有陆地移动通信、海上移动通信和航空移动通信三种类型。作为特殊使用环境，还有地下隧道矿井、水下潜艇和太空航天等移动通信。

2. 按服务对象分类

有公用移动通信和专用移动通信两种类型。在公用移动通信中，目前我国有中国移动、中国联通和中国电信三家公司经营移动电话业务。由于它是面向社会各阶层人士的，所以称为公用网。专用移动通信是为保证某些特殊部门的通信所建立的通信系统，例如公安、消防、急救、防汛、交通管理、机场调度等。

3. 按移动通信的工作方式分类

有单工制、半双工制和双工制。单工制采用“按键”控制方式，通常双方接收机均处于守候状态。此工作方式设备简单、功耗小，但操作不方便，通话时容易产生断断续续的现象，一般应用于用户少的专用调度系统。半双工制是基站双工制工作，移动台单工制工作，信息双向传输使用两个频率，这种方式设备简单，功耗小，克服了通话断断续续的现象，但操作仍不大方便。双工方式是指基站、移动台双方都能同时工作，任一方发话的同时可以接收对方的话音，蜂窝移动通信就是采用双工制。

4. 按系统组成结构分类

(1) 蜂窝状移动电话系统。蜂窝状移动电话是移动通信的主体，它是具有全球性且用户容量最大的移动电话网。

(2) 集群调度移动电话。它可将各个部门所需的调度业务进行统一规划建设，集中管理，每个部门都可建立自己的调度中心台。它的特点是共享频率资源，共享通信设施，共享通信业务，共同分担费用。

(3) 无中心个人无线电话系统。它没有中心控制设备，这是与蜂窝网和集群网的主要区别。它将中心集中控制转化为电台分散控制。由于不设置中心控制，故可以节约建网投资，并且频率利用率最高。系统采用数字选呼方式，采用共用信道传送信令，接续速度快。由于建网简易，投资低，性价比最高，所以，它适用于个人业务和小企业的单区组网分散小系统。

(4) 公用无绳电话系统。是公共场所(例如商场、机场、火车站)使用，通过无绳电话的手机可以呼入市话网，也可以实现双向呼叫。它的特点是不适用于乘车使用，只适用于步行。

(5) 移动卫星通信系统。把卫星作为中心转发台，各移动台通过卫星转发通信。

17.1.3 移动通信系统的组成

移动通信系统一般由移动台(MS，Mobile Set)、基站(BS，Base Station)、移动业务交换中心(MSC，Mobile Switch Center)等组成，如图 17-1 所示。

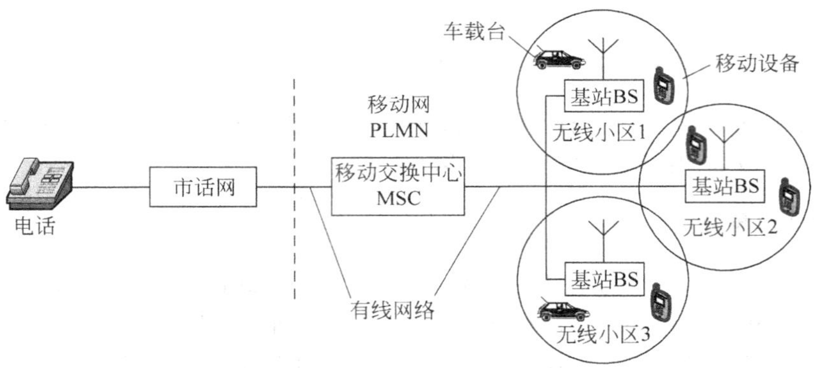

图 17-1 移动通信系统构成示意图

(1) 移动台：移动台是移动通信系统用户使用的入网设备，主要有车载台、便捷台和手持台，都有收发信机和天线。每个移动台分为终端设备和用户身份卡两部分。每个移动台终端设备由一个独特的国际移动设备识别码(IMEI)来区别。当一个移动台被一用户使用时，它还有一个国际用户识别码(IMSI)，可做到一个用户识别身份卡(SIM)中。

(2) 基站：基站是无线小区组织管理的核心，设有收、发信机和天线等设备，它能与该小区内所有移动台进行通信。

每个基站都有一个可靠通信的服务范围，称为无线小区（通信服务区）。无线小区的大小，主要由发射功率和基站天线的高度决定。根据服务面积的大小可将移动通信网分为大区制、中区制和小区制（Cellular System）三种。

大区制是指一个通信服务区（比如一个城市）由一个无线区覆盖，此时基站发射功率很大（50W或100W以上，对手机的要求一般为5W以下），无线覆盖半径可达25km以上。其基本特点是：只有一个基站，覆盖面积大，信道数有限，一般只能容纳数百到数千个用户。其主要缺点是系统容量不大。为了克服这一限制，适合更大范围（大城市）更多用户的服务，就必须采用小区制。

小区制一般是指覆盖半径为2～10km的多个无线区链接合成而形成整个服务区的制式。它克服了大区制系统容量不大的缺点，适合更大范围（大城市）更多用户的服务。小区制的基站发射功率很小（8～20W）。由于通常将小区绘制成六边形（实际小区覆盖地域并非六边形），多个小区结合后看起来很像蜂窝，所以称这种组网为蜂窝网。用这种组网方式可以构成大区域大容量的移动通信系统，进而形成全省、全国或更大区域的系统。

小区制有以下4个特点。

① 基站只提供信道，其交换、控制都集中在一个移动电话交换中心（MSC）。而大区制的信道交换、控制等功能都集中在基站完成。

② 具有越区切换功能，即一个移动台从一个小区进入另一个小区时，要从原基站的信道切换到新基站的信道上来，而且不影响正在进行的通话。

③ 具有漫游（Roaming）功能。即一个移动台从本管理区进入到另一个管理区时，其电话号码不能变，仍然像在原管理区一样能够被呼叫到。

④ 具有频率再用的特点。所谓频率再用是指一个频率可以在不同的小区重复使用。由于同频信道可以重复使用，再用的信道越多，用户数也就越多。所以，小区制可以提供比大区制更大的通信容量。几种频率的组网方式见图17-2。

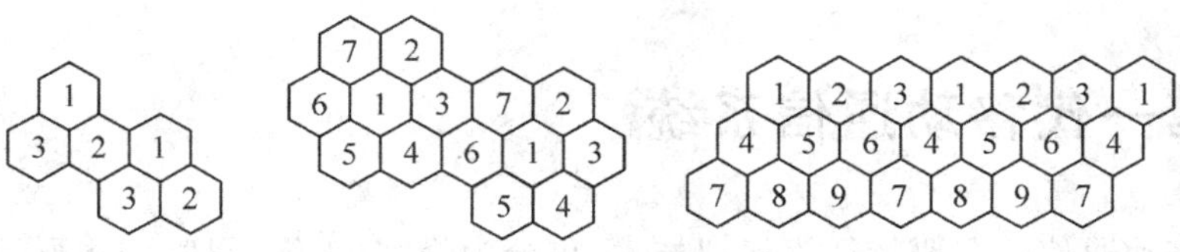

(a) 3频率组网方式　(b) 7频率组网方式　(c) 9频率组网方式

图17-2 几种小区组网图案（频率再用）

中区制则是介于大区制和小区制之间的一种过渡制式。

(3) 移动交换中心：移动交换中心是连接各个基站与市话网的纽带，主要用来处理信息的交换和整个移动通信系统的集中控制和管理。

17.1.4 移动通信中的多址技术

在蜂窝式移动通信系统中，有许多用户台要同时通过一个基站和其他用户台进行通信，因而必须对不同用户台和基站发出的信号赋予不同的特征，使基站能从众多用户台的信号中区分出是哪一个用户台发出来的信号，而各用户台又能识别出基站发出的信号中哪一个是发给自己的。解决这个问题的方法称为多址技术。

无线多址通信是指在一个通信网内各个通信台、站共用一个指定的射频频道，进行相互间的多边通信，也称该通信网为各用户间的多元连接。

有差别才能鉴别，能鉴别才能选择。多址技术的基础是信号特征上的差异。一般来说，信号的这种差异可以表现在某些参数上，例如信号的工作频率、信号的出现时间以及信号具有的特定波形等，其要求是各信号的特征彼此独立，或者说正交，或者说任意两个信号波形之间的互相关函数等于0或接近0。

目前在移动通信系统中应用的多址方式与卫星通信多址方式相似，即频分多址(FDMA)、时分多址(TDMA)码分多址(CDMA)以及它们的混合应用方式。

模拟信号和数字信号都可以采用FDMA方式传输，而TDMA和CDMA则只能传送数字消息。如第一代移动通信系统TACS系统采用FDMA方式，第二代移动通信系统GSM系统采用TDMA/FDMA混合方式，目前的窄带CDMA系统采用CDMA/FDMA混合方式。第三代移动通信系统将采用TDMA方式及CDMA方式。

17.1.5 移动通信使用的频段

移动通信主要使用VHF和UHF频段，比如CDMA使用800MHz频段，GSM使用900MHz和1800MHz频段。

使用微波频段的主要原因有以下几点。

(1) 由于微波频段电波为视距传播，所以比较适合移动通信。

(2) 天线较短，便于移动与携带。通常，移动通信设备的天线为$\frac{\lambda}{4}$鞭状天线，若电波频率为900MHz，则天线长度约为8cm。

(3) 抗干扰能力强。由于一些干扰(比如工业火花、天电等)幅度会随频率的增高而减小，所以，该频段可用较小的信号功率得到较大的信噪比。

17.2 第一代移动通信系统

第一代移动通信的主要特征为模拟技术，可分为蜂窝、无绳、寻呼和集群等多类系统，每类系统又有互不兼容的技术体制。它的发展可分为以下三个主要阶段。

初级阶段：1946年到20世纪60年代中期，这一阶段移动通信的主要特点是容量小，用户少，人工切换，设备都采用电子管，体积大、耗电多。

中级阶段：20世纪60年代中期到70年代中期，在这一阶段模拟移动通信系统有了较大的发展，如美国的改进型汽车电话系统。这一阶段的特点是实现了用户全自动拨号，采用了晶体管使设备体积变小，功耗降低，频段由原来的30MHz、80MHz发展到150MHz和450MHz，公安、消防、列车、新闻等行业出现了大量的专用移动通信系统。

大规模发展阶段：20世纪70年代中期到80年代末出现了“蜂窝”系统，提高了系统容量和频率利用率。大规模集成电路和微机、微处理器的大量应用使系统功能更强，移动台更加小型化，功耗更低，话音质量大幅度提高；频段从450MHz发展到900MHz，频带间隔减小，提高了信道利用率。

20世纪70年代末，电子工业协会(EIA，Electronic Industry Association)建立了美国AMPS协议。1985年英国推出了TACS系统，同时还推出了其他几个蜂窝系统，如北欧的NMT、联邦德国的C450和日本的NTT等。

由于模拟移动电话系统存在的系统体制混杂，不能实现国际漫游；话音不保密；不安全，号码容易被盗；业务种类单一，不能提供ISDN业务；系统设备价格高，手机体积大，电池充电后有效工作时间短；系统容量有限，扩容困难等缺点，所以，为满足移动通信网发展的需要，北美、欧洲和日本等国自20世纪80年代起相继开发出了数字移动电话系统，即第二代移动通信系统，其原则是高容量、低功耗，具有全球漫游和切换能力。目前第一代移动通信系统已在许多地区被淘汰。

17.3 第二代数字移动通信系统

第二代数字移动通信系统(简称2G)是在20世纪80年代末引入我国的，主要特征是采用了数字技术，可以提供比第一代移动通信系统更高的频谱效率、更好的数据业务以及更先进的漫游功能。

第二代数字移动通信系统主要包括数字蜂窝移动系统(由GSM、DAMPS、CDMA三种系统构成)，数字无绳电话系统(由DECT、PHS等几种系统构成)和高速寻呼系统(由FLEX、APCO、ERMES三种系统构成)。本章将简要介绍大家所熟悉和常用的GSM和CDMA两种数字蜂窝移动系统。

17.3.1 GSM移动通信系统

20世纪80年代初期，当模拟移动通信系统刚投放市场时，欧洲的电信运营部门就发觉他们的汽车电话远不如他们的高速公路那样畅通。五六种系统将整个欧洲的蜂窝网割得四分五裂，根本不能形成规模效益。面对这一现状，欧洲电信运营部门于1982年成立了一个移动特别小组(GSM，Group Special Mobile)，开始制定一种泛欧洲数字移动通信系统的技术规范，经过6年的研究、实验和比较，于1988年确定了包括采用TDMA技术在内的主要技术规范并且制定出实施计划。从1991年开始，这一系统在德国、英国和北欧许多国家投入试运行，吸引了全世界的广泛注意，使GSM向着全球移动通信系统的宏伟目标迈进了一大步。需要说明的是，目前对GSM还有另外一种解释，即全球移动通信系统(Global System for Mobile Communication)。

GSM系统由若干个功能实体组成，每个实体完成特定的功能。其组成见图17-3。这些实体有移动台、基站收发信机、基站控制器、移动交换中心、外来用户位置寄存器、本地用户位置寄存器、鉴别中心、设备识别寄存器和操作维护中心等。

在GSM系统中既采用了TDMA技术，也采用了FDMA技术，或者说，GSM是一个采用TDMA和FDMA的数字移动电话系统。具体来说就是在GSM的一个25MHz频段内，总共划分为125个频道(124个信道加上一个100kHz的保护频道)。一个信道带宽为200kHz，可同时传送8个话路(TDMA)，其比特率为270.8Kb/s。最后，124个200 kHz的信道被FDMA在一个25MHz的频段内。

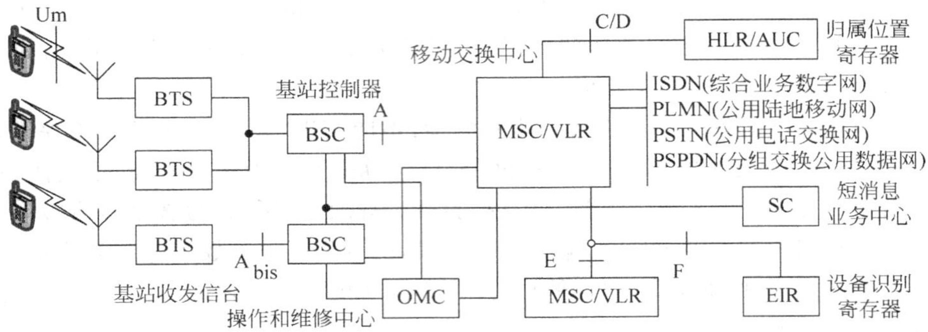

图 17-3 GSM 通信系统结构及接口

我国参照 GSM 标准制定了自己的技术要求，主要内容有：使用 900MHz 频段，即 890～915MHz(移动台—基站)和 935～960MHz(基站、移动台)，收发间隔 45MHz；载频间隔 200kHz，每载波信道数 8 个，基站最大功率 300W，小区半径 0.5～35km，调制类型 GMSK，传输速率 270Kb/s，手机的发射功率约为 0.6W。

17.3.2 CDMA 移动通信系统

1995 年香港和记电讯公司开通全球第一个 CDMA 数字移动通信网络，在经过 1996 年、1997 年的商用化之后，CDMA 技术在全球范围得到普遍发展。

因 CDMA 与 GSM 均为第二代移动通信系统，它的系统组成、系统接口、接续流程和业务方面与 GSM 比较相似，在此简要介绍一下 CDMA 的原理及其特点。

1. CDMA 系统工作原理

CDMA(Code Division Multiple Address)是一种以扩频通信为基础的调制和多址连接技术。其基本原理是将欲传输的具有一定带宽的信息数据(信号)，用一个带宽远远大于该信号带宽的高速伪随机码进行调制(相乘)，使原数据信号的带宽被扩展(扩频)，再经载波调制发射出去；在收信端，用相同的伪随机序列与接收信号相乘，进行相关运算，将扩频信号解扩，即还原成原始的窄带数据信号，从而完成通信任务。扩频通信具有隐蔽性、保密性、抗干扰等优点。CDMA 蜂窝通信系统的原理如图 17-4 所示。

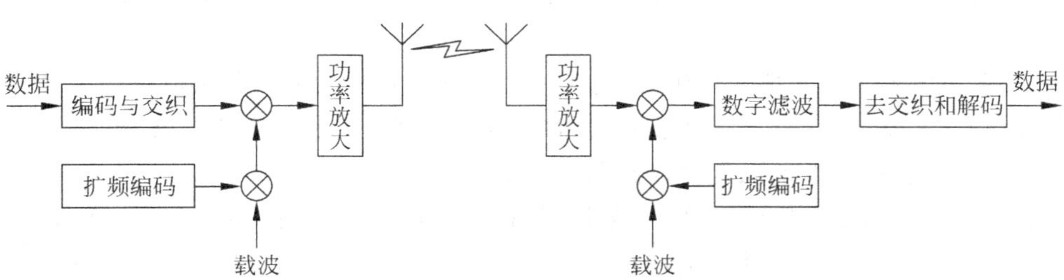

图 17-4 CDMA 扩频通信系统原理

2. CDMA系统的主要优点

CDMA系统采用码分多址技术及扩频通信的原理，可在系统中使用多种先进的信号处理技术，使系统具有许多优点。

(1) 大容量。根据上述理论计算以及现场试验表明，CDMA系统的信道容量是模拟系统的10～20倍，是TDMA系统的4倍。CDMA系统的高容量很大一部分因素是由于它的频率复用系数远远超过其他制式的蜂窝系统，另外一个主要因素是它使用了话音激活和扇区化等技术。

(2) 软容量。在FDMA、TDMA系统中，当小区服务的用户数达到最大信道数时，满载的系统绝对无法再增添一个信号；此时若有新的呼叫，该用户只能听到忙音。而在CDMA系统中，用户数目和服务质量之间可以相互折中，灵活确定。例如系统经营者可在话务量高峰期将误帧率稍微提高，从而增加可用信道数。

体现软容量的另一种形式是小区呼吸功能。所谓小区呼吸功能就是指各个小区的覆盖大小是动态的，当相邻两个小区负荷一轻一重时，负荷重的小区通过减小导频发射功率，使本小区的边缘用户由于导频强度不够，切换到相邻小区，使负荷分担，即相当于增加了容量。这项功能对切换也特别有用，避免信道紧缺而导致呼叫中断。CDMA系统还可提供多级服务。如果用户支付较高费用，则可获得更高档次的服务。

(3) 软切换。所谓软切换是指当移动台需要切换时，先与新的基站连通，再与原基站切断联系，而不是先切断与原基站的联系再与新的基站连通。软切换只能在同一频率的信道间进行，因此，模拟系统、TDMA系统不具有这种功能。软切换可以有效地提高切换的可靠性，大大减少切换造成的掉话。同时，软切换可以提供分集，从而保证通信的质量。

(4) 高话音质量和低发射功率。从第1章的香农公式可知，在信道容量一定的情况下，信道带宽和信噪比可以互换，若加大信道带宽，则可适当地减小信号功率。CDMA所采用的扩频通信原理正是基于这一点，它将信号带宽扩展(信道带宽当然也要加大)从而降低了对信号功率的要求。GSM手机的功率一般可以控制在600mW以下，而CDMA系统的发射功率最高只有200mW，正常通话功率可控制在零点几毫瓦。另外，由于CDMA系统中采用有效的功率控制技术，强纠错能力的信道编码，以及多种形式的分集技术，可使基站和移动台以非常节约的功率发射信号，延长手机电池使用时间，同时获得优良的话音质量，也使手机享有“绿色”手机的美誉。

(5) 话音激活。统计表明，人们在通话过程中，只有35%的时间在讲话，其余时间处于听对方讲话、停顿或其他等待状态。在CDMA系统中，所有用户共享同一个无线频道，当某一个用户没有讲话时，该用户的发射机不发或减小发射功率，其他用户所受到的干扰就相应地减少，为此，在CDMA系统中，采用相应的编码技术，使用户的发射机所发射的功率随着用户语音编码的需求来做调整，这就是语音激活技术，在蜂窝移动通信系统中采用语音激技术可以使各用户之间的干扰平均减少65%。

(6) 保密性好。码分数字移动通信系统的体制本身就决定了它有良好的保密能力，首先在CDMA数字移动通信系统中必须采用扩频技术，发射信号的频谱被扩展，从而发射信号完全隐蔽在噪声、干扰之中，不易被发现和接收；其次在通信过程中，各移动用户所使用的地址码各不相同，在接收关只有与之完全相同(包括码型和相位)的用户才能接收到相应的数据，对非相关的用户来说是一种噪声。所以 CDMA 系统可以防止有意或无意的窃取，具有很好的保密性能。同时 CDMA 的数字话音信道还可以将数据加密标准或其他标准的加密技术直接引入。

17.4 第三代移动通信系统

第二代移动通信提供的业务主要是话音业务、短消息和传真等数据业务。随着信息技术的迅猛发展，特别是通信技术与计算机技术的相互融合，人们对移动通信提出了更高的要求，主要有以下几点。

(1) 要求移动通信也能提供综合化的信息业务，如话音、图像、数据等具有多媒体特征的移动通信业务。

(2) 要求移动通信与 Internet 网结合起来，实现无线宽带化，使用户随时随地接入 Internet 网，如手机上网。

(3) 解决系统容量飞速膨胀与频率资源有限的矛盾。

(4) 随着经济全球化，人们活动范围越来越大，跨国界通信越来越多，这也要求移动通信必须实现全球无缝覆盖和全球漫游。

为满足上述要求，第三代移动通信系统(3G)应运而生。第三代移动通信系统是指国际电信联盟 ITU 在 1985 年提出的未来公用陆地移动通信系统 FPLMTS，1996 年更名为 IMT—2000，意为工作在 2000MHz 频段，在 2000 年之后投入商用的全球移动通信系统。

第三代移动通信系统将能够提供目前只有固定接入才能实现的更先进的业务和更高的数据速率，以及一系列新业务。此外，第三代移动通信系统已将"全球漫游"作为一项关键要求，从而可为全球移动用户开创更广泛的市场，挖掘更大的设备(尤其是用户设备)使用潜力，并提高经济效益。

目前，世界各国提出了多种第三代移动通信标准的方案，比较成熟的方案有 TD-SCDMA、W-CDMA、CDMA2000。

其中 TD-SCDMA 系统是我国向国际电信联盟(ITU)提交并被接纳的标准。采用时分双工(TDD)、时分多址/码分多址(TDMA/CDMA)方式工作，基于同步 CDMA、智能天线、多用户检测(JD)、正交可变扩频系数、Turbo 编码技术等新技术。该系统基于 GSM 系统，并可以由 GSM 系统平滑过渡到 TD-SCDMA。

W-CDMA 系统是由日本和欧洲方案融合而成的标准。其技术特点是频分双工(FDD)，采用直接序列码分多址(DS-CDMA)方式，码片速率为 3.84Mb/s，载波带宽为 5MHz。W-CDMA 也是基于 GSM 的第三代移动通信系统。GSM 系统可以通过引入 GPRS 系统最终平滑过渡到 W-CDMA 系统。

CDMA2000 是由美国提出的基于窄带 CDMA(1S—95 N-CDMA)的第三代移动通信系统。主要可以保护窄带 CDMA 的投资，最大限度地利用了成熟的 CDMA 技术，相对来说，技术复杂程度较低、风险小，系统平滑过渡升级的成本较小。但由于目前窄带 CDMA 的市场非常小，缺乏主流市场的支持，在未来的应用中将面临巨大的市场挑战。

第三代移动通信系统的所有标准已在 2000 年内全部制定完成。图 17-5 是几种 3G 手机。

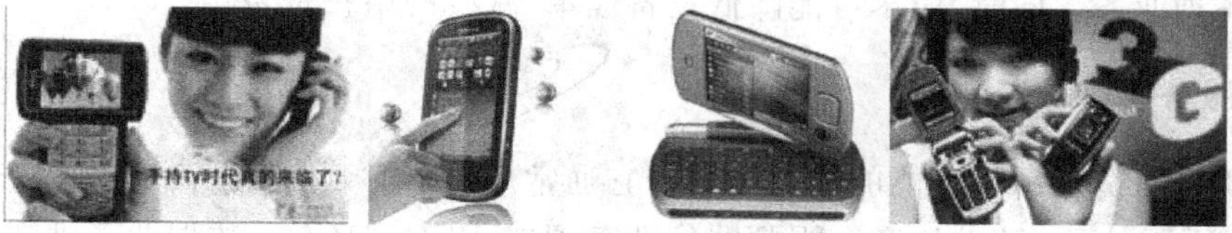

图 17-5 3G 手机

17.4.1 第三代移动通信系统的特点

第三代移动通信系统是结合了多种业务的宽带移动通信系统，与第一代和第二代移动通信系统相比，其主要特点如下。

1. 具有支持多媒体业务的能力

现有移动通信系统主要以提供语音业务为主，随着发展一般也仅能提供 100～200Kb/s 的数据业务，GSM 演进到最高阶段的速率为 384Kb/s。而第三代移动通信的业务能力将比第二代有明显的改进，它能支持从语音到分组数据再到多媒体业务，并能提供更高的带宽。

ITU 规定的第三代移动通信无线传输技术的最低要求中，必须满足以下三种要求。

(1) 快速移动环境，最高速率达 144Kb/s；

(2) 室外到室内或步行环境，最高速率达 384Kb/s；

(3) 室内环境，最高速率达 2Mb/s。

传输速率能按需分配，并且上下行链路传输速率适合对称及不对称业务的需求。

2. 全球普及与全球无缝漫游

第二代移动通信系统一般分为区域或国家标准，而第三代移动通信系统将是一个在全球范围内覆盖和使用的系统。它将使用共同的频段（1992 年，ITU 给第三代移动通信分配的核心频段包括 1885～2025MHz 和 2110～2200MHz 共 230MHz。在 WRC-2000 会议上，ITU 又扩展使用频段分为 806～960MHz、1710～1885MHz 和 2500～2690MHz）。网络的灵活性及无缝覆盖能力是具有全球漫游功能的袖珍终端随时接入系统并得到服务的质量保证。

3. 便于过渡、演进

由于第三代移动通信引入时，第二代网络已具有相当规模，2G 系统已实现全球覆盖和漫游，所以第三代网络一定要能在第二代网络的基础上逐渐灵活演进而成，并应与固定网络兼容，对于保护广大运营商和用户的利益、充分利用现有网络资源有重要意义。

4. 高频谱效率

第三代移动通信系统频谱效率是指在 30MHz 带宽内的语音业务容量及信息容量。对于具有多种业务功能的系统，频率资源非常宝贵，当前频率资源紧张已成为制约移动通信发展的瓶颈，因此要求 3G 系统必须具有较高的频谱利用率和网络效率，以支持今后用户量增加和提供各种业务。同时,应尽可能降低设备成本,减少网络投资费用。

5. 高服务质量

服务质量是衡量系统性能的重要指标。它通常用传输时延、误码率/误帧率来评价。传输误码率(BER)方面,移动语音和视频图像业务要求 BER$<10^{-3}$;数据业务要求无线接入系统的 BER$<10^{-6}$;无线传输系统的误码率性能比固定通信网络差一些,因此要求移动通信的语音编码器和数据适配器应能适应高误码率,以保证必需的服务质量。

6. 适应各种无线运营环境

能适用于多种无线运营环境,主要包括自然环境和移动环境。自然环境(小区结构)主要包括通信容量极高的室内微微蜂窝小区、城市中心人口密集地带的微蜂窝小区以及农村和边远地区的宏蜂窝小区,以后还能直接与卫星连接,实现全球覆盖的更大范围通信。移动通信的移动环境是指通信终端处于静止、步行和在汽车、火车、飞机等移动载体上的通信。对于一个适应性良好的移动通信系统,要求在所有无线和移动通信可能存在的环境中,都能保持比较高的频谱利用率、网络效率、通信质量和业务容量。

17.4.2 第三代移动通信系统提供的业务

根据 ITU 建议,IMT-2000 提供的业务类型分为以下 5 种业务类型。

(1) 话音业务:典型的语音对称业务,其上/下行链路数据速率为 16Kb/s,属电路交换业务。

(2) 简单消息:是对应于短消息(SMS)业务,它的速率为 14Kb/s,属于分组交换。

(3) 交换数据:属于电路交换业务,其上/下行链路的数据速率均为 64Kb/s。

(4) 非对称多媒体业务:属于分组交换业务,特点是下行链路业务量较大,上行链路业务量较小,具体业务包括文件下载、Internet 浏览和非交互式电子医疗等。按传输速率它又可分为中速多媒体业务(下行链路为 384Kb/s,上行链路为 64Kb/s)和高速多媒体业务(下行链路为 2Mb/s,上行链路为 128Kb/s)。

(5) 交互式多媒体业务:属于电路交换业务,它是一种对称的多媒体业务,即上、下行链路的业务量相等,应用于高保真音响、可视会议和双向图像传输等。

另外,根据技术的发展,手机还可提供 PoC(Pushto talk over Cellular)服务。PoC 被称为"移动一键通",通俗的叫法就是"手机对讲"。这是一种基于公众蜂窝移动通信网络的"即按即说业务",基于 2.5G 或 3G 网络,通过半双工 VolP 技术来实现通信,类似现有集群通话。使用 PoC 业务,用户只需像使用对讲机一样按一个键而无须进行拨号就可以快捷、直接地与任何地方的多个用户进行"点对多点"的即时语音通信。

17.4.3 第三代移动通信系统的关键技术

1. 高效信道编译码技术

在第三代移动通信系统中都采用了卷积码和 Turbo 码两种纠错编码。在高速率、对译码时延要求不高的数据链路中，使用 Turbo 码有利于提高纠错性能。考虑到 Turbo 码译码的复杂度、时延等原因，在话音和低速率、对时延要求比较苛刻的数据链路中使用卷积码。

2. 软件无线电技术

基本思想是模数和数模转换的处理尽可能靠近天线，所有基带信号处理都用软件方式替代硬件实施。第三代移动通信系统具有多模、多频段、多用户的特点，采用软件无线电技术对于在未来移动通信网络上实现多模、多频率、不间断业务能力方面将发挥重大作用，如基站可以承载不同的软件来适应不同的标准，而不用对硬件平台改动；基站间可以由软件算法协调，动态地分配信道；移动台可以自动检测接入的信号，以接入不同的网络。

3. 智能天线技术

采用智能天线技术可以提高第三代移动通信系统的容量及服务质量。智能天线技术是基于自适应天线阵列原理，利用天线阵列的波束合成和指向，产生多个独立的波束，自适应地调整其方向图以跟踪信号的变化。其特点在于以较低的代价换得无线覆盖范围、系统容量、业务质量和掉话率等性能的显著提高。

4. 多用户检测技术

多用户检测的基本思想是把所有用户的信号都当作有用信号，而不是当作干扰信号。在小区通信中，每个移动用户与一个基站通信，移动用户只须接收所需信号，而基站必须检测所有的用户信号。

5. 向全 IP 网过渡

现有 GSM 系统的电路交换网正在向支持 GPRS 的分组交换网过渡。3G 的应用和服务将在数据速率和带宽方面提出更多的要求，为了真正实现话音和数据的业务融合，唯一的办法是过渡到全 IP 网络。无线移动 IP 的目标是将无线话音和无线数据综合到一个技术平台上传输，即所有话音和数据都由 IP 包来承载。基于移动 IP 技术，为用户快速高效、方便地部署丰富的应用服务成为可能。

17.5 小资料——手机的发明

1973 年 4 月的一天，一名男子站在纽约街头，掏出一个约有两块砖头大的无线电话并打通，引得过路人纷纷驻足侧目。这个人就是手机的发明者——摩托罗拉公司的工程技术人员马·库帕。

其实，“手机”的概念早在 20 世纪 40 年代就出现了。1946 年，贝尔实验室造出了第一部所谓的移动通信电话。但是，由于体积大，研究人员只能把它放在实验室的架子上，慢慢人们就淡忘了。

一直到了 20 世纪 60 年代末期，AT&T 和摩托罗拉这两个公司开始对这种技术感起兴趣来。当时，AT&T 出租一种体积很大的移动无线电话，客户可以把这种电话安在大卡车上。AT&T 的设想是，将来能研制一种移动电话，功率是 10W，就利用卡车上的无线电设备进行沟通。库帕认为这种电话太重，根本无法让人带着走。于是，摩托罗拉就向美国联邦通信委员会提出申请，要求规定移动通信设备的功率，只应该是 1W，最大也不能超过 3W。事实上，今天大多数手机的无线电功率，最大只有 500mW 左右。

从 1973 年手机注册专利，一直到 1985 年才诞生出第一台现代意义上的、真正可以移动的电话。它把电源和天线放置在一个盒子中，重量达 3kg，非常重且不方便，使用者要像背包那样背着它行走，所以就被叫做"肩背电话"。

与现在形状接近的手机诞生于 1987 年。虽然与肩背电话相比，它显得轻巧得多，而且便于携带，但其重量仍有大约 750g，与今天仅重 60g 的手机相比，像一块大砖头。

除了质量和体积越来越小外，现代的手机已经越来越像一把多功能的瑞士军刀了。在最基本的通话功能之外，新型的手机还可以用来收发邮件和短消息，可以上网、玩游戏、拍照，甚至可以看电影！这是最初的手机发明者所始料不及的。

17.6 思考题与习题

17-1 什么是移动通信？与固定通信相比移动通信有什么特点？

17-2 移动通信系统中，采用大区制和小区制有什么不同？为什么采用小区制比大区制有更高的通信容量？

17-3 GSM 网络通常由哪几部分组成？

17-4 第三代移动通信系统目前比较成熟的方案有哪些？

17-5 举出几个应用于移动通信中的通信原理知识点。

附录A 部分思考题与习题参考答案

第1章

1-1 答：模拟信号指幅度随时间的连续变化而连续变化的信号；数字信号指信号的某个参量，比如幅度、频率或相位随时间的连续或离散变化而取有限个值的信号。在波形上，模拟信号是一条连续曲线，而数字基带信号通常是一个脉冲序列，数字带通信号可以是一条连续曲线。它们的本质区别在于：模拟信号的因变量取值为无限多个，而数字(基带)信号为有限个取值，通常只有表征数据0和1两个值。

1-2 答：通常，模拟信号直接携带模拟消息，波形上的每一个点都是消息的一个组成部分，通信过程中，一旦波形失真，则必定致使消息错误。显然，为了保证通信的可靠性，模拟通信必须尽量避免波形的畸变，也就是传输正确的波形。

数字信号是靠信号有限个参量值携带数字消息，也就是携带在信号参量的某几个状态上，比如幅度(电平)的高低状态或正负状态。收信端是靠检测信号的状态判断所接收的数字消息，信号波形发生一定程度的失真不会影响状态的判断，也就不会出现0或1的误判，因此，数字通信可以认为是信号状态的传输过程。

1-3 答：人的脉搏、血压、心电图，室外温度、湿度等都是自然信号；敲门的轻重、次数，手电的亮灭次数或挥动轨迹等都可用于通信。

1-4 答：电信号经过一定距离的传输会出现幅度上的衰减，从而导致通信距离的减小。为了保证长距离通信，模拟系统需要用放大器对被衰减的信号进行放大，同样，数字系统也需要用中继器对信号进行放大，也就是说，保证信号长距离传输是它们的相同点。

放大器的功能是尽可能地对信号进行无失真放大，放大后的信号直接输出到信道向下一级传输。而中继器通常由放大、抽样判决和波形输出3部分组成，其放大功能主要是保证对信号状态的判别不出现错误，因此，对放大部分的保真度要求较低；波形输出电路根据抽判电路的判断结果产生新的数字信号输出到信道向下一级传输。显然，放大器是对输入信号的“保真整容”，其输出是“变形”后的输入，而中继器是对输入信号的“外貌再造”，其输出是根据输入信号重新产生的信号，这是它们的主要区别。

1-5 答：信息可以类比为欲运输的苹果、蔬菜、煤炭等货物，消息可比喻为盛装货物的箱子、篮子或袋子，而信号则是装载箱子、篮子或袋子的汽车、火车、飞机或轮船。也就是说，苹果(信息)必须被箱子(消息)包装，然后利用汽车(信号)才能实现空间位置的搬移(通信)。

1-6 答：因为模拟系统是波形传输系统，所以，理论上应该用波形的失真程度衡量其可靠性才更准确。但收信端没有标准波形可比较，因此，无法求出波形的失真率。而信号功率和噪声功率在收信端是可以求出的，所以，只能用信噪比间接表示系统的可靠性。

对于数字通信系统，由于数据（信息）携带在每个码元上，码元出现错误（误码），则信息就会出现错误，所以，在二进制系统中用误码率衡量可靠性是正确的。而在多进制系统中，由于多进制数字信号一个码元携带多比特信息量，用误码率衡量信息传输的可靠性就不够准确了（不同进制信号的误码率相同，但信息量的错误却不同），因此，要用误信率表征系统的可靠性。显然，在二进制系统中，用误码率或误信率是一样的，而在多进制系统中，用误信率更准确。

1-7 答：任何信号在频域上都会占有一定的宽度，即频谱带宽（可类比为任何车辆都有一个物理宽度）；而任何信道也都有一个允许通过信号频率的宽度，即通频带（可类比为任何道路都有一个几何宽度）。显然，一条道路（信道）要保证车辆（信号）正常通过（无失真传输），其宽度（通频带）必须大于车辆的宽度（带宽）。若路宽小于车宽，则车辆无法通行，在通信系统中，则反映为信号被失真传输。

所谓滤波器，是一种具有特殊通频带的信号处理电路。根据通信要求，可将其通频带设计为低通型、带通型、高通型和带阻型 4 种，从而实现允许低频信号、某一段频带信号、高频信号通过或阻止某一段频带信号通过的信号处理功能。

如果把信号带宽比喻为一个从左到右一字排开的车队宽度的话，则低通滤波器（道路）只允许靠左边的几辆车通行，带通滤波器只允许中间几辆车通行，高通滤波器只允许右端几辆车通行，而带阻滤波器只允许左端和右端几辆车通行。

1-8 答：略。

1-9 解：因为已知信噪比为 20dB，即：$20=10\lg\dfrac{S}{N}$，所以 $\dfrac{S}{N}=100$

由香农公式可得信道容量为

$$C=3000\log_2(1+100)\approx 3000\times 6.647\approx 19941\text{b/s}$$

1-10 解：$I_E=\log_2\dfrac{1}{0.105}=3.25\text{b}$，$I_x=\log_2\dfrac{1}{0.002}=8.97\text{b}$

1-11 解：平均信息量，即信息源的熵

$$\begin{aligned}H&=-\sum_{i=1}^{n}P(x_i)\log_2 P(x_i)\\&=-\frac{1}{4}\log_2\frac{1}{4}-\frac{1}{8}\log_2\frac{1}{8}-\frac{1}{8}\log_2\frac{1}{8}-\frac{3}{16}\log_2\frac{3}{16}-\frac{5}{16}\log_2\frac{5}{16}\\&\approx 2.23\ \text{比特/符号}\end{aligned}$$

1-12 解：(1) 不同的字母是等可能出现的，即出现概率均为 1/4。

每个字母的平均信息量为 $H=-4\times\dfrac{1}{4}\log_2\dfrac{1}{4}=2$ 比特/符号

因为一个字母对应两个二进制脉冲，每个脉冲宽度为 5ms，所以每个字母所占用的时间为

$$T=2\times 5\times 10^{-3}=10^{-2}\text{s}$$

则每秒传送的符号数为 $R_B=\dfrac{1}{T}=100$

平均信息速率为 $R_b=R_B\cdot H=R_B\log_2 M=2\times 100=200\text{b/s}$

(2) 每个符号的平均信息量为

$$H=-\frac{1}{5}\log_2\frac{1}{5}-\frac{1}{4}\log_2\frac{1}{4}-\frac{1}{4}\log_2\frac{1}{4}-\frac{3}{10}\log_2\frac{3}{10}=1.985\ \text{比特 / 符号}$$

则平均信息速率为 $R_b=R_B\cdot H=1.985\times100=198.5\text{b/s}$

注：因为该题一个字母用两位二进制码元表示，所以属于四进制符号。

1-13 解：因为是二进制信号，所以一个码元表示一个符号，则有码元速率(调制速率)

$$R_{B2}=\frac{1}{T}=\frac{1}{0.5\times10^{-3}}=2000\quad\text{Baud}$$

比特率等于波特率：

$$R_b=R_{B2}=2000\text{b/s}$$

在保证信息速率不变的前提下，若改为四进制信号，则两个二进制码元表示一个四进制符号，一个符号的持续时间：

$$T=2\times0.5\times10^{-3}=0.001\ \text{s}$$

波特率(单位时间传输的符号数)为：

$$R_{B4}=\frac{1}{\text{T}}=\frac{1}{10^{-3}}=1000\quad\text{Baud}$$

注：此时的波特率实际上是四进制符号(码元)的传输速率，比二进制波特率小一半。

比特率为：

$$R_b=R_B\log_2M=1000\times2=2000\quad\text{b/s}$$

若信息速率可变，则波特率仍为二进制时的 2000Baud，而比特率为 4000b/s。

1-14 解：(1) S/N=1000(即 30 dB)

信道容量：

$$C=B\log_2\left(1+\frac{S}{N}\right)=3.4\times10^3\log_2(1+1000)\approx(3.4\times10^4)\text{b/s}$$

(2)因为

$$C=B\log_2\left(1+\frac{S}{N}\right),\text{所以}\quad\frac{S}{N}=2^{C/B}-1=2^{4.8/3.4}-1=1.66=2.2\text{dB}$$

1-15 解：每个像素所含信息量

$$H=\log_2 16=4\ \text{b}$$

信息传输率即信道容量

$$C=4\times3\times10^5\times30=(3.6\times10^7)\ \text{b/s}$$

又因为信道输出 $S/N=1000$(即 30dB)

所以信道最小带宽为

$$B=\frac{C}{\log_2(1+S/N)}=\frac{3.6\times10^7}{\log_2(1+1000)}=(3.6\times10^6)\text{Hz}$$

第 2 章

2-1 答：相同点：都是双边带信号，都是调幅信号；已调信号带宽都是调制信号最高频率分量的 2 倍，幅度是调制信号频谱的 1/2；都可以用相干解调法解调。

不同点：AM 的调制信号时域波形没有负值，其频谱比 DSB 信号多一个直流分量(冲激信号)；AM 已调信号频谱比 DSB 多一对载波分量，且可以用包络检波法解调；DSB 信号发射效率比 AM 高。

2-2 答：因为 AM 和 DSB 均为双边带信号，传输时会造成频带浪费，所以引入 SSB 可以将传输信号频带减少一半，从而提高了频带利用率。因为采用滤波法产生 SSB 信号时，对滤波器的边带过渡特性要求较高，实现较为困难，故引入 VSB 调制，使得传输信号的产生比 SSB 简单，而占用频带又比 DSB 小。

2-3 答：主要原因是由于有直流分量的存在，欲传输的信号没有负值，从而使得已调信号的包络完全随调制信号的变化而线性变化。

2-4 答：因为无论是 FM 还是 PM，其瞬时频率偏移和瞬时相位偏移的变化最终都反映在载波瞬时相位的变化上，故统称为角调制。

2-5 答：因为干扰也是具有一定频谱带宽的信号，所以，将信号的频谱变宽类似于生活中把鸡蛋分装在多个篮子中，从而可提高信号的抗干扰能力。

2-6 答：FDM 是一种利用频谱搬移在一个物理信道中传输多路信号的技术，因此，要进行 FDM，首先要求信道的通频带必须大于预复用各路信号频谱宽度总和的 2 倍(对于双边带信号而言)，且各路载波能够实现。其次，该信道的频率资源不紧张，允许用比较宽的频带传输信号。最后，对电路的复杂性和经济性要求不苛刻。

2-7 答：FDM 的理论基础就是“信号与系统”课程中讲过的调制定理，也叫频谱搬移定理。

该定理的内容是：信号 $f(t)$ 与正弦型信号($\cos\omega_c t$ 和 $\sin\omega_c t$)相乘，相当于把 $f(t)$ 的频谱 $F(\omega)$ 搬移到 $\pm\omega_c$ 处，频谱形状不变，幅度减半，搬移后的频谱仍然保留原信号的全部信息。

2-8 答：调制的主要功能有三点：一是将低频信号变换为高频信号，从而有利于无线传输，比如无线电广播；二是可进行 FDM，比如有线电视；三是可以改善或提高通信质量，比如 FM 和 PM。

2-9 解：(1) $f_1(t)=\cos\Omega t\cos\omega_c t$ 的波形见下图(a)，其频谱为

$$F_1(\omega)=\frac{1}{2\pi}\{\pi[\delta(\omega-\Omega)+\delta(\omega+\Omega)]*\pi[\delta(\omega-\omega_c)+\delta(\omega+\omega_c)]\}$$

$$=\frac{2}{\pi}[\delta(\omega+7\Omega)+\delta(\omega+5\Omega)+\delta(\omega-7\Omega)+\delta(\omega-5\Omega)]$$

频谱图如下。

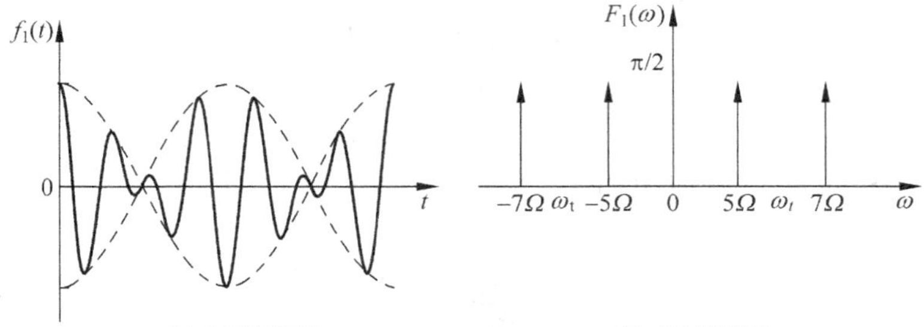

(a) $f_1(t)$波形图　　(b) $f_1(t)$频谱图

题 2-9 解图

(2) $f_2(t)=(1+0.5\sin\Omega f)\cos\omega_c t$，其频谱为

$$F_2(\omega)=\pi[\delta(\omega-\omega_c)+\delta(\omega+\omega_c)]+$$

$$\frac{0.5}{2\pi}\left\{\frac{\pi}{j}[\delta(\omega-\Omega)-\delta(\omega+\Omega)]*\pi[\delta(\omega-\omega_c)+\delta(\omega+\omega_c)]\right\}$$
$$=\pi[\delta(\omega-6\Omega)+\delta(\omega+6\Omega)]+$$
$$\frac{j\pi}{4}[\delta(\omega+7\Omega)-\delta(\omega-7\Omega)-\delta(\omega+5\Omega)+\delta(\omega-5\Omega)]$$

波形及频谱图如下。

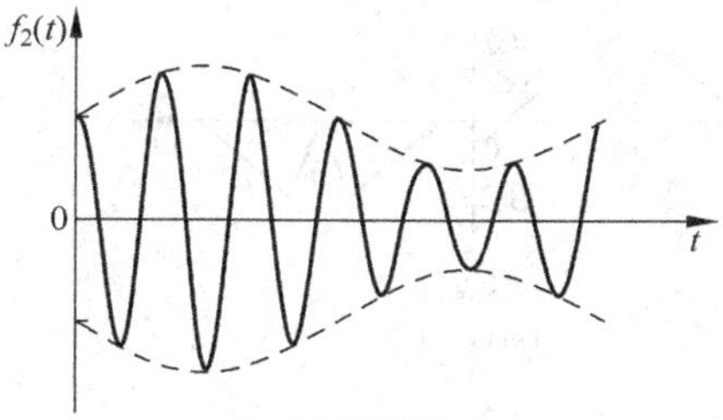

(a) $f_2(t)$波形图

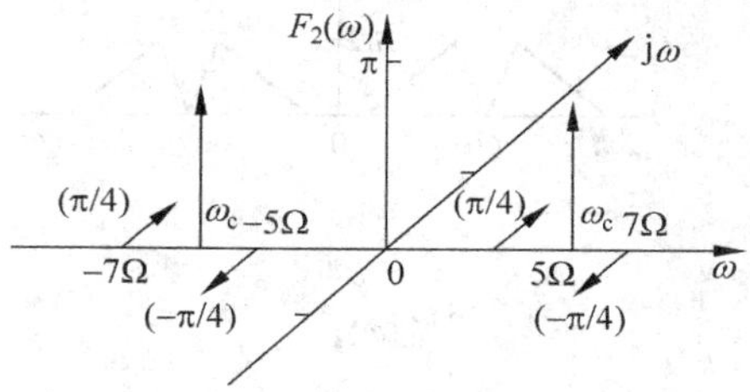

(b) $f_2(t)$频谱图

题 2-9 解图

2-10 解：A 点信号为 $f_1(t)\cos\omega_0 t+f_2(t)\sin\omega_0 t$，这是两个互相正交的双边带信号，它们分别采用相干解调法解调，所以可确定 $c_1(t)=\cos\omega_0 t$，$c_2(t)=\sin\omega_0 t$。

上支路：相乘后

$$[f_1(t)\cos\omega_0 t+f_2(t)\sin\omega_0 t]\cos\omega_0(t)$$
$$=f_1(t)\cos^2\omega_0 t+f_2(t)\sin\omega_0 t\cos\omega_0 t$$
$$=\frac{1}{2}f_1(t)+\frac{1}{2}f_1(t)\cos 2\omega_0 t+\frac{1}{2}f_2(t)\sin 2\omega_0 t$$

经低通，得到$\frac{1}{2}f_1(t)$。

下支路：相乘后

$$[f_1(t)\cos\omega_0 t+f_2(t)\sin\omega_0 t]\sin\omega_0(t)$$
$$=f_1(t)\cos\omega_0 t\sin\omega_0 t+f_2(t)\sin^2\omega_0 t$$
$$=\frac{1}{2}f_1(t)\sin 2\omega_0 t+\frac{1}{2}f_2(t)-\frac{1}{2}f_2(t)\cos 2\omega_0 t$$

经低通，得到$\frac{1}{2}f_2(t)$。

2-11 解：设左边输入端相乘器的入点为 A 点，上下两个低通滤波器的入点各为 B 和 C 点，两个低通滤波器的出点各为 D 和 E 点，相加器上下两个入点分别为 F 和 G 点，相加器的出点为 H 点，则该调制系统各点的波形如题 2-11 解图所示。

从 H 点的波形可以看出，该调制系统是一个采用混合方法产生 SSB 信号的调制器。其时域表达式为：

$$s(t)=F^{-1}[S_H(\omega)]$$
$$s_{LSB}(t)=\frac{1}{2}f(t)\cos(\omega_1+\omega_2)t+\frac{1}{2}f(t)\sin(\omega_1+\omega_2)t$$
$$s_{USB}(t)=\frac{1}{2}f(t)\cos(\omega_2-\omega_1)t-\frac{1}{2}f(t)\sin(\omega_2-\omega_1)t$$

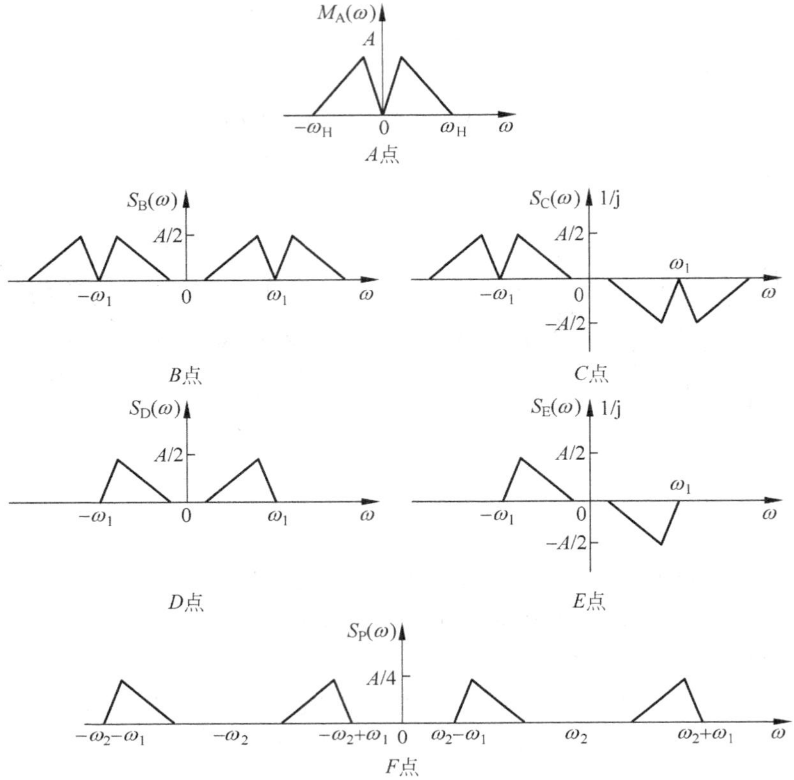

(a) 调制系统各点波形

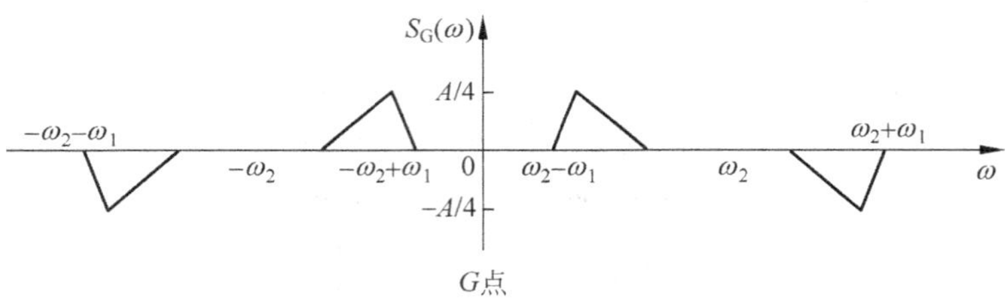

若$S_F(\omega)+S_G(\omega)$，得到下边带信号频谱，即$s(t)$为下边带信号。

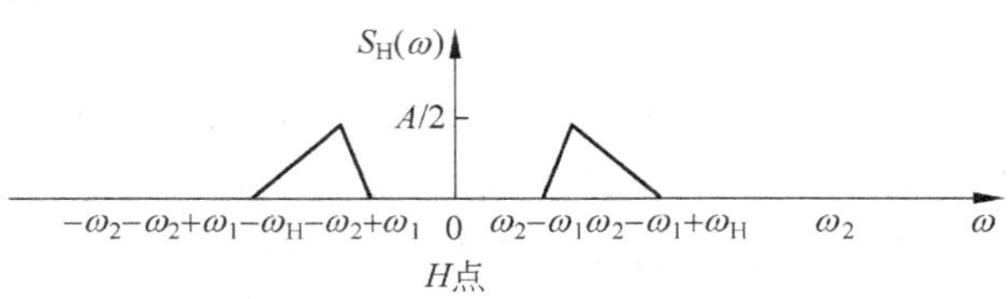

若$S_F(\omega)-S_G(\omega)$，得到上边带信号频谱，即$s(t)$为上边带信号。

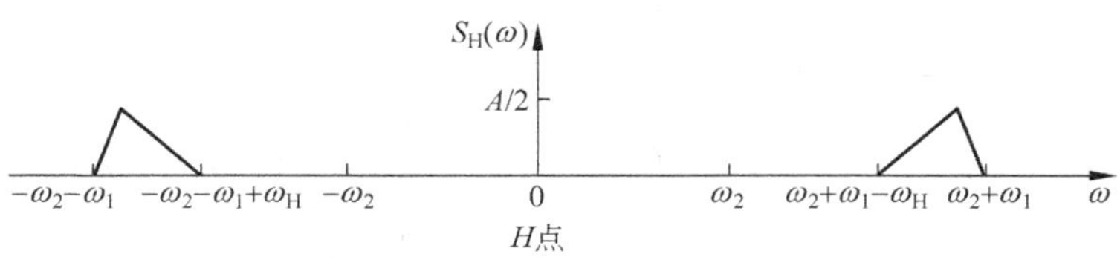

(b) 调制系统各点波形

题 2-11 解图

2-12 证：

$$x_1 = K[f(t) + A\cos\omega_c t]$$

$$x_2 = f(t) - A\cos\omega_c t$$

$$\begin{aligned} s_{DSB}(t) &= ax_1^2 - bx_2^2 \\ &= aK^2[f(t) + A\cos\omega_c t]^2 - b[f(t) - A\cos\omega_c t]^2 \\ &= (aK^2 - b)f^2(t) + 2(aK^2 + b)f(t)A\cos\omega_c t + (aK^2 - b)(A\cos\omega_c t)^2 \end{aligned}$$

可见，要使系统输出为DSB信号，只需 $aK^2 - b = 0$ 即可。即当放大器增益满足 $K^2 = \frac{b}{a}$ 时，不用滤波器也可实现抑制载波的双边带调制。

2-13 解：若采用双边带调制，则每路信号带宽为 $W = 2\times1.5 = 3\text{MHz}$，考虑留出保护带（各路信号频谱之间的空白带），10MHz 带宽的信道最多可复用 3 路信号。

若采用单边带调制，则每路信号带宽为 $W = 1.5\text{MHz}$，考虑留出一定的保护带，10MHz 带宽的信道最多可复用 6 路信号。

2-14 解：(1) 调频：$\beta_{FM} = \frac{K_{FM}A}{\omega_m} = \frac{\Delta f_{max}}{f_m}$

ω_m 增加 5 倍时，β_{FM} 下降 5 倍，带宽不变。

(2) 调相：

ω_m 减小为 1/5，β_{PM} 不变，带宽变大。

2-15 解：$f_m = 10\text{kHz}, \Delta f_{max} = 1\text{kHz}$

(1) $B_{FM} = 2(\Delta f_{max} + f_m) = 2(1+10) = 22\text{kHz}$，

$\beta_F = (B_{FM}/2f_m) - 1 = 1(22/20) - 1 = 0.1$

(2) 幅度加倍，意味着 $\beta_F = 0.2$，所以

$B_{FM} = 2(\beta_F + 1)f_m = 2(0.2+1)\times10 = 24\text{kHz}$

(3) $B_{FM} = 2(\Delta f_{max} + f_m) = 2(1+20) = 42\text{kHz}$

第 3 章

3-1 答：时分复用的理论基础是抽样定理。

3-2 答：FDM 是用频率区分同一信道上同时传输的各路信号，各路信号在频谱上互相分开，但在时间上重叠在一起。

TDM 是在时间上区分同一信道上轮流传输的各路信号，各路信号在时间上互相分开，但在频谱上重叠在一起。

3-3 答：当抽样频率低于模拟信号的最高频率的 2 倍时，抽样后的信号频谱将发生混叠。

3-4 答：量化的目的是将抽样信号在幅值上进行离散化处理，即将无限个可能的取值变为有限个。

3-5 答：均匀量化是量化间隔相等的量化。其主要缺点是无论抽样值大小如何，量化噪声的均方根值都固定不变，因此当信号较小时，信号的量化信噪比也很小，难以满足通信系统的要求。

3-6 答：压缩和扩张的目的是在不增加量化级数的前提下，利用降低大信号的量化信噪比来提高小信号的量化信噪比。即信号幅度小时，量化间隔小，量化误差小；信号幅度大

时，量化间隔大，量化误差大。保证了信号在较宽的动态范围内满足通信系统的要求，克服了均匀量化的缺点。方法是发信端加压缩器，对信号进行压缩处理；收信端加扩张器，对信号进行扩张处理，压缩器与扩张器总的传输函数应为常数(也就是线性变换)。

3-7 答：PCM 的主要功能就是进行 A/D 转换。其主要缺点是转换精度与系统的造价和复杂度是一对矛盾。精度越高，要求量化级数和编码位数就越多，系统也就越复杂越昂贵。

3-8 答：影响可靠性的主要问题是收发两端的同步问题。如果不同步，收信端即使准确无误地接收到发信端的数据，也无法正确得到其中的信息。

3-9 解：抽样间隔 $T_s=1/8000\mu s$，每路信号时隙宽度 $T_i=T_s/10=1/80(ms)$

因为抽样后进行 8 级量化，所以编码位数为 3。则码元宽度为 $T_B=T_i/3=1/240(ms)$

因为占空比为 1，则脉冲宽度=码元宽度 $\tau=T_B$，系统带宽为 $B=1/\tau=240(kHz)$

3-10 解：因为 $2^5<41<2^6$ 所以二进制码组长度 K 应取 6。

量化台阶：$\Delta V=\frac{19-(-1)}{41}=\frac{20}{41}=0.488(V)$

3-11 解：帧长 $T_s=1/f_s=125(\mu s)$，时隙宽度 $\tau=\frac{T_s}{24}=5.2(\mu s)$，

数码率 $R_B=8\times(24\times8+1)=1544(kb/s)$

3-12 解：因为基带信号的 $f(t)$ 的最高频率为 2Hz，所以抽样频率 f_s 应满足：

$f_s\geqslant 2f_H=4Hz$，抽样间隔：$T_s=\frac{1}{f_s}\leqslant\frac{1}{2f_H}=0.25s$

第 4 章

4-1 答：在 ΔM 调制中，抽样频率越高，量化噪声越小。但增大 f_s，就增加了信号的传输带宽，降低了频带利用率。

4-2 答：增量调制是在 PCM 方式的基础上发展起来的另一种模拟信号数字传输的方法，可以看成 PCM 的一个特例。它具有码位少(只有 1 位)、编码设备简单，单路时不需要同步的优点。它所产生二进制代码表示模拟信号前后两个抽样值的差别(增加，还是减小)而不是代表抽样值的大小。

PCM 调制中，每一个样值编 8 位码，编码设备复杂，它所产生二进制代码表示模拟信号瞬时抽样值的量化值的大小。

4-3 答：略。

4-4 答：因为 ΔM 输出的二进制代码携带输入信号的增量信息，即输入信号的微分信息，所以，要想从中恢复原信号信息就必须采用积分器。而 Δ—Σ 调制的输出代码实际上是代表输入信号振幅的信息，所以，只需要低通滤波器圆滑波形即可。

4-5 解：系统的跟踪斜率为 $K=\sigma f_s=1600$，设输入信号为 $f(t)=A\sin2\pi ft=A\sin1600\pi t$

要求不过载条件为 $\left|\frac{df(t)}{dt}\right|_{max}\leqslant K$，即有：$1600\pi A\leqslant1600$，得：$A_{max}=\frac{1}{\pi}$。

第 5 章

5-1 答：两种制式的 PCM 高次群复用系列中，各次群的话路数和速率如题 5-1 表所示。

题 5-1 表

群　号	2M 系列		1.5M 系列	
	速率	路数	速率	路数
一次群	2.048Mb/s	30	1.544Mb/s	24
二次群	8.448Mb/s	30×4=120	6.312Mb/s	24×4=96
三次群	34.368Mb/s	120×4=480	32.064Mb/s	96×5=480
四次群	139.264Mb/s	480×4=1920	97.728Mb/s	480×3=1440
五次群	564.992Mb/s	192×4=7680	397.200Mb/s	1440×4=5760

5-2 答：PCM 复用：对多路的话音信号直接编码复用的方法。缺点是编码速度非常高，对电路及元器件的精度要求很高，实现起来比较困难。

数字复接：将 PCM 复用后的低速率信号再进行时分复用，形成更多路的数字通信。优点是经过数字复用后的数码率提高了，但是对每一个基群的编码速度则没有提高，实现起来容易，因此目前广泛采用数字复接来提高通信容量。

5-3 答：数字复接的主要目的是提高通信的有效性。

5-4 答：复接的方式分：按位复接、按字复接、按帧复接。

5-5 答：若码速大于复接速度，会出现码元"堆积"现象，这就要求复接器有大的暂存能力将堆积码元存起来等待复接输出；反之，对复接模块而言，会出现"青黄不接"的现象。

5-6 答：复接的本质是将各路数字序列的码元宽度进行压缩并编排在一起，形成一个更高速的数字序列，从而提高通信效率。

5-7 答：同步数字系列(SDH)相对于准同步数字系列(PDH)优点是：

① SDH 网有了世界性统一的网络节点接口(NNI)，从而简化了信号的互通以及信号的传输、复用、交叉连接等过程。

② SDH 网有一套标准化的信息结构等级，称为同步传递模块，并具有一种块状帧结构，允许安排丰富的开销比特用于网络的维护。

③ SDH 网有一套特殊的复用结构，允许现存的准同步体系(PDH)、同步数字体系和 B-ISDN的信号都能纳入其帧结构中传输，具有极强的兼容性和广泛的适应性。

④ SDH 网大量采用软件进行网络配置和控制，增加新功能和新特性非常方便，适应将来不断发展的需要。

⑤ SDH 网有标准的光接口。

5-8 答：SDH 最基本、最重要的数据块为同步传输模块 STM-1。更高级别的 STM-N 信号则是将 STM-1 按同步复用，经字节间插后形成的。STM-1 帧结构由 9 行、270 列组成。每列 1B 即 8b，整个帧容量为(261+9)×9=2430B，相当于 2430×8=19440b。帧传输速率为 8000 帧/秒，即 125μs 一帧，因而 STM-1 传输速率为 155.520Mb/s。STM-1 帧结构字节的传送是从左到右，从上到下按行进行，首先传送帧结构左上角第一个字节，依次传递，直到 9×270 个字节都送完，再转入下一帧。

第 6 章

6-1 解：

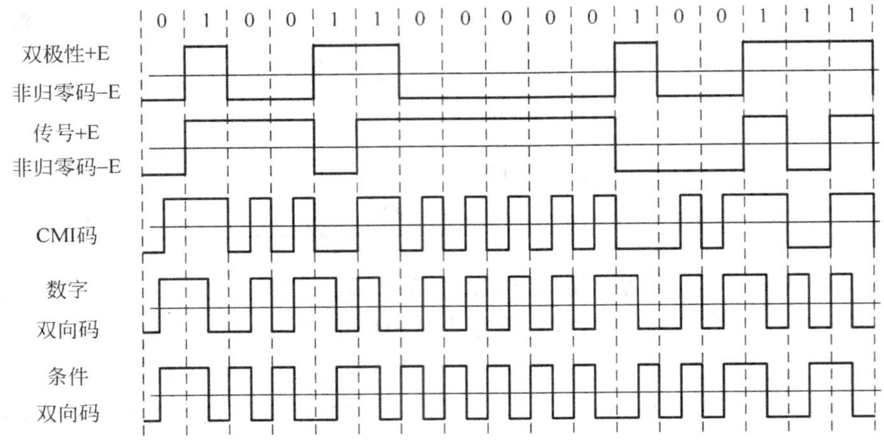

题 6-1 解图

6-2 解：

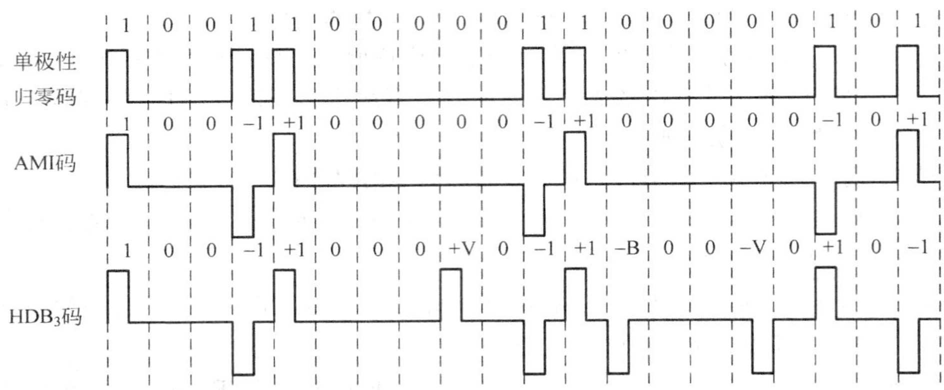

题 6-2 解图

6-3 解：

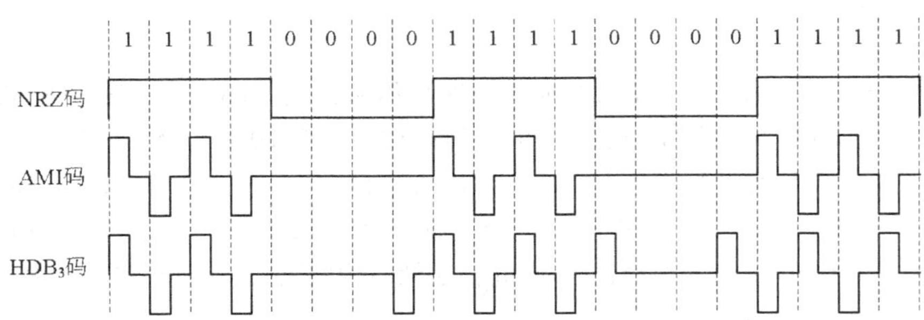

题 6-3 解图

6-4 答：主要目的是提高通信的可靠性，通常要以牺牲系统带宽为代价。

6-5 答：好处是消除了信号中直流分量，便于在低频受限的信道中传输。

6-6 答：好处是使信号携带定时信息，便于同步。

6-7 答：主要原因在于对一个码元的认定不是看它在持续时间内的全部值（状态），而是某一时刻的抽样值，只要使得串扰在该时刻为零，即可克服其对码元认定的影响。

第 7 章

7-1 答：与模拟通信类似，基带信号传输频带利用率低且难以用于无线电传输，因此，需要对数字基带信号进行调制，形成数字带通信号。

7-2 答：2FSK 可以看成是用 1 码和 0 码得到的两个不同载波频率 2ASK 信号的叠加；而 2PSK 在表达式上与 2ASK 极为相似，只是信号幅度的取值从单极性变为双极性。

7-3 答：因为 PSK 在解调时会出现由载波相位模糊而引起的 0、1 倒置问题，所以，要引入 DPSK。

7-4 答：主要区别是包络解调器采用整流方式将已调双极性信号变为单极性信号，而相干解调器则采用乘法器完成该任务。

7-5 解：各种信号波形如题 7-5 解图所示。

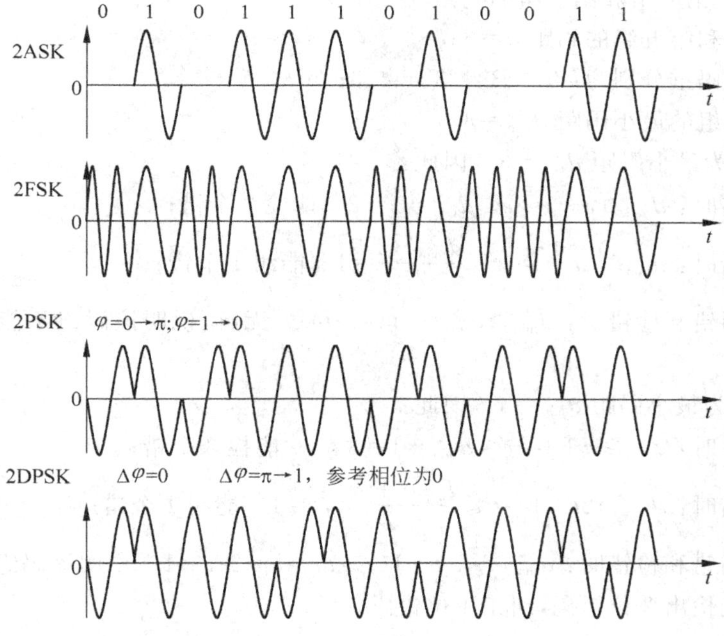

题 7-5 解图

7-6 解：(1) 规定遇到数字信号为 1 时，差分码保持前位信号不变，否则改变前位信号，则原来的数字信号为：01111001000110101011。

(2) 规定遇到数字信号为 0 时，差分码保持前位信号不变，否则改变前位信号，则原来的数字信号为：00111010011010000001 或 01000101100101111110。

7-7 解：

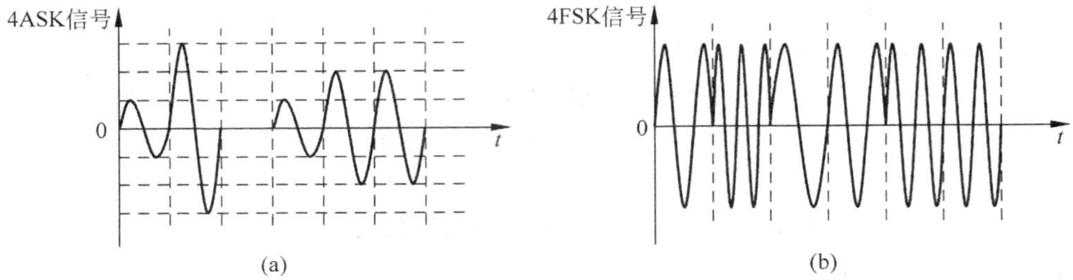

题 7-7 解图

第 8 章

8-1 答：先决条件是码字字长除了信息位外必须有冗余位，用来携带检错或纠错信息。

8-2 答：基本原理是在信息码后面添加若干位与信息码有某种关系的监督码元。

8-3 答：不一定。因为位数的增加不一定能使最小码距增加。

8-4 答：在判断线性分组码的最小码距时，用码重概念最方便。

8-5 解：(1) 第一组和第二组的码距 $d=3$；

(2) 第四组和第五组的码距 $d=3$；

(3) 各组的码重分别为：0、3、3、4、3、4、4、3；

(4) 全部码组的最小码距 $d_{\min}=3$。

8-6 解：因为最小码距 $d_{\min}=3$　因此：

只用于检错时：$d_{\min}\geqslant e+1\Rightarrow e\leqslant d_{\min}-1=2$　能检 2 个错；

只用于纠错时：$d_{\min}\geqslant 2t+1\Rightarrow t\leqslant\dfrac{d_{\min}-1}{2}=1$　能纠 1 个错；

同时用于纠错和检错时：$d_{\min}\geqslant e+t+1(e>t)$　无解，说明该码组不能同时用于纠错和检错。

8-7 解：因为最小码距 $d_{\min}=4$　因此：

只用于检错时：$d_{\min}\geqslant e+1\Rightarrow e\leqslant d_{\min}-1=3$　能检 3 个错；

只用于纠错时：$d_{\min}\geqslant 2t+1\Rightarrow t\leqslant\dfrac{d_{\min}-1}{2}$　$\therefore t=1$　能纠 1 个错；

同时用于纠错和检错时：$d_{\min}\geqslant e+t+1(e>t)\Rightarrow e=2;t=1$　说明该码组用在同时纠错和检错系统中能检出 2 位错码，纠正 1 位错码。

8-8 解：$\because \boldsymbol{H}=\begin{bmatrix}1&1&1&0&1&0&0\\1&1&0&1&0&1&0\\1&0&1&1&0&0&1\end{bmatrix}=[Q^{\mathrm{T}}I_r]$，$\therefore \boldsymbol{Q}^{\mathrm{T}}=\begin{bmatrix}1&1&1&0\\1&1&0&1\\1&0&1&1\end{bmatrix}$

$$\therefore \boldsymbol{G}=[I_K\ Q]=\begin{bmatrix}1&0&0&0&1&1&1\\0&1&0&0&1&1&0\\0&0&1&0&1&0&1\\0&0&0&1&0&1&1\end{bmatrix}$$

信息码组为：

$$D=\begin{bmatrix}0&0&0&0\\0&0&0&1\\0&0&1&0\\0&0&1&1\\0&1&0&0\\0&1&0&1\\0&1&1&0\\0&1&1&1\\1&0&0&0\\1&0&0&1\\1&0&1&0\\1&0&1&1\\1&1&0&0\\1&1&0&1\\1&1&1&0\\1&1&1&1\end{bmatrix}$$

因为 $\boldsymbol{C}=\boldsymbol{DG}=D[\boldsymbol{I}_k\quad \boldsymbol{Q}]$　　所以列出许用码如下：

0 0 0 0 0 0 0	1 0 0 0 1 1 1
0 0 0 1 0 1 1	1 0 0 1 1 0 0
0 0 1 0 1 0 1	1 0 1 0 0 1 0
0 0 1 1 1 1 0	1 0 1 1 0 0 1
0 1 0 0 1 1 0	1 1 0 0 0 0 1
0 1 0 1 1 0 1	1 1 0 1 0 1 0
0 1 1 0 0 1 1	1 1 1 0 1 0 0
0 1 1 1 0 0 0	1 1 1 1 1 1 1

8-9 解：$\because \boldsymbol{G}=\begin{bmatrix}1&0&0&1&1&1&0\\0&1&0&0&1&1&1\\0&0&1&1&1&0&1\end{bmatrix}=[I_k\,Q]$

$\therefore \boldsymbol{Q}=\begin{bmatrix}1&1&1&0\\0&1&1&1\\1&1&0&1\end{bmatrix}$

$\therefore$监督矩阵 $\boldsymbol{H}=[Q^{\mathrm{T}}I_r]=\begin{bmatrix}1&0&1&1&0&0&0\\1&1&1&0&1&0&0\\1&1&0&0&0&1&0\\0&1&1&0&0&0&1\end{bmatrix}$

$$\therefore \quad \boldsymbol{C}=\boldsymbol{DG}=D[\boldsymbol{I}_k \quad \boldsymbol{Q}]=\begin{bmatrix}0&0&0\\0&0&1\\0&1&0\\0&1&1\\1&0&0\\1&0&1\\1&1&0\\1&1&1\end{bmatrix}\begin{bmatrix}1&0&0&1&1&1&0\\0&1&0&0&1&1&1\\0&0&1&1&1&0&1\end{bmatrix}$$

$$=\begin{bmatrix}0&0&0&0&0&0&0\\0&0&1&1&1&0&1\\0&1&0&0&1&1&1\\0&1&1&1&0&1&0\\1&0&0&1&1&1&0\\1&0&1&0&0&1&1\\1&1&0&1&0&0&1\\1&1&1&0&1&0&0\end{bmatrix}$$

8-10 解：因为 $E=R+C$，所以有：

$$\boldsymbol{R}=\begin{bmatrix}1&0&0&1&0&0&0\\0&1&0&1&0&1&1\\1&0&1&1&0&1&1\end{bmatrix}$$

第 9 章

9-1 答：长途电话、电报、传真、电子邮件。

9-2 答：数据通信是随计算机和计算机网络的发展而出现的一个新的通信方式，它是指信源、信宿处理的都是以数据形式出现的离散消息，而信道传输的是数字基带信号或数字带通信号的通信过程(方式)。通常，数据通信主要指计算机(或数字终端)之间的通信。

数字通信是指信源发出和信宿接收的是模拟信号，而信道传输的是数字(基带或带通)信号的通信过程或方式。

数据通信与数字通信尽管是两个不同的概念，但在信号传输方面有许多共同之处，比如，除了不需要信源编码以外，它同样需要解决信道编码、差错控制、加密、解密、同步、多路复用、再生中继等问题。可见，在传输原理上数据通信与数字通信没有本质的区别，甚至可以说数据通信是以数字通信为基础的。从功能上看，可以认为数据通信是数字通信的延伸或分支。

9-3 答：串行通信的特点是只需一条信道，通信线路简单、成本低廉，一般用于较长距离的通信，比如工控领域利用计算机串口进行的数据采集和系统控制。缺点是传输速度较慢，为解决收、发双方的码组或字符同步问题，需要采取同步措施。

并行通信的特点是需多条信道、通信线路复杂、成本较高、但传输速率快且不需要外加同步措施就可实现通信双方的码组或字符同步，多用于短距离通信，比如计算机与打印机之间的通信。

9-4 答：从同步通信和异步通信的概念中可以看到，二者都需要在被传数据中插入同步信号(信息),但同步信息的作用范围不一样。异步通信的同步信息只负责一个字符,作用范围小;而同步通信的同步信息负责一个数据块(包含多个字符),作用范围比较大。可见,对于一个数据块而言,同步通信只需一次同步便可完成数据传输,而异步通信则需要多次同步才行。但对于多个数据块来说,同步通信也需几次同步才能完成全部数据的传输,从这个意义上讲,同步通信可以说是"传输数据块的异步通信"。所以,我们可以认为同步通信和异步通信的本质区别就是同步信息的作用范围不一样。

9-5 答:一个数据通信系统由信源数据终端设备、信源数据终端设备和数据通信设备之间的接口、信源的数据通信设备、信源与信宿之间的传输信道、信宿的数据通信设备、信宿数据终端设备和数据通信设备之间的接口、信宿数据终端设备等 7 部分组成。

用调制解调器通过电话网进行计算机之间通信的所有设备就是一个数据通信系统。

9-6 答:通信网是指由一定数量的节点(包括终端设备和交换设备)和连接节点的传输链路相互有机地组合在一起,以实现两个或多个规定点之间信息传输的通信体系,或者说通信网是为位于不同空间位置的用户之间进行信息传输(交换)而构建的硬件和软件环境。

从下到上通信网依次分为传输网、业务网和应用层 3 层。

9-7 答:数据通信网是通信网的一个分支,而计算机网络是一种高级数据通信网。

9-8 答:主要有:终端技术、交换技术、复用技术、信令技术、同步技术等。

9-9 答:优缺点见表 9-2。

9-10 答:通信网大致经历了三个发展阶段。第一阶段在 1880—1970 年;第二阶段在 1970—1994 年;从 1995 年一直到现在是第三阶段。

9-11 答:"三网"指的是计算机网(因特网)、电信网和有线电视网。"三网合一"的意思就是把三种网络上不同的通信业务(数据、语音、电报和电视等)用一个共用的统一的通信网络平台来完成。三网合一的主要问题在于共用平台的通信实时性能否得到保证。因此,三网合一的基础是要有一个信息传输速率足以保证各种通信业务实时性要求的信息传输与交换平台(通信网)。根据目前的情况看,综合业务数字网可担当此任。

第 10 章

10-2 答:虽然在电话线上双向信号是混叠的,但在终端设备电话机内,由于采用了消侧音技术,使得听筒内只能有对方的声音,从而实现了双工通信。

10-5 答:主要有以下异同点:

(1) 广播只传输音频信号,电视既传输音频信号还传输视频信号。

(2) 广播采用 AM 和 FM 调制,电视采用 FM 传音频信号,VSB 传视频信号。

(3) 广播系统的通频带小,电视系统的通频带大。

第 11～17 章

略

参考文献

[1] 张卫钢.通信原理与通信技术(第3版)[M].西安：西安电子科技大学出版社,2012.

[2] 曹丽娜,张卫钢.通信原理大学教程[M].北京：电子工业出版社,2012.

[3] 樊昌信,徐炳祥等.通信原理[M].北京：国防工业出版社,1980.

[4] 曹志刚,钱亚生.现代通信原理[M].北京：清华大学出版社,1992.

[5] 樊昌信,曹丽娜.通信原理(第6版)[M].北京：国防工业出版社,2007.

[6] 樊昌信,张甫翊等.通信原理(第5版)[M].北京：国防工业出版社,2001.

[7] 吴湘淇.信号系统与信号处理[M].北京：电子工业出版社,1996.

[8] 张辉,曹丽娜等.通信原理辅导[M].西安：西安电子科技大学出版社,2000.

[9] 钱学荣,王禾.通信原理学习指导[M].北京：电子工业出版社,2001.

[10] Fred Halall.多媒体通信[M].蔡安妮,孙景鳌等译.北京：人民邮电出版社,2004.

[11] 沈振元,聂志泉,赵雪荷.通信系统原理[M].西安：西安电子科技大学出版社,1993.

[12] Gilbert Held.数据通信技术[M].魏桂英等译.北京：清华大学出版社,1995.

[13] 张立云等.计算机网络基础教程[M].北京：电子工业出版社,2000.

[14] 张莲,周登义,余成波.信息论与编码[M].北京：中国铁道出版社,2008.

[15] 南利平.通信原理简明教程[M].北京：清华大学出版社,2000.

[16] 杨爵,郎宗桢.实用纠错编码[M].北京：中国铁道出版社,1988.

[17] 归绍升.纠错编码技术和应用[M].上海：上海交通大学出版社,1986.

[18] 林舒,科斯特洛.差错控制编码基础和应用[M].北京：人民邮电出版社,1986.

[19] 田丽华.编码理论[M].西安：西安电子科技大学出版社,2003.

[20] 王秉均等.光纤通信系统[M].北京：电子工业出版社,2004.

[21] 卢孟夏等.通信技术概论[M].北京：高等教育出版社,2005.

[22] 索红光.现代通信技术概论[M].北京：国防工业出版社,2004.

[23] 高健.现代通信系统[M].北京：机械工业出版社,2001.

[24] 及燕丽等.现代通信系统[M].北京：电子工业出版社,2001.

[25] 陈显治等.现代通信技术[M].北京：电子工业出版社,2001.

[26] 张卫钢.张维峰.信号与系统教程[M].北京：清华大学出版社,2012.

[27] 邸瑞华等.小型局域网组建、维护、扩展[M].北京：电子工业出版社,1997.

[28] 雷振甲.计算机网络[M].西安：西安电子科技大学出版社,2000.

[29] Gary M. Miller Jeffrey S. Beasley.现代电子通信(第7版)[M].北京：科学出版社,2004.

[30] Michael A. Gallo,William M. Hancock.计算机通信和网络技术[M].王玉峰等译.北京：人民邮电出版社,2003.

[31] William Stallings.数据通信(第四版)[M].刘家康译.北京：人民邮电出版社,2005.

[32] 赵慧铃等.IP电话综述[J].广西通信技术,1999.

[33] 郑之光等.IP电话技术标准[J].计算机应用研究,1999.

[34] 纪越峰等.现代通信技术[M].北京：北京邮电大学出版社,2002.

[35] 刘符,韩煜国.宽带通信原理设计应用[M].北京：人民邮电出版社,1998.

[36] 熊桂喜,王小虎译.计算机网络(第3版)[M].北京：清华大学出版社,1998.

[37] 张春燕,王改莲等译.高速网络建设指南[M].北京：机械工业出版社,1998.

[38] 蔡皖东.计算机网络技术[M].西安：西安电子科技大学出版社,1998.

[39] 胡道元. 计算机局域网[M]. 北京：清华大学出版社，1999.
[40] 谢希仁. 计算机网络[M]. 北京：电子工业出版社，2000.
[41] 魏桂英，廖卫东等译. 数据通信技术[M]. 北京：清华大学出版社，1995.
[42] 王兴亮，达新宇等. 数字通信原理与技术[M]. 西安：西安电子科技大学出版社，2001.
[43] 雷震甲，马玉祥. 计算机网络[M]. 西安：西安电子科技大学出版社，1996.
[44] 逯昭义. 计算机网络原理[M]. 北京：电子工业出版社，2000.
[45] 陈德来. IP 电话原理及相关技术[J]. 电信快报，1999.
[46] 王秉钧等. 卫星通信系统[M]. 北京：机械工业出版社，2004.
[47] 王兴亮. 现代通信原理与技术[M]. 北京：电子工业出版社，2009.
[48] 郭梯云，邬国扬等. 移动通信[M]. 西安：西电出版社，2000.
[49] 王宝印等. 无线通信新技术[M]. 西安：陕西旅游出版社，2000.
[50] 李有根，吴正邦等. 现代通信技术[M]. 武汉：中国人民解放军通信指挥学院，1996.
[51] 赵晓华. 现代通信技术基础[M]. 北京：北京工业大学出版社，2006.
[52] 孙友伟. 现代通信新技术新业务[M]. 北京：北京邮电大学出版社，2004.
[53] 朱祥华. 现代通信基础与技术[M]. 北京：人民邮电出版社，2004.
[54] 蒋同泽. 现代移动通信系统[M]. 北京：电子工业出版社，1996.
[55] 盛振华. 电磁场微波技术与天线[M]. 西安：西电出版社，1995.
[56] 廖承恩. 微波技术基础[M]. 西安：西电出版社，1994.
[57] 申普兵等. 数字通信[M]. 长沙：国防科技大学出版社，2001.
[58] (美)Gilbert Held. 数据通信(第六版)[M]. 戴志涛等译. 北京：人民邮电出版社，2001.
[59] Albero Leon-Garcia. 通信网——基本概念与主体结构(第 2 版)[M]. 王海涛，李建华等译. 北京：清华大学出版社，2005.
[60] 朱刚，谈振辉等. 蓝牙技术原理与协议[M]. 北京：北方交通大学出版社，清华大学出版社，2002.
[61] 王汝言. 多媒体通信技术[M]. 西安：西安电子科技大学出版社，2006.
[62] 李令奇，胡广成. 电话机原理与维修[M]. 北京：人民邮电出版社，1993.
[63] 华南师范学院物理系. 无线电电子学[M]. 北京：人民教育出版社，1977.
[64] 张兆扬，陈加卿，徐在方. 数字电视[M]. 北京：科学出版社，1987.
[65] 金惠文等. 现代交换原理[M]. 北京：电子工业出版社，2000.
[66] 李津生，洪佩琳等. 宽带综合业务数字网与 ATM 局域网[M]. 北京：清华大学出版社，1998.
[67] 沈金龙. 计算机通信与网络[M]. 北京：北京邮电大学出版社，2002.
[68] 杨武军等. 现代通信网概论[M]. 西安：西安电子科技大学出版社，2004.
[69] 郎为民. 下一代网络技术原理与应用[M]. 北京：机械工业出版社，2006.
[70] 徐吉谦. 交通工程总论[M]. 北京：人民交通出版社，1996.